U1075969

工业和信息化部"十二五"规划教材

航空发动机构造与维修管理

蔡　景　徐一鸣　孙见忠　陈志雄　刘永建　等 编著

北京航空航天大学出版社

内 容 简 介

内容分为10章。第1～4章主要介绍航空发动机的基本类型、发展、基本原理、结构以及主要系统。第5～10章以航空公司发动机维修人员的工作环节为主线，重点强调维修人员在实践中需要解决的问题；主要介绍航空发动机所涉及的主要监测技术，航空发动机的性能控制和可靠性控制技术，发动机故障的处理及相关的适航分析，发动机剩余寿命与调度技术，以及发动机的维修成本与送修管理。

本书可供航空发动机维修专业本科高年级学生作为教材使用，也可以作为该专业或相关专业的技术人员的参考书。

图书在版编目(CIP)数据

航空发动机构造与维修管理 / 蔡景等编著. --北京 ：
北京航空航天大学出版社，2015.6
ISBN 978-7-5124-1805-9

Ⅰ. ①航… Ⅱ. ①蔡… Ⅲ. ①航空发动机—构造—高等学校—教材②航空发动机—维修—高等学校—教材
Ⅳ. ①V23②V267

中国版本图书馆CIP数据核字(2015)第134340号

航空发动机构造与维修管理
蔡 景 徐一鸣 孙见忠 陈志雄 刘永建 等 编著
责任编辑 张冀青 董云凤
*
北京航空航天大学出版社出版发行
北京市海淀区学院路37号(邮编100191) http://www.buaapress.com.cn
发行部电话：(010)82317024 传真：(010)82328026
读者信箱：goodtextbook@126.com 邮购电话：(010)82316936
北京建宏印刷有限公司印装 各地书店经销
*
开本：787×1 092 1/16 印张：20 字数：512千字
2015年7月第1版 2025年1月第8次印刷 印数：5 501～6 000册
ISBN 978-7-5124-1805-9 定价：59.00元

若本书有倒页、脱页、缺页等印装质量问题，请与本社发行部联系调换。联系电话：(010)82317024

前　言

航空发动机维修管理，对于保障航空器的安全性、可靠性和经济性具有重要意义，也是航空维修相关专业的重要研究内容。目前在航空发动机专业领域，已经出版发行的著作、书籍很多，如刘大响的《航空发动机：飞机的心脏》及《航空燃气涡轮发动机稳定性设计与评定技术》，张宝诚的《航空发动机可靠性和经济性》，美国普拉特·惠特尼公司的《航空燃气涡轮发动机》，童凯生的《航空涡轮发动机性能变比热计算方法》，王云的《航空发动机原理》，尚义的《航空燃气涡轮发动机》，李其汉的《航空发动机强度振动测试技术》，孔瑞莲的《航空发动机可靠性工程》，向巧的《航空发动机维修工程管理》等。以上书籍主要涉及航空发动机的设计、制造和故障诊断方面，但在维修管理方面涉及很少，因此，仅将现有发动机书籍用做发动机维修专业本科生的教材，无法使学生全面了解和掌握航空发动机维修管理所涉及的问题和知识，难以满足专业培养需求。

但苦于笔者在发动机维修的研究和实践积累有限，因而多次下笔而辍。近年来，随着我国民用飞机、发动机的研制，航空发动机使用维修的相关专业人才需求大幅度增加，因此，深感编著一本适合维修人员的航空发动机书籍是一件紧迫的事。

笔者和同仁、多位博士生、硕士生以及工程人员一起斗胆总结了国内外相关的研究，并结合团队多年的实际工程和理论研究，先后编了教学讲义，通过几年的教学实践，不断地对讲义进行修改、提高后，经过编撰人员的进一步归纳和系统化总结，提炼成本教材。因此，本教材凝聚了以往国内外发动机方面的研究成果，以及团队人员及研究生们的集体智慧。民用发动机维修领域作为一个相对新的学科，仅凭一个团队、一本书，要将民用发动机维修彻底理透彻是非常困难的，再加上笔者的能力水平有限，所以本书还存在很多不妥、粗浅的地方，敬请读者谅解。

在书稿的撰写过程中，徐一鸣老师撰写了第 3 章的主要内容；孙见忠老师撰写了第 9 章的主要内容；陈志雄老师撰写了第 6 章的主要内容；刘永建高级工程师参与了第 6～7 章的撰写。除署名作者外，左洪福教授，吴振锋、于辉、白芳、戎翔、吴静敏、朱磊、李鑫、冒慧杰、殷逸冰、吴昊博士，以及陈勇、张涛、常继百、刘宸宁、肖罗椿、朱贝蓓、陈康、陈勤富硕士，另外还有一些上面没提及的研究生直接或间接地对本书做过贡献，作者在此致以衷心的感谢。

对本书影响最大的著作是尚义的《航空燃气涡轮发动机》和王云的《航空发动机原理》，还有一些优秀著作的思想在书中也有所体现。书中个别地方直接摘录了一些优秀著作的内容，也参考了大量学术论文和资料，在参考文献中列出，但由于时间关系，可能存在遗漏或标注错误，敬请见谅。

由于时间紧，笔者虽力求框架体系、层次结构及主要内容上的合理，但仍会存在疏漏和错误，希望读者能够给予指正，不胜感谢。

蔡　景

2014 年 12 月

目　录

第1章 绪 论

1.1 航空发动机的基本类型及发展简史

1.1.1 航空发动机的基本类型

航空发动机自诞生以来，经过一百多年的发展，主要分成了两大类：活塞式发动机和燃气涡轮发动机，如图 1.1 所示。

活塞式发动机是通过在密闭的容器内将燃油与空气混合、燃烧释放出热能，然后膨胀对连杆等做功的机械装置。活塞式发动机上安装螺旋桨，并由螺旋桨产生推(拉)力。所以，作为飞机的动力装置时，活塞式发动机与螺旋桨是不能分割的。活塞式发动机根据完成一次做功所需要的活塞行程数，可分为两类：二行程活塞发动机和四行程活塞发动机。所谓一个行程，是指发动机活塞从上止点运行到下止点之间的距离，如图 1.2 所示。因此二行程活塞发动机需要活塞往复两个行程完成一个做功循环，而四行程活塞发动机需要活塞往复四个行程完成一个做功循环。

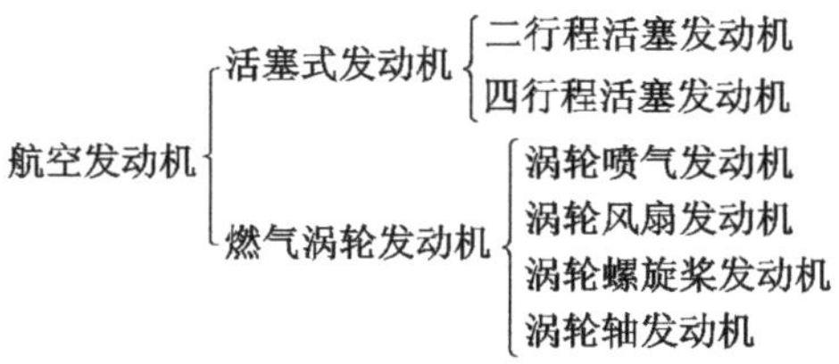

图 1.1　航空发动机分类

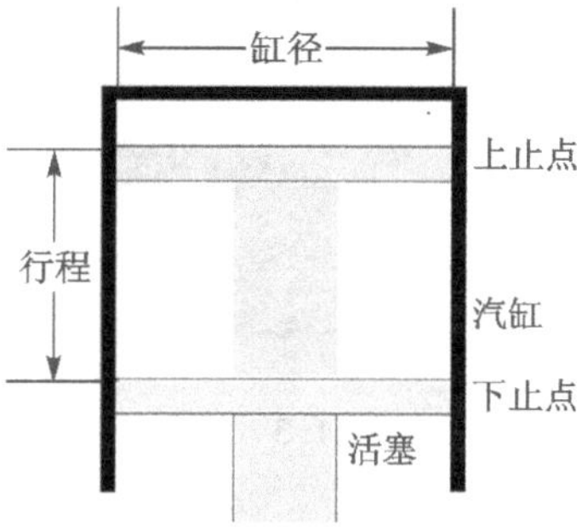

图 1.2　活塞行程

航空燃气涡轮发动机是将燃油燃烧释放出的热能转变为机械能和动能的装置，经过多年的发展和应用实践，已经形成多种不同类型的涡轮发动机。按照不同的飞行领域和推力产生特点，主要分为涡轮喷气、涡轮风扇、涡轮螺旋桨和涡轮轴发动机。

所有的涡轮发动机都包含压气机、燃烧室、涡轮 3 大部分。压气机利用高速旋转的叶片对空气做功，提升气体压力；气体进入燃烧室后与喷嘴喷出的燃料混合，然后在燃烧室内混合燃料的气流燃烧；燃烧后产生的高温气体膨胀将直接推动涡轮使其旋转；最后气体带着剩余的能量经喷管排出。

1. 活塞式发动机

活塞式发动机的主要组成部件有连杆、曲轴、活塞、汽缸、分气机构和机匣等。发动机前部有减速器，以降低输出轴的转速。为了提高发动机的高空性能，大多数发动机在机匣后部位置上装有增压器。

(1) 四行程活塞式发动机工作原理

四行程活塞式发动机在四个行程内要完成：进气、压缩、做功、排气 4 个过程，活塞在一个行程内只进行一个过程，因此，活塞行程分别由 4 个过程命名。

1) 进气行程

进气行程中，进气门处于开启状态，排气门处于关闭状态，如图 1.3 所示。活塞从上向下移动过程中，空气经进气管被吸入并与喷油器喷出的燃油以一定比例混合，当活塞到达下止点时，进、排气门均关闭，进气停止，即进气行程结束。

2) 压缩行程

进气行程结束后，曲轴通过连杆继续带动活塞从下向上移动，此时进、排气门均关闭，随着活塞的移动，缸内可燃混合气被压缩，其压力和温度同时升高，当活塞移动到上止点时压缩行程结束，如图 1.4 所示。

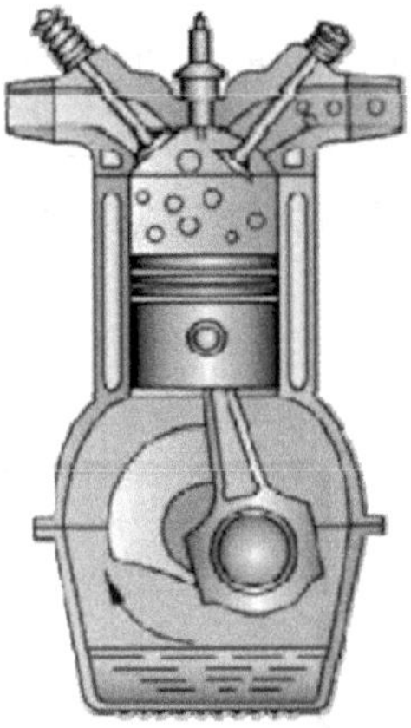

图 1.3　进气行程

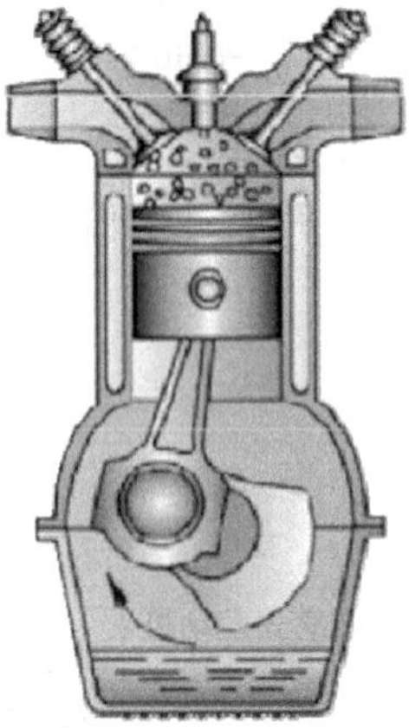

图 1.4　压缩行程

3) 做功行程

当活塞在压缩行程接近上止点时，由火花塞产生电火花，点燃缸内可燃混合气。混合气燃烧产生大量的热量并急剧膨胀，温度和压力迅速升高，迫使活塞由上向下移动，并通过连杆推动曲轴旋转而将热能转化为向外输出机械功。当活塞到达下止点时，做功行程结束，如图 1.5 所示。

4) 排气行程

做功行程结束之后，进气门便处于关闭状态，排气行程开始。由于惯性的作用，飞轮将继续转动并通过连杆带动活塞由下向上移动，将燃烧后的废气经排气门排出。当活塞到达上止点时，排气行程结束，排气门关闭，如图 1.6 所示。

根据其排列方式的不同，汽缸可以分成 4 种：直列式、V 形、对置式和星形。

① 直列式。发动机的各个汽缸按照一列排列，如图 1.7 所示。直列式发动机汽缸具有稳定、成本低、结构简单等优点，而且运转平衡性好，在低速时扭转特性好，燃料消耗也少。其缺

点是发动机的长度会因为排气量和汽缸数增加而大大增加，这就使得多缸情况下直列式适应性差，因此该形式不适合 6 缸以上的发动机采用。

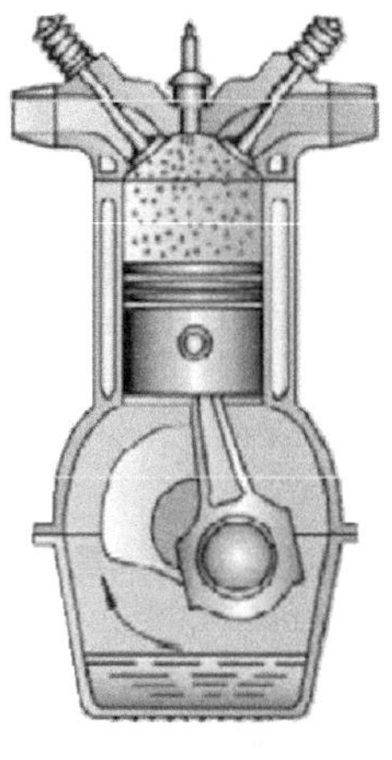

图 1.5　做功行程

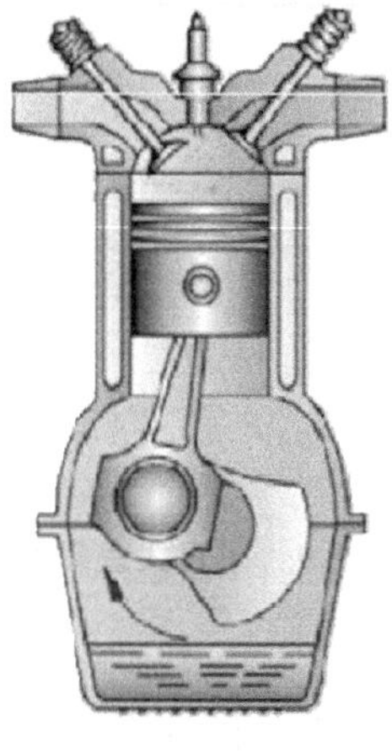

图 1.6　排气行程

② V 形。V 形发动机的汽缸形式是排成两列，左右两列汽缸中心线的夹角如图 1.8 所示。V 形发动机与直列式发动机相比，缩短了机体长度和高度，增加了汽缸体的刚度，减轻了发动机的质量，但缺点是使得发动机的宽度增加，并且形状也比较复杂，加工困难，一般用于 8 缸以上的发动机，目前 6 缸发动机也有采用这种形式的汽缸体。

图 1.7　直列式发动机

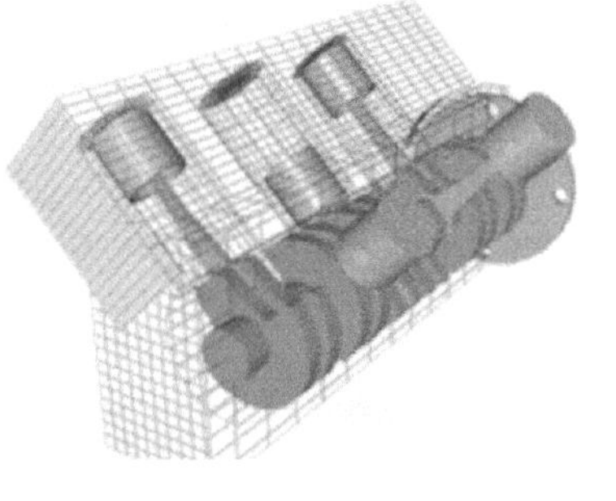

图 1.8　V 形发动机

③ 对置式。对置式发动机的汽缸排成两列，左右两列汽缸布置在在同一水平面上，如图 1.9所示。对置式发动机的特点是可以有效降低发动机舱的高度，降低重心，并且非常有效地避免了振动，而且对置式发动机总体布置方便，有利于风冷。

④ 星形。星形发动机的汽缸以曲轴为中心沿机匣向外呈辐射状均匀排列，汽缸个数一般为奇数，通常有单排、双排等形式，如图 1.10 所示。星形发动机内汽缸的活塞按一定的顺序逐个做往复运动，连杆连接活塞和曲轴，其内部运动形式由活塞的往复运动变成了轴的旋转运动。

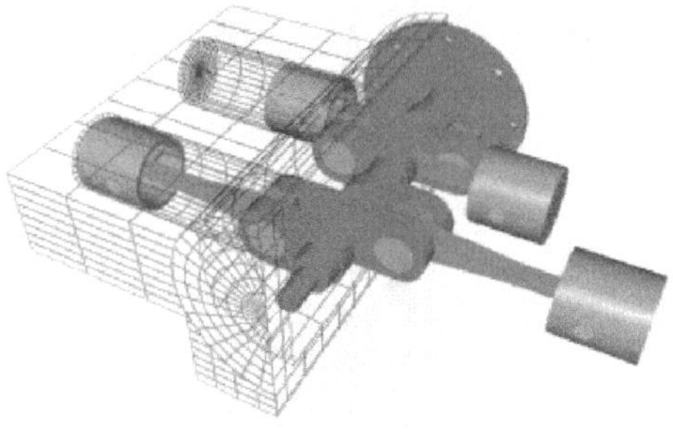

图 1.9　对置式发动机

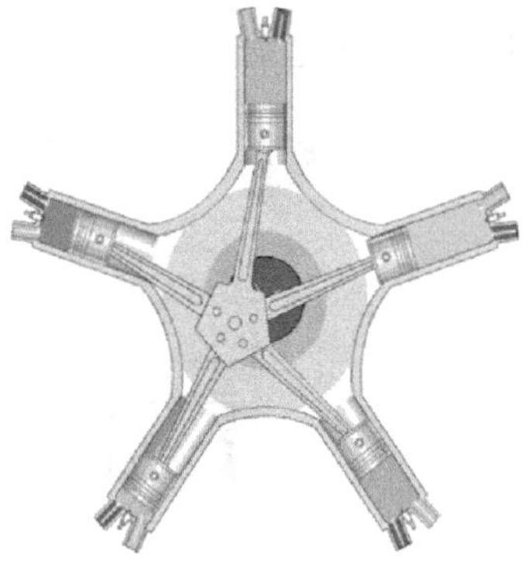

图 1.10　星形发动机

(2) 二行程活塞式发动机工作原理

二行程活塞发动机同样具有四行程发动机的 4 个过程，即进气、压缩、做功和排气过程，不过这些过程只通过两个行程就可以完成，如图 1.11 所示。二行程活塞式发动机的最大特点是换气过程，首先排气口打开，进行排气过程，然后扫气口开启，具有一定压力的新鲜充量由扫气口流入汽缸，并强迫废气由排气口流出，进行充量更换，然后，活塞到达下止点后又上行，在压缩行程的开始之后，依次将扫气口和排气口关闭，换气过程结束。新鲜充量通过扫气泵提供，在经过压缩之后其压力会提高，再引进入汽缸。

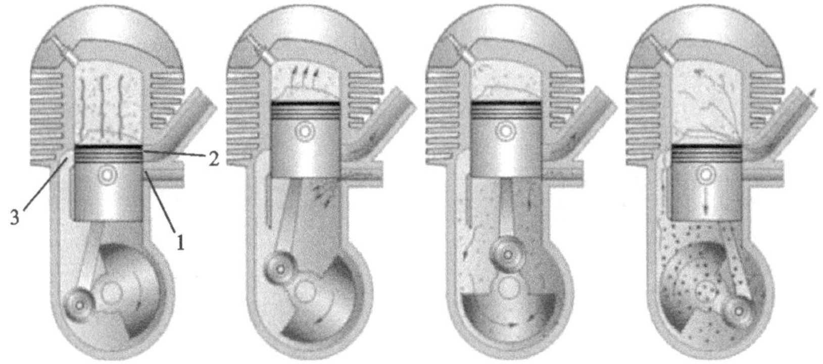

1—进气孔；2—排气孔；3—扫气孔

图 1.11　二行程活塞式发动机工作原理

二行程活塞发动机换气过程的特点：

- 换气时间比其他的短，换气质量相对较差，因为有一部分新鲜充量在扫气期间经过排气口时直接流入到排气管中，新鲜充量损失较大。
- 进排气两个过程是同时进行的，因此新鲜充量与废气易于掺混，残余废气系数较大。
- 与四行程活塞发动机相比，扫气消耗量大，燃油消耗率高。
- 碳氢化合物排放高。

相对于四行程活塞发动机，二行程活塞发动机不需要气门，大大简化了结构，减轻了自身的质量，而且便于维护。二行程活塞发动机汽缸上曲柄旋转 360°就能做功一次，而四行程活塞发动机上则需旋转 720°做功一次。这些特点使得二行程发动机能输出较大功率的同时保持轻便的体积和质量。因此，通常二行程活塞发动机主要用于对推重比要求较高的小型机械。

四行程活塞发动机中有缸顶气门控制进排气工作，4 个行程各自单独进行，发动机运转稳定，燃气的利用率高，排出的废气较为清洁；混合气中不需要再加入机油润滑，而曲轴箱内的小机油泵将负责润滑工作，这有效避免了机油进入汽缸内燃烧。而四行程活塞式发动机的缺点是气门复杂，质量大。

(3) 活塞式发动机应用范围

20 世纪 30 年代，活塞式发动机在飞机上的应用极为广泛，活塞式发动机搭配螺旋桨的组合形式成为一种固定的推进模式广泛应用于飞机上，如各种战斗机、轰炸机和运输机。20 世纪 40 年代开始，由于螺旋桨自身的特性导致其不能满足飞机速度和高度的需求，逐渐被燃气涡轮发动机替代。例如：由于发动机需要功率与飞行速度的 3 次方成正比，而飞机无法承受通过增加汽缸数目来增大功率所带来的质量负荷；在高度方面，螺旋桨的效率会随着飞行速度的提高而急剧下降，有机毁人亡的危险。

然而，小功率活塞式航空发动机具有比燃气涡轮发动机经济、易于维修等优点，目前在轻型低速飞机等通用航空上仍得到应用。截至 2013 年年底，我国通航作业的 1 654 架飞机中，70%为活塞式发动机。据报道美国正在研制新型的二行程柴油机，并将其应用于下一代小型通航飞机上。

2. 燃气涡轮发动机

(1) 涡轮喷气发动机

涡轮喷气发动机，简称为涡喷发动机。涡轮喷气发动机在工作时，通过从前端吸入大量的空气并在燃烧后高速喷出。这样发动机向气体施加力，根据牛顿第三定律，气体也给发动机一个反作用力，并通过这个力推动飞机前进。所以，涡轮喷气发动机原理就是完全依赖燃气流产生推力而工作的。

涡轮喷气发动机是热机的一种，因此遵循在高压下输入能量，低压下释放能量的做功原则。在这一点上喷气式发动机与活塞式发动机是相同的，即都需要有进气、加压、燃烧和排气这 4 个阶段，并以此输出能量。在活塞发动机中，这 4 个过程都在同一个燃烧室内发生，分时依次进行；但是在涡轮喷气发动机内，这些功能都被划分在不同的区域中进行，气流流经不同的喷气发动机的不同部件，就完成了活塞式发动机对应的 4 个阶段，所有的功能都能同时运作而且不会互相干扰。

典型的涡轮喷气发动机包括进气道、压气机、燃烧室、涡轮和尾喷管这 5 个基本部件。空气首先进入的是发动机的进气道，在飞机飞行时，可以看做气流以飞行速度流向发动机。进气道后的压气机是专门用于提高气流的压力，空气流过压气机时，压气机工作叶片对气流做功，使气流的压力和温度升高。空气经过压气机压缩后进入燃烧室与航空煤油混合燃烧，从燃烧室流出的高温高压燃气，流过与压气机装在同一条轴上的涡轮，燃气的部分内能在涡轮中膨胀，转化为机械能并带动压气机旋转。从涡轮中流出的高温高压燃气，在尾喷管中继续膨胀，以高速沿发动机轴向从喷口向后排出，其速度比气流进入发动机的速度大得多，从而使发动机获得反作用推力。整个过程如图 1.12 所示。

从燃烧室出来的气流温度越高，相应的输入能量就越大，发动机推力也就越大。然而由于

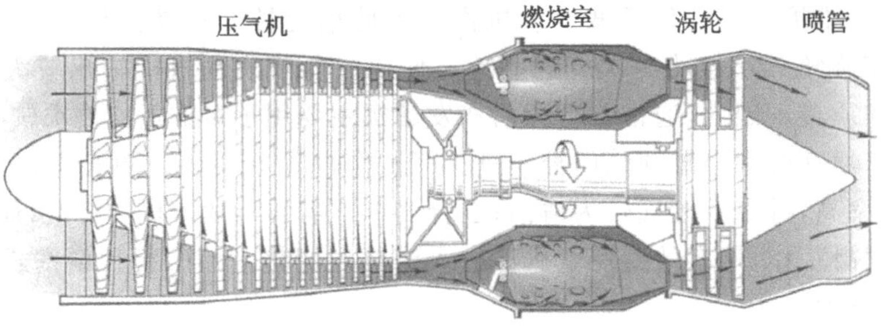

图 1.12　涡轮喷气发动机原理简图

涡轮材料等的限制，其所能承受的温度是有限的。对于军用飞机而言，有时要短时间大幅度增加推力，因此在发动机中设计了加力燃烧室。该部分位于涡轮之后，可让未充分燃烧的燃气与喷入的燃油混合再次燃烧。加力燃烧室内并不需要带动任何旋转部件，因而会产生更高的温度，达到 2 000 K，发动机的推力增加至 1.5 倍左右。图 1.13 所示的发动机称为带加力的涡轮喷气发动机。

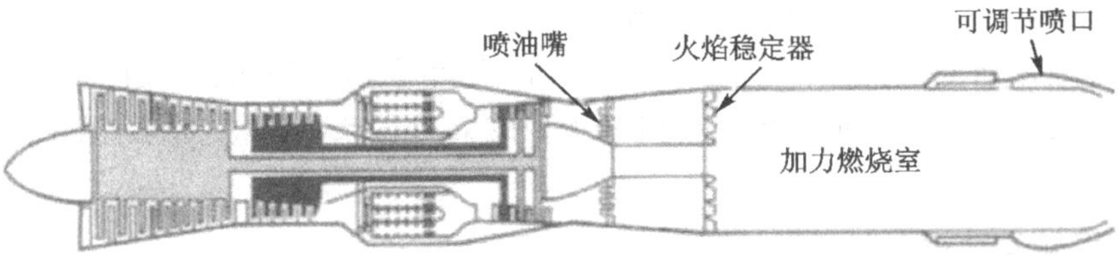

图 1.13　加力式涡轮喷气发动机原理简图

加力式涡轮喷气发动机的缺点：油耗急剧增大，同时温度过高也降低发动机的寿命。因此发动机开加力一般是有时间限制的，低空不过十几秒，高空可开较长的时间。

(2) 涡轮风扇发动机

由于涡轮喷气发动机低速运作下耗油量大，效率偏低，因此在对经济性要求高的亚声速飞机上很少采用。为了提高发动机的推进效率，采用如图 1.14 所示发动机，在带动压气机内的涡轮之后，再增加涡轮，用来带动内外涵道气体同时进行增压的压气机。这种发动机被称为涡轮风扇喷气发动机，简称为涡扇发动机。在风扇后，气流进入两个不同路径流动：第一路气流进入压气机，被称为内涵道；第二路气流不经过燃烧，而是从外围通过，称为外涵道。然后两路气流或在排气系统中混合排出，或分别从内外喷口排出。

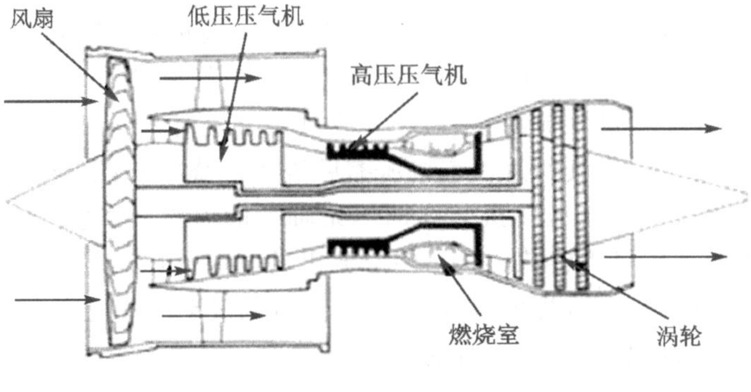

图 1.14　涡轮风扇发动机工作原理简图

在涡轮风扇发动机工作时，发动机产生的推力由两部分组成，一部分是经由内涵道的气体产生的反作用推力；另一部分是由流过外涵道的空气在风扇的作用下压缩，提高了压强。当空气在尾喷管中由于体积膨胀而持续加速，最后以一定的速度喷出时，就产生了推力。这两股推力之和大于纯涡轮喷气发动机的推力，涡轮风扇发动机推力不仅增大而且能量耗损还降低了，因此其经济性优于涡轮喷气发动机，其耗油率也只是约为涡轮喷气发动机的2/3。

经过外涵道的气流流量与内涵道的气流流量之比叫做涵道比。当涵道比为零时即为涡轮喷气发动机。涵道比是评判涡轮风扇发动机性能高低的一个重要参数，涵道比为2～3的称为低涵道比涡轮风扇发动机，为4～5的称为高涵道比涡轮风扇发动机。对于高涵道比的涡轮风扇发动机，风扇产生的推力占78%以上，因而高涵道比涡轮风扇发动机排气速度低，推进效率高，经济性好，运转时噪声小，适用于大型远程客机和运输机。但是高涵道比涡轮风扇发动机的迎风面积大，不适用于超声速飞行。

(3) 涡轮螺旋桨发动机

在涡轮风扇发动机出现之前，为了改进涡轮喷气发动机在低速时的推进效率和耗油率等问题，研制了涡轮螺旋桨发动机，简称为涡桨发动机。涡轮螺旋桨发动机带有动力涡轮，动力涡轮通过减速装置降低转速后再驱动螺旋桨旋转产生推力；燃气中剩下的小部分能量在尾喷管中继续膨胀做功，产生很少量推力，如图1.15所示。

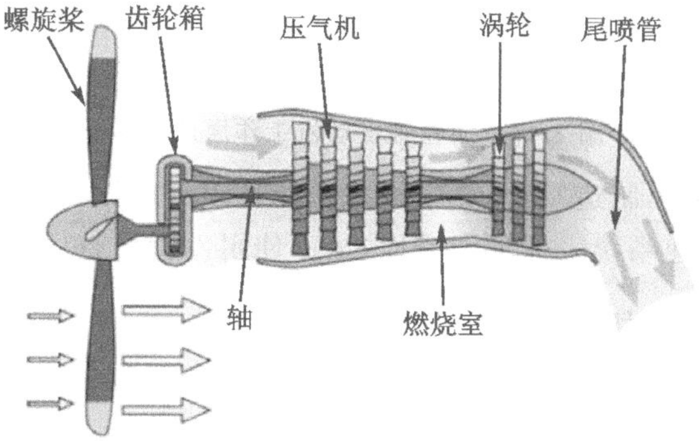

图1.15 涡轮螺旋桨发动机工作原理简图

涡轮螺旋桨发动机与航空活塞式发动机用来驱动螺旋桨中心轴的动力来源是不同的。首先，涡轮螺旋桨发动机的动力来自燃气发生器(通常喷气发动机的高压压气机、燃烧室、高压涡轮称为燃气发生器，也是燃气涡轮发动机的核心机)，具有功率大、功重比大的优点，使得飞机的载重量大大提升，而且克服了活塞式发动机只能在低空使用的问题，高度和速度范围都得到拓展。其次，涡轮螺旋桨发动机没有做往复运动的活塞，减少了运动耗损部件，运转稳定，延长了发动机的工作寿命，降低了维修费用。在耗油率方面，由于涡轮螺旋桨发动机可以看成一个超大涵道比的发动机，因而耗油率低，与活塞式发动机差不多。因此，涡轮螺旋桨发动机既有涡轮喷气发动机功率大、体积小的优点，又具有活塞式发动机经济性好的特点。

与涡轮风扇发动机相比，涡轮螺旋桨发动机在低速下的效率更高，耗油率也低。但是受到螺旋桨的影响，它的适用速度不能太高，一般 Ma 要低于0.6，难以满足中程或远程大型运输机的动力要求。而且为了降低螺旋桨转速使其叶端不超过声速，相对于涡轮风扇发动机，涡轮螺旋桨发动机还在涡轮和螺旋桨之间多出来一个减速器，增加了质量。由于涡轮螺旋桨发动机在亚声速、短航线内的经济性好,采购和维修费用低,噪声也能满足要求,因而在一些小型支线客机、小型运输机、专用飞机中仍然被采用。

(4) 涡轮轴发动机

涡轮轴发动机,简称为涡轴发动机,其工作原理与涡轮螺旋桨发动机基本一致,都是通过叶片旋转产生动力。区别在于涡轮轴发动机装的是直径巨大的旋翼,它是直升机的动力装置,如图 1.16 所示。在涡轮轴发动机中,核心发动机所产生的功率基本上通过自由涡轮、减速器输送给旋翼和尾桨。涡轮轴发动机本身排出的燃气一般不产生推力,排气的方向也比较随意,通常从结构上考虑较多,而不像涡轮喷气发动机固定向后方喷射。

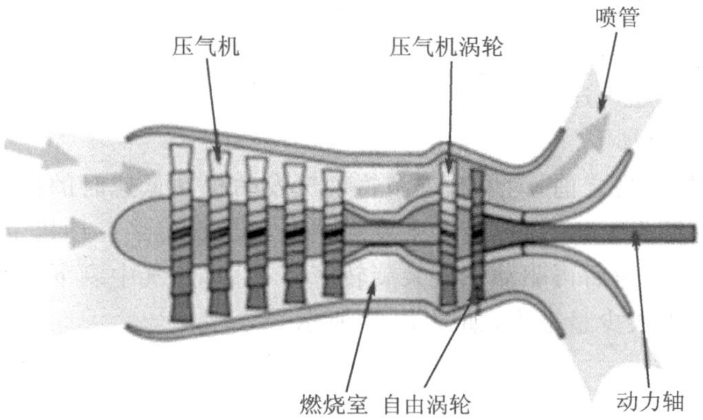

图 1.16　涡轮轴发动机工作原理简图

涡轮轴发动机的缺点是制造复杂,成本较高。而且因为旋翼的转速低,它需要比涡轮螺旋桨发动机更重、更大的减速系统来保证安全性,从而使得发动机整体质量变大。

1.1.2　航空发动机的发展简史

1. 活塞式发动机时期

(1) 早期的飞机发动机

随着工业革命的发展,人们已经认识到螺旋桨可以产生推力,因此最初的设计是将蒸汽机装到飞机上带动螺旋桨。但由于发动机过于笨重,始终未能成功,因此迫切需要一款功率大、质量轻的发动机作为动力。

19 世纪 60 年代,随着奥托内燃机的推广,内燃机开始逐步运用到飞机上。作为飞机的动力,内燃机需要解决的问题同样是如何减轻质量的同时保持功率,如莱特兄弟的飞机,发动机采用了铝铸缸体。在第一次世界大战爆发前,飞机和发动机的性能虽然比诞生初期有了改进,但还是存在许多不足,但在战争的推动下,都有了迅猛的发展。到战争结束时,发动机技术有了许多改进,如典型功率从 1914 年初的 73.5 kW 左右提高到了 161.7 kW 左右;发动机冷却方式分为了液冷和气冷;发动机的布局方式不断优化。

(2) 两次世界大战之间的重要技术发明

随着第一次世界大战的结束,军事航空力量大规模削减,能力过剩的航空工业厂商都将目光投向了民用航空领域,而民用领域的飞速发展又为军用航空储备了技术。在两次世界大战之间,航空发动机领域还出现了几项重要突破:

① 变矩金属螺旋桨,可以同时在低速和高速下获得高效率,大大改善了飞机的巡航速度;

② 发动机冷却系统,既减小了飞机阻力,又解决了气冷发动机的冷却困难问题;

③ 发动机增压系统,如图1.17所示。废气涡轮增压器利用排出的废气带动涡轮旋转,进而带动增压涡轮旋转,提高了高空条件下的进气压力,改善了发动机的高空性能。

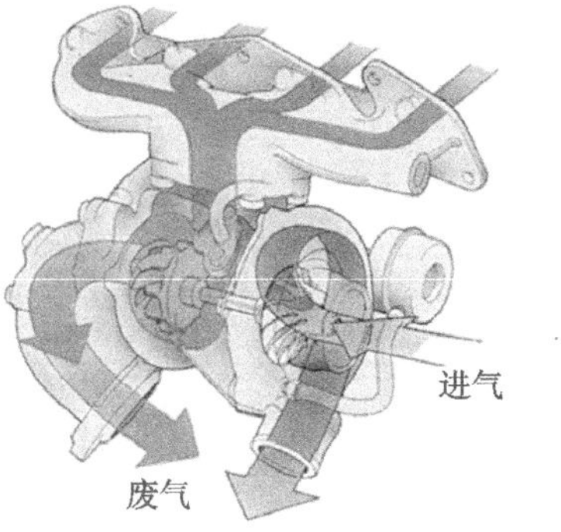

图1.17 废气涡轮增压器

(3) 第二次世界大战期间发动机的发展

第二次世界大战期间,活塞式飞机工业技术发展非常迅速。到了战争末期,其各方面的性能已经达到了顶端,期间涌现了许多名机,如洛克希德P-38"闪电"、综合实力最强的P-51"野马"、德国主力战机Me-109等。活塞发动机的功率从第一次世界大战的几百kW增加到了2 200多kW,歼击机速度达到了700 km/h以上,升限12 000 m。轰炸机速度达到480 km/h,航程超过5 000 km,最大载弹量达到12 t左右。在发动机性能快速提高的同时,经济性也越来越好,耗油率从约0.50 kg/(kW·h)降低到0.23~0.27 kg/(kW·h)。在第二次世界战结束后,由于涡轮喷气发动机的发明而开创了喷气时代,活塞式发动机逐步退出主要航空领域。

2. 燃气涡轮发动机时期

第二次世界大战后,航空燃气涡轮发动机取代了活塞式发动机的角色,开创了喷气时代。随着航空工业的快速发展,涡轮喷气发动机、涡轮风扇发动机、涡轮螺旋桨发动机、桨扇发动机和涡轮轴发动机在不同领域和时期实现了一次次飞跃式发展。

(1) 涡喷发动机

第一个喷气发动机的专利于1913年申请成功,它属于无压气机式空气喷气发动机,与后来的冲压发动机基本相同。有压气机式空气喷气发动机是由英国人弗莱克·惠特尔和德国人汉斯·冯·奥海因在同一时期分别发明的。惠特尔在1930年申请了专利,并在1937年成功发明了离心式涡轮喷气发动机,在试验中的推力达到了200拾牛顿(用符号daN表示)。1941年5月,由安装惠特尔设计的W-1发动机装配到格罗斯特公司E-28/39飞机,并取得试飞成功。该发动机推力为650 daN。奥海因在飞机制造商亨克尔帮助下,在1937年研发了验证发动机HeS-1,随后又研制了推力更高的轴流式发动机HeS-3B,并在1939年8月27日装载了该发动机的亨克尔公司的He-178飞机试飞成功。

惠特尔与奥海因虽然都在同一年里研制了喷气发动机,但两者仍有差异:英国采用稳定的离心式压气机,而德国采用更为强大的轴流式压气机。随着工艺和材料技术的提升,各国都倾向于研制轴流式,现在轴流式已成为最常见的类型。

早期的发动机仅使用一根轴,即单转子结构。这种类型的发动机只有一个压气机和一个涡轮,两者用一根轴连接在一起。在涡轮喷气发动机的发展中,通过提高涡轮前燃气温度可以有效提高推力,因此对压气机的增压比也有很高的要求。然而随着压气机设计增压比提高到一定程度,例如单转子增压比达到12左右,只要发动机的共同工作点(转速一致、流量连续、压力平衡、功率平衡)稍微偏离设计点,压气机就要发生喘振。为了增进发动机推力,降低耗油率,普拉特·惠特尼公司(简称普惠公司)的工程师们在20世纪40年代末研发出了双转子技术,如图 1.18 所示。

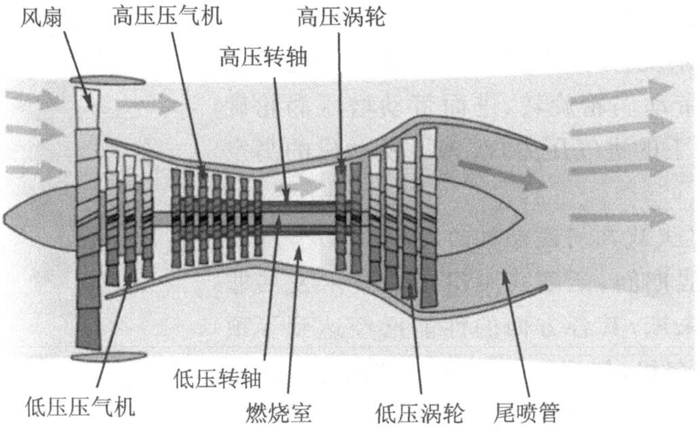

图 1.18 双转子发动机结构图

高增压比的压气机分为高、低两个压气机,涡轮也同样如此;用两根转轴,粗轴套在细轴外面,将对应的压气机和涡轮连接在一起。这种设计有效地提高了压气机效能,改善了发动机加速响应速度,在提高推力的同时降低耗油率。基于这种先进技术,普惠公司于 1950 年成功设计出 J57 轴流涡喷发动机,而且是航空史上首次推力达到 10 000 磅(45 kN)的发动机。后续型号推力进一步提高到了 80.07 kN。同一时期,加力燃烧室开始在发动机上广泛应用,为飞机突破音障提供了足够的推力。

(2) *涡扇发动机*

涡轮风扇发动机的理念同样由来已久,早在研发喷气发动机的初期,人们就考虑过涡轮风扇的方案,但由于技术困难以及战争原因未能实现。德国戴姆勒-奔驰研制的 DB 670 是世界上最早的涡扇发动机,于 1943 年 4 月在测试台上首次运转,推力为 6 kN,之后由于推重比过低而被放弃。在战争结束后,由于民用航空发动机的需求逐渐浮现,而且涡喷发动机自身经济性差的特点,各国竞相开始研发涡扇发动机。世界上首次投入使用涡扇发动机的是英国罗罗公司的 RB. 80 康维(Conway)。该型号的发动机从 1947 年就有了方案,中途研发了多种过渡型号,直到 1959 年 9 月 RCo. 12 定型。该发动机推力达到 76 kN,涵道比为 0.25,首次采用了气冷的涡轮叶片。另一款最成功的涡扇发动机也走向市场,即美国普惠公司的 JT3D。JT3D 地面台架最大推力为 80 kN,推重比为 4.22,涵道比达到了 1.37。

美国另一家发动机巨头通用电气公司也相应地研发出了自己的第一代涡扇发动机 CJ805-23,其与众不同的地方就在于 CJ805-23 的风扇位置,它是有着特色的后风扇设计的涡扇发动机。虽然后置发动机避开了前置发动机的几个困难,但也带来了新的问题,在以后的涡扇发动机设计中再也没有看到类似的布局。

在涡扇发动机的三大创始公司纷纷定型下线后,研究人员发现若利用已有的一台涡喷发动机作为内核来研制涡扇发动机,则可以提前解决技术上最难解决的部分,从而省下很多人力、物力。相比之下,以康维为代表的发动机从一张白纸开始试制,则至少要十年的时间才能定型投产。在这样的背景下,美国为减少开发费用和缩短研制时间,在没有确切目标的情况下,从 1959 年开始执行"先进涡轮燃气发生器计划"。这个计划的目的是进行先期的地面试车，即通过最新的科研成果来试制燃气核心机并进行地面试车，以暴露并解决各部分的问题。在这个燃气核心机的基础上进行放大或缩小，再加装其他相应的部件，如压气机、风扇等，就可以组装成不同类型的航空涡轮发动机。

民航领域自 20 世纪 70 年代以来，随着大型宽体客机波音 747 走进人们的视线，推力在 200 kN 以上的高涵道比涡扇发动机也登上历史舞台。从干线客机到支线客机，都开始采用经济性好、又能满足性能要求的高涵道比涡扇发动机。不仅如此，一些老客机的低涵道比涡扇发动机也改用了高涵道比涡扇发动机，性能得到提升。

高涵道比涡扇发动机的应用可以从 20 世纪 70 年代初开始，到目前已经经过了几十年发展。按照发动机所采用的循环参数与设计技术，大致可分为以下几个阶段。

1）初期阶段

20 世纪 70 年代初至 80 年代中，主要用于波音 747－200/－300、DC－10、波音 757 等客机。发动机总压比低，为 22～30，涵道比为 4.2～5.0。这类发动机都采用了一般的工业设计、工业制造技术、原材料与制造工艺。这个阶段的代表发动机有普惠公司的 JT9D、通用电气公司的 CF6－45A2 和罗罗公司的 RB211－524B2 等。

2）中期阶段

20 世纪 80 年代初到 90 年代初，发动机总压比为 28～34，涵道比为 5.0～6.0，主要用于波音 747－400、波音 767 等飞机上。此时的发动机在工业设计技术、制造材料、制造工艺以及调节器上都有较大的进步。这个阶段的代表发动机有普惠公司的 PW4056、通用电气公司的 CF6－80C2 和罗罗公司的 RB211－524H 等。

3）近期阶段

20 世纪 90 年代初至 90 年代末，发动机总压比为 34～40，涵道比为 6.0～8.0，主要用于空客 A321、A330、A340，波音 777 等飞机上。此阶段的发动机采取了许多提高部件效率的措施。这个阶段的发动机有普惠公司的 PW4077、4164，通用电气公司的 GE90，罗罗公司的遄达 800 和 CFM 公司的 CFM56 等。

4）20 世纪末至现在

发动机总压比已经达到了 40～52，涵道比高达 8.0～11.0，主要用于空客 A380、A350XWB，波音 787、747－8 等飞机上。此时的发动机，已经将复合材料用于制造体积较大的风扇机匣，满足低排放的适航要求，建立高效的涡轮叶片冷却技术与智能化的发动机状态监视系统等。这一阶段的发动机有普惠的公司的 PW4090，通用电气公司的 GP7200、GEnx 和罗罗公司的遄达 900/1000 等。

涡扇发动机的性能突飞猛进，未来仍会向着更大的推力、更高的经济性和可靠性方向发展，而且研制工作也趋向于多国/多公司合作的模式。

在众多的发动机型号中，只有罗罗公司的发动机采用了三转子结构，如图 1.19 所示，而其他发动机仍然是沿用双转子结构。

三转子结构即使用内、中、外 3 个套轴高速、大功率旋转。发动机内也因此可分出低压、中压和高压 3 个等级。三转子结构目前还有很多问题需要解决。如果需要将三个轴相互套在一起，就需要更多的轴承，支撑结构也更加复杂。轴承间的润滑以及整个发动机的振动、共振、过临界转速和统筹控制等方面还有很多技术难题。直到现在，三转子结构仍是艰巨的技术难题，也是技术水平发展的标志。早期喷气发动机从单转子结构发展到双转子结构的原因在于，双

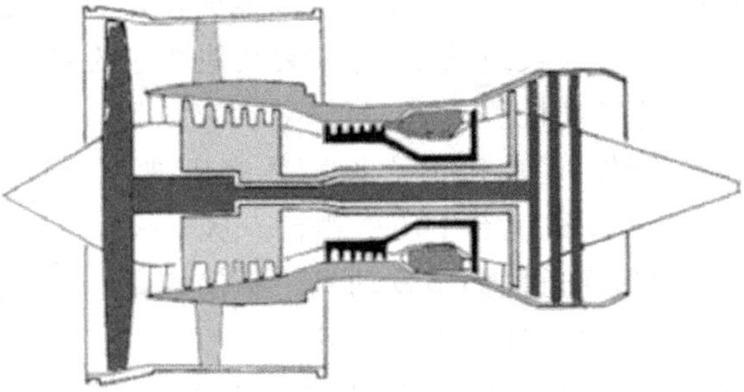

图 1.19　三转子发动机结构图

转子结构能有效地防止喘振。而采用三转子结构除了可以防止喘振外，3 个转子可以在最佳转速下工作，提高了风扇效率，因而可以采用更高的旁通比设计。除此之外，三级压气机可以提供较高的压缩比，如罗罗公司的遄达 XWB，整体的压缩比可达到 52。三转子发动机还具有巨大的潜力。

(3) 涡桨发动机

世界上第一台可以工作的涡轮螺旋桨发动机是由匈牙利的工程师 György Jendrassik 在 1937 年设计的，然而由于燃烧问题，该发动机没有正式问世。在战时，英国也开始了研制涡轮螺旋桨发动机，最终在 1944 年 6 月研制出了本国的第一台涡桨发动机 RB. 50 Trent，并于 1945 年 9 月 20 日安装在一台格罗斯特“流星”战斗机上。1948 年英国的维克斯子爵号，采用罗罗公司设计并制造的 RB. 53 达特，成为了世界上第一架采用涡桨发动机作为动力的客机。与同时期的喷气飞机相比，该飞机更加省油，与活塞式飞机相比，其速度更快。

至今，国外已成功地研制出了 4 代涡桨发动机，第一代即 1970 年以前投产的，如 Dart、PT6A、T56 的早期型号。这一代发动机循环参数水平较低，结构简单，耗油高，主要采用单转子固定涡轮输出方式，发动机总增压比低于 10，涡轮一般采用非冷却结构，涡轮前温度一般不超过 1 300 K。第二代是指 20 世纪 80 年代前后研制的，它们的循环参数有了较大幅度提高，基本采用了自由涡轮形式，耗油率下降，总增压比在 11～16 之间，涡轮前温度可达到 1 300 K 左右，主要有 PW100 系列早期型号、TPE331 - 14/15 和 CT7 - 5 等型号的发动机。第三代是指 20 世纪 90 年代后投入使用的发动机，它们的特点是在发动机上主要采用了新技术、新工艺、新材料进行改进改型，提高了发动机热力循环参数，发动机总增压比达到 13～20，涡轮前温度达到 1 500 K 左右，主要型号有 AE2100、TPE351 - 20 和 PW150A。第四代涡桨发动机，如 TP400 - D6，它的总增压比高达 25，涡轮前温度约为 1 600 K，发动机耗油率降低到 0.21～0.27 kg/(kW·h)。

桨扇发动机可以被看做带先进高速螺旋桨的涡轮螺旋桨发动机，也可以被看做除去外涵道的超高涵道比涡轮风扇发动机，结合了两者各自耗油率低和飞行速度高的优点。在石油危机的影响下，桨扇发动机得以飞速发展。然而进入 90 年代后，由于石油供给趋于稳定以及冷战的结束，推动桨扇发动机发展的外部条件大大降低。而它自身的缺点也暴露出来，主要是其噪声比同功率的涡扇发动机高出许多，难以被民众接受。目前只有俄罗斯和乌克兰的安 - 70/D - 27 进入工程研制。虽然如此，在循环模式与燃料不产生重大变革的情况下，无涵道桨扇发动机仍被认为是最具前途的亚声速飞机发动机。

(4) 涡轴发动机

20 世纪 50 年代初，法国的透博梅卡公司研制成功了一种只有一级离心式叶轮压气机，两级涡轮的单转子涡轴发动机——阿都斯特 I 型。它的功率达到了 206 kW，应用在美国贝尔直升机公司生产的 Bell 47 上，于 1954 年进行了首飞。此后，涡轮轴发动机开始取代活塞式发动机，成为直升机最主要的动力来源。60 多年来，涡轴发动机已经成功地发展了 4 代产品。

第一代涡轴发动机是在 20 世纪 50 年代研发的，主要代表型号有阿都斯特、宁巴斯、T53 等。这代发动机的性能虽然较差，但促进了人们对涡轴发动机的研究，并带动了空气动力、材料、加工等技术的发展。

第二代涡轴发动机主要是在 60 年代研制的，这一代产品较上一代已经有了长足进步，但是整体上质量大，体积大，耗油率高，采用机械液压式控制模式，主要代表型号有 T63、TV2-117A、阿赫耶 C 和 T53 的改进型 T53-L-73。

第三代涡轴发动机于 70 年代设计，并于 80 年代投产。与前两代发动机相比，这一代的涡轴发动机通过改进进气动设计和材料，增加了转动部件的循环数；借助于气冷涡轮叶片，使涡轮进气口温度达到了 1 100～1 300 ℃；采用了全权数字式电子控制系统；通过简化结构减少了零部件数量，提高了发动机的可靠性和维修性，并具备了状态监控技术，可在外场进行视情维修。其代表型号有法国透博梅卡公司的 TM333、GE 公司的 T700-GE-701、俄罗斯斯克里莫夫设计局的 TV3-117VM。

第四代涡轴发动机在 90 年代前后开始研制，其主要特点是普遍采用了全权数字式电子控制系统，并采用先进的压气机设计技术，将增压比提高到 14；耐高温材料和单晶涡轮转子叶片使涡轮进气口温度进一步提升，提高了发动机的性能和可靠性。其代表型号有英法联合研制的 RTM322、德法英联合研制的 MTR390、美国的 T800、俄罗斯的 TVD-1500。

今后高性能的涡轴发动机发展方向仍以改进发动机循环参数和部件效率为主，从而提高功重比率、降低燃油消耗和生产维护成本。

1.2　世界民用航空发动机介绍

1.2.1　主要民用航空发动机制造商

1. 通用电气公司

美国通用电气公司(General Electric Company)简称 GE 公司，总部位于美国康涅狄格州。GE 公司拥有一百多年的历史，但 GE 是在 1941 年才进军航空发动机制造业务，是发动机制造商中的后起之秀。不过 GE 却表现出强劲的竞争力，CF6 系列及与法国斯奈克玛合资的 CFM 国际公司(CFMI)生产的 CFM56 系列等优秀发动机，奠定了其在航空发动机制造领域的领先地位。

(1) CF6 系列

CF6 是 TF39 发动机的民用改进型，于 1971 年首次用在 DC-10 上，它属于高涵道比大推力涡轮风扇发动机。CF6 系列发动机从最初的 40 000 磅(180 kN)推力的 CF6-6 不断发展，稳步推进到 72 000 磅(324 kN)推力的 CF6-80E。CF6 系列发动机相当成功，奠定了 GE 在航空发动机领域的地位。早期大型宽体客机基本上都是选用 GE 公司的 CF6 系列发动机，该系列有着很高的市场占有率，如被安装于空客的 A300、A310、A330，波音的 B767、B747 等大型民航飞机。

(2) CF34 系列

CF34 系列发动机是继承军用发动机 TF34 的发动机，经过改进之后应用于民航，保持了其稳定、低噪声的特点，主要应用于支线运输机、中型公务飞机等。该系列发动机 1983 年投入使用，推力范围为 9 200～20 000 磅(41.4～90 kN)，被应用于 CRJ100/200/700、EMBRAER170/175/190/195 等小型民航飞机。我国的 ARJ21－700 也是采用该系列的发动机。

(3) GE90 系列

GE90 系列发动机是 GE 公司参考成功的 CF6 发动机项目和其他军事项目以及验证过的先进技术之后，投入 20 亿美元的研发资金为新一代宽体飞机研发的。GE90 发动机于 1995 年正式推出，并在波音 777 飞机中运营使用。GE90 的风扇叶片是航空业内最大的叶片，由于采用的压气机是当时最先进的，所以 GE90 的大型风扇叶片可以相对低速运转，这样可以降低噪声，使其噪声是同类型发动机中最低的。GE90 在 1995 年应用于飞机上，它的推力值范围为 74 000～115 000 磅(333～517.5 kN)。

(4) GEnx 系列

GEnx 系列是为新型远距离客机研制的发动机，联合了日本、比利时、意大利等 5 家航空发动机公司共同开发。结构以 GE90 发动机为基础，风扇叶片和前风扇机匣都采用了先进的复合材料，从而很大程度上减轻了质量；还采用了新一代的燃烧室，减少了废气的排放，推力范围是 53 000～72 000 磅(238.5～324 kN)，供波音 B787、B747Advanced，空客 A350 飞机选装。

2. 普拉特·惠特尼公司

普拉特·惠特尼公司(Pratt & Whitney Group)简称普惠公司(P&W)，成立于 1925 年，总部位于美国康涅狄格州。该公司主要研究飞机发动机、燃气涡轮和航天推进系统，即与航空航天有关的设计制造和研发。在活塞式发动机的市场上，普惠公司具有不可撼动的地位，但进入喷射发动机市场的脚步相对延缓。普惠公司主要的航空涡轮发动机有以下产品。

(1) JT3

20 世纪 40 年代末，涡喷发动机出现并应用于飞机上，令飞机性能有了质的提高。在这样的背景下，惠普公司也开始了民用涡喷发动机的研制，JT3 也孕育而生。JT3 从 1958 年投入使用，推力达 13 000 磅(58.5 kN)，安装在早期的 DC－8、B707 上。

(2) JT8D 系列

1963 年，普惠公司最新的 JT8 系列涡喷发动机开始使用，推力范围为 14 000～17 400 磅(63～78.3 kN)。它良好的起降性能能够满足中程、短程飞机的性能要求，因此广受好评。同时它也顺势让中程、短程飞机流行起来，多个主流飞机如 DC－9、波音 B727、B737－1/200 均选用了该型号发动机。在 70 年代，环境问题受到人们日益关注。为了满足社会对航空公司的期待，普惠公司研制出了新的 JT8D－200 系列发动机，其推力范围为 18 500～21 700 磅(83.2～97.6 kN)。

(3) JT9D 系列

20 世纪 60 年代中期，普惠公司为满足新一代大型宽体客机需要，研制了全新的高涵道比的涡扇发动机，融合众多先进技术的 JT9D 发动机被研制出来。该型号有许多技术突破，如增进燃油效率，发动机可靠度的技术等。JT9D 发动机于 1970 年随 B747 进入民航，推力范围为

48 000～56 000 磅(216～252 kN)，作为 B767、B747、A300、A310 等的选装发动机。

(4) PW2000 系列

PW2000 是普惠公司 1984 年研制生产的一系列发动机，推力范围为 37 250～43 000 磅(167.6～193.5 kN)。它还具备了全权限数字式系统(FADEC)，以满足航空公司对发动机维修成本、可靠性方面的需求。PW2000 可用于双发动机 B757 及 4 发动机 Ilyushin IL－96 飞机的选装发动机。

(5) PW4000 系列

PW4000 系列发动机是普惠公司为大型客机设计的高涵道比涡扇发动机系列，推力范围为 52 000～99 040 磅(234～445 kN)。该系列作为 JT9D 的改进型，于 1987 年开始投入使用，具有较大的应用范围，可作为 B747－400、B767－200/300、A300－600、A310－300 等客机的选装发动机。

(6) PW6000 系列

由于中小型飞机航程短、起降频繁，因而对可靠性和噪声水平的要求比较高。为了满足这些需求，普惠公司推出了 PW6000 系列，推力范围为 18 000～24 000 磅(81～108 kN)，应用于 A318，于 2005 年开始投入使用。

(7) PW8000 系列

1998 年普惠公司开始研制新型齿轮传动式涡扇发动机，以满足新一代窄体客机对性能的要求。齿轮传动的风扇是指在风扇与低压压气机间安装了减速齿轮箱，使风扇、低压涡轮从原来同速转动变为两者各自处于最优转速下工作，这一点上有些类似于三转子带来的作用。

3. 罗尔斯·罗伊斯公司

罗尔斯·罗伊斯公司(Rolls－Royce Ltd)简称罗罗公司(R. R)，目前是世界第二大民用航空发动机公司和世界第二国防航空发动机公司，是全球船用推进系统和能源领域的主要供应商。在第二次世界大战后期，当其他发动机制造商还在研制更高性能的活塞式发动机时，罗罗公司就在研发燃气涡轮发动机。到了 20 世纪 60 年代末，随着宽体客机逐步流行和航空公司的迫切要求，罗罗公司开始研发涡扇发动机，并在之后研制了 RB211 系列和遄达系列涡扇发动机。借助着三转子的独特技术和巨大潜力，罗罗公司在航空发动机市场上占据了重要地位。目前罗罗公司的主要发动机有以下产品。

(1) RB211 系列

随着中远程客机的兴起，飞机制造商希望能有更好的发动机满足性能要求，RB211 就是在这样的环境中诞生的。它最初的目标是作为洛克希德公司 L－1011 的发动机，然而整个研发过程给罗罗公司带来了严重的资金问题。由于 RB211 采用了世界上唯一的三转子技术，虽然具备了更高的工作效率，但整个研发过程漫长而曲折，并最终导致了罗罗公司在 1971 年陷入财务危机而破产。考虑到发动机公司的战略意义，英国政府将其国有化并允许其完成 RB211 的研制。在比原计划延迟了大约一年后，于 1972 年 RB211 取得型号合格证。RB211 独特的三转子结构和巨大的潜力帮助罗罗在航空发动机领域成为世界级的竞争者。到 1987 年英国政府的资金撤出后，罗罗公司重新归为私有。三转子虽然能令高、中、低压工作在最佳转速上，但这样的设计其复杂的结构也增加了制造维护的难度。该系列发动机的推力范围为 37 400～60 600 磅(168.3～272.7 kN)，可供洛克希德 L－1011Tristar、B747、B757、B767、图－204 装配。

（2）Trent 系列

三转子结构的 RB211 是一个理想的核心机，具有很大的潜力。它的高压、中压、低压系统均可根据飞机的具体需求进行调整，满足性能、推力和噪声等指标的要求。而此时，波音、空客正进行大型双发动机宽体客机计划。为了让市场能区分以往的涡扇发动机与这款面向宽体客机的新型发动机，罗罗使用了新的名字——遄达 Trent，成为一个新的系列。从最开始的遄达 700 系列开始，该系列推向市场后取得了巨大的成功，因其优异的性能被选为 B787、A380、A350 等多种机型的发动机。遄达系列的成功让罗罗公司跻身世界第二大大型民用涡轮发动机供应商。

（3）BR700 系列

1990 年，罗罗公司与德国宝马公司联合成立了一个合资公司，针对小型飞机的需求，推进 BR700 系列发动机的发展，推力为 14 000～23 000 磅（63～103.5 kN）。目前，BR700 系列发动机是湾流 G500、G550，波音 B717 和庞巴迪“环球快车”的唯一可装发动机。

4. CFM 国际发动机公司

CFM 国际公司是由美国通用电气公司和法国 SNECMA 在 1974 年联合组成的合资公司，专门负责 CFM56 涡扇发动机的合作研制、生产和销售，总部设在巴黎。通用电气公司负责总体设计、核心机和主控制系统，SNECMA 负责低压系统、齿轮箱、附件综合和发动机安装，CFM 国际公司被认为是国际合作的成功例子之一。2010 年时，全球投入使用的两家公司合资生产的 CFM56 系列发动机数量已超过 20 000 台。CFM 国际能在短时间里成为世界著名的发动机供应商，不仅仅来自性能优异的 CFM56 系列发动机，还在于两个母公司深厚的维修技术经验支持和生产制造支持。

CFM56 系列发动机最初型号是 CFM56－2，随后主要有下列产品。

（1）CFM56－3 系列

1984 年 CFM56－3 系列投入使用，由于更加出色的经济性和低噪声，取代了 JT3D 与 JT8D 发动机，推力范围为 18 500～23 500 磅（83.2～105.7 kN），是波音 B737－300/400/500 唯一可安装的发动机。随着波音 737－3/4/500 的热卖和广受欢迎，CFM 发动机也逐渐被大众认识和接受。

（2）CFM56－5 系列

CFM56－5 系列于 1988 年投入使用，是 320 系列的选装发动机，推力范围为 22 000～34 000磅（99～153 kN），其改进型 CFM56－5C 还具备混合式尾喷管，是 A340－200/300 唯一可装的发动机型号。

（3）CFM56－7 系列

由于在 B737－300/400/500 上的成功，新型波音 737 飞机继续将 CFM56 发动机作为其唯一可装的发动机，CFM 公司为此研制了 CFM56－7 系列发动机，于 1997 年应用于飞机上，推力范围为 18 500～27 300 磅（83.2～122.8 kN）。

1.2.2 主要民用航空发动机型号

1. GE90

GE90 是通用电气公司旗下的通用航空为 B777 研发的高涵道比涡扇发动机系列，于 1995

年11月开始在英国航空的波音777上服役，如图1.20所示。它的推力为330～510 kN，是当前世界上最大的涡扇发动机。GE90可供777-200、-200ER和-300选装，是-200LR、-300LR和-200F的唯一可用发动机。GE航空联合了法国的Snecma、日本的IHI和意大利的Avio，利用20世纪70年代NASA的高效率发动机项目的研究成果进行研发。GE90中两级气冷的高压涡轮带动10级高压压气机，可产生23∶1的增压比。6级低压涡轮则带动了紧靠风扇后的3级中压压气机。

图1.20 GE90发动机

为了进一步提高发动机的推力，通用电气公司推出了两个衍生型号GE90-110B1和-115B。它们与早期的GE90相比，有不同的布局，除了减少一级高压压气机外，还增加一级中压压气机来维持整体的增压比，从而增加了核心机的流量。此外，GE90-115B的风扇直径达到了325 cm，是世界上最大的涡扇发动机。

虽然GE90具有巨大的进气口和优异的性能，但其过大的直径也造成了许多麻烦，它只能通过同样巨大的运输机运输。如果出现紧急情况，而且没有适合的备用零件时，就需要等候超大型运输机运送备用发动机，然后由该运输机将故障发动机送回进行维修。GE90的最大特征是弯曲的进气叶片，这是一种实心的复合材料，可以有效降低噪声及提升效能。

GE90发动机衍生型号有GE90-76B、GE90-77B(供B777-200使用)、GE90-85B、GE90-90B、GE90-92B、GE90-94B(供B777-200ER及777-300使用)、GE90-110B1(供B777-200LR使用)、GE90-110B1L(供B777-F使用)、GE90-115B(供B777-300ER使用)。

(1) GE90-94B参数

- 类型：轴流式、双转子、高涵道比涡扇发动机；
- 长度：729.0 mm；
- 直径：整体直径为340.4 mm；风扇直径为312.4 mm；
- 净重：7 550 kg；
- 压气机：1级宽弦风扇，3级低压级，10级高压级；
- 涡轮：6级低压级，2级高压级；
- 最大推力(海平面)：416.8 kN；
- 整体增压比：42∶1；
- 推重比：约5.6∶1；

(2) GE90-115B参数

- 类型：轴流式、双转子、高涵道比涡扇发动机；
- 长度：729.0 mm；
- 直径：整体直径为342.9 mm；风扇直径为325.1 mm；
- 净重：8 283 kg；
- 压气机：1级宽弦风扇，4级低压级，9级高压级；
- 涡轮：6级低压级，2级高压级；

➤ 最大推力(海平面):514 kN;

➤ 整体增压比:42∶1

➤ 推重比:约 6.3∶1。

2. PW4000

PW4000 是美国普拉特·惠特尼公司于 1982 年宣布研制的一种商用大推力涡扇发动机系列,如图 1.21 所示。根据风扇直径,该系列可分为 94 英寸、100 英寸和 112 英寸 3 个子系列。PW4000 是 JT9D-7R4 的改进型号,可取代该公司原用于 B767-200、B767-300、B767-300ER、A310-200、A310-300、A300-600、B747-200B、B747-300 等客机上的发动机,并满足未来宽体客机的需要。因此目标是采用更加先进的技术,提升发动机性能、经济性的同时,保证新的发动机仍能安装在原来的飞机上。

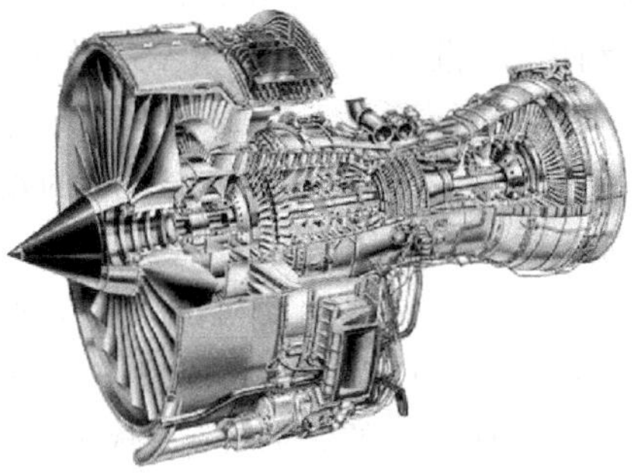

图 1.21 PW4000 发动机

PW4000 是一系列发动机的总名称,具体的命名规则如下:第 1 位数字 4 表示普惠公司民用大推力系列发动机;第 2 位数字表示所装飞机的公司代号,0 表示波音公司,1 表示空中客车公司,4 表示麦道公司;第 3、4 位数字表示推力级,这 2 位数乘以 1 000 即为该发动机的以“磅”为单位的推力值。

第一系列是风扇直径为 94 英寸的发动机,具有 230~275 kN 的推力范围,可作为空客 A310-300、A300-600,波音 747-400、767-200/300 和麦道 MD-11 飞机的发动机,并具备 180 min 双发延程飞行能力。该系列包括了 PW4052、PW4056、PW4060、PW4062、PW4062A、PW4152、PW4156A、PW4156、PW4158、PW4460 和 PW4462。

第二系列是风扇直径为 100 英寸的发动机,该发动机专为空客 A330 双发喷气飞机研制。它具有 287~305 kN 的认证推力范围,该系列包括了 PW4164、PW4168 和 PW4168A。该系列的升级型号 PW4170 从软硬件上全面提升了发动机的性能,将认证推力提升到 311 kN,减少 1%的燃油消耗和 15%的维修费用。

第三系列是风扇直径为 112 英寸的发动机,该发动机专为波音 777 研发,同时也是波音 777 上市时可用的三个发动机之一。它具有 386~441 kN 的认证推力范围,该系列包括了 PW4074、PW4077、PW4077D、PW4084、PW4084D、PW4090 和 PW4098。该系列于 1995 年由美国联合航空开始使用,是世界上第一架上市时就具备 180 min 双发延程飞行认证的发动机。

PW4084 参数:

➤ 类型:轴流式、双转子、高涵道比涡扇发动机;

➤ 长度:414.3 mm;

➤ 风扇直径:284.4 mm;

➤ 压气机:1 级宽弦风扇,5 级低压级,15 级高压级;

➤ 涡轮:5 级低压级,2 级高压级;

➤ 最大推力:284.7~436 kN;

➤ 整体增压比:32∶1~35.4∶1;

➤ 推重比：6～7。

3. 遄达 900

20 世纪 90 年代初，经过长期的研究和认证，空客公司决定研发一款可以代替波音 747 的超大型客机，这就是后来 2007 年交付使用的 A380。早在 1996 年，在这款飞机设计定型时，罗罗公司也宣布自己将设计与之配套的遄达 900 发动机，如图 1.22 所示。

遄达 900 系列共分为 4 个推力等级 310 kN、320 kN、340 kN 和 360 kN。它使用了许多在研发 8104 时采用的技术，包括直径 116 英寸的后掠式风扇叶片，它比普通宽弦风扇轻 15%，能在相同尺寸的发动机上提供更大的推力。相比于同样作为 A380 选装的 GP7200 系列发动机，遄达 900 体型较小，可用 B747 进行运输。

虽然大多数的遄达系列发动机都采用古德里奇公司的全权限数字发动机控制器，但遄达 900 的控制部分是由联合技术公司旗下汉胜公司开发的。联合技术公司是普惠的母公司，而普惠和 GE 合资生产了 A380 的另一款发动机 GP7200。

遄达 900 参数：

➤ 类型：三转子、高涵道比涡扇发动机；

➤ 长度：547.7 mm；

➤ 风扇直径：294.6 mm；

➤ 净重：6 246 kg；

➤ 压气机：1 级宽弦风扇，8 级中压级，6 级高压级；

➤ 涡轮：5 级低压级，1 级中压级，1 级高压级；

➤ 最大推力：334～374 kN；

➤ 整体增压比：37～39；

➤ 推重比：5.46～6.11。

4. CFM56

CFM56 是由 CFM 国际制造的高涵道比涡扇发动机系列，如图 1.23 所示，其家族成员的推力范围为 80～150 kN。CFM 国际是一家合资公司，美国通用电气航空和法国斯奈克玛各自拥有 50%股份，两家公司各自负责生产部件并且都有最后的装配线。GE 公司生产高压压气机、燃烧室和高压涡轮，斯奈克玛制造风扇、尾喷管、齿轮箱和低压涡轮，还有一些零部件由意大利的 Avio 生产。最终组装完成的发动机通过 CFM 国际进行推广和销售。

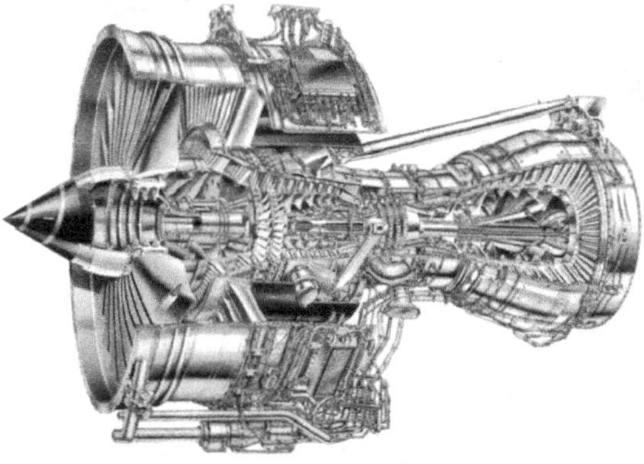

图 1.22　遄达 900 发动机

图 1.23　CFM56 发动机

CFM56 已经是世界上最普遍的涡扇发动机之一，在 B737 上应用最为广泛，还是空客 A340－200 和 A340－300 系列唯一可用的发动机（CFM56－5C）。CFM56－5A 和 CFM56－5B 还可供 A320 系列选用。CFM56 各型号在设计上大同小异，细节上略有差异。

（1）风扇和低压压气机

CFM56 的风扇直径各个型号并不相同，例如 CFM56－3 系列比 CFM56－2 系列的低压风扇的直径小，这样叶梢转速较慢，工作效率更高，因此减少了约 3％的单位推力燃油消耗。

（2）涡　轮

CFM56 的所有型号均使用单级高压涡轮，并由高压压气机流出的空气冷却。大多数的型号使用四级低压涡轮，只有 CFM56－5C 系列使用 5 级低压涡轮，这是为了驱动更大的风扇而设计的。

（3）尾喷管

CFM 国际在发动机最初设计时，有混合式和分离式尾喷管可供选择，但实际生产中 CFM56 这一型号的大部分发动机采用了分离式尾喷管，而只有 CFM56－5C 采用了混合式尾喷管。该发动机装载在空中客车 A340 上。

CFM56－7B18 参数：

- 类型：双轴高涵道比涡轮风扇发动机；
- 长度：250.7 mm；
- 直径：风扇直径 154.9 mm；
- 净重：2 366 kg
- 压缩机：单级风扇，3 级低压压气机，9 级高压压气机；
- 燃烧室：环形；
- 涡轮：单级高压涡轮，4 级低压涡轮；
- 最大推力：86.7 kN
- 总压比：32.8∶1；
- 涵道比：5.5∶1；
- 推重比：3.7∶1。

5. V2500

V2500 发动机是国际航空发动机公司（IAE）生产的双转子、轴流式、高涵道比的涡轮风扇发动机，如图 1.24 所示。该发动机主要应用在 A320 家族，1983 年 9 月开始研制，1985 年 12 月第一台发动机开始运转，1988 年 4 月取得美国联邦航空局颁发的型号适航证，1989 年 5 月正式投入使用。该发动机融合了多个发动机公司的技术，具有罗罗的无凸台宽弦空心风扇叶片、普惠的“浮壁”燃烧室等，降低了发动机的燃油消耗率。

图 1.24　V2500 发动机

V 表示 5 家公司合资，包括美国普惠、英国罗罗、联邦德国的 MTU、日本航空发动机公司 JAZC、意大利菲亚特。V2500 采用的是由罗罗公司设计和发展的无凸台宽弦空心叶片，这种叶片在轻质量的同时具备了高强度，可以很好地抗击外来物的击伤。采用宽弦叶片还提升了发动机的可靠性，降低了维修费用。这是因为宽弦叶片可将飞向发动机的颗粒尘土甩进旁路管道，有效地防止外来异物吸进发动机，进而减少了发动机的拆卸频率。

V2500 同时也采用了普惠公司的"浮壁"燃烧室技术。这是由金属层板外壳组成的，里面挂有合金扇形块的燃烧室。这些扇形块"烧浮"在它们和外壳之间的冷空气上。这种设计可以提高冷却效率，消除压力，并且这些铸件都可以单独更换，因而减少了维修费用。

现在的 V2500 型号代号既表示了该发动机的推力级又表示使用的飞机机种，例如 V2527－A5中，27 表示推力级为 30 000 磅(135 kN)；A 表示选装在空中客车飞机上；D 表示选装在麦道飞机上。该系列有 V2500－A1、V2528－D5、V2530－A5、V2527－A5、V2522－D5 等型号。

1.3　现代航空发动机的发展

1.3.1　现代航空发动机的经济性发展趋势

航空发动机的性能与经济性决定了一架飞机的飞行能力和运营费用。目前，航空公司越来越倾向环保、低耗能，具有燃油经济性和低成本的航空发动机。降低发动机的运营成本主要有两个途径：一是耗油率，二是维修成本。当前使用的客机发动机主要是涡轮风扇发动机，提高涵道比和总增压比能够改进发动机的燃油经济性，而且提高增压比能够提高热效率，降低发动机的耗油率。在亚声速飞行时，高涵道比能降低排气速度，可提高推进效率。为了达到这些要求，就必须增加压气机和带动压气机的涡轮级数，风扇直径变大，而这些必然会导致发动机质量的增加和阻力的增大。因此，为提高航空发动机燃油经济性，以下问题能否成功解决将成为关键。

1. 气动设计改进

现今的气动设计可以提高发动机的部件效率，改善其性能。为了提高风扇和压气机效率与级负荷，宽弦叶片、掠形叶片、弓形叶片已经是广泛使用的关键技术。如普惠公司在 PW4084 高压压气机上最先采用弓形静子叶片，减少了端壁损失，提高了效率；CFM56－7 发动机采用后掠宽弦叶片后，空气流量提高了 2%以上，油耗降低了 1%。20 世纪 90 年代以来，CAD 技术不断成熟，风扇/压气机的三维气动设计技术成为可能。人们可以在电脑上实现风扇的三维气动造型，模拟风扇的内部流场，可以有针对性地改进风扇设计进而提升风扇的效率。

2. 结构设计改进

发动机的结构改进能从根本上降低发动机的质量、提升性能、降低维修费用等，因此历来是发动机设计的重点。整体叶盘技术是指应用先进工艺将叶片和盘加工成一体，去掉了常规的榫头和榫槽，从而很大程度简化了结构。通用电气公司已将该技术应用到 F414、F136 等机型。空心宽弦风扇叶片不是绝对的空心，在空腔内部还采用了部分加强结构。整体上空心宽弦风扇叶片可大大减轻质量，而且空心结构具有很强的抗疲劳特性。不同的发动机结构也在逐步发展，如下面介绍的齿轮风扇、开式转子，研发这些结构的目的就在于降低耗油率、减小噪声。开式转子发动机改进自桨扇发动机，采用两排相互反转的风扇，并去掉了发动机短舱设计，减小了型阻。这样的结构使得发动机具备超高涵道比，显著地降低了发动机的油耗。齿轮传动风扇发动机是指在风扇、低压压气机间安装减速齿轮箱，这样即使低压涡轮带动低压压气机高速旋转时风扇能低速旋转，从而提高了发动机的推进效率，使其燃油经济性得到明显的提高。普惠公司的 PW8000 系列发动机在耗油率方面比现有的发动机节约了 11%～12%，正是因为采用了齿轮风扇技术。

3. 材料改进

使用先进材料可直接提高航空发动机性能，还能减轻发动机质量，进而直接减少燃油消耗。同时新型结构设计在很大程度上依赖于材料进步才能得以实现。未来各种复合材料在发动机上的用量会大大增加。GEnx 发动机是通用电气公司为 B787 飞机研制的高涵道比涡扇发动机，该发动机所采用的复合材料在喷气发动机上达到了前所未有的程度。GEnx 发动机在风扇机匣和风扇叶片上采用了碳纤维和环氧树脂这类的复合材料，这使得发动机减少了质量并提高发动机性能。

4. 替代燃料

目前飞机替代性燃料主要有生物混合燃料、人工合成混合燃料和液氢。生物混合燃料是由植物油和航空燃油混合而成的，虽然它可以降低污染物的排放，减少能源消耗，但是其缺点是成本高昂。虽然生物航空煤油更加环保，但其成本是普通航空煤油一倍以上，航空公司无法承担这样的成本压力。因而还需要进一步研发更加便宜的生物混合燃料。合成混合燃料是将煤、油页岩或者天然气转化为液体状燃料。由于人工合成混合燃料燃烧成分主要为烃类，并且其在能量密度方面能够满足实用要求。因此，随着石油的不断消耗，人工合成混合燃料可能成为未来重点发展的替代燃料。

1.3.2 现代航空发动机的降噪发展趋势

在民用喷气式发动机刚开始投入运营的 20 世纪五六十年代，发动机的噪声非常严重。在技术不断发展的几十年后，飞机的噪声已经比最初下降了 75%，极大地减轻了飞机里的乘客和地面民众遭受的噪声困扰。然而，随着航空运输的持续增长，虽然飞机变得安静了，但航空噪声污染依然备受关注。有研究结果显示，长期暴露在飞行噪声，尤其是夜间噪声下，对人体的健康系统造成的损害非常严重。为了限制噪声，自 2006 年 1 月 1 日起，国际民航组织采取了更为严格的第四阶段噪声标准，即比第三阶段标准再降低 10 dB。

飞机的噪声主要来源于飞机发动机噪声和飞机空气动力噪声。飞机空气动力噪声是由空气气流经过机身引起的气流压力脉动产生的，通常称为机体噪声。由发动机运作产生的强烈噪声是引起噪声问题的主要原因。现代客机常用的的涡轮风扇发动机主要噪声源有 4 个，分别是风扇/压气机噪声源、涡轮噪声源、燃烧噪声源和喷流噪声源。这 4 个涡扇发动机噪声源中以风扇噪声和喷流噪声最严重。由于喷流噪声与喷流速度的 4 次方成正比，喷流速度的增大会显著增强喷流噪声。反之如果能降低喷流速度就能缓解噪声污染。因此高涵道比的涡扇发动机就特别引起重视，提高涵道比既改善了发动机的经济性也有利于降低排气噪声。

未来更高涵道比风扇设计中，其技术难题就是降噪，新一代发动机主要采用的降噪技术有斜嵌进气道技术、掠形转子叶片和倾斜出口导向叶片技术、锯齿形喷管技术、声衬技术等。

1.3.3 现代航空发动机的材料要求

高性能和高经济性已经成为涡轮发动机研制的主要目标，但事实表明，仅从改变发动机的设计和结构布局是难以达到的。不断提高的增压比、涡轮前温度、燃烧室温度以及转速已经达到了传统合金材料的极限，因此在实际应用中，需要对高温部件采用气冷以及热障涂层防护等措施。但是采取这些措施往往会降低发动机燃烧效率，而且还增加了部件结构复杂度，增加了加工难度和研制、维修费用。现代发动机要求材料不仅具备耐高温的特性，还需要具有密度低、耐腐蚀、高韧性等特点。

目前复合材料应用于飞机发动机领域越来越多，GE公司在此领域占据主导地位。在GE90系列发动机上，GE公司用碳纤维增强高韧性环氧树脂复合材料代替钛合金，制成了世界上最大的发动机风扇叶片。用碳纤维复合材料制造的风扇叶片比钛合金夹心结构的质量轻，而且在抗振特别是抗颤振性能上也优于钛合金，抗鸟击能力和低噪声指标也获得适航当局的合格批准。CFM国际公司研发的LEAP-X发动机上有复合材料制造的风扇机匣、高压涡轮喷嘴和罩环。此外，风扇叶片则采用了先进碳纤维复合材料制造。这些新材料既很大程度上减轻了发动机的质量，同时还提高了整体的耐久度和效率。LEAP-X发动机上的低压涡轮导向器叶片就使用了陶瓷基复合材料，其质量仅为传统材料的1/2，甚至更轻，但却耐1 200 ℃以上的高温，且无需冷却，易于加工。另外，在航空发动机中使用了金属间化合物。所谓金属间化合物，是指金属原子和金属原子之间，类金属原子和金属原子之间以共价键形式结合生成的化合物，其原子的排列遵循某种高度有序化的规律。金属间化合物主要有钛铝系基化合物和镍铝系化合物等几类。TiAl系金属间化合物，主要用于发动机高压压缩机叶片、高压涡轮叶片、低压涡轮、过渡导管梁、排气阀等。

1.3.4 现代航空发动机的健康管理要求

随着航空发动机面临的可靠性、安全性、维修性和经济性等问题日益凸显，传统的定期维修方式已难以满足需求。视情维修有诸多优点，比如规模小、效率高、经济性好，尤其是可避免重大灾难性事故方面有显著优势，成为航空发动机必然发展的先进维修方式。视情维修的前提是要求航空发动机具有对自身故障的预测能力，并具有对健康状态进行管理的能力，由此产生了航空发动机健康管理EHM(Engine Health Management)的概念。

发动机健康管理是通过布设传感器来获取发动机状态的数据信息，借助各种传统的和现代的数学方法来评估发动机及各系统的健康状态，预测发动机性能状态的发展趋势和可能发生的故障，并提供科学和恰当的排故和维修建议；在结构载荷监测的基础上，对发动机在保证工作安全条件下的剩余使用寿命进行预测。采用健康管理技术，可以改变发动机现在的维修模式，实现视情维修，有效降低发动机的使用费用，并避免重大灾难性事故的发生，延长发动机寿命，显著提高发动机的可靠性、维修性、保障性和安全性。

1. 发动机健康管理的起源

系统健康管理SHM(System Health Management)经过几十年的发展，从最初简单的载运工具健康监测到目前复杂的系统综合健康管理，其基本的概念是通过对系统的持续监测，评估系统当前以及未来一段时间内的健康状态，进而为运营及维修保障提供决策辅助，以维持系统完成其预定功能的能力，并降低寿命周期成本。系统健康管理基于一个基本的事实，即所有的机电部件在使用中都会出现老化(退化)现象,且通常为使用时间、载荷以及运行环境的函数。随着服役时间的累积,部件老化会导致其性能衰退,进而可能引起系统的故障或失效。系统健康管理认为,尽管在实践中系统老化或故障是无法完全避免的,但在系统服役期间借助合适的监测手段及相应的数据处理模型和方法,通常能够对系统迫近的故障及时发出预警,并通过评估系统的健康状态进而采取有效的措施,避免系统失效或降低失效带来的影响。近十年以来,系统健康管理在欧美等发达国家得到了长足的发展,这些技术系统被认为在提高复杂系统的安全性和经济可承受性方面有巨大的应用潜力。一些成熟的技术正逐渐被新一代的航天载运工具及军民用飞机所采用,是实现现代装备高安全性、高利用率和低保障成本的重要支撑技术,成为当今世界上先进飞行器发展的重要技术特点。

发动机健康管理 EHM 是系统健康管理研究的一个重要分支,无论其基础技术还是应用研究一直处于系统健康管理研究的前沿。在不断追求高性能的同时,发动机推重比、涡轮前燃气温度和增压比不断升高,其面临的可靠性、可用性、经济性以及维修保障等问题也日益突出,实施发动机健康管理成为解决这些问题的一条重要途径。

发动机健康管理最早源于发动机健康监测(Engine Health Monitoring)。1970 年代随着高涵道比涡扇发动机采用单元体设计,维修工程师需要借助发动机健康监测来分析发动机单元体健康状况以制定合理的发动机维修方案。起初这些分析程序仅限于发动机试车台上的应用,在此基础上发展起发动机气路分析技术 GPA(Gas Path Analysis),用于发动机气路部件故障诊断。80 年代早期随着全权限数字控制在发动机上的应用,用于控制目的的传感器数据被用来对发动机进行状态监视和故障诊断,从而可以方便地在线诊断发动机故障。进入 90 年代,随着对发动机经济可承受性要求的提高,对发动机健康管理提出了更高的要求和目标,受益于计算机、通信以及先进传感器技术的发展,发动机状态监视与诊断系统也逐步完善和复杂起来。EHM 系统也从传统的状态监视发展为主动地评估当前以及预测未来一定时期内发动机健康状态,进而采取相应的响应措施延缓或消除潜在的风险,以提高发动机安全性和经济可承受性。

2. 先进航空发动机健康管理系统

美国汽车工程师协会 SAE(Society of Automotive Engineers)的航空推进系统健康管理小组对先进的 EHM 系统功能的定位为:用经过验证的传感器数据来评估发动机的健康状态,这些评估的方法和工具包括数据融合技术、特征提取技术以及系统物理模型或经验模型等,在此基础上实现故障的准确隔离与定位、系统健康状态评估以及预测,以安排及时、有效的维修活动来避免系统失效。

目前,EHM 系统涵盖了从系统性能分析到结构完整性监测,从传统的物理传感器到虚拟传感器,从简单的趋势分析到复杂的基于人工智能方法的剩余寿命预测,涉及的问题和技术非常广泛。从技术层面来看,EHM 主要涉及 5 个方面的关键技术,如图 1.25 所示。这些技术分别为基础支撑技术,如新型传感器技术、材料失效物理及损伤建模等;状态监控技术,如特征提取技术、异常状态方法等;故障隔离与评估技术,如气路分析、无损检测与损伤评估技术等;失效或剩余寿命预测技术,如气路性能退化预测、关键件使用寿命监控及剩余寿命预测等;决策支持技术,如信息融合技术、多目标决策优化方法等。从 EHM 是一个信息系统的角度来区分,主要分为健康信息的挖掘(即健康状态评估与预测)和信息的利用(即决策支持)两大模块。健康状态的评估与预测是 EHM 的基础,通过对系统状态的持续监控,并使用数据处理模型和方法,融合所有可用信息来判断发动机当前的健康状况。EHM 可准确识别故障的早期征兆,并对其进行科学地故障诊断和隔离,最后判断故障的严重程度和发展趋势。

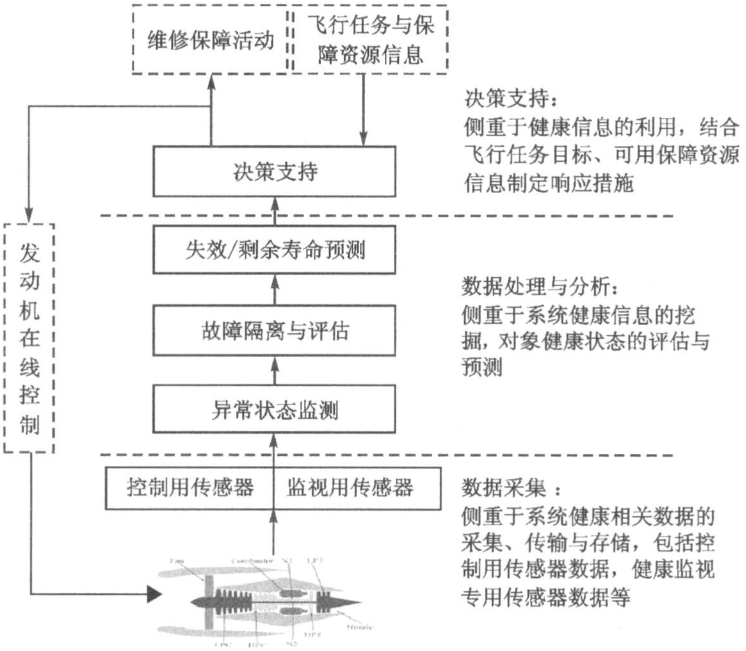

图 1.25 EHM 关键技术结构图

不同的发动机厂家根据具体的发动机设计特点与构型,最终所采用的发动机健康管理系统有所差别,但从 EHM 系统涵盖的功能来看,大多数 EHM 系统都包括以下监控能力。

(1)气路状态监控

气路状态监控的主要目的是出现状态异常时及时向机组人员告警,并进一步通过分析气路参数来隔离故障以及评估其严重程度,包括气路部件性能监控和故障诊断、性能趋势预测、气路颗粒物监测等。据统计,气路部件故障占整机故障的 90%以上,是诱发空中停车等安全事件的主要原因,反映了现有的气路状态监控技术和方法的不足。因此,先进的 EHM 系统对新型气路部件状态监测技术提出了新要求,如气路静电监测技术,叶片振动监测技术等成为非常有应用前景的新型气路部件健康监测技术,可提前进行故障预警。气路部件故障诊断常用的方法根据其建模的方法分为两类,分别为基于模型和基于数据驱动。基于模型的气路分析方法需要借助发动机性能模型,又可分为基于线性模型和非线性模型的气路分析方法;而基于数据驱动的方法不需要发动机性能模型,完全基于对象的状态监测数据和故障样本数据,诊断方法较多,如研究和应用较多的神经网络的方法,支持向量机方法以及专家系统等方法。目前,气路部件故障诊断受制于气路可测参数的有限性和不确定性,导致诊断结论可靠度和精度不高,因此融合其他监控领域的诊断信息成为一个重要的发展方向。

(2)滑油监控

滑油监控主要对滑油系统自身组件及滑油流经的各摩擦副的健康状态进行监测,包括滑油系统状态监视、滑油磨屑监测以及滑油理化性能监视等。滑油压力、滑油温度、滑油量和滑油消耗量以及油滤堵塞指示等可作为滑油系统状态监视参数。超限告警和趋势分析则是两种主要的监视方法。滑油磨屑监视的主要任务是监控滑油系统中各摩擦副的状况,及时发现这些零部件由于磨损故障产生的碎屑并跟踪故障的发展演化,进而制定维修策略。油路静电监测技术被认为是一种具有潜在应用前景的新型滑油磨屑在线监测技术。滑油理化性能监视主要对滑油的总酸度、添加剂损耗、胶体杂质含量和滑油的氧化程度等理化性能参数进行监测,以确定滑油的状态及可使用性,并可提供发动机工作异常的信息。

(3) 振动监控

振动监控包括振动参数幅值大小、变化率及变化趋势监测等。振动监视旨在监视发动机的机械结构,通过分析振动参数的变化率和变化趋势,可实现在初期检测到发动机故障。振动监视由机载和地面两部分组成:机载部分将测量部位的振动幅值与预定的阈值进行比较,超过阈值时就会发出警告;机下部分则在收到机载数据后,用算法和模型进一步分析,以及时发现轴承等旋转部件的故障。目前发动机振动监控系统仍以低频振动信号为主,频率范围在几kHz以内。未来低成本、轻质量的具有高效的在线信号处理能力的高频振动传感器的采用,将极大地扩大振动监控的范围和深度,增强故障早期监测与隔离的能力,这些可被监测到的故障包括叶片、轴承、齿轮故障等。

(4) 关键件使用寿命监控与剩余寿命预测

发动机的实际状态可用于估计关键件的寿命损耗,并在对未来使用载荷预测的基础上评估其剩余寿命。传统的寿命监控方法通过简单的累积使用时间或飞行循环来跟踪关键件的寿命损耗,这种方法因没有考虑到个体发动机实际使用载荷的差异而导致过于保守的寿命估计,造成了大多数部件的剩余寿命的浪费。随着机载监测系统的完善,先进的发动机健康管理系统可跟踪记录发动机每个飞行循环的实际载荷,借助载荷谱分析模型来计算零部件关键部位的载荷谱,结合累积损伤模型来评估其寿命损耗,同时根据个体发动机的历史载荷数据可预计其未来使用载荷,进一步预测其剩余寿命。这种新的寿命监控方法能够在保证安全性的基础上,充分利用关键件的剩余寿命,从而有效地降低发动机的维修保障成本。

国外先进的EHM系统已发展到工程验证阶段,一些新型监测技术、先进的诊断模型以及关键零部件剩余寿命预测方法已在F100和F110等发动机平台和C-17等飞机平台上进行了验证,证明了先进EHM的有效性和在提升发动机可靠性和安全性、降低使用成本方面巨大的应用潜力。特别是随着美国新一代战斗机F35的部署使用(其发动机为F-135),标志先进的EHM系统的发展应用进入一个新的阶段。

3. 民用航空发动机EHM系统介绍

随着低成本计算设备、高速通信与存储及先进传感器技术的发展,EHM系统的性能不断提升的同时,成本也在不断降低,现代军民用航空发动机基本都配备了EHM系统。这些集成系统通常分为功能互补的机载和地面两个部分,机载部分侧重于传感器数据的采集以及初步处理,以实现基本的故障预警和隔离以及发动机在翼维修为主要目标;地面部分则侧重于长期性能退化趋势分析、部件寿命管理等,最终为机队维修管理决策提供数据和信息支持。不同的应用背景下,EHM系统功能也不尽相同,通常根据特定应用环境和需求对EHM系统功能做一定的剪裁。

现代民航发动机上采用的典型EHM系统有通用电气公司的SAGE和RD系统、罗罗公司的COMPASS系统以及普惠公司的EHM和ADEM系统等。

SAGE(System for the Analysis of Gas turbine Engine)适合于部分GE/CFM公司发动

机型号，是一种操作界面方便、以 Windows 为平台的单机版性能监控软件。利用 SAGE 软件可监控发动机健康状况，评估其总体性能和性能变化趋势，检测发动机性能变化的不正常漂移点，并预测发动机长期变化趋势和维护策略。目前单机版的 SAGE 逐渐被网络版的 RD(Remote Diagnostics)系统取代，是 GE/CFM 公司在 SAGE 的基础上发展起来、基于网络应用的发动机性能监控软件，功能更丰富强大。飞机在每个航段通过 ACARS 向通用电气公司的 RD 系统发送报文(起飞和巡航数据报文)，报文采用“快照”的方式提取发动机相关参数的数据，可用于发动机参数的趋势分析、评估发动机性能和提前制订维修计划。

COMPASS(Condition Monitoring and Performance Analysis Software System)是适合于部分 Rolls-Royce 发动机型号的性能监控软件。航空公司可利用该软件系统对整个机队的发动机进行监控，为发动机的使用、换发、修理、大修及排故等提供依据。COMPASS 在起飞和巡航这两个阶段对发动机进行评估，将这两个阶段的发动机实际工作参数与 COMPASS 内的基准参数进行比较。从两者的差值变化趋势和突变情况可估计出发动机的性能退化情况和部件的故障情况。

普惠公司系列发动机可以同时采用两种监控方式，分别为发动机状态监控系统 EHM (Engine Health Monitoring)和高级远程监控系统 ADEM(Advanced Diagnostics & Engine Management)。EHM 是 20 世纪 90 年代发展起来的发动机状态监控系统，由航空公司在飞机落地后自行下载数据，导入 EHM 系统并进行状态性能趋势的监控与分析，存在数据传输不及时、监控力度有限、客户端需要安装特定软件及使用不便等问题。ADEM 是近两年发展起来的发动机状态监控系统，监控数据由飞机 ACARS(Aircraft Communications Addressing and Reporting System)系统实时发送到 ADEM 系统，由普惠公司和航空公司同时对发动机状态趋势进行监控与分析，是发动机监控系统新的发展趋势。相对于 EHM 而言，ADEM 可以在第一时间显示发动机的性能状态，监控时效性大为提高。同时 OEM(Original Equipment Manufacturer)与航空公司共同监控发动机的性能趋势。并且该系统还通过网络登录远程 ADEM 系统，使用更加方便。

现代民航发动机的状态监控是以飞机通信寻址与报告系统(ACARS)下传的 ACMS(Aircraft Condition Monitoring System)报文信息为支撑的，俗称 ACARS 报文。ACARS 是一种基于甚高频 VHF (Very High Frequency)数据链的空地网络传输系统，通过自动报告飞机的到达和离场时间以及其他飞行数据，用于发动机性能监控、飞机故障监控和飞机的运行控制等。通过 ACARS 通道所传发动机状态数据量有限，通常只针对起飞和巡航状态下的特定数据点进行分析，不能反映发动机的运行过程，尤其是过渡状态，当异常发生在数据采集点的时间段之外时，就无法分析。此外，每一个航段发动机起飞和巡航的运行状态都不相同，正常的波动和异常的偏离有时很难区分。因此，现代民航发动机的状态监控系统只实现了 EHM 的部分功能，离先进的 EHM 系统还有较大的差距。这一方面受 EHM 自身技术发展水平的制约，另一方面也有适航、商业等因素的考虑。QAR(Quick Access Recorder)监控并记录了大量飞行参数，涵盖了飞机运行时的绝大部分参数，所含信息量比 ACARS 更加丰富全面，可在此基础上开发新的数据分析方法，增强发动机状态监控系统的功能，弥补 OEM 厂家性能监控软件的一些不足。QAR 数据在发动机健康管理方面的应用前景非常广阔。

4. 军用航空发动机 EHM 系统介绍

现代军用航空发动机的使用环境比民航发动机更加复杂，随着各国国防预算的进一步压缩，要求在提高飞机出勤率的同时，进一步缩减军用航空发动机的维修成本以降低其寿命周期成本，这就促进军用航空发动机 EHM 系统的发展。欧洲 EJ200 发动机所配备的 EHM 系统是一个典型代表，如图 1.26 所示。

EJ200 用于欧洲“台风”战斗机，其所配备的 EHM 系统为数字化发动机控制与监测单元 DECMU(Digital Engine Control and Monitoring Unit)可提供完整的发动机测试、监测功能，以降低维护保养成本，提高发动机的可用性和使用可靠性。

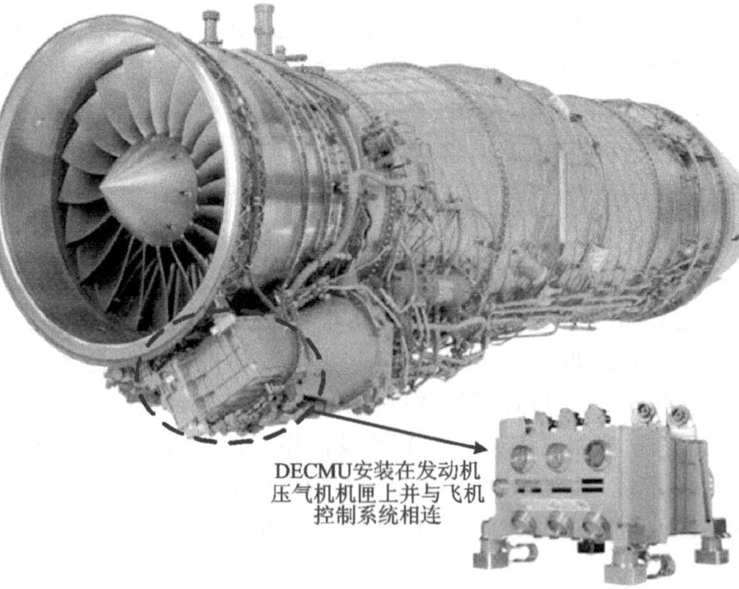

图 1.26　EJ200 发动机与 EHM 系统

DECMU 集成了 EJ200 发动机全权限数字控制功能 DECU(Digital EngineControl Unit)和发动机健康监测功能 EMU(Engine Monitoring Unit)，EJ200 发动机 EMU 功能如图 1.27 所示。其中 EMU 专门用于发动机的健康监测，通过单独的数据线采集来自于两台发动机的监测数据，DECU 虽然主要用于发动机控制，但同时也为发动机健康监测提供了重要的数据源，两者通过双通道数据总线实现互连。

EMU 主要包括如下功能。

(1) DECMU BIT(Built - In Test)自检功能

实现初始和持续的 DECMU 的 BIT 自检功能，包括 DECMU 硬件和附属设备的自检，比如振动传感器、磨屑监测传感器等。

(2) 发动机性能监控

借助内置逻辑，采集特定状态下(如最大推力状态、巡航状态等)的发动机状态参数以及飞行参数等。通过跟踪发动机性能衰退，为发动机控制提供反馈，主动修正转速和温度极限值，确保最大推力保持恒定。除持续监测性能缓慢衰退以外，还需监测气路故障等引起的发动机性能突变，借助先进发动机测试系统 AETS(Advanced Engine Testability System)实现定量故障监测和隔离。

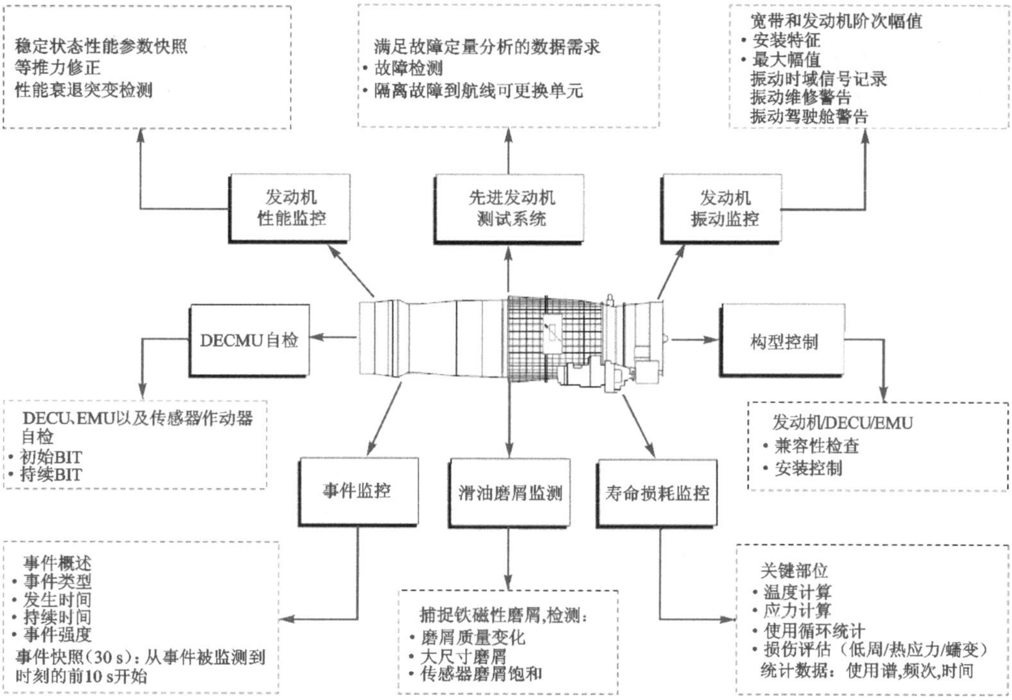

图 1.27 EJ200 发动机 EMU 功能

(3) 振动监控

EJ200 配备有两个机载振动传感器,分别位于前端和机匣后端,在线监测振动水平、高压和低压部件的不平衡等。如果振动水平超标将直接告警飞行员,以便及时采取有效措施。EMU 还会向地面维修系统输出振动信号、最大幅值、超限水平、振动类型(高压或低压系统)以及位置(前端或后端)等信息,通过地面维修系统等作进一步的分析。

(4) 寿命损耗监控

EMU 针对关键部件的主要损伤机制,分别监控能够决定其使用寿命的每个关键部位的寿命损耗情况。EMU 实现这一功能并不需要安装额外的特殊传感器,仅需借助已有的传感器信号(如转速、温度以及压力等)来分析上述关键部位的应力和温度分布,计算低周疲劳、热疲劳以及蠕变损伤的寿命损耗。

(5) 滑油磨屑监测

滑油磨屑传感器安装在发动机的滑油主回路中,捕捉流经滑油中的铁磁性磨屑,传感器输出的信号与传感器探头捕捉到的铁磁性磨屑的质量有关。同时,滑油磨屑监测系统还能区分大小颗粒,分别对应滑油系统的正常和异常磨损状态。磨屑质量的突然增加,表明传感器探头捕捉到了较大(多)的磨屑颗粒。滑油磨屑监测系统捕捉到的总的磨屑质量对应发动机的总的磨损量。

(6) 事件监控

事件监控功能将提供近几次飞行中的识别出的异常事件的相关信息,EMU 提供了近 60 种事件的定义,总体上可分为以下几大类:

- 发动机参数超限，如转速、压力、温度超限等；
- 振动超标，如某一振动特征、阈值等；
- 气动问题，如喘振、失速、气动激振等；
- 发动机控制状态，如信号线路自动切换、作动器故障、失控等；
- 发动机故障，如启动失败、喷火等；
- 滑油/燃油系统状态信息，如油压低、高温、滤网堵塞等。

此外，事件也可以按照优先等级划分为以下几大类：

- 驾驶舱告警事件，通常这一类紧急事件会影响飞行任务，需要尽快实施维修；
- 非驾驶舱警告事件，仅需要实施相关的维修；
- 驾驶员触发事件，如控制信号线切换、参数“快照”等；
- 一般信息类事件等。

(7) 先进发动机测试系统功能

类似于事件监控，先进发动机测试系统AETS(Advanced Engine Testability System)主要收集ECMS其他单元模块的故障信息。AETS分析故障情景，满足飞机对发动机故障监测与隔离的要求，向地面支持系统报告发动机航线可更换单元故障，以便于维修保障人员及时维修。

AETS能够覆盖60多个航线可更换单元LRU(Line Replaceable Unit)，涉及300个故障代码。随着EJ200发动机使用经验的积累，AETS的诊断逻辑将进一步增强。

(8) 构型控制功能

发动机构型控制功能检查发动机子系统或部件软硬件的序列号，以确保其相互兼容性，当发动机构型发生变化，其相关的支持系统需要做出相应地改变。任何构型的不匹配将会报告给维修人员，并尽可能地在降级使用的情况下确保发动机的可用性。

习题与思考题

1. 描述活塞式发动机与燃气涡轮发动机工作原理的差别。
2. 简述燃气涡轮发动机的主要分类及各自特点。
3. 活塞式发动机主要适用于哪类飞机？说明原因。
4. 世界主要民用航空发动机制造商有哪些？其各自的主要产品是什么？
5. 介绍GE90发动机的主要特点。
6. 现代航空发动机的发展趋势有哪些？说明原因。
7. 描述航空发动机健康管理的基本概念。
8. 先进航空发动机健康管理系统的主要功能有哪些？

第2章　航空发动机基本原理

2.1　热力学基本概念

2.1.1　系统、平衡态和过程

1. 系　统

在热力学中，系统可以定义为研究对象的物质以及所在的空间。系统所在空间之外以某种方式与系统相互作用的区域内的物质称为外界。外界与系统之间的分界称为界面。界面可以是固定的，也可以是运动的；可以是真实的，也可以是假想的。如图2.1所示，系统以空间为系统，以进、出口边界均为假想边界，系统与外界存在有物质交换。

如图2.2所示，以汽缸内的气体为系统，以活塞边界为移动边界，外界与系统没有物质交换。

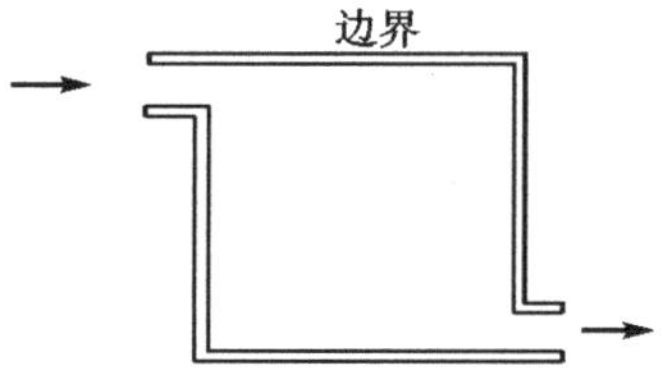

图2.1　以空间为系统

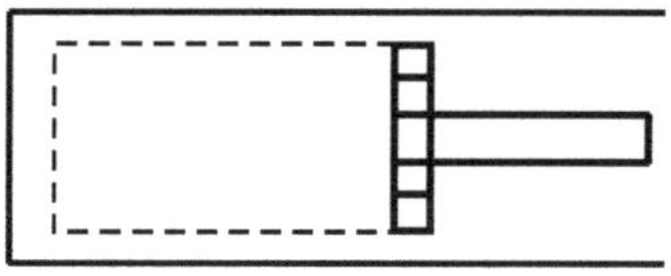

图2.2　以汽缸内气体为系统

系统与外界之间的相互作用是指能量交换和质量交换，根据系统与外界交换能量或物质的特点，可以分为3种系统，如表2.1所列。

表2.1　3种类型的系统

系　统	有无能量交换	有无物质交换
孤立系统	无	无
封闭系统	有	无
开放系统	有	有

工程热力学主要考虑的是简单可压缩系统，所谓可压缩系统是指系统是由可压缩流体构成的，没有电、磁、重力、运动和表面张力等外力场作用，没有化学反应，系统与外界只交换热量和一种模式功的系统。这种系统与外界交换功的模式为容积功。

2. 平衡态

平衡态：系统中压力、温度处处相同，且不随时间变化的状态，称为平衡态。热力学平衡态：一个系统在不受外界影响的条件下，如果它的宏观性质不再随时间变化，就称这个系统处于热力学平衡态。

平衡态是系统宏观状态的一种特殊情况。从微观上看每个分子并未处于平衡状态，仍在无规则运动，只是它们的统计平均效果不随时间变化。系统处于平衡态时，其大量分子的微观量及其各种函数的统计平均值则是既稳定又均匀。因此热力学平衡态是一种动态平衡，称之为热动平衡。

气体处于平衡态时，气体的状态参量 p(压力)、V(体积)、T(温度)具有确定的量值并且不随时间变化。保持平衡状态不变的条件：系统内部以及系统与外界之间不存在任何不平衡势差。

3. 热力过程

热力过程可以定义为系统从一个平衡态向另一个平衡态变化所经历的全部状态的总和。

系统在经历某一热力过程后，能够简单地逆转，使系统和外界可以不留下任何变化，同时完全复原的过程称为可逆过程，否则是不可逆过程。因此，可逆过程中没有耗损效应和势差损失。所谓耗损效应是指通过摩擦、电阻、磁阻等使功变为热的效应；势差损失是指由于压差或温差等势差的存在而造成的损失。在适当的条件下，实际过程可以近似地当做可逆过程来处理，便于分析计算。

封闭的热力过程称为热力循环，简称为循环，实施热力循环的目的是实现系统与外界连续不断地进行热能与功的转换。

2.1.2 基本状态参数

可以直接测量的状态参数称为基本状态参数，基本状态参数有比容、温度和压力等。

1. 比 容

单位质量的物质所占有的容积称为比容，用符号 v 表示，

$$v = \frac{V}{m}$$

式中：V 为物质的体积；m 为物质的质量；v 的数值是密度 ρ 的倒数，即，$v=\frac{1}{\rho}$。

2. 温 度

温度是描写处于热平衡状态的系统宏观特性的物理量，用符号 T 表示。温标是温度的数值表示法，分为热力学温标、摄氏温标、华氏温标等。热力学温标是与测温物质的性质无关的温标，单位为开尔文(K)。以标准大气压下水的三相点为基准点，并规定水的三相点的温度为 273.16 K。摄氏温标是选用标准大气压下水的两相点(冰水混合物)为 0 ℃，沸点为 100 ℃。

摄氏温度与热力学温度之间的关系：

$$T = t_C + 273.15 \tag{2.1}$$

华氏温标选用标准大气压下水的两相点(冰水混合物)为 32 ℉，沸点为 212 ℉。华氏温度 t_F 与摄氏温度 t_C 之间的关系：

$$t_C = (t_F - 32) \times \frac{5}{9} \tag{2.2}$$

$$t_F = \frac{9}{5} \times t_C + 32 \tag{2.3}$$

3. 压力(压强)

压强是作用在物体单位面积上垂直的压力,压强的单位为 Pa,在工程中习惯将压强称为压力。

工程上常用 MPa(兆帕)或 bar(巴)作为压强的单位。

$$1\ \text{MPa} = 1 \times 10^6\ \text{Pa}$$

$$1\ \text{bar} = 1 \times 10^5\ \text{Pa}$$

系统的真实压力指的是直接作用于物体或者容器的压力,也成为绝对压力。

系统的真实压力超过当地大气压力的部分叫做表压,是用压力表、真空表等仪表测出来的压力。

系统的真实压力低于当地大气压力的部分叫做真空度:

$$\text{真空度} = 1\ \text{个大气压} - \text{绝对压力} \tag{2.4}$$

绝对压力值以绝对真空为起点,即

$$\text{绝对压力} = \text{表压} + 1\ \text{个大气压} \tag{2.5}$$

2.1.3　理想气体的状态方程式

从微观角度来看,分子本身的体积和分子间的作用力都可以忽略不计的气体称为理想气体或完全气体。当实际气体的状态变化规律与理想气体比较接近时,在计算中常把它看成是理想气体。理论和试验都表明:当压力不太高,温度不太低时,各种气体都可以按完全气体来处理。

通常空气和燃气在航空燃气轮机中 1 kg 的工作压力不超过 5×10^6 Pa,温度不低于 −60 ℃,可以看成是理想气体,并满足状态方程式。对完全气体,其状态方程为

$$pv = RT \tag{2.6}$$

式中:R 为气体常数。气体常数只与气体的种类有关,与气体的状态无关。

气体常数 R 的法定计量单位为 J/(kg・K)。空气的气体常数为 287.06 J/(kg・K),对于燃气的气体常数,与成分有关,在燃气轮机中一般取 288 J/(kg・K)。

2.1.4　比热容和热量

系统在过程中通过边界与外界之间依靠温差所传递的能量称为热量,热量是一种过程量,因此热量只能说“吸收”“放出”。热量和功一样,也具有暂时性,所以不能表述为某一状态下系统具有多少热量,而只能表述为系统与外界在过程中交换了多少热量。热量的计算公式:

$$Q = mc(T_2 - T_1) \tag{2.7}$$

式中:Q 为热量,J;m 为工质质量,kg;T_1、T_2 为交换能量前后工质的温度,℃;c 为比热容,J/(kg・K)。

如果某一过程温度变化为 Δt,它吸收(或放出)的热量:

$$Q = c \cdot m \cdot \Delta t \tag{2.8}$$

$$Q_{\text{吸}} = c \cdot m \cdot (t - t_0) \tag{2.9}$$

$$Q\text{放} = c \cdot m \cdot (t_0 - t) \tag{2.10}$$

式中:t_0 表示初温;t 表示末温。

固体燃料完全燃烧释放的热量的计算公式:

$$Q_{放} = m \cdot q \tag{2.11}$$

式中：q 表示热值，J/kg；m 表示固体燃料的质量，kg。

1. 比热容

1 kg 质量的物质在无耗散的准静态过程中，温度升高（或降低）1 K 所需加入（或放出）的热量称为该物质在此过程中的比热容。通常用符号 c 表示，单位为 kJ/(kg・K)。比热容的计算公式为

$$C = \frac{\delta q}{\delta T} \tag{2.12}$$

比热容与物质的种类、温度、过程等的性质有关。根据过程的性质的不同，比热容可以分为比定压热容和比定容热容。

（1）比定压热容

1 kg 的气体在压力不变的无损耗准静态过程中，温度升高（或降低）1 K 所需加入（或放出）的热量称为该种气体的比定压热容，用符号 c_p 表示。

$$c_p = \frac{\delta q_p}{\delta T} \tag{2.13}$$

（2）比定容热容

1 kg 的气体在容积不变的无损耗准静态过程中，温度升高（或降低）1 K 所需加入（或放出）的热量称为该种气体的比定容热容，用符号 c_V 表示。

$$c_V = \frac{\delta q_V}{\delta T} \tag{2.14}$$

比定容热容与气体的种类和温度等有关。

（3）比热[容]比

比定压热容与比定容热容的比值称为比热[容]比，用符号 γ 表示，即

$$\gamma = \frac{c_p}{c_V} \tag{2.15}$$

比热[容]比不但与气体的种类有关，而且与温度有关。

当将比热[容]比看做常数时，则空气的比热[容]比 $\gamma=1.40$，燃气的比热[容]比 $\gamma=1.33$。

2. 工质的内能

工质的内能是工质分子动能和势能的总和，物体内能的多少与物质的量及物体的温度和体积有关。完全气体的内能中只具有分子的动能，而不具有分子力形成的位能，由于分子的动能只取决于温度，所以完全气体的内能仅仅是温度的函数，即

$$u = u(T) \tag{2.16}$$

讨论内能的绝对值没有意义，因为实际工程中只关心某个热力过程后，工质内能的增量。

完全气体的内能与温度的关系可通过比定容热容确定，对比定容热容的完全气体而言：

$$\Delta u = c_V(T_2 - T_1) \tag{2.17}$$

内能变化的途径主要有两种：

① 做功可以改变物体的内能；

② 热传递可以改变物体的内能，热传递有 3 种形式：热传导、热对流以及热辐射。

做功和热传递在改变内能的效果上是等效的。做功使其他形式的能如机械能等转化为内能；热传递使物体间的内能发生转移。

3. 功

(1) 容积功

在热力过程中由于容积变化与外界交换的功称为容积功。容积功只是外功的一种，如果只考虑容积功，那么没有容积变化的过程就一定不对外做功。

容积功分为膨胀功和压缩功，在热力过程中容积不断变大时与外界交换的功称为膨胀功，在热力过程中容积不断变小时与外界交换的功称为压缩功。膨胀功为正，压缩功为负。

如图 2.3 所示的汽缸内的气体进行可逆的膨胀时，汽缸内的气体压力为 p，若活塞的面积为 A，则气体作用于活塞上的压力为 pA，当活塞向右移动一微小距离 $\mathrm{d}x$ 时，气体对活塞所做的功为

$$\mathrm{d}W = pA\,\mathrm{d}x \tag{2.18}$$

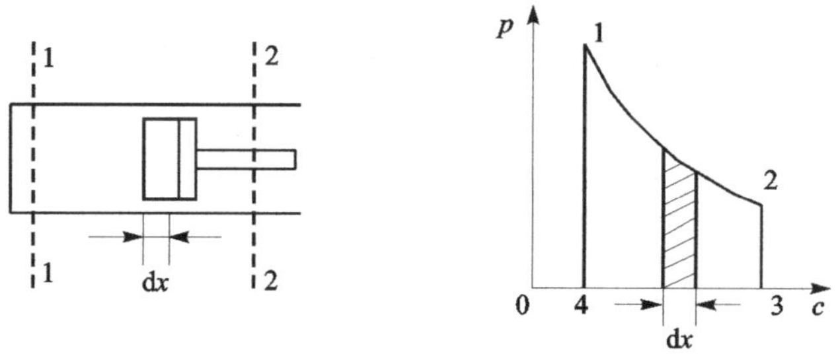

图 2.3　可逆膨胀过程

由于功和容积为广延量，又 $A\mathrm{d}x = \mathrm{d}V$，所以：

$$\mathrm{d}W = p\mathrm{d}V \tag{2.19}$$

对于 1 kg 的工质在无耗散的准静态过程中，活塞从位置 1 移动到位置 2，系统与外界所交换的容积功可表示为

$$W_{12} = \int_1^2 p\mathrm{d}V \tag{2.20}$$

在已知起始和终了的状态参数及压力比容的关系之后，就可以通过积分，得出容积功的数值。$p = f(V)$的关系式不同，所求得的功的数值也不相同。在压容图 2.3 中，$\mathrm{d}W$ 用阴影面积表示，那么，过程 1 阴影的容积功，就是 12341 所形成的面积。过程线 1 形成不同，其所围成的面积也不相同，这表明容积功不仅取决于起始和终点状态，而且还与过程的性质有关，所以容积功是过程量，而非状态量。

(2) 轴　功

工程实际中系统与外界的功量交换主要是通过机械来进行，称为轴功，如图 2.4 所示。发动机的轴功，就是涡轮通过输出轴输出的功。对于 1 kg 的工质，常用符号 W_S 表示，单位为 J/kg或 kJ/kg。与体积变化功一致，热力学中规定系统对外输出轴功为正值，外界输入轴功为负值。从图 2.4 中可看出，系统可吸收外界输入的轴功，比如水泵、离心制冷机，也可向外界输出轴功，比如汽轮机。工程中常用单位时间做功多少来比较功量强弱及功率。单位为 W 或

kW,1 W=1 J/s。

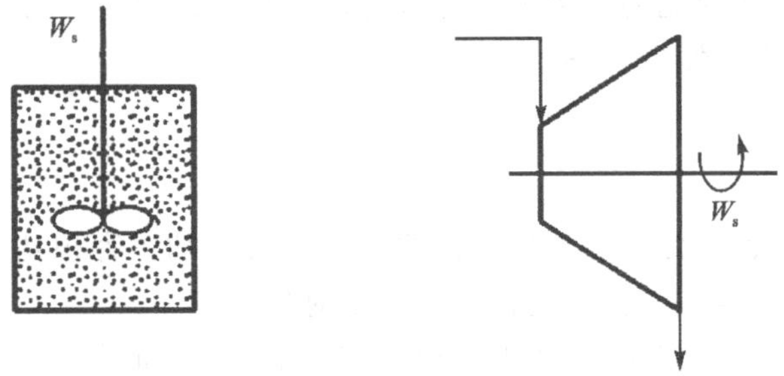

图 2.4　轴功转换

2.1.5　热力学定律

1. 热力学第一定律

热力学第一定律是能量守恒与转换定律在热力学中的应用,可表述为"在热能和机械能的相互转换过程中,能量的总和保持不变"。在燃气涡轮发动机中,热力学主要研究热能和机械能之间的转换。

热能和机械能的相互转化过程可用公式表述为:

系统交换的热量 Q+系统所做的功 W=系统存储能量的变化 ΔU

即:

$$Q + W = \Delta U \tag{2.21}$$

式(2.21)反映出所有热力过程的共性,但由于具体过程中,转换的能量可能不同,因此能量方程的形式可能不同。

如图 2.5 所示,假设 1 kg 的气体处于静止状态,对其输入一个大小为 dq 的微元热量,并将此能量转化为气体的内能和气体对外所做的功 $p\mathrm{d}V$,因此可以表示为

$$\mathrm{d}q = \mathrm{d}u + p\mathrm{d}V \tag{2.22}$$

对上式积分得:

$$q = \Delta U + \int_{v_1}^{v_2} p\mathrm{d}V \tag{2.23}$$

式(2.21)、式(2.22)和式(2.23)均为热力学第一定律的解析式。

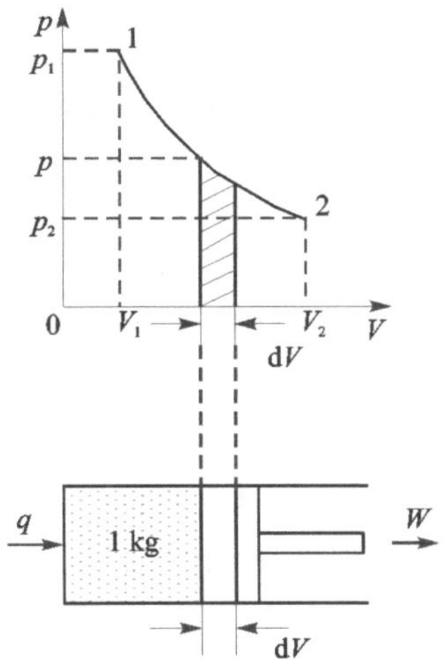

图 2.5　封闭热力系能量平衡

2. 热力学第二定律

在自然界中,热量能自发的从高温物体传递到低温物体,却不能自发的从低温部分传到高温部分。实践表明,凡是涉及热现象的自然过程,都是具有方向性的和不可逆的,这就是所谓的热力学第二定律,其常用的有 3 种表述形式:

① 克劳修斯说法:热不能自发的从低温物体传递到高温物体。

② 开尔文说法：要制成第二类永动机是不可能的。所谓第二类永动机是指，只从单一热源吸热并使之完全转化为机械能却不引起其他能量变化的循环发动机。开尔文说法表明，依靠单一热源而连续不断做功的发动机是不存在的。

③ 熵增定律：不可逆热力过程中熵的微增量总是大于零。熵增定律表明了在自然过程中，一个孤立系统的总混乱度（即“熵”）不会减小。

热力学第二定律是人们从实践中总结出来的客观规律，在不同的对象中，热力学第二定律表现形式不同。尽管克劳修斯说法和开尔文说法不同，但其实质是一致的，都可以由一种说法推出另一种说法。

2.2　气体动力学基本方程

2.2.1　气体的性质

1. 气体的压缩性

气体的压缩性是指气体的密度随着压力或者温度的变化而变化的性质，压缩性是气体的重要属性。流动的气体由于速度的变化，会引起压力和温度相应的变化，从而使密度发生变化。气体密度的变化又会影响气体的流动。因此，气体的压缩性对气体的流动有直接影响。

任何流体都是可以压缩的，尤其是在高流速、高压力的工况下，气体的压缩性是不可忽略的，它的流动规律和不可压缩气体有很大差别。但在工程上，为了简化运算，常常将气体作为不可压缩流体来处理。

是否需要考虑压缩性的影响，要看气体密度的相对变化量，即气体密度的变化量 $\Delta\rho$ 与气体密度 ρ 的比值 $\Delta\rho/\rho$ 的大小而定。

① 如果 $\Delta\rho/\rho \ll 1$，则可以不考虑压缩性的影响，这样的流动称为不可压流；

② 如果 $\Delta\rho/\rho$ 不是很小时，就必须考虑压缩性的影响，这样的流动成为可压流。

以空气为例，在标态下空气流速等于 102 m/s 时，不考虑压缩性所引起的计算误差约为 2.3%，这在工程计算中一般可以忽略。以航空发动机为例，$Ma<0.3$ 的定熵绝能流动可以当作不可压缩流来处理；而对于 $Ma\geqslant 0.3$ 的流动，就必须按可压流来处理。气体在喷气发动机中的流动一般都属于这一类流动。

2. 气体的粘性

粘性是实际气体的一个物理属性。它表示气体对于切向力的一种反抗能力，这种反抗力只在运动气体流层间发生相对运动时才表现出来。

(1) 附面层

将一块无限薄的平板放置速度为 v_∞ 的直匀流中，在吹风时，用测量风速的仪器，测量平板附近沿平板的法线方向的气流速度分布，其结果如图 2.6 所示。在板面上，气流速度为零，越靠外，流速越大，直到离开板面一段距离 δ 的地方，气流速度才与未扰动的气流速度 v_∞ 没什么显著的差别。

平板附近气流速度分布特点是由于气体的粘性引起的，粘性使直接接触板面的一层气体完全贴在静止的板面上，和板面没有相对运动。稍外的一层气体受到气体层与气体层之间的

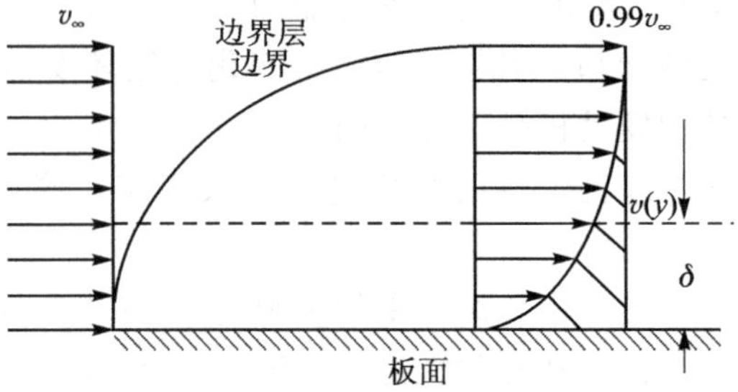

图 2.6　气流速度分布

摩擦作用,从而被牵制,牵制作用一层一层地向外传开去,离板面愈远,受到的牵连愈小,结果就形成了速度分布。根据试验,在离板面距离 δ 处,气体的速度和未扰动气流的速度就没有明显的差别了。与平板的长度比较起来,只是一个微小的量。如果平板的长度以米来计量,δ 只不过是几毫米到几十毫米而已。

通常将紧靠物体表面附近,速度梯度很大的一薄层气体称为附面层。一般将 $v=99\%v_\infty$ 的地方作为附面层的边界。

(2) 层流和紊流

流体的流动分为层流、紊流和过渡流 3 种流动状态,如图 2.7 所示。当流速很小时,流体互不混合,分层流动,称为层流;流速逐渐增加,流体的流线开始出现波波状的摆动,摆动的频率及振幅随流速的增加而增加,此种流态称为过渡流;当流速增加到很大时,流场中出现许多小漩涡,称为湍流,又称紊流。而雷诺数是一种用来表征流体流动情况的无量纲数,以 Re 表示。

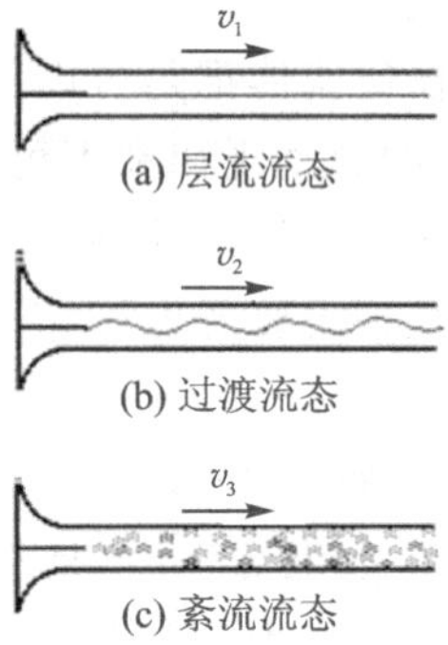

图 2.7　层流和紊流

雷诺根据大量的试验和理论分析发现流体流动状态与组合量$\frac{\rho v D}{\mu}$有关,雷诺数较小时,流体作层流流动;雷诺数较大时,流体作紊流流动。雷诺数物理意义是表征流体的惯性力与粘性力的比值,用公式可以表示为

$$Re=\frac{\rho v D}{\mu} \tag{2.24}$$

式中:Re 为雷诺数,无量纲;v 为平均速度,m/s;D 为特征尺寸,m;ρ 为流体的密度,kg/m^3;μ 为流体的动力粘性系数,N·s/m^2。

其中,粘性力是抑止小扰动,促使液流趋于稳定;惯性力是使小扰动的作用保持或者强化,促使液流趋于紊动。流速较小时,粘性力起主导作用,流速较大时,惯性力起主导作用。将由层流变为紊流或紊流变为层流时的雷诺数称为临界雷诺数,用符号 Re_{cr} 表示。

(3) 牛顿内摩擦定律

牛顿经过大量的试验研究,提出了确定流体内摩擦力的"牛顿内摩擦力定律"。牛顿内摩擦定律指出,当流体处于层流流动状态时,液体内摩擦力 F_r 的大小与液体的速度梯度和接触面积成正比,而且还与流体的性质有关,其数学表达式为

$$F_r=\mu\frac{dv}{dn}A \tag{2.25}$$

式中：$\frac{dv}{dn}$为流体在法线方向的速度梯度，1/s；μ 为液体的动力粘性系数。

该定律只适用于流动状态为层流的情况，而不适用于紊流的流动状态，也不适用于非牛顿流体。

2.2.2　基本方程

1. 连续方程

将质量守恒定律应用于运动流体所得到数学关系式称为连续方程。假设在流场中有一个六面体为控制体，如图 2.8 所示，根据质量守恒定律，单位时间内流进、流出控制体的流量质量差等于控制体内流体因密度变化所引起的质量增量，它表达了任何流体运动所必须满足质量守恒条件。

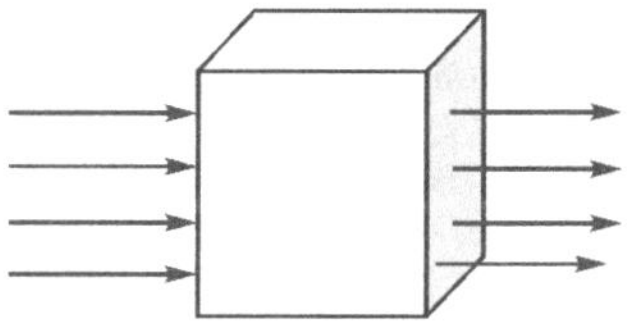

图 2.8　控制体

一维定常流中，控制体内气体的质量保持不变，因此，质量守恒定律可表述为单位时间内流入控制体的质量等于单位时间内流出控制体的流体的质量，即：

$$q_{m1} = q_{m2} \tag{2.26}$$

由此可得一维定常流的连续方程为

$$\rho_1 A_1 v_1 = \rho_2 A_2 v_2 = q_m = \rho A v = 常数 \tag{2.27}$$

单位时间内流入或流出控制体的流体的质量称为质量流量。质量流量用符号 q_m 表示，其计算公式为

$$q_m = \rho v A \tag{2.28}$$

对于不可压流，由于 ρ=常数，故有

$$A_1 v_1 = A_2 v_2 \text{ 或 } q_V = Av = 常数 \tag{2.29}$$

式中：q_V 为体积流量，即单位时间流入或流出控制体流量的体积。

2. 能量方程

能量方程是将能量守恒和转换定律应用于运动流体所得到的数学关系式。选取控制体如图 2.9 所示，取一段流体 $1a-2a$ 作为控制体，一段时间 dt 之后，控制体由 $1a-2a$ 移到了位置 $1b-2b$。此时，外界对单位质量的气体加入质量为 $q\mathrm{d}m$，单位质量的气体对外做功为 $W\mathrm{d}m$。在通常情况下，发动机中气体所含能量是动能和内能，经过时间 dt 之后，它们的变化量为$\mathrm{d}m\left(\frac{v_2^2}{2}-\frac{v_1^2}{2}\right)$和 $\mathrm{d}m(u_2-u_1)$。

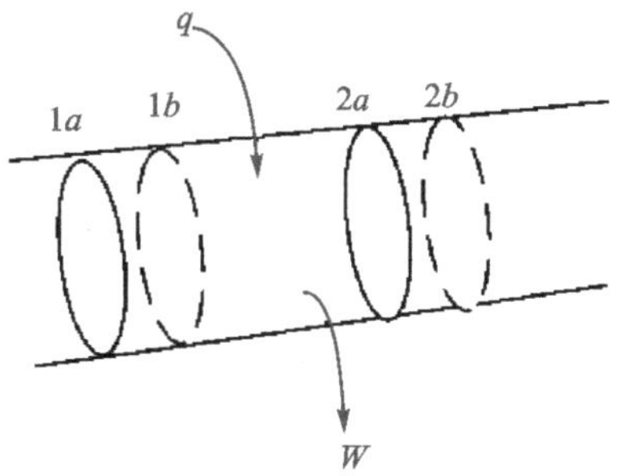

图 2.9　能量方程选取的控制体

因此能量方程可表述为：控制体内单位质量的流体与外界交换的热量等于内能的变化量、动能变化量、重力位能变化量及通过旋转轴与外界所交换的轴功 W_s 之和，即

$$q = u_2 - u_1 + \frac{v_2^2 - v_1^2}{2} + g(z_2 - z_1) + W_s \tag{2.30}$$

3. 伯努利方程

伯努利方程是用机械能表达的能量方程，它把气体的压力、速度和密度联系在一起，反映了气体在流动中机械能转换的关系。

对于等熵不可压定常流的伯努利方程：

$$p+\frac{1}{2}\rho v^2=\text{常数} \tag{2.31}$$

式中：p 为静压；$\frac{1}{2}\rho v^2$ 为动压。

等熵不可压流的伯努利方程说明在不可压流中任一点流体的静压与动压之和保持不变。等熵不可压流的静压与动压之和为全压，也可以称为总压，用符号 p^* 表示，即在不可压流中满足：

$$p+\frac{1}{2}\rho v^2=p^*=\text{常数} \tag{2.32}$$

可以看出：在不可压流中，当流动管道截面面积缩小时，流体的流速增大，压力下降；反之，当流动管道截面面积扩大时，流体的流速下降，压力增高。

4. 声速和马赫数

声波是一种由交替的压缩波和膨胀波组成的微弱扰动波。

(1) 声　速

声速是微弱扰动压缩波和微弱扰动膨胀波在流体介质中的传播速度，用符号 a 表示。声波在气体中的传播速度表示为

$$a=\sqrt{\frac{\mathrm{d}p}{\mathrm{d}\rho}} \tag{2.33}$$

声波在传播中非常接近等熵过程，在完全气体中声速的计算公式为

$$a=\sqrt{\gamma RT} \tag{2.34}$$

式中：γ 为气体的比热容比；R 为气体常数；T 为气体的绝对温度。

(2) 马赫数

马赫数可以定义为流场中流速 v 与该点处气体的声速 a 的比值，用符号 Ma 表示，即流场中任一点处的比值叫做该点处气流的马赫数，可表示为

$$Ma=\frac{v}{a} \tag{2.35}$$

根据马赫数的大小，可以把流动分为亚声速、声速和超声速。

① 亚声速流动：$Ma<1.0$；

② 声速流动：$Ma=1.0$；

③ 超声速流动：$Ma>1.0$。

当马赫数在 1 附近时，有时也叫跨声速流动。

5. 滞止参数

某一状态的气流通过定熵绝能的过程将速度滞止为零时的状态称为滞止状态。滞止状态时的气流参数称为滞止参数，又叫总参数。滞止参数包括有滞止焓(总焓)、滞止温度(总温)、滞止压力(总压)、滞止密度(总密度)和滞止声速等，分别用符号 h^*、T^*、p^*、ρ^* 和 c^* 表示。

其中滞止温度和滞止压力说明如下。

(1) 滞止温度

对于定压比热容的完全气体，$h=c_pT$，则有

$$T^* = T + \frac{V^2}{2c_p} \tag{2.36}$$

$$\frac{T^*}{T} = 1 + \frac{\gamma-1}{2}Ma^2 \tag{2.37}$$

式中：T^* 为气流的滞止温度，又叫总温。由此式可以看出：总温 T^* 和静温 T 之比取决于气流的 Ma 的大小。

(2) 滞止压力

滞止压力可以定义为在定熵绝能的条件下，当气流速度滞止为零时气流的压力。由工程热力学可知，在定熵过程中有：

$$\frac{p^*}{p} = \left(\frac{T^*}{T}\right)^{\frac{\gamma}{\gamma-1}} \tag{2.38}$$

结合式(2.37)，可知式(2.38)反映了滞止压力（总压）p^*、静压 p 和马赫数 Ma 之间的关系。由此可以看出，当定熵指数一定时，总压和静压之比取决于气流的 Ma。因此，只要测出 p^* 和 p 就可以知道 Ma，飞机上的飞行马赫数表就是根据这个原理制成的。

2.2.3　临界参数和速度系数

1. 临界参数

气流速度等于当地声速时的状态叫做临界状态，将某一状态的气流通过定熵绝能的膨胀或压缩过程使气流达到临界状态时的参数称为临界参数。同滞止参数一样，临界参数也是一种假想状态下的参数。气流中每一点都有它自己假想的临界状态，而与实际流动过程是否是定熵绝能无关。

临界参数有临界声速、临界速度、临界压力、临界温度、临界密度和临界面积等，分别用符号 c_{cr}、v_{cr}、p_{cr}、T_{cr}、ρ_{cr}、A_{cr}表示。在流管中，临界截面具有最小截面，所以也称为喉道。

利用总、静参数与 Ma 之间的关系，可求出其临界参数与滞止参数之间的关系，有：

$$\frac{T}{T^*} = \frac{2}{\gamma+1} \tag{2.39}$$

$$\frac{p}{p^*} = \left(\frac{2}{\gamma+1}\right)^{\frac{\gamma}{\gamma-1}} \tag{2.40}$$

$$\frac{\rho}{\rho^*} = \left(\frac{2}{\gamma+1}\right)^{\frac{1}{\gamma-1}} \tag{2.41}$$

2. 速度系数

(1) 速度系数的表示

速度系数为气流速度与临界声速 c_{cr}的比值，用符号 λ 表示，即

$$\lambda = \frac{v}{c_{cr}} \tag{2.42}$$

(2) 速度系数与马赫数之间的关系

速度系数 λ 与马赫数 Ma 之间有确定的对应关系，这种关系可表示为

$$\lambda^2 \frac{\frac{\gamma+1}{2}Ma^2}{1+\frac{\gamma-1}{2}Ma^2} \tag{2.43}$$

或

$$Ma = \lambda\sqrt{\frac{2}{(\gamma+1)-(\gamma-1)\lambda^2}} \tag{2.44}$$

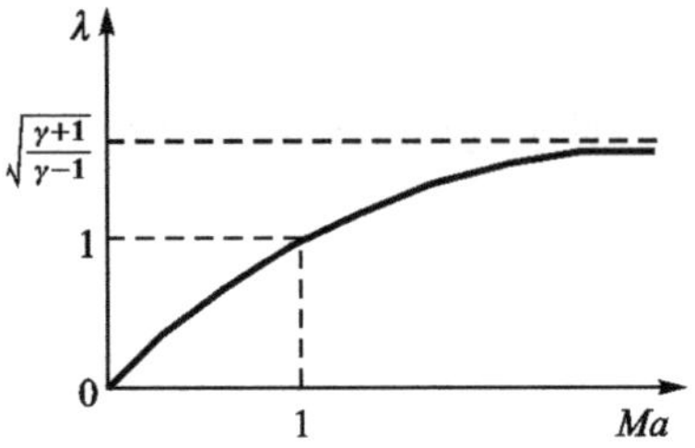

图 2.10　Ma 与 λ 的关系

Ma 与 λ 的关系可用曲线图 2.10 表示。

如图 2.10 所示，当 $Ma=0$ 时，$\lambda=0$；当 $Ma<1$ 时，$\lambda<1$；当 $Ma=1$ 时，$\lambda=1$；当 $Ma>1$ 时，$\lambda>1$。

2.3　燃气涡轮发动机的工作原理

2.3.1　航空发动机的热力循环

1. 理想循环

在涡轮发动机中，工质并没有完成闭合的循环，而且所进行的过程十分复杂，且工质与外界有热量、功的交换，流动过程存在摩擦损失，还进行了化学反应，工质由空气变为了燃气，所有这些都给研究发动机的热力循环带来困难。

为便于对燃气涡轮喷气发动机的工作过程进行分析，做如下假设：

① 假设工质完成的是一个封闭的热力循环。认为废气排入大气的过程是向冷源放热的过程，而且排出的废气和进入发动机进气道的空气的压力都接近于大气压，故将放热过程视为定压的放热过程。

② 略去压缩与膨胀过程中工质与各部件之间的热量交换，忽略实际过程中的摩擦，用定熵过程代替。

③ 假设在燃烧室中进行的燃油燃烧释放出的热能的化学反应过程为外部热源对工质加热的过程，并且忽略由流动阻力和加热所引起的压力降低，从而用定压加热过程代替。

④ 喷入的燃油质量忽略不计，而且假定工质是定质量的定比热容的完全气体。

因此，涡轮喷气发动机的理想热力循环如图 2.11 所示。

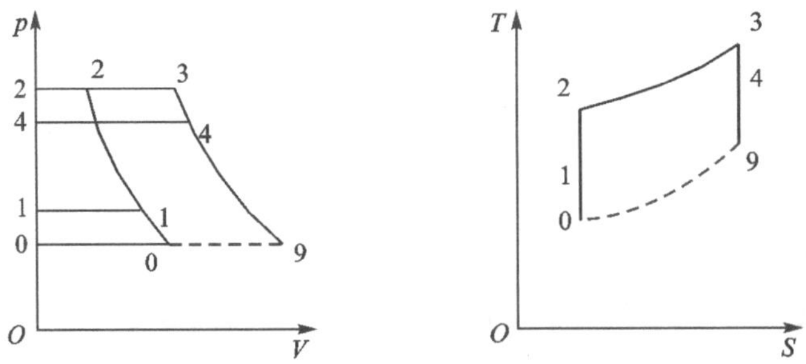

图 2.11　涡轮喷气发动机的理想热力循环

图 2.11 中的 0、1、2、3、4、9 分别表示为不同的站位，即

0 站位：发动机的远前方，气流参数有 p_0、T_0、V_0、p_0^*、T_0^*；

1 站位：进气道的出口，压气机的进口，气流参数有 p_1、T_1、V_1、p_1^*、T_1^*；

2 站位：压气机的出口，燃烧室的进口，气流参数有 p_2、T_2、V_2、p_2^*、T_2^*；

3 站位：燃烧室的出口，涡轮的进口，气流参数有 p_3、T_3、V_3、p_3^*、T_3^*；

4 站位：涡轮的出口，喷管的进口，气流参数有 p_4、T_4、V_4、p_4^*、T_4^*；

9 站位：喷管的出口，气流参数有 p_9、T_9、V_9、p_9^*、T_9^*。

由图 2.11 可知，涡轮喷气发动机的理想循环由 4 个过程组成。

(1) 等熵压缩过程

0—2 是等熵的压缩过程，其中 0—1 是在进气道中进行的压缩过程(速度冲压)，1—2 是在压气机中进行的压缩过程。

(2) 定压加热

2—3 是燃烧室中进行的定压加热过程。

(3) 等熵膨胀

3—9 是等熵的膨胀过程，其中 3—4 是在涡轮中进行的等熵膨胀过程，4—9 是在喷管中进行的膨胀过程。

(4) 定压放热

9—0 是在大气中进行的定压加热过程。对于 1 kg 工质，理想循环过程中等压过程加热量为

$$q_1 = c_p(T_3^* - T_2^*)$$

等压过程放热量为

$$q_2 = c_p(T_9 - T_0)$$

循环的功

$$W = q_1 - q_2 \tag{2.45}$$

热效率为

$$\eta_t = \frac{q_1 - q_2}{q_1} = 1 - \frac{q_2}{q_1} = 1 - \frac{1}{\pi^{\frac{\gamma-1}{\gamma}}} \tag{2.46}$$

反映循环特性的参数-增压比

$$\pi = \frac{p_2{}^*}{p_0} \tag{2.47}$$

燃气涡轮喷气发动机理想循环的热效率 η_t 主要取决于发动机的增压比 π 和工质的比热容比 γ。即在 γ 一定的情况下，取决于空气在压缩过程中被压缩的程度，空气被压缩的程度高，则发动机的增压比 π 就高，发动机的热效率就高。

如用机械能的形式表示，则循环功应当是包括进排气动能在内的总的压缩功之差和膨胀功，即

$$W = W_T + \frac{V_9^2}{2} - W_K - \frac{V_0^2}{2} \tag{2.48}$$

式中：W_K 和 W_T 分别表示压气机的压缩功和涡轮的膨胀功，当两者相等时，则可以得到：

$$W = \frac{V_9^2}{2} - \frac{V_0^2}{2} \tag{2.49}$$

2. 实际循环

在实际热力过程中有各种损失，过程都是不可逆的，所以实际循环与理想循环相差很大，并且在加热前后工质会发生变化，具体差别如下：

(1) 压缩过程

进气道内外气流的滞止过程中，压气机的压缩过程中均存在多种流动损失。

(2) 加热过程

存在流动损失和加热过程的热阻损失，使压力下降。而且喷油燃烧是化学反应，工质的流量和成分等都会有变化，因此，加热过程也不是定压加热过程。

(3)膨胀过程

在涡轮和喷管中，燃气膨胀存在多种流动损失，因此也是多变过程。

(4) 定压放热过程

除了放热本身的热量损失之外，没有流动损失。所以实际的放热过程与理想循环的放热过程是一致的。

图 2.12 所示的是涡轮喷气发动机的实际热力循环示意图。

在实际循环分析中，由于工质是变换的，所以是一个开口的循环。

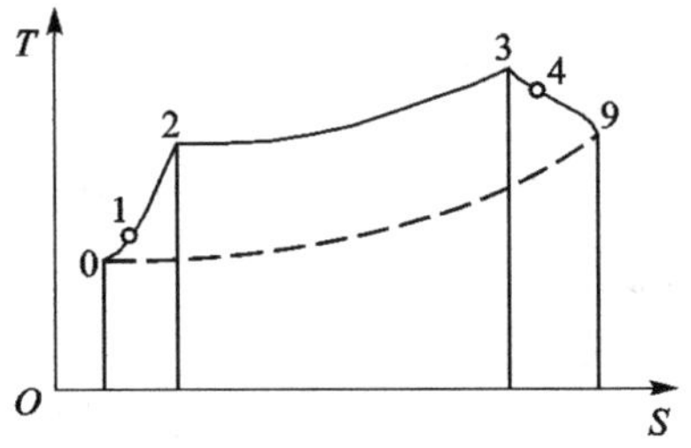

图 2.12 涡轮喷气发动机的实际热力循环

循环加热量为

$$q_1 = c_p(T_3^* - T_2^*) \tag{2.50}$$

循环放热量为

$$q_2 = c'_p(T_9 - T_0) \tag{2.51}$$

式中：c'_p表示燃气的比定压热容。

热效率为

$$\eta_t = \frac{q_1 - q_2}{q_1} \tag{2.52}$$

实际循环功为

$$W = q_1 - q_2 \tag{2.53}$$

对于涡轮喷气发动机，与理想循环一样，循环功表示为

$$W = \frac{V_9^2}{2} - \frac{V_0^2}{2} \tag{2.54}$$

如果不考虑工质在燃烧室中的化学成分的变化和流量的增加，那么实际循环与理想循环在本质上的差别主要就是摩擦和加热所造成的流动损失和热阻损失。在压缩、燃烧和膨胀的过程中，除了在燃烧室中的加热引起的热阻损失之外，都是由于摩擦而引起总压的损失，最终使喷管中实际用于膨胀以获得动能的压力下降。所以提高热效率的一个很重要的方面就是要有高效率的部件。

2.3.2　工作循环和气流

燃气涡轮机发动机本质上是一个以空气作为工作流体产生推力的热力发动机。为了实现这一目标，空气必须加速通过发动机，这意味着要增加空气的速度或动能。要获得这样的增加，首先要增加压力能量，紧随其后的是增加热能，最后以一个高速喷出的形式转换成动能。

1. 工作周期

燃气涡轮发动机的工作周期和 4 行程活塞发动机周期很相似。然而，对于燃气涡轮发动机，燃烧是在恒定压力下进行，而对于活塞发动机，燃烧是在恒定的体积中进行。两个发动机的周期进气、压缩、燃烧和排气的实例如图 2.13 所示。

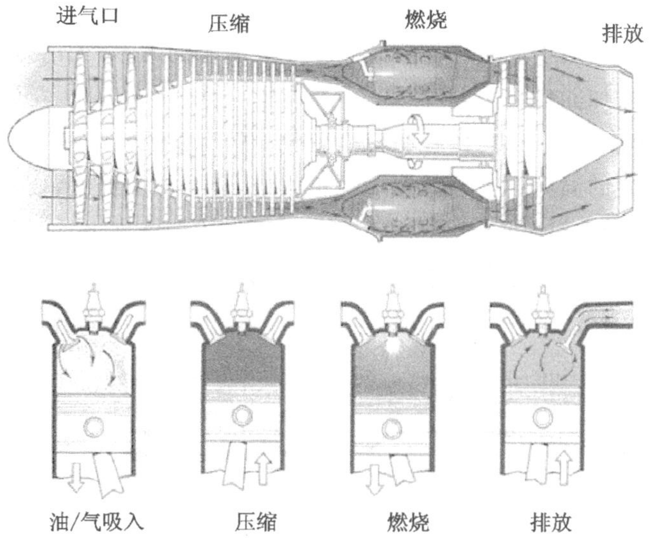

图 2.13　涡轮喷气发动机和活塞发动机工作周期之间的对比

活塞发动机的行程是间歇性的，而燃气涡轮发动机的工作行程是连续的。对于四行程活塞发动机而言，只有一个行程是用来产生能量，其他行程用来作为工作流体的进气、压缩和排气。与此相反，燃气涡轮发动机消除了 3 个闲置的行程，从而需在相对短的时间内消耗更多的燃料产生更大的能量。因此，在给定规格的活塞发动机和燃气涡轮发动机中，燃气涡轮发动机能产生一个更大的输出功率。

由于涡轮发动机的工作不是在一个封闭的空间中进行，空气的压力并没有上升，这个过程称为恒压加热。在恒压条件下，没有峰值压力或者波动压力需要承受，而对于同样情况的活塞发动机的峰值压力超过 $6.89\times10^{6}\ \mathrm{N/m^2}$。由于这些峰值压力，活塞发动机必须采用重型结构的汽缸，与之相比涡轮发动机可以采用轻型结构燃烧室。

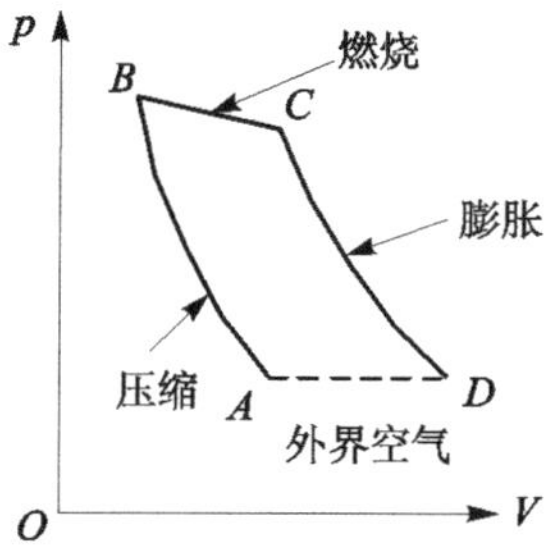

图 2.14　工作周期下相对应的压力-体积图

基于燃气涡轮发动机的功能的工作周期，如图 2.14 所示为压力-体积图可以代表其最简单的形式。A 点表示空气在大气压强下，空气沿着 AB 直线被压缩。B 到 C，即在恒压下，由于燃烧燃料，热量被增加到空气中，从而增加了空气的体积。在燃烧室中的压力损失由 B 到 C 的下降表示。

从 C 到 D，表示燃烧产生的气体经过涡轮和喷气管扩散到大气。在周期的这一部分，一些能量扩散到气体中转化为涡轮的机械动力，剩余的能量排放到大气中，为喷气式飞机提供了推进力。

因为涡轮喷气飞机的发动机是一个热力发动机，燃烧的温度越高，气体的膨胀越大。然而，燃烧温度不得超过一定的值，应使涡轮发动机进气的温度适合涡轮发动机装配的设计和选配的材料。

2. 压力、体积和温度之间的关系

在涡轮发动机工作循环过程中，由于气流吸收和释放热量，所以在工作周期中，压强、体积和温度都产生了变化。简单地说，在工作周期不同的阶段中，空气压力和体积是与空气的绝对温度成正比的，这种关系适用于通过任何方式改变空气状态的情形，无论是通过燃烧或者通过压缩，或者通过涡轮来增加能量。

在发动机工作过程中出现压力、体积和温度变化的情况主要有 3 种。在压缩过程中，压力增加和体积减小，相对应的温度会上升。在燃烧过程中，燃烧增加温度，相应的体积增加，同时压力仍然保持恒定。在释放过程中，当由涡轮发动机产生的气体排出时，相对应的温度降低和体积增加。图 2.15 反映了这一过程具体的压力、温度和速度分布。

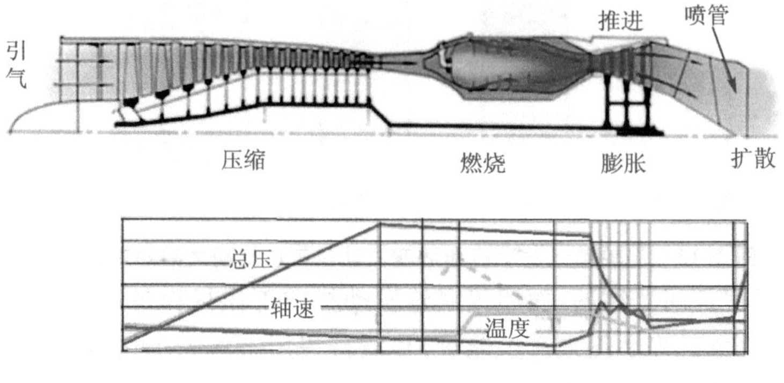

图 2.15　典型的单轴涡轮喷气发动机压力、速度、温度分布图

压力、体积和温度之间的关系也反映了发动机的效率。对于一个给定的工作输入来说，产生的压力越高，压气机越高效。当气流被压缩或膨胀效率为 100%时，这个过程被认为是绝热的。由于这样的变化意味着在这个过程中没有能量损失，也没有摩擦、热传导或者扰动。在实际中，这显然不可能达到。对于压缩机和涡轮机来说，90%是一个良好的绝热效率。

3. 气流通道

当气流流经发动机进气道时，需改变气流速度和压力。通过改变进气道的大小和形状产生不同的变化。进气道是用于吸入空气供给发动机，用于转变速度（动能）能量来获得需要的压力。

当油气混合燃烧时，内能增加，需要使气体速度增加来推动涡轮旋转。当气流在尾喷管喷出时，也需要提高喷出的速度，气体动能转换为飞机动能。在燃烧室后需要将生产的能量转换为速度，通常使用收敛通道和尾喷管。在超声速情况下，需使用一种收敛-扩散喷嘴或喉管以获得最大的能量转换，形状如图 2.16 所示。

压气机压缩气流时，需要增加气流的压力，而不需要增加气流的速度。相应的，局部的气流减速也是必要的，例如，燃烧室中需为火焰燃烧提供一个低速区域。通常实现气流增速减速是通过发散和收敛导管进行的，例如典型的轴流压缩机出口套管和涡轮叶片，如图 2.17所示。

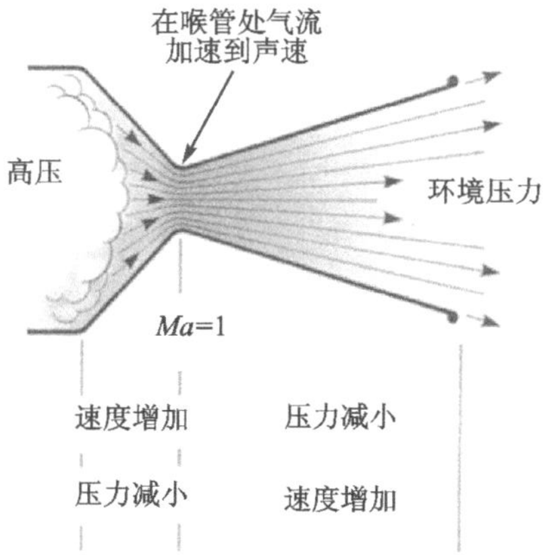

图 2.16　超声速气流通过扩散-收敛喷嘴或喉管

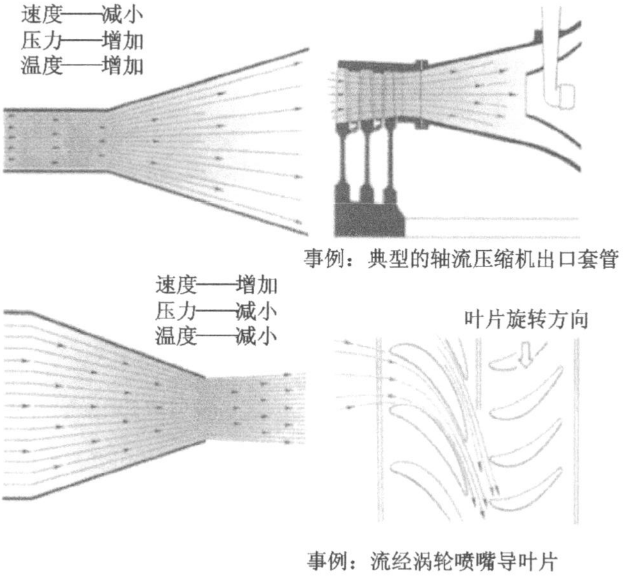

图 2.17　气流通过发散和收敛导管图

可见气体通道和喷管的设计有着重要意义，因为良好的设计将影响能量转换的效率，对平稳的气流来说任何干扰都将产生一个损失效率，并且由气流的涡流或湍流产生的振动会导致组件故障。

不同类型的发动机，气流路径也不同。

涡轮螺桨发动机，属于混合推进发动机，它的推力主要是由螺桨产生的拉力和喷气产生的推力两部分组成，其中拉力占推力的主要部分，达到 95%，只有少量的“喷气推力”是利用排气系统产生，气流的大部分能量被附加的涡轮阶段吸收，并通过内部轴驱动推进器。其气流路径如图 2.18(a)、(b)所示。

涡轮轴发动机主要用于直升机，它将燃气所具有的可用能量，几乎全部转化为涡轮轴的输出功率，其气流路径特点如图 2.18(c)所示。

涡轮风扇喷气发动机是典型的内外涵道发动机，如图 2.18(e)、(f)、(g)所示。一般来说，通常的方式是所有吸入的空气中一定百分比的气流，通过管道送入到外涵道，其余的都被引入到燃烧系统。

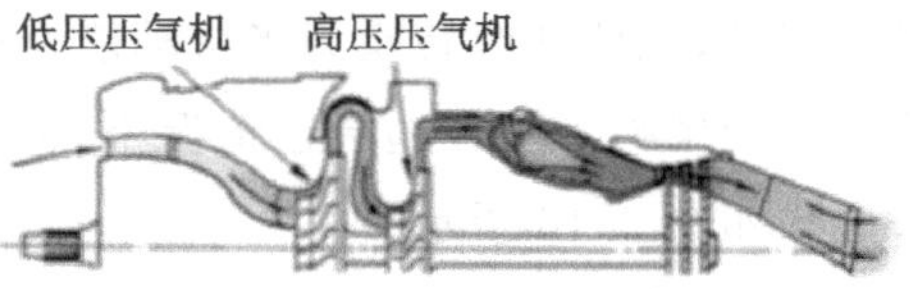

(a) 双级离心流涡轮螺旋桨发动机

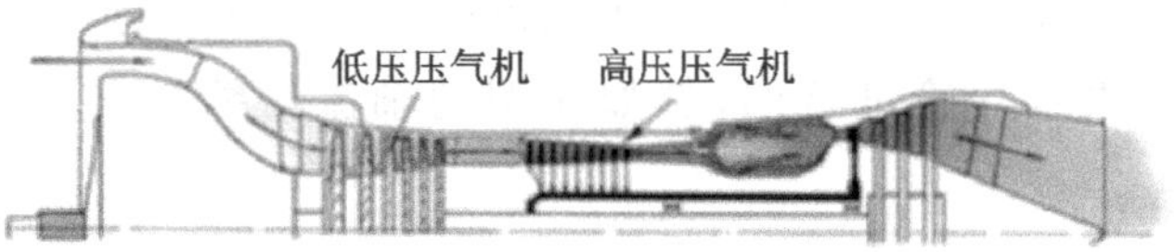

(b) 双转子轴流涡轮螺旋桨发动机

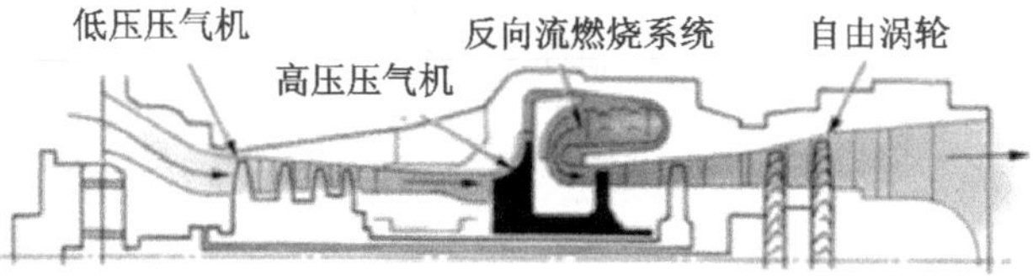

(c) 双转子涡轮轴发动机

(d) 双转子轴流旁路涡轮喷气发动机

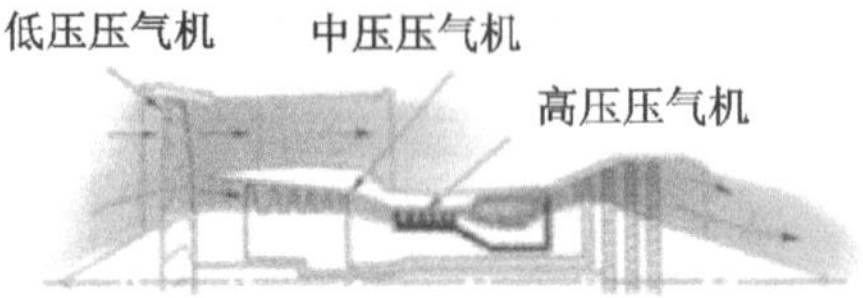

(e) 三转子轴流前风扇涡轮喷气发动机

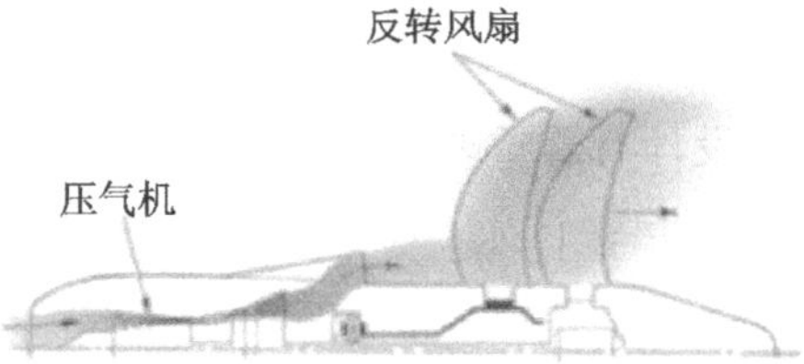

(f) 轴流反转风扇

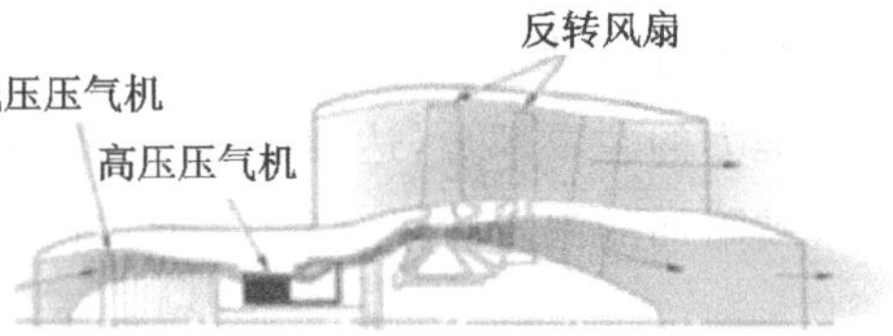

(g) 双转子轴流反转后置风扇

图 2.18 气体流动系统

2.3.3 推力的产生

涡轮喷气发动机提供给飞机克服飞机前进的阻力或使飞机加速而做功的力，通常叫做涡轮喷气发动机的有效推力。

1. 推力分析

涡轮喷气发动机不同于活塞式发动机，它既是热机，又是推进器。它的作用是把热能转换为机械能，以进出口动能之差表示它的循环功；作为推进器，由于进出口速度的变化，有动量差，因而产生了推力，如图 2.19 所示。

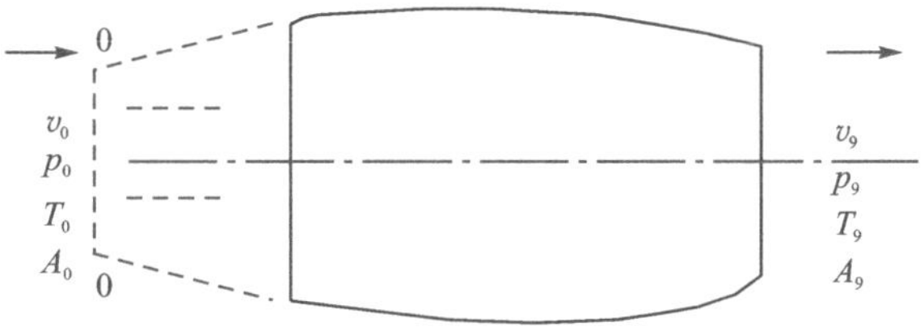

图 2.19　推力推导示意图

发动机推力：　$F = q_{mg}v_9 - q_m v_0 + (p_9 - p_0)A_9$

有别于有效推力，为了方便起见，取 $p_9 = p_0$，实际上常常是不相等的，当燃气在喷管中不完全膨胀时，$p_9 > p_0$。

推力是由两部分组成：一部分是动量差 $q_{mg}v_9 - q_m v_0$，另一部分是喷管出口与外界的压力差 $(p_9 - p_0)A_9$。

所以，当气体在喷管出口完全膨胀时，发动机的推力为

$$F = q_{mg}v_9 - q_m v_0 \tag{2.55}$$

如果忽略流过发动机的燃气和空气质量流量的差别，则

$$f = q_m(v_9 - v_0) \tag{2.56}$$

如果发动机在地面试验台上，$v_0 = 0$，则

$$f = q_m v_9 \tag{2.57}$$

2. 推进功率和推进效率

当飞机做等速平飞时，则推力等于阻力，也就是发动机的推力用以克服飞机前进的阻力而做功。所以推进功率就是推力乘以飞行速度，为 Fv_0。

而发动机从热力循环中所产生的功率可以用动能的形式表述：

$$P = q_m \frac{v_9^2 - v_0^2}{2} \tag{2.58}$$

推进效率可以定义为发动机的推进功率与单位时间流过发动机的气体获得的动能增量的比值，用 η_P 表示：

$$\eta_P = \frac{Fv_0}{q_m \dfrac{v_9^2 - v_0^2}{2}} \tag{2.59}$$

按照喷管出口完全膨胀的假定条件，$F = q_m(v_9 - v_0)$，则

$$\eta_P = \frac{2}{1 + v_9/v_0} \tag{2.60}$$

为此，可得推进效率仅仅取决于发动机的排气速度和飞机的飞行速度的比值。比值越大，推进效率越小。

极限的情况是：若 $v_0=0$，则 $\eta_P=0$。相当于发动机在地面台架上，飞行速度为0，因而也就没有推进功。若 $v_9=v_0$，则 $\eta_P=1$，但此时推力 $F=q_m(v_9-v_0)=0$，在没有推力的情况下，飞机要达到 v_9 这么大的速度是不现实的。所以，$\eta_P=1$ 是没有意义的。

因此，在飞行中只要飞机的推力不为零，推进效率总是小于1。

每千克质量流量所损失的能量是可用动能和推进功之差，为

$$\frac{v_9^2-v_0^2}{2}-(v_9-v_0)v_0=\frac{(v_9-v_0)^2}{2} \tag{2.61}$$

在地面坐标上观察，进入发动机前方的大气是静止的，而从发动机排出的气体，则以 v_9-v_0 的速度向飞机前进的反方向运动，动能为 $\frac{(v_9-v_0)^2}{2}$，这就是遗留在空中的动能损失。若 $v_0=0$，则全部可用能以动能 $\frac{v_9^2}{2}$ 的形式损失在空间，不产生任何推进功。所以可以看出，排气速度与飞行速度差别越大，动能损失越多。

3. 总效率

总效率可以定义为单位时间进入燃烧室的燃油完全燃烧所释放的热量与推进功的比值，用 η_0 表示：

$$\eta_0=\frac{Fv_0}{q_m q_1} \tag{2.62}$$

式中：q_1 为每千克空气所提供的热量。

总效率是发动机的经济性指标，涡轮喷气发动机在飞行中的总效率为0.20～0.40。热效率、推进效率和总效率之间的关系是：

$$\eta_0=\eta_P\cdot\eta_t \tag{2.63}$$

涡轮喷气发动机在提高经济性方面有很大的潜力。可以改善循环参数，提高热效率，或者涉及高效率的部件；还可减小使排气速度和飞行速度差。

2.4 燃气涡轮发动机的主要参数及基本要求

2.4.1 推　力

涡喷发动机发出的功率为

$$P=q_m\frac{v_9^2-v_0^2}{2} \tag{2.64}$$

作为推进器，如果忽略流过发动机的燃气和空气质量流量的差别，发动机产生的推力为

$$F=q_m(v_9-v_0) \tag{2.65}$$

由此可得：

$$P=F\frac{v_9+v_0}{2} \tag{2.66}$$

因此，一定推力的发动机相当于多少功率，与飞行速度和排气速度的平均值有关。

不同的发动机在地面台架上，如果排气速度相当，还是可以用推力来估计发动机功率的大小。

推力是发动机最主要的性能参数,但决不能以它的大小来衡量发动机的好坏,因为它并不能表明发动机有多大尺寸,质量有多少,也不知道消耗多少燃油才产生这样大的推力,因此,引入单位推力、推重比等参数。

2.4.2　单位推力

发动机的推力与流过发动机空气的质量流量的比值,称为单位推力。用 F_s 表示:

$$F_s = \frac{F}{q_m} \tag{2.67}$$

单位推力的单位是 N·s/kg 或 10 N·s/kg。

单位推力是发动机最重要的性能参数之一。影响推力的因素有空气质量流量 q_m 和单位推力 F_s。空气流量 q_m 越多,推力越大;单位推力 F_s 越大,推力也越大。

假定喷管出口的气体达到完全膨胀,则:

$$F_s = v_9 - v_0 \tag{2.68}$$

如果在地面台架上,则:

$$F_s = v_9 \tag{2.69}$$

在给定条件下,单位推力越大,则发动机的推力也越大。

2.4.3　推重比

发动机的推力与发动机质量的比值,称为推重比。

$$F_W = \frac{F}{W} \tag{2.70}$$

式中:F 为在地面发动机最大工作状态下的推力;W 为发动机的质量。它表明每千克发动机的质量能产生多大的推力,发动机的推重比越大,说明推力一定时,发动机质量越小;而发动机质量一定时,推力就越大。

推重比对飞机的升限、爬升速度等性能及有效载重量等都有直接的影响。

现代涡轮喷气发动机的推重比为 3.5～4.5;加力涡轮喷气发动机为 5～7;加力涡轮风扇发动机可达 8 以上。普惠公司的 F135 是继 F119-PW-100 发动机装备隐身战斗机 F-22 之后,世界上第二个推重比大于 10 的战斗机动力系统,也是人类航空史上推力最大的军用加力涡扇发动机,普惠公司 F135 用于美国最新型的垂直起降飞机 F-35 上。

2.4.4　单位迎面推力

发动机的最大推力与发动机的最大迎风面积的比值,称为迎面推力 F_A。

$$F_A = \frac{F}{A_{max}} \tag{2.71}$$

迎面推力的单位是 N/m^2。

迎风面积的大小,决定发动机短舱外部阻力的大小。迎面推力越大,在推力一定时,发动机最大横截面积越小,发动机短舱外部阻力越小。所以,迎面推力越大越好。

2.4.5　单位燃油消耗率

产生单位推力在 1 小时内所消耗的燃油质量称为燃油消耗率,用符号 sfc 表示。

$$\mathrm{sfc}=\frac{3\,600q_{m,f}}{F} \tag{2.72}$$

因为总效率：

$$\eta_0=\frac{Fv_0}{Hq_{m,f}} \tag{2.73}$$

考虑到 $Ma=v_0/c_0$，则有

$$\mathrm{sfc}=\frac{3\,600c_0}{H}\frac{Ma}{\eta_0} \tag{2.74}$$

式中：c_0 为当地声速；Ma 为飞行马赫数；H 为燃油的低热值。

式(2.74)表明：在一定的飞行马赫数下，燃油消耗率与发动机的总效率成反比。因此在一定的飞行马赫数下，燃油消耗率表明了发动机的经济性。也就是说，只有在相同的飞行速度下比较两台发动机的经济性时，使用燃油消耗率才是合适的。

单位燃油消耗量还可表述为

$$\mathrm{sfc}=\frac{3\,600\,q_{m,f}}{q_mF_s}=\frac{3\,600\,f}{F_s} \tag{2.75}$$

此式表明，影响燃油消耗率的因素有两个：单位推力和油气比。当单位推力不变时，油气比越大，燃油消耗率越高；当油气比不变时，单位推力越大，燃油消耗率越低。

$$q_{m,f}H=q_mc_p(T_3^*-T_2^*) \tag{2.76}$$

$$f=\frac{q_{m,f}}{q_m}=\frac{c_p(T_3^*-T_2^*)}{H} \tag{2.77}$$

将式(2.77)代入式(2.75)，则有：

$$\mathrm{sfc}=\frac{3\,600c_p}{H}\cdot\frac{(T_3^*-T_2^*)}{F_s} \tag{2.78}$$

此式表明，影响燃油消耗率的因素油气比，可以用燃烧室进出口的总温之差来代替，在单位推力不变时，燃烧室进出口的总温之差越大，燃油消耗率越高。

2.4.6 涡轮前燃气总温

涡轮前燃气总温用符号 T_3^* 表示，它是燃气涡轮发动机中最重要的，也是最关键的一个参数，也是受限制的一个参数。它表示了发动机性能的高低，在发动机维修中，将其作为检修的监测参数，当涡轮前燃气总温超过一定阈值时，需进行检修。

2.4.7 发动机排气温度

发动机的排气温度 T_4^* 用符号 EGT 表示，一般它是低压涡轮后燃气的总温。它是发动机中的一个重要的监控参数，其原因是：EGT 的高低反应了发动机中最重要、最关键的一个参数，即涡轮前总温 T_3^* 的高低。EGT 高，则 T_3^* 高；EGT 超限，则 T_3^* 超限。同时 EGT 变化反映发动机性能的变化。例如，发动机在同样的工作状态下，若 EGT 增高，则表明发动机的性能下降。

而且 EGT 的变化反映发动机的故障。例如，脏的压气机叶片会使 EGT 升高。可以用清洗压气机的方法使 EGT 恢复正常；又如，按正常的 EPR 起飞时，若发现 EGT 高，则最有可能的故障是放气活门漏气。

在喷管进口处的圆周上，安装 8～10 个热电偶传感器来测量 EGT，热电偶所用的材料一般为镍镉-镍铝。

2.4.8 发动机的压力比

发动机的压力比简称为发动机压比，用符号 EPR 表示。其含义是：低压涡轮后的总压与低压压气机进口处的总压之比，计算公式可表示为

$$EPR = \frac{p_{t7}}{p_{t2}} \tag{2.79}$$

式中：p_{t7}是低压涡轮后的总压，p_{t2}是压气机进口处的总压。

EPR 是表征发动机推力的参数之一，对同一类型的发动机来说，EPR 高，表明涡轮后燃气的总压高，燃气具有较高的做功能力，所以发动机推力就大。

2.4.9 N_1 与 N_2

N_1 表示低压涡轮的转速，N_2 表示高压涡轮的转速。

N_1 可用于表征发动机推力，常见于高涵道比的涡扇发动机，对于高涵道比的涡扇发动机来说，低压系统提供的推力是主要的，因此，通常也可直接使用 N_1 来表示推力。

N_2 主要用于显示启动时何时开始供油。发动机启动时，是先启动涡轮，带动压气机，只有到一定转速后才能供油。如果推油门过早，结果就是富油燃烧、悬挂或者熄火，启动失败。一般，当 N_2 达到 40%时，压气机才能有足够的空气量提供给燃烧室，燃烧才能稳定。

2.4.10 其他基本参数

① 压气机级数：代表压缩机的压缩叶片有几级，通常级数愈大者压缩比愈大。

② 涡轮级数：代表涡轮机的涡轮叶片有几级。

③ 压缩比：进气被压缩机压缩后的压力，与压缩前的压力之比值，通常愈大者性能愈好。

④ 海平面最大净推力：发动机在海平面高度及条件，与外界空气的速度差（空速）为零时，全速运转所产生的推力，被使用的单位包括 kN（千牛顿）、kg（公斤）、lb（磅）等。

⑤ 单位推力小时耗油率：又称比推力（Specific Thrust），耗油率与推力之比，公制单位为 kg/(h · H)，值越小越省油。

⑥ 平均故障时间：每台发动机发生两次故障的间隔时间之总平均，时间越长越不易发生故障，通常维护成本也越低。

2.4.11 基本要求

民用航空对航空发动机的基本要求主要有以下几个方面。

1. 推重比高，单位迎面积小

发动机迎面积的大小，在一定的飞行条件下，决定了发动机短舱外部阻力的大小，直接影响发动机的有效推力，减小单位迎面积，可以提高推力有效利用率。

推重比高是一个综合的性能指标，它体现了发动机在热力学上的设计水平，也体现了结构方面的设计水平。提高推重比，要求热力循环利用率更高，也要求发动机的尺寸和质量也随之减小，需尽量采用高比强度的材料和合理的设计技术。

2. 单位燃油消耗率低

在航班的直接运营成本DOC(Direct Operation Cost)中，燃油消耗占相当一部分，越是高效管理的航空公司，燃油的成本越显得重要。因此，对发动机的燃油消耗率提出越来越高的要求，也就是说要求不断地降低发动机的燃油消耗率。对于民航飞机而言，经济性好，同样可以增加航程和续航时间，在航程一定的情况下，可以增加有效载荷。所以在民用航空上，降低单位燃油消耗率是当前发动机发展的一个主要方面。

3. 工作稳定，可靠性好

① 发动机工作稳定，是可靠性的一个重要方面。一般来说，工作稳定是从热力气动角度，例如发动机的转速、飞行速度和高度变化等，特别是飞机做各种机动飞行时，是否会出现燃烧室熄火、进气道或压气机喘振、热部件过热等问题。

② 发动机的可靠性不仅因直接影响飞行安全而倍受关注，同时也影响到发动机的维护成本，因此也关系到航空公司的直接运营成本。高的可靠性，是安全性和经济性的要求。

4. 使用成本低

成本是影响航空公司经济效益的主要内容。航空发动机使用成本包括3个内容：

① 燃油的消耗。

② 购买发动机的费用。

③ 维护费用。制造商必须考虑使用成本，才能赢得更大的市场。

民用航空发动机的这些要求，往往无法同时实现，注重一方面往往会使其他方面的性能有所下降。因此，必须权衡这些要求，使总体性能达到最优值。

习题与思考题

1. 描述理想气体的状态方程式，并解释方程中各个参数的意义。
2. 试述比定容热容与比定压热容的定义及相互关系。
3. 热传递有哪几种形式？并描述各自的特点。
4. 热力学第二定律有哪些不同表述？
5. 对于航空发动机而言，什么条件下可以将气体流动近似当做不可压缩流来处理？
6. 举例伯努利方程在航空发动机中的实际应用。
7. 描述声速和马赫数的差别和联系。
8. 区分滞止参数和临界参数的不同含义。
9. 描述航空发动机的实际热力循环过程。
10. 推力、速度、推进功率和推进效率之间的关系是什么？
11. N_1 和 N_2 参数分别代表什么？
12. 影响燃油消耗率的因素有哪些？
13. 民用航空对航空发动机的基本要求是什么？

第3章 航空发动机结构

3.1 进气道

进气道的功用：

① 在各种运行状况下，通过最小流动损失的方式将足量的空气顺利地引入压气机。喷气式发动机正常运行所需的空气量非常惊人，动辄以每秒上千公斤计，如GE90为1 420 kg/s 。

② 当压气机进口处的气流马赫数小于飞行马赫数时，则会通过冲压来压缩空气以提高空气的压力。

③ 在所有的飞行条件以及发动机工作状态下，进气道在增压的过程中应避免过大的时间和空间上气流的不均匀性，以此来减少风扇或压气机发生喘振以及叶片发生振动的危险。进气道的外阻力应尽可能小，以确保进气流场能满足压气机和燃烧室正常工作时的要求，喷气发动机进气口流速必须降为当地声速的0.3～0.6倍，并对进气流场的均匀性有严格的限制。

④ 军用飞机的进气道还要具备"隐身"特性，包括噪声抑制和降低雷达目标性的要求等；同时接通反推力装置和推力矢量喷管时，应符合对发动机本身的排气以及对外来物进入发动机的最大防护等要求。

喷气发动机的进气道可分为亚声速进气道和超声速进气道两大类。亚声速进气道是扩张形的管道，进气口前缘较为钝圆，它由壳体和前整流锥组成。而超声速进气道则分为内压式、外压式和混合式3类。就目前而言，我国民用航空主要使用亚声速飞机，因此发动机的进气道均采用的是扩张形的亚声速进气道。总而言之，进气道的正常工作对整台发动机的性能有着非常重要的影响。

进气系统的基本组成单元包括进气道、进气道控制装置、放气门和辅助进气门、附面层吸除装置和防止外来物吸入的防护装置。

3.1.1 亚声速进气道

图3.1所示为亚声速进气道工作原理图。进气道远前方气流未受到扰动处的截面为0—0截面，气流速度与飞行速度大小相等，方向相反。进气道的进口和出口分别为01—01和1—1截面。

进气道的前一段是段扩张形的管道，气流流通面积会逐渐变大，而前整流锥与壳体所构成的环形通道稍有收缩，所以在前一段气流参数的变化规律是速度V下降，压力P和温度T升高，也就是说空气被压缩了，而空气本身速度降低而受到的压缩被称为冲压压缩。整流锥后气流速度V略有上升，而压力P和温度T则略有下降。这样可以使气流比较均匀地进入压气机以保证压气机的正常工作。因此，在设计条件下的流动模型和气流参数沿流程的大致变化情况，如图3.2所示。

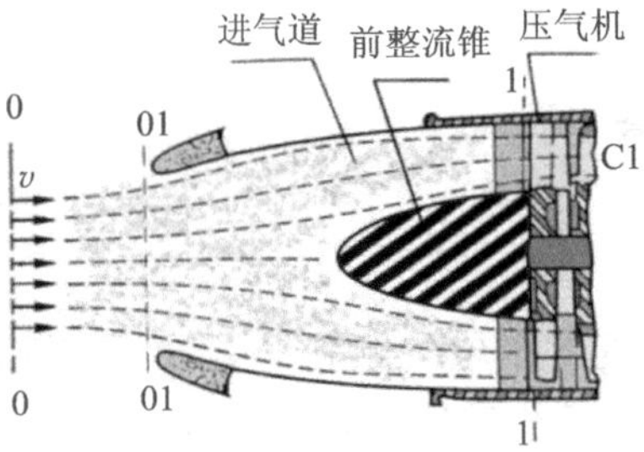

图 3.1　亚声速进气道工作原理图

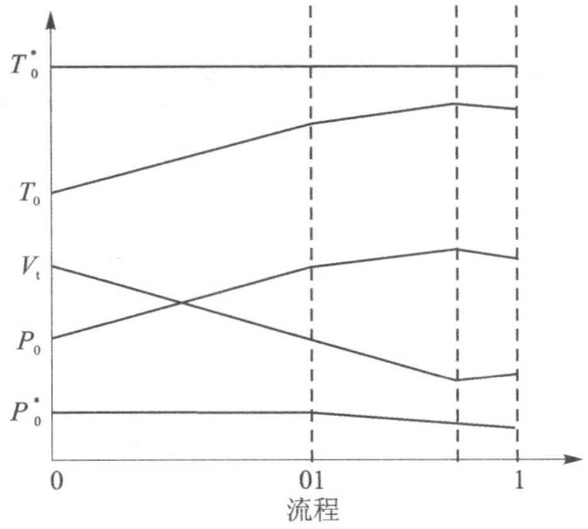

图 3.2　设计条件下的流动模型和气流参数沿流程的变化图

亚声速进气道结构较为简单，其进气口前缘较为钝圆，以此来避免飞机低速起飞时进气口处发生气流分离。其内部的进气通道多为扩张形，飞机在以最大速度或巡航状态航行时，进入气流的减速增压过程大部分在进气口外面完成，进气通道内的流体损失很小，因此有较高的效率。喷气式发动机出现的初期，进气道仅作为发动机工作介质的一个通道，保证发动机有充足的进气量即可，因此在早期这种进气道的结构十分简单。随着飞机的速度和性能都不断地提高，进气道结构也日趋复杂，如进气通道里增加了附面层抽气系统，以此来防止低能的附面层流进入发动机，造成发动机的喘振甚至失速。对于通过两侧或腹部进气的进气道，其进气口有一个附面层隔板，或者进气道与机身之间相隔一小段间隙，其功能是把附面层流引向另处防止其进入发动机。尽管如此，与后来的超声速进气道相比，亚声速进气道的结构仍然比较简单。亚声速进气道工作在超声速状态下时，其进气口前会产生脱体正激波，超声速气流经过正激波后其速度被削减成亚声速，这时的能量损失称为激波损失。激波前速度越大，损失也越大。

在喷气式飞机诞生之初，发动机的发展还不完善，其性能还不高，因此所能提供的推力很小，推重比也很低，所以为了减少进气过程的能量损失，飞机进气道多被设计成短粗形式。

3.1.2　超声速进气道

超声速进气道在结构上更复杂，其对超声速气流的减速是通过多个较弱的斜激波实现的。超声速进气道分为内压式、外压式和混合式 3 类，如图 3.3 所示。

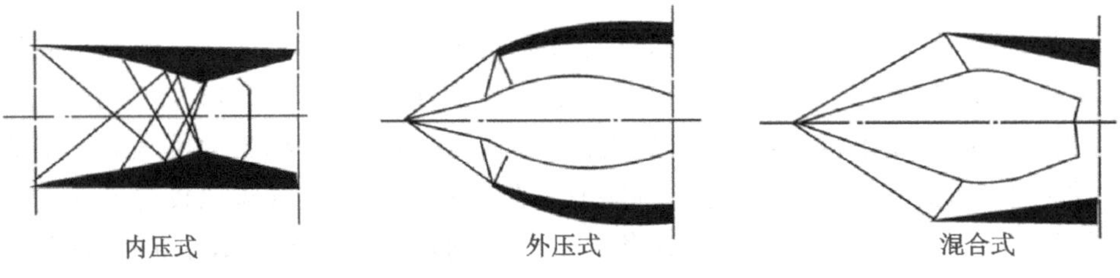

图 3.3　超声速进气道的 3 种类型

内压式进气道为收缩扩散形管道，超声速气流的减速增压过程全在进气口以内实现。设计状态下，气流在收缩段内不断被减速，当气流到达喉部时其速度恰降为声速，在扩张段内继续进行减速增压。内压式进气道的优点是效率高、阻力小，但非设计状态时性能不好，会出现启动困难，因此在飞机上未见采用。

外压式进气道在进口前装有中心锥或斜板，以形成斜激波对超声速气流进行减速，通过降低进气口正激波的强度，能够提高进气减速的效率。外压式进气道的超声速气流的减速过程全部在进气口外完成，进气口内通道基本上是亚声速扩散段。

混合式超声速进气道是由外压式和内压式进气道组合而成的，是二者的折中，因此混合式超声速进气道兼有外压式和内压式进气道的优点，所以对于飞行马赫数大于 2.0 的飞机，很多采用的都是混合式进气道。

对于超声速飞机而言，其自身的飞行马赫数变化范围较宽，对于进气道就要求其在较宽的范围内能够高效地减速增压。由于进行着超声速飞行，进气道进气口前的气流不能自动地适应发动机所需而引入适当的空气流量，容易发生溢流。因此随着飞机飞行速度的提升，进气道也相应地发生了很大的变化，结构上朝着更加复杂化的方向发展，而这也是性能和速度提升后确保发动机工作稳定的先决条件。飞机进气口的大小往往是不变的，而在低速和高速飞行时，发动机对空气量的需求却完全不一样。尤其处于超声速飞行时，流入进气道的空气量总是超过了发动机的实际需求。如果不将其排除就会导致额外的空气阻力，从而降低发动机效率。所以，超声速进气道都设有旁路系统。当进气量超过发动机所需时，就会开启旁路系统，将多余的空气排放出去。圆形或半圆形的进气道有个中心锥，它的一个作用是调节进气量，而另一个重要的作用则是调节激波的位置。超声速进气道和亚声速进气道在外形上的主要区别就在于是否有中心锥和压缩斜板，中心锥是可见的，而压缩板有的在进气道内部，因而不易被观察到。

超声速气流在进气道以外经冲压压缩后，依然是超声速流，进入进气道内后继续被压缩，经过喉部或扩张段中的正激波后会转变为亚声速。

3.1.3　进气道的主要性能参数

1. 总压恢复系数

进气道的流动损失用总压恢复系数来描写，进气道的总压恢复系数是进气道出口处的总压 p_1^* 与进气道远前方未受到扰动的气流处的总压 p_0^* 之比，用符号 σ_i 表示，即

$$\sigma_i = \frac{p_1^*}{p_0^*} \tag{3.1}$$

总压恢复系数 σ_i 小于 1。若 σ_i 大，则说明气流流动损失小；若 σ_i 小，则说明气流流动损失大。飞行中，亚声速进气道的总压恢复系数通常处于 0.94～0.98 之间。

总压恢复系数 σ_i 是对进气道内气流流动损失程度的度量，总压恢复系数 σ_i 越大，则在一定的飞行马赫数下，气流在进气道中的增压比 π_i 越高，即

$$\pi_i = \frac{p_1^*}{p_0} = \sigma_i\left(1+\frac{\gamma-1}{2}Ma_0^2\right)^{\frac{\gamma}{\gamma-1}} = \sigma_i\left(1+\frac{\gamma-1}{2}\frac{V^2}{\gamma R T_0}\right)^{\frac{\gamma}{\gamma-1}} \tag{3.2}$$

由式(3.2)可以看出，影响进气道冲压比的主要因素包括流动损失、飞行速度和大气温度。

流动损失的影响：当大气温度和飞行速度保持一定时，流动损失大，总压恢复系数小，则冲

压比减小；另外，由于流动损失大，会造成压气机进口的气流压力变低，并且还会引起进入发动机的空气流量减小。

飞行速度 v 的影响：当大气温度和流动损失保持一定时，飞机飞行速度越大，则冲压比越高。

总压恢复系数 σ_i 的影响：若 σ_i 增加，则 π_i 增加，使得发动机内所有特征面气流的总压升高。

2. 流量系数

流入进气道的实际气流流量与以自由流参数流过捕获面积的气流流量之比，称为进气道的流量系数，表示式为

$$\phi_i = \frac{A_{01}}{A_0} \tag{3.3}$$

式中：A_0 为通过进气道进口的流量所对应的自由流流管面积；A_{01} 为进气道的捕获面积，进气道前缘点 01 处的横截面面积，如图 3.4 所示。

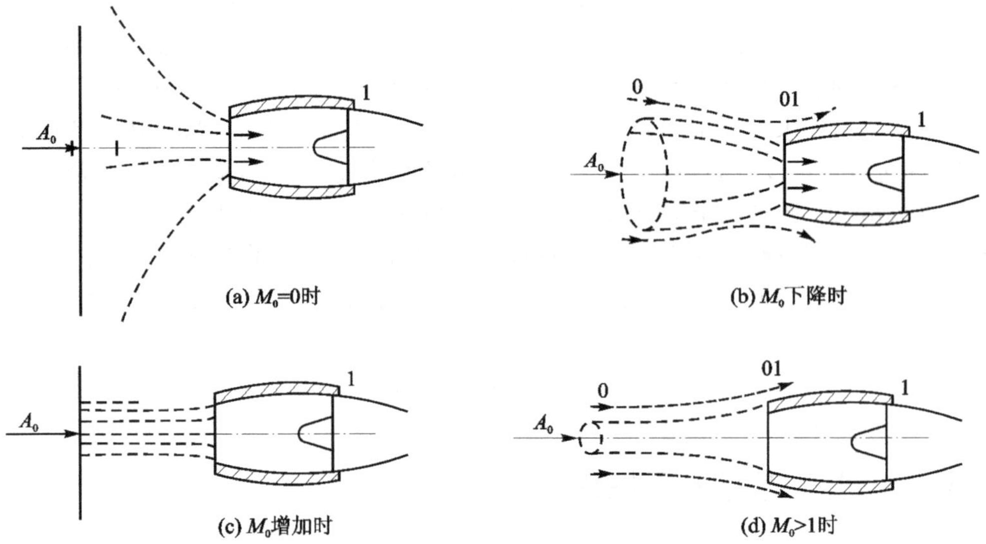

图 3.4　流量系数和流线谱

3. 阻力系数

进气道阻力除以自由流动压与参考面积的乘积，称为进气道的阻力系数，用符号 C_X 表示：

$$C_X = \frac{X_i}{\frac{1}{2}\rho_0 c_0^2 A_{max}} \tag{3.4}$$

式中：X_i 为进气道阻力，包括附加阻力、进气道压差阻力和摩擦阻力；A_{max} 为参考面积（一般为进气道最大横截面面积）；v_0、ρ_0 为自由流的速度和密度。

附加阻力：由于进气口气流受发动机工作而有别于均匀外界大气压力而造成的阻力；压差阻力：发动机外部环绕流压力作用于发动机外表面而形成的阻力；摩擦阻力：发动机外部环绕流与发动机外表面产生摩擦形成的阻力。压差阻力和摩擦阻力称为外部阻力。

4. 进气道出口气流的不均匀性

由于进气道内管道的转弯和面积扩张，激波和附面层干扰，大攻角和大侧滑角飞行引起的气流分离等会造成出口截面上的总压不均匀；总压和总温的不均匀称为进气道出口流场畸变。畸变将使风扇或压气机的稳定裕度下降，会使压气机发生喘振和导致燃烧室熄火，因此需要进气道出口气流流场均匀。描写流场均匀程度的参数是畸变指数，其定义为

$$\bar{D}=\frac{p_{1,\max}^{*}-p_{1,\min}^{*}}{\overline{p_1^{*}}} \tag{3.5}$$

式中：$p_{1,\max}^{*}$、$p_{1,\min}^{*}$和$\overline{p_1^{*}}$分别为进气道出口气流总压的最大值、最小值和平均值。

5. 进气道稳定裕度

对于超声速外压式进气道或混压式进气道，当流量系数小于某个临界值时，进气道将出现喘振。进气道的喘振会严重影响发动机的正常工作，甚至会造成飞行事故。为了避免进气道喘振的发生，必须使发动机进气道具备一定的稳定裕度。进气道稳定裕度定义为

$$(\mathrm{SM})_{\mathrm{i}}=\frac{\phi_{\mathrm{i}}-\phi_{\mathrm{ib}}}{\phi_{\mathrm{ib}}}\times 100\% \tag{3.6}$$

式中：ϕ_{i}为在给定飞行条件和发动机工作状态下的进气道流量系数；ϕ_{ib}为在给定飞行条件下的进气道喘振点的流量系数。

3.2　压气机

压气机是航空燃气涡轮发动机的重要组成部分。它的主要工作是对流经它的气流进行压缩，进而提高气流的压力，为燃气膨胀做功创造条件，以增大发动机的推力。

依据压气机的结构形式和气流的流动特点，可将压气机分为离心式压气机和轴流式压气机两种类型。对于离心式压气机来说，气流是在其工作叶轮内沿远离叶轮旋转中心的方向流动的；而对于轴流式压气机来说，气流则是在其工作叶轮内基本沿发动机的轴线方向流动的。此外还有轴流式和离心式压气机组合在一起的，叫做混合式压气机。

离心式压气机是通过单级或两级转子采用叶轮加速和扩散空气的方式实现增压的。轴流式压气机则是通过多级转子和静子的交替使用以达到加速和扩散空气，直至获得所需的压力。

3.2.1　离心式压气机

1. 组　成

离心式压气机由进气系统、叶轮、扩压器、集气管等部件共同组成，如图 3.5 所示。其中叶轮和扩压器是离心式压气机的两个主要部件。

(1) 进气系统

进气系统安装在叶轮的进口处，其流动通道是收敛的。它的功能是引导气流以一定的方向均匀地流入工作叶轮，以此来减少流动损失。空气在流过它时速度会增大，而压力和温度则会下降。

(2) 叶　轮

叶轮是高速旋转的部件，叶轮上叶片间的通道是扩张形的，气流在流过它时，对空气做功，

加速气流的流速，同时提高空气的压力。

从结构上可将叶轮分为单面叶轮和双面叶轮，如图3.6所示。所谓单面叶轮是仅在轮盘的一侧安装有叶片，仅从这一面进气；而双面叶轮是指在轮盘的两侧都安装有叶片，这样可以从两面进气，既增大了进气量，而且对于平衡轴承上所受的轴向力也有好处。

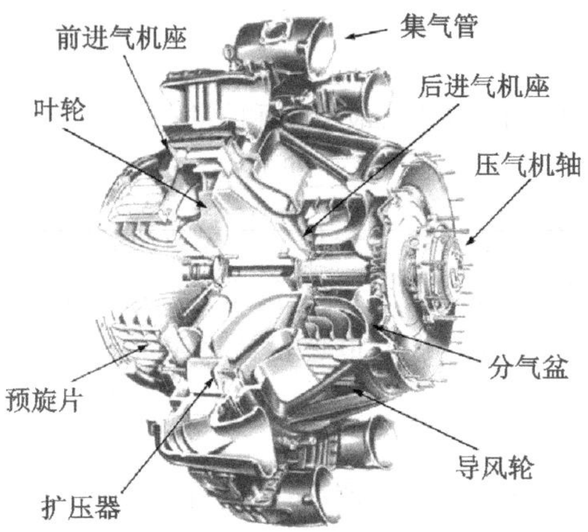

图3.5 典型的离心式压气机

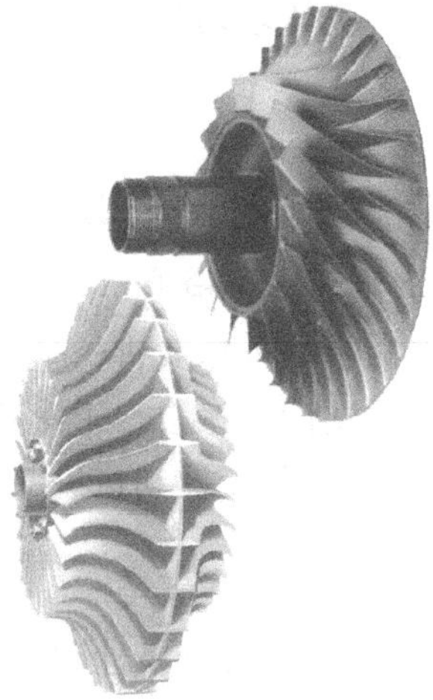

图3.6 典型的离心压气机叶轮

(3) 扩压器

扩压器处在叶轮的出口部位，形成一个环形室，具有一定量的整流叶片，两个相邻叶片间的气流通道是扩张的，如图3.7所示。当空气流过扩压器时，速度会下降，而压力和温度都会上升，即扩压器将经离心叶轮加速后的高速气流的一部分动能转变为压力能。叶轮与扩压器的间隙是一个重要的因素，太小的间隙会导致气动冲击脉冲，并可能传递给叶轮从而引起不稳定的气流和振动。除了所举例的叶片式扩压器外，最常见的还有管式扩压器。

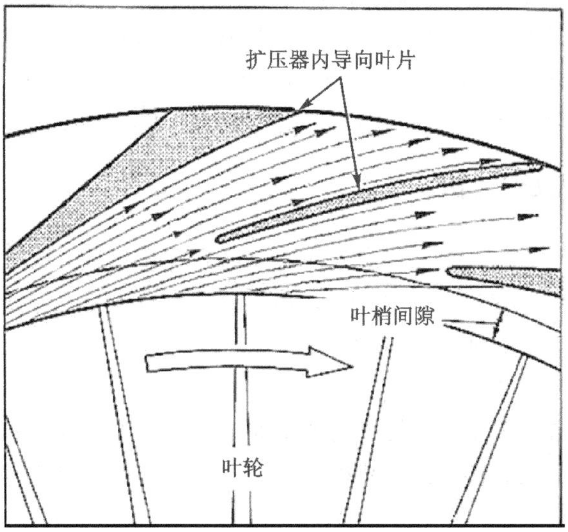

图3.7 气流在入口处扩散

(4) 集气管

集气管的主要功能是将气流方向变为轴向，进而引入燃烧室。在集气管的弯曲部分内常装有一些弯曲的叶片，使气流沿着叶片引导的方向流动，速度继续降低，压力提高，流动损失减小。

2. 工作原理

叶轮在高速的状态下旋转，气流不断进入叶片中心，在叶轮中心由于离心力作用，气流会被甩向叶轮外缘。因而使气流进行加速，压力也会随着逐渐升高。

离开叶轮的气流，进入了尾部扩张部分，在此通过扩压器把气流的大部分动能转换为压力能，如图 3.8 所示。在实际应用中，压气机通常会被设计成能够使通过的气流约一半的压力增加由叶轮实现，而另一半则是通过扩压器来实现。

为了使通过压气机的气流和压力上升达到最大化，通常需要叶轮高速旋转，因此叶轮的设计运行速度在其叶尖处的速度高达 487.68 m/s，为此叶轮的空气流量也将增加，因而也将有更多的能量能够转化为压力能。

要稳定压气机的效率，防止空气在叶轮和机壳之间的过度泄漏尤为必要，因而叶轮与机壳之间的间隙要尽可能小，如图 3.9 所示。

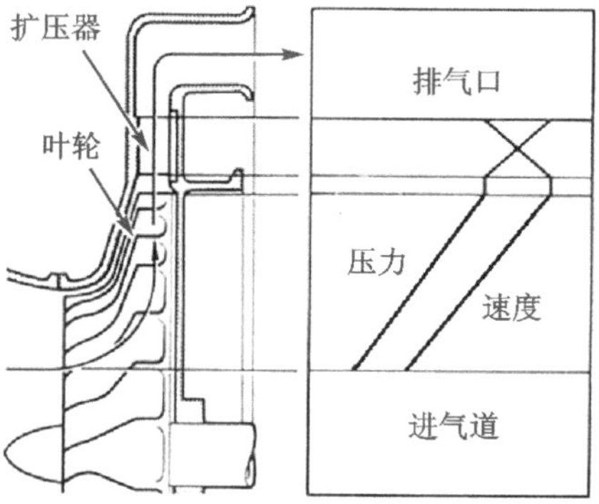

图 3.8　通过离心压气机的气流的压力和速度变化

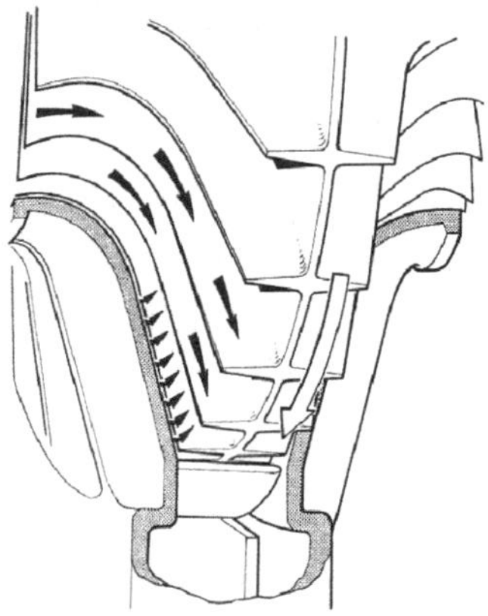

图 3.9　叶轮工作间隙和空气泄漏

离心式压气机除了通过扩压器进行增压外，还会通过离心增压原理来提高空气的压力。所谓离心增压是说气体流过叶轮时，由于叶轮做圆周运动，气流受其扰动也具有了圆周速度，因而气体微团也会受到惯性离心力的作用，并且气体微团所受的离心力是随其圆周速度的增大而增大的。因此，叶轮边缘处的压力要远比叶轮中心处的压力高。

离心式压气机对气流的减速过程主要是在扩压器和导气管的扩散通道中完成的。经过这些通道后，气流的绝对速度会减小，而压力则会升高。

3. 离心式压气机的特点

① 主要优点：单级的增压比高，单级可增压 4～7 倍，甚至更高；稳定工作的范围比较宽；结构简单且可靠性高；质量轻，所需的启动功率小。

② 主要缺点：气流的流动损失比较大，并且级间损失更大，因而不适合多级增压。因此，离心式压气机的效率相对较低，最高时也只能达到总效率的 83%～85%。此外由于迎风面积

大，流通阻力大，因此还会有单位面积的低流通能力的缺点。

离心式压气机主要应用于小型动力装置，这是由小发动机的技术要求和离心压气机的特点所共同决定的。安装小发动机的飞机对动力装置的首要要求是发动机结构简单、安全可靠、成本低、维护方便。对于外廓尺寸的要求没有大发动机那么严格，同时对小发动机来讲，决定发动机最大外廓尺寸的部位往往不是压气机，而是减速器机匣。此外，随着空气质量流量的减小，以及气流通道尺寸减小的情况下轴流压气机的漏气损失、附面层损失、二次损失、尾迹损失会显著增大，压气机效率也就会大大降低，以致在小流量的条件下，离心压气机的效率并不比轴流压气机逊色。小发动机径向尺寸小，为了保持一定的圆周速度，转速要比大发动机高得多，在结构设计时出现了高速转子的临界转速问题。采用离心压气机后，轴向尺寸缩短，加上回流式燃烧室配合，使得发动机转子支点跨度大大减小，为解决上述问题提供了条件。

当压气机增压比需要进一步提高时，可以采用双级离心式压气机，但是目前更多的是采用混合式压气机。因为混合式压气机综合了轴流级的灵活性和离心级的简易性，有着更大的发展潜力。目前很多国家的小发动机系列都是采用了在原型机基础上，前面增加轴流级的级数来增大空气质量流量和增压比，以提高功率、扩大使用范围和降低油耗、改善经济性。另外，当离心机技术进一步提高时，也可以减少轴流级级数，以减轻发动机质量。

3.2.2 轴流式压气机

1. 组　成

轴流式压气机是由高速旋转的转子和与固定在压气机机匣上的静子组成的，如图 3.10 所示。其转动部件包括转子叶片、轮盘和轴。转动部件被支承在前后轴承上，通过轴承带动进行高速旋转，进而对气流做功。静子包括静子叶片、机匣和整流器。静子的功用是使气流减速，继续提高气流的压力。

转子是由工作叶轮组成的，而在轮盘的轮缘上安装若干个工作叶片便形成了一个工作叶轮。一个工作叶轮加上一个位于其后的整流器就构成了轴流式压气机的一级，轴流式压气机都是多级的，因此工作叶轮与整流器交错排列就形成了多级轴流式压气机。

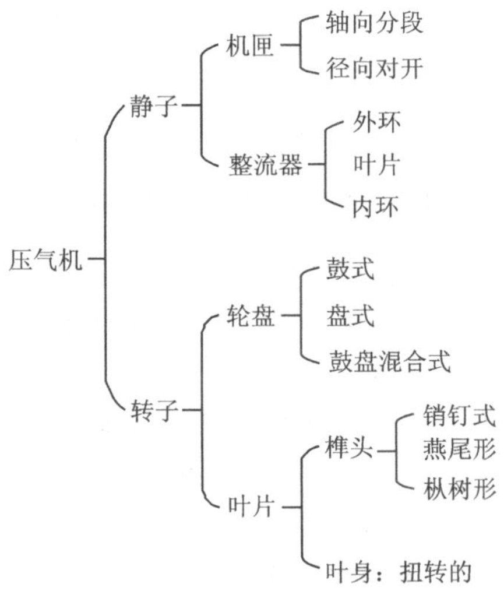

图 3.10　轴流式压气机构成图

转子轴通常由滚珠轴承支撑，压气机的转子与涡轮的转子通过联轴器相互连接，从而构成了发动机的转子。转子的作用是安装工作叶片，将从涡轮传来的扭矩传给工作叶片，并带动叶片在高速转速下高效率地工作。

轴流式压气机是一个多级单元，每一级压力增加的数值都是很小的，当一根轴上有多级压缩过程时，就有必要适当改变每级静子叶片的安装角度，使压气机在设计条件下以最有效的转速运作。随着压力比的增加，静子叶片的角度可调性可以确保气流以一个合适的入射角进入后续的动叶片当中。

从压气机的前部到后部，即从低压部分到高压部分，在转子轴和静子外壳之间有一个逐步减小的空气环区。尽管气流的密度是随着压气机的级长而增大的，但仍很有必要在压气机内维持一个近似恒定的气流轴向速度。空气环区的收敛是通过机匣或转子锥形收敛完成的。

单转子压气机是由一个转子以及为了达到设计所需压力比而尽可能多的静子和进气装置组成，如图 3.11 所示。图中双转子压气机包含两个或更多的转子，每个转子都由对应的涡轮以最优的速度驱动，以获得最大的压力比和操作灵活性。

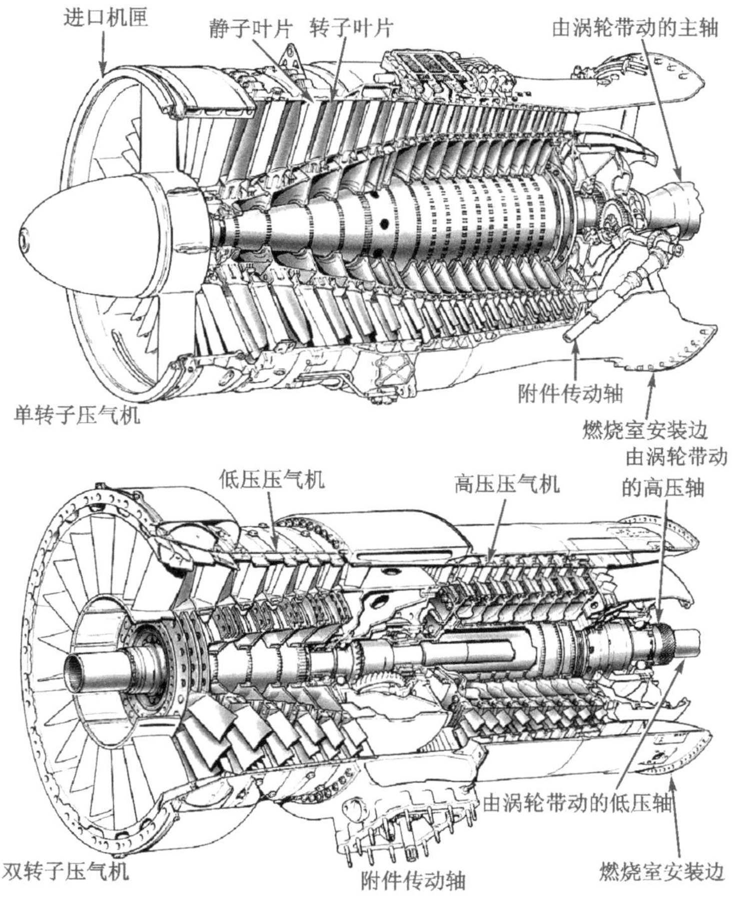

图 3.11　典型的轴流式压气机

压气机的结构是以转子总成和机匣为中心的，转轴被滚球轴承和滚柱轴承所支承并与涡轮轴相耦合。圆筒状外壳组合体可以看做是由很多的圆柱形外壳通过螺栓轴向联结其各阶段而组成的，整体框架以一条中线为界可被分为两部分，并分别通过螺栓联结。

在压气机的设计中，转速是根据轮盘所需要承受的离心式叶片负载而定的。通常一根轴上会安装许多叶轮，他们会被机械耦合和固定在一起，但一般的轮盘组装是通过焊接连接在一起的。

典型的固定转子叶片的方法如图 3.12 所示，可以通过周向或轴向调整以适合特定级的要求。为了满足生产制造和维修性的需求，大多数压气机都设计有单独的叶片，然而对于小型发动机，由于设计一个可行的安装方法比较困难，通常采用整体叶盘来解决。

转子叶片通常的设计会沿着它们的长度给一个压力梯度，以确保空气保持合理均匀的轴向速度，如图3.13所示。在气流流动时，叶尖具有较高的压力，这会平衡转子的离心作用。为了获取这些条件，有必要从叶根到叶尖进行叶片的“扭转”，使叶片在每个部位都有合适的空气入射角度。气流流经压气机时，在内外壁产生缓慢进入和停滞不前的两个附面层，为了补偿在附面层空气流动缓慢的缺陷，可以在叶尖和叶根局部增加叶片曲面度。

静子叶片通过定位环与压气机相连并固定在外壳上，如图3.14所示。叶片经常成组地装配在前面级，末端可能会带冠，这样能使气流变化导致的叶片振动的效果最小。

工作叶片是轴流式压气机的一个重要组成部件，轴流式压气机的气动性能、工作可靠性、质量以及成本等都会受其直接影响。由于它不仅受较高的离心负载、气动负载、大气温差负载及振动的交变负载影响，同时还受到发动机进气道外来物的撞击，以及受到风沙、水气的侵蚀等，因而在实际使用中，压气机的工作叶片比压气机其他零部件的发生故障的概率大得多。因此，无论在工作叶片的设计、制造还是使用维修中，耗费的人工时往往会比其他部件要多，因此成本也较高。压气机工作叶片的叶身一般都具备适应亚声速或超声速工作的叶型，以满足气动和强度的要求。为了尽量减轻质量，叶尖的弦长要比根部的小，而厚度要比根部的薄。

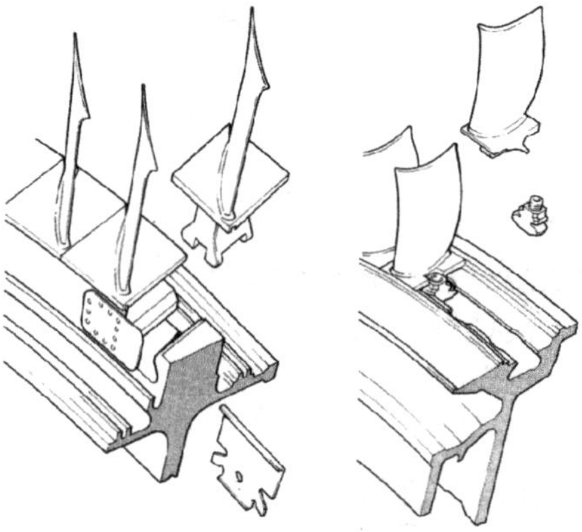

图3.12　固定叶片到轮盘上的方法

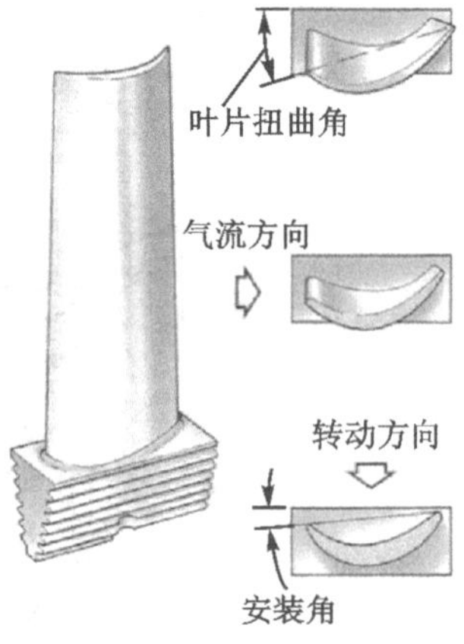

图3.13　典型的转子叶片扭转的轮廓显示图

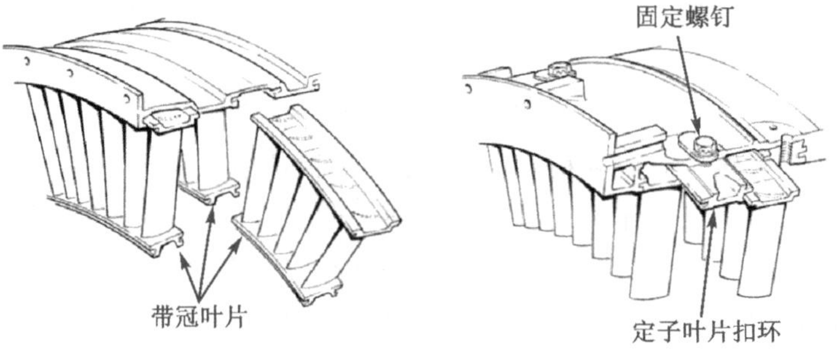

图3.14　叶片安装到机匣的方法

工作叶片主要是由叶身和榫头组成的。当压气机处于工作状态时，叶片将会承受巨大的离心力、气动力和振动载荷。如采用第二代宽弦无凸台风扇叶片的罗罗公司的遄达发动机，其风扇叶片离心力高达672.7 kN，因此连接处要有足够的强度。实际使用经验表明，轴流式压气机常见的故障是由于振动而导致的工作叶片的损坏。因此，在进行榫头结构的设计过程中，必须保证叶片固定在轮盘上时要有适当的刚性，以避免发动机在常见转速范围内发生危险的共振，此外在设计榫头结构时，也应避免出现有过大的应力集中。

为了避免发生危险的共振或颤震，当叶片长度较长时，叶片叶身中部常常加装一个减振凸台。装配好后，凸台会连成一圆环，彼此制约，增加整体刚性，并且还会改变叶片的固有频率，以及降低叶片根部的弯曲扭转应力。通过在减振凸台结合面上喷涂耐磨合金，可以在叶片发生振动以致结合面之间发生相互摩擦时能够起到阻尼减振的作用。减振凸台位置的确定主要是根据强度因素、振动因素、气动因素、气动性能等因素综合考虑的，一般情况下，减振凸台位于距叶根 50%～70%叶高处，典型的风扇叶片如图 3.15 所示。

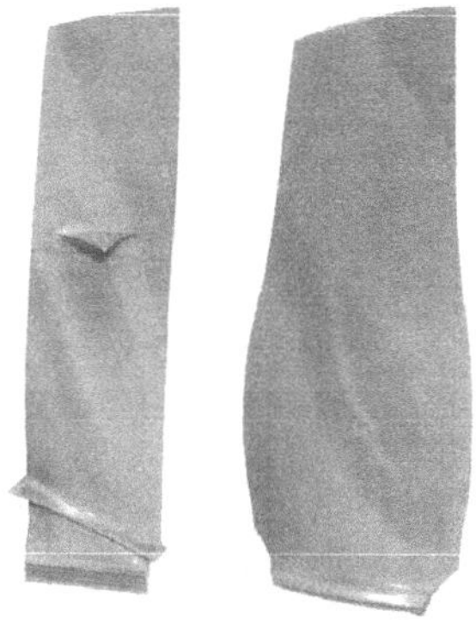

图 3.15　典型的风扇叶片

减振凸台的存在不可避免地会给叶片带来一些缺点，如叶片总质量的增加，进而导致叶片离心载荷的增加，叶片的工艺性也因此变得复杂；叶身与减振凸台连接处的局部加厚会使得气流通道面积减少约 2%，因此就会减少空气质量流量，从而影响发动机的推力；与此同时减振凸台还会造成气流压力损失，从而使压气机的效率下降，发动机耗油率增加。

2. 工作原理

压气机转子由涡轮带动在高速度下运行，这样空气不断被引入压气机，然后由转子上高速旋转的动叶片对气流进行加速，动能提升，然后通过相邻的静子叶片对气流进行扩压，速度下降，压力上升，如此往复。静子叶片也经常用来修正由转子提供的气体，并把空气以正确的角度提供给转子叶片的下一个阶段。最后一排静子叶片通常作为空气矫直装置，去除先前空气中螺旋旋转状态，使其以一个合理的轴向速度进入燃烧系统。气流通过压气机时，压力和速度的变化伴随着的是压力的增加而且空气温度也会逐步增加。典型的轴流式压气机压力和速度的变化，如图 3.16 所示。

在每个阶段，流出的空气和进入的空气总的增压比是相当小的，通常在 1～2 之间。如果想要避免空气在叶片处的损耗和随后叶片失速造成的空气分离损失，必须对叶片加以相应限制。尽管每个阶段都是小压力比，相比之前的阶段，每个阶段处的出口压力都会有所上升。因此，虽然在压气机第一阶段，可能压力只会增加 20.684～27.579 kPa，但是对于 30∶1 的压缩系统，最后的压力上升可能高达 551.581 kPa。如果设计能够控制气流速度和最大限度地减少连续流过多级轴流压气机气流的损失，那么压气机的效率将大幅提升，燃油消耗也会大幅下降。这显然是轴流式压气机相对于离心式压气机的更大的潜在优势，然而从根本上来说，这些优势条件不是那么容易实现的。

压气机增压比增加得越大，确保压气机能在全速范围下高效率运作就变得越困难。压气机的效率高，说明压缩过程中的流阻损失小，实际过程接近理想过程。也就是说，压气机效率越高，达到相同增压比时，所需要外界输入的机械功就越少。目前，单级轴流式压气机的绝热效率可以达到 90%以上，高增压比的多级轴流压气机的绝热效率也可以达到 85%以上。

3. 轴流式压气机的特点

轴流式压气机的主要优点是：压气机效率的提高，可以通过增加压气机级数的方法来提高压气机总的增压比来实现。通常情况下，轴流式压气机的效率可以提高到87%以上。相比于离心式压气机，轴流式压气机单位面积的流通能力更高。

轴流式压气机的主要缺点是：单级增压比低，一般轴流式压气机单级的增压比只能达到1.15～1.35倍并且结构复杂。

由于高压力比的趋势，采用轴流式压气机显得更有利，因为它能提供较高的效率，但却导致在给定的推力下，燃油消耗率提高，如图3.17所示。

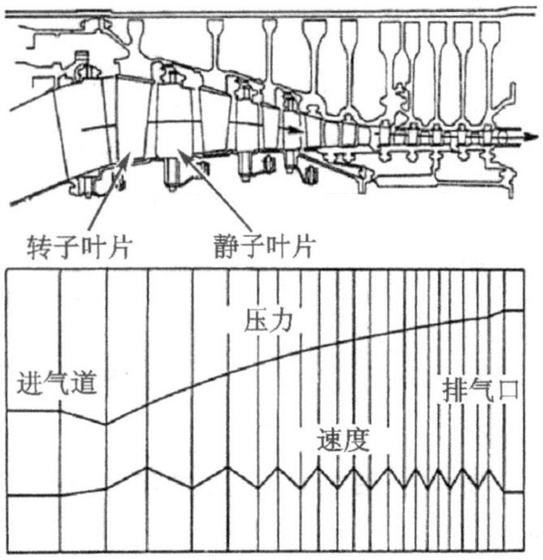

图3.16 轴流式压气机压力和速度的变化

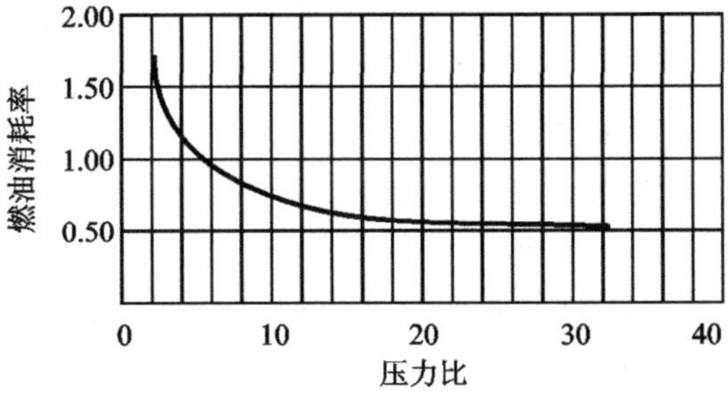

图3.17 燃油消耗率和压力比关系图

离心式压气机比轴流式压气机更成熟，也更容易开发和制造。轴流式压气机消耗更多的空气，能够达到更高的压力比。在确定推力的总量时，空气流量是一个重要的因素，这意味着安装轴流式压气机的发动机在同样的截面积上将提供更多的推力。再加上在额外的阶段增加的压力比，导致在大多数的发动机设计都采用轴流式压气机。然而，离心式压气机在小的发动机上仍受到欢迎，因为它的简单性和强度比弥补了其他的缺点。

3.2.3 工作条件

多级压气机的每个阶段的气流都具有一定特征，并类似于相邻的阶段。因此要设计一个切实可行和有效的压气机，必须仔细匹配每一阶段的特征，实现一组条件(设计的质量流量、压力比和旋转速度)是一个相对简单的过程，但困难的是在大量操作条件下得到合理匹配，这是所有飞机发动机都会遇到的问题。

如果背离了设计意图，把操作条件强加在压气机叶片上，那么气流或气动力问题将诱发振动的产生。这些现象会以两种形式出现，即空气的入射角相对叶片过高或过低。前者是一个前面级问题，通常在低速时出现；而后者是后面级问题，通常会发生在高速情形下。如果发动机需要从压气机获得一个上升的压力，然而所需压力又高于叶片所能承受的范围，那么发动机就会发生喘振。在这种情况下，当气流通过压气机时由于气流瞬时分离的作用，气流压力会出现瞬时下降，与此同时发动机的推力也会急剧下降。

因此在设计压气机时需留有足够裕度，以确保避免压气机工作在不稳定区域，如图3.18所示。

当设计的压气机要求单轴具有高压力比时，就有必要为此引入气流控制设计。这可以在第一级采取可变进气导向叶片的形式,加上与后续级中可变静子叶片共同作用,可以成功地提高压力比,如图 3.19 所示。当压气机速度低于其设计值时,这些静态叶片会逐渐关闭,来维持接下来的转子叶片有可接受的空气入射角度。此外,当发动机正在加速时,级间放气可以被利用,但其设计利用通常是受制于压气机提供的额外裕度,因为在稳定运行条件使用时通常是低效和浪费燃油的。

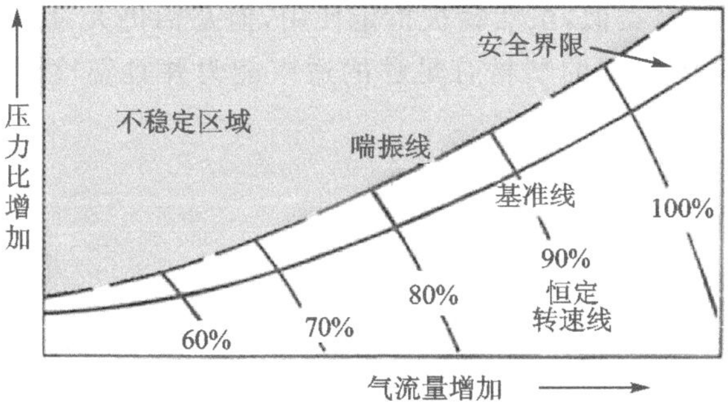

图 3.18　稳定气流的范围

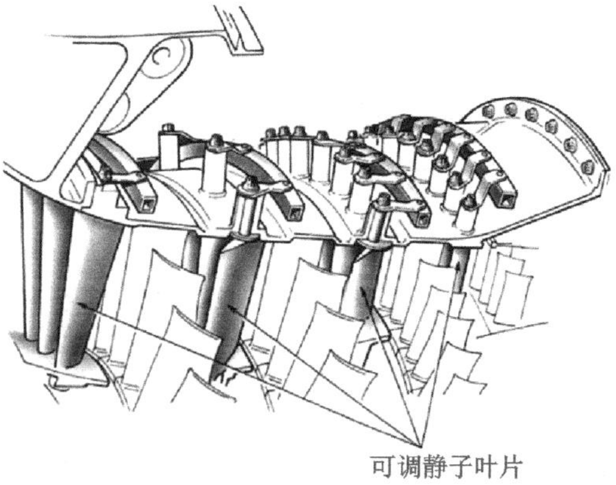

图 3.19　典型的可变静子叶片

3.2.4　材　料

材料的选用是最具有成本效益的设计,在实际使用中航空发动机的设计要求在技术给定的载荷和主导温度下,最好能够满足最轻的设计要求。

对于壳体的设计,其质量应尽可能轻,刚性结构要尽可能准确地维持其与叶尖之间的间隙,以确保尽可能高的效率。这些需求是通过在压气机系统前部低温区使用铝材料,而在随后的压气机高温区使用合金钢材料实现的。由于压缩系统最后阶段的超高温可能超过最好的钢的承受范围,因而往往采用镍基合金等新型材料。在铝和钢铁中加入钛是很普遍的做法,尤其是在设计军用发动机时,高的硬度密度比这一特性可以让其质量显著降低。虽然初始的材料成本很高,但随着新制造方法的发展,零部件成本可以维持在一个更可接受的水平。

静子叶片通常由钢铁或镍基合金制造,一个主要的优点是当吸入异物造成叶片损伤出现缺口时,仍有一个高的剩余强度。早期的设计是采用铝合金,但由于它抵抗损害能力不够突出,对它的使用需求已经下降。钛可用于在低压区静子叶片材料,但不适合压缩系统中的小尺寸静子叶片,因为所处的环境有更高的压力和温度。旋转和静态组件之间的任何过度摩擦都可能导致其他的机械故障,因为通过摩擦可以产生足够的热量使钛燃烧;这反过来又可能导致昂贵的维修费用和可能的适航风险。

在对轮盘、鼓式转子和叶片设计时,离心力设计占主要地位,并要求金属有很高的强度密度比。这样设计能使得转子总成尽可能最轻,从而降低其对发动机结构的作用力,达到总质量的进一步减轻。出于这个原因,钛成为了首选材料,虽然其初始成本比较高,但已取代了在早期的设计时青睐的钢合金。随着高温钛合金的开发和生产,用于压气机系统后部轮盘和叶片的镍合金正在被逐渐取代。

利用传统固体锻件加工钛的可用性使得高涵道比风扇叶片的设计成为可能,因为发动机结构必须能够承受大量的可能导致风扇叶片故障的不平衡力，所以轻质量风扇叶片是必要的。要想获得一个足够轻的风扇叶片，即使采用钛作为材料，短的轴向长度也是必要的。然而，有了这样的设计，还要求有一个“缓冲器”或“阻尼凸台”，这样的特性以防止气动不稳定。这个设计概念会使得气流在超声速流动时压力损失很大，从而导致效率低下和气流流量减少。然而通过引入罗罗公司设计的宽弦叶片，这些不利因素都已经被克服。因为叶片翼弦宽度的增加提高了稳定性，因此避免了缓冲器的需求，并且通过在叶片表面加入钛和内部采用蜂窝芯合成，使其质量保持在一个低水平。

离心叶轮材料的要求和轴流式压气机转子材料类似，虽然钛被指定使用，但是铝仍大量地在低压力比部分的设计上使用，因为这一部分坚固耐用的型材有足够的适应能力并且温度要求也在可接受范围内。

3.3 燃烧室

燃烧室的作用是将燃油喷嘴提供的燃油以及通过压气机提供的空气进行混合燃烧，然后通过气流的扩压加速，为涡轮在各种条件下提供平稳且均匀加热的气体。早期典型燃烧室如图 3.20 所示。

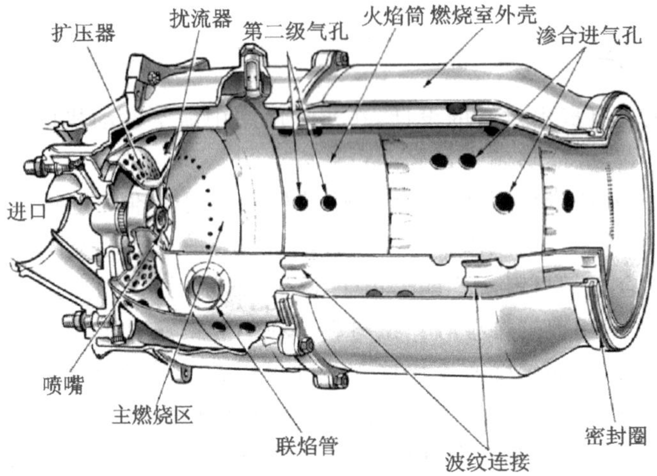

图 3.20 早期的燃烧室

3.3.1 燃烧室的类型

燃气涡轮发动机的燃烧室按其组成结构主要可分成 3 种类型，分别是单管燃烧室、管环形燃烧室和环形燃烧室。

1. 单管燃烧室

单管燃烧室主要用于离心式压气机的发动机和早期型号的轴流式压气机的发动机上，是由早期的惠特尔燃烧室直接发展而来的。其主要的区别在于惠特尔燃烧室有反向流，而这造成了相当大的压力损失，如图 3.21 所示。

单管燃烧室是由在内、外壳体之间的 8～16 个单管燃烧室环绕组成的，如图 3.22 所示。

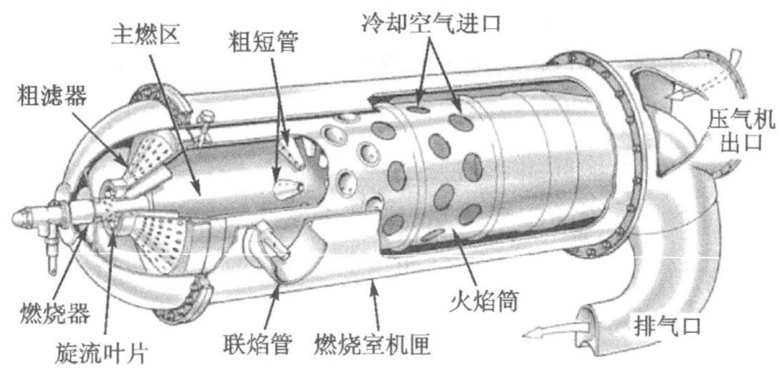

图 3.21　早期的惠特尔燃烧室

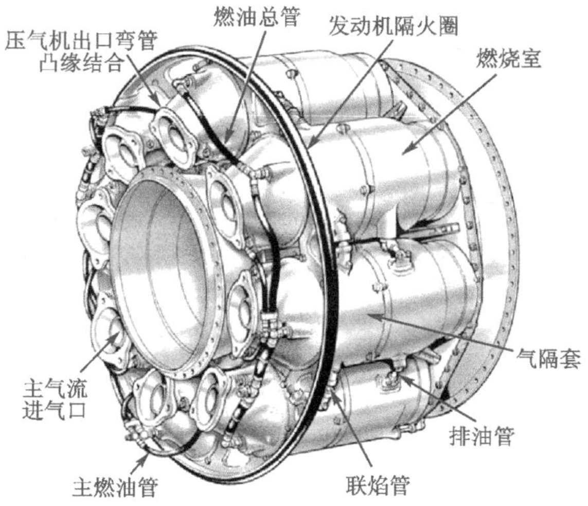

图 3.22　单管燃烧室

每个单管燃烧室都有单独的火焰筒和外套，压气机通过管道直接将空气输送给各个燃烧室。火焰筒前部安装有旋流器、燃油喷嘴，通常在两个单管燃烧室上装有点火装置，各个单管燃烧室之间有联焰管相连。

壳体和火焰筒头部之间构成一个扩压通道，可以用来降低气流流速，并提高气流压力，从而确保了燃烧的顺利进行和压力损失的减少。

火焰筒是一个在侧壁面上开有很多排直径大小不同、形状各异的小孔及缝隙的薄壁金属结构，由于燃烧需要在其内部进行，为保证燃烧的充分性，燃气能够掺混均匀并使火焰筒壁得到有效冷却是必要的。联焰管起着传播火焰和均压的作用。而燃油喷嘴则用来供给燃油，雾化燃油，从而提高火焰传播速度，提高燃烧效率。

2. 管环形燃烧室

管环形燃烧室是由若干个单独的管形火焰筒沿周向均匀排列在内、外壳体之间形成的环形腔里而形成的，如图 3.23 所示。管形火焰筒之间通过联焰管相互连接，在每个火焰筒前部都安装有旋流器、燃油喷嘴，通常只有两个火焰筒上装有点火装置。

管环形燃烧室的优点：结构比较紧凑，有利于减小发动机的直径，同时外壳体可以传递扭矩，从而改善发动机整体刚性，有利于减轻发动机的结构质量。

管环形燃烧室弥补了单管燃烧室与环形系统之间的差距。这样的结构便于单管燃烧室的检修和测试，简化了环形系统。管环形燃烧室多用于轴流式压气机的发动机上。

3. 环形燃烧室

这种类型的燃烧室是由火焰筒组成的完全环形形式，燃烧室被包含在内部和外部的机匣之间，如图 3.24 所示。环形系统的主要优点：①对于相同的输出功率，燃烧室的长度是相同直径的环管燃烧系统的 75%，大大减轻了质量和节省了生产成本；②消除室与室之间燃烧传播的问题。

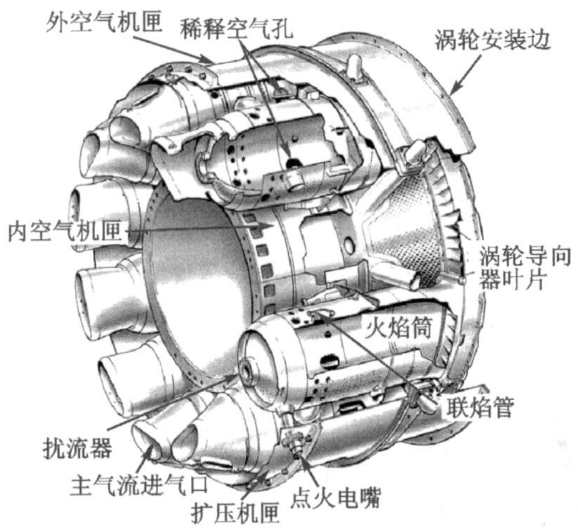

图 3.23　管环形燃烧室

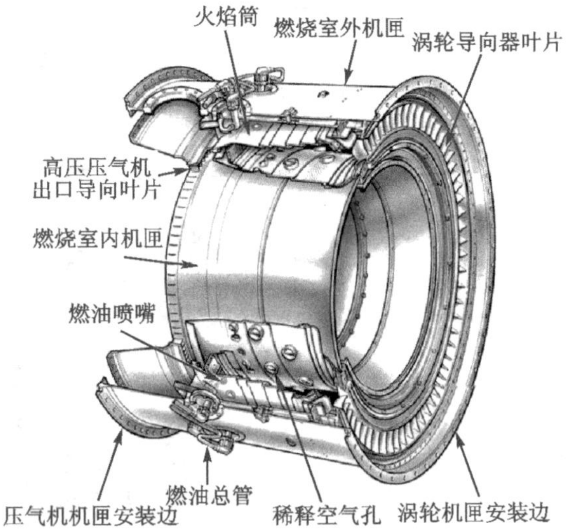

图 3.24　环形燃烧室

与环管系统相比，环形系统的火焰筒表面积要小得多，因此，防止火焰筒壁发生燃烧所需的冷却空气量相比之下会少约 15%。由于减少了冷却空气，燃烧效率得到了提高，进而几乎使未燃尽的燃油产生的一氧化碳转化成无毒的二氧化碳，从而减少空气污染。这种燃烧室引入的空气喷射式燃油喷嘴也大大提高了燃油的燃烧率，减少了二氧化碳的形成。

3 种类型燃烧室的对比如表 3.1 所列。

表 3.1　3 种类型燃烧室的对比

单管燃烧室	管环形燃烧室	环形燃烧室
便于单独试验	便于试验(以扇形段调试)	不便于单独试验
试验时需要的气量小	试验时需要的气量较小	试验时需要的气量大
便于检查更换	较便于检查更换	不便于检查更换
火焰筒结构简单	火焰筒结构较复杂	火焰筒结构简单
环形面积利用率低	环形面积利用率较高	环形面积利用率高
迎风面积大、质量大	迎风面积较大、质量较大	迎风面积小、质量较轻
点火性能较差	点火性能较差	点火性能好
总压损失大	总压损失较大	总压损失较小
出口温度分布不均匀	出口温度分布均匀	出口温度分布均匀

3.3.2 燃烧过程及稳定条件

1. 燃烧过程

空气从发动机压气机进入燃烧室，速度可达 548.64 km/h，但是因为这个气流速度太高，燃烧室必须对气流进行减速并提高其静压。在正常航空燃油燃烧的速度每秒只有几英尺，任何燃油甚至在空气扩散流中被点燃，都会以约 87.78 km/h 的速度被吹走。因此必须在燃烧室构建一个气流轴向速度较低的地区，以确保火焰能在发动机工作的情况下继续燃烧。

在正常运行时，整体燃烧室的空气/燃油比可以在 45:1～130:1 之间变化，然而燃油只有以或者接近 15:1 的比例才会有效燃烧，因此只有部分空气进入室内。约 20%的空气流量是由锥形进口或入口部分流进来的，如图 3.25 所示。

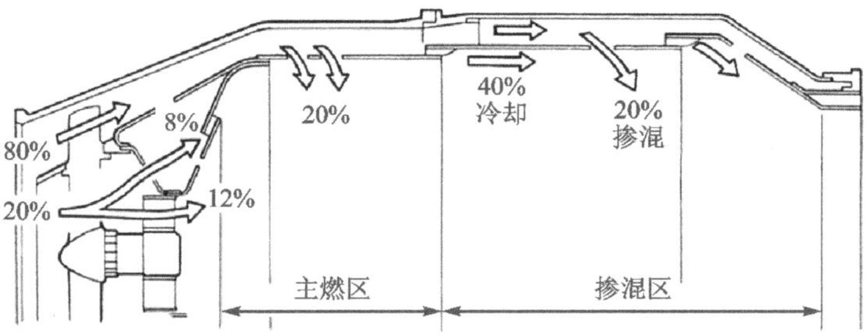

图 3.25 空气流通

燃烧室锥形进口的下部是涡轮叶片和带孔的管道，空气通过这些管道传递到主燃烧区。由于旋流器和二股气流进气口相互作用，在主燃烧区制造了一个低速回流区。这是环形涡流的一种形式，类似于一个烟圈，起到稳定火焰的效果，如图 3.26 所示。旋流器安装在火焰筒的前部，当气流流过旋流器时，气流流向由轴向运动转变成旋转运动，而旋转运动产生的惯性离心力会将气流甩向四周，进而使得燃烧室中心区域的空气变得稀薄，即形成了一个低压区。因此火焰筒中心四周的空气及后部的部分高温燃气便向火焰筒中心的低压区倒流，形成回流区。而未被火焰吸收的空气会流入火焰筒和空气套管之间的环形空间。

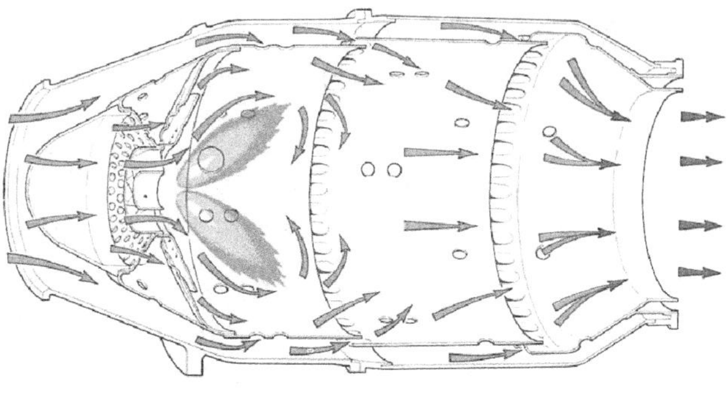

图 3.26 火焰稳定和一般空气流动模式

循环气体加速使得新注入的燃油液滴迅速燃烧。根据设计，锥形喷嘴与燃油喷射回流旋涡中心相交。这个设计极大地混合了燃油和空气。

气体燃烧释放的温度有 1 800～2 000 ℃，而这对于涡轮导向器叶片来说温度太高了。因此没有用于燃烧的“冷”空气，其总量相当于总气流的 60%，就会被逐步引入到火焰筒当中，其中约 1/3 的“冷”空气会被用来与“热”空气混合以降低气体温度，然后才进入涡轮，其余的“冷”空气则用于冷却火焰筒壁。冷却空气沿火焰筒壁内表面流动，使筒壁与热燃烧气体隔离以达到降温的目的，如图 3.27 所示。

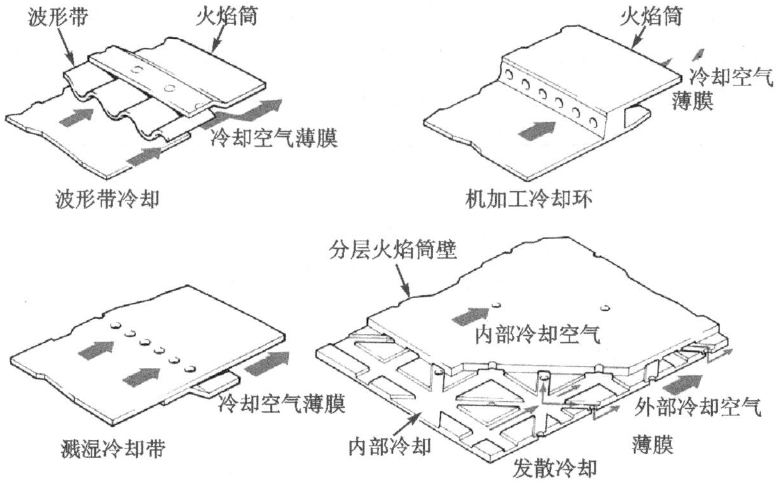

图 3.27　火焰筒的冷却方法

最新的发展是使冷却空气进入火焰筒壁内，在管壁形成一个绝缘的空气薄膜，这样可以减少约 50%所需的冷却气流。在稀释空气进入火焰筒之前燃油应该完全燃烧，否则传入的空气会冷却火焰，并且导致不完全燃烧。

2. 燃烧稳定的条件

气流流速与火焰传播速度相当是燃烧室稳定燃烧的条件，为达到此条件需要有两方面的改进，一是降低空气的流速，二是提高火焰传播速度。

对于如何降低空气流速，可行的方法有：增设扩压器、旋流器以及采用分股进气的方式。其中扩压器通过空气扩散通道，将空气动能转换为压力能，进而实现流动速度的降低。从压气机出口出来的空气流速在 100 m/s 以上，而在通过燃烧室前部的扩压器后，空气流速会被降到 40～60 m/s。

而旋流器如前所述，其作用是在火焰筒前部形成空气回流区，使进入火焰筒的空气由轴向运动变为旋转运动，因而气流会在离心力的作用下分散在主燃区的四周从而使中心燃烧区形成一个空气稀薄的低压区，进而促成高温气流的回流从而降低空气流速。

采用分股进气的方法是只将一小部分气流引入燃烧室，而大部分的剩余气流则通过旁通管路经由火焰筒壁上的小孔以及缝隙进入燃烧室，以达到降低气流速度的目的。

而另一方面，通过采用促进燃油雾化、组成余气系数合适的混合气或增大紊流强度的方式来提高火焰传播速度。其中促进燃油雾化可以促进燃油与空气的充分接触，即提升燃油雾化质量，从而提高燃烧效率，进而提升火焰传播速度。燃油的雾化一种方法是依靠燃油喷嘴进行，常见的喷嘴类型有离心式喷嘴、T 型蒸发管喷嘴和气动喷嘴。而另外一种截然不同的方法则是基于在进入燃烧区之前燃油的预蒸发。在蒸发法中燃油通过位于火焰筒内部的燃油供管进入蒸发管，如图 3.28 所示。这些管道将燃油转动 180°，然后它们会在进入火焰筒中之前经燃烧室加热使燃油蒸发。主气流会带着燃油通过蒸发管进入燃烧室，冷却和稀释的空气以类似于通过雾化燃烧管的方式进入火焰筒。

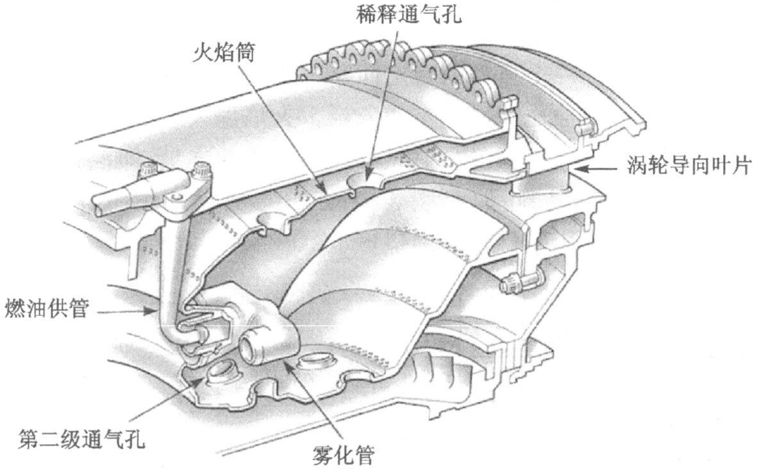

图 3.28　雾化器

实验证实混合气的余气系数略小于 1 时，火焰传播的速度达到最大。而在燃烧室前端靠近回流区的地方，气流速度较小，并有高温燃气加速燃油的雾化和提升混合气的温度，最适宜形成火源，因此，应该在这里形成一个余气系数合适的混合气。

气流进入紊流状态时，其传播速度相较于层流状态时要大 20 多倍，因而增加紊流强度将大大提升火焰传播速度，而通常增大紊流强度的方法是通过在火焰筒前部中心安装旋流器来实现。

3.3.3　燃烧室性能

燃烧室必须能够使燃油供给充分且有效燃烧而又不产生很大的压力损失。此外，如果发生火焰熄灭，那么它必须可以被重新点燃。为了保障这些功能的实现，火焰筒和喷嘴雾化器组件必须满足可靠性要求。

燃气涡轮发动机工作在恒压周期，因此在燃烧过程中损失的压力必须保持在最低限度。为了确保充足的湍流和掺混，在进入燃烧室时总的压力损失占总气压的 3%～8%。

1. 燃烧强度

由燃烧室或任何其他热机组释放的热量是依赖于燃烧区的容量的。因此，为获得所需的高功率输出，一个相对较小和紧凑的燃气涡轮燃烧室必须以极高的速度释放热量。

例如，RB211 - 524 发动机在起飞时，每小时消耗约 9 360 kg 燃油。燃油热值约为 4.31×10^7 J/kg，因此燃烧室工作时每秒释放近 1.12×10^8 J 热量。以另一种方式表达这潜在的热量消耗速度则是相当于约 110 250 kW。

2. 燃烧效率

在海平面高度线上，大多数燃气涡轮发动机的燃烧效率在起飞时几乎都是100%，在高空巡航条件下减少到98%，如图3.29所示。

3. 燃烧稳定性

燃烧的稳定性是指顺利燃烧和火焰在较宽工作范围内的持续能力。

对于任何类型的燃烧室，都有一个空气/燃油比的上下限范围随着空气流速降低而增加，超过了上下限火焰就会熄灭。一个典型的稳定回路，如图3.30所示。通过稳定回路定义的工作范围，显然必须包括空气/燃油比和燃烧室的流量。火焰熄灭最有可能发生在滑翔或俯冲飞行中发动机空转时，此时有一个高的气流，但只有很小的燃油流量，即混合料强度非常微弱。

点火过程中有类似的上下限制，如图3.30所示。点火循环中不存在稳定回路，因为在"冷"条件下达到适当的燃烧比比维持正常燃烧更难。

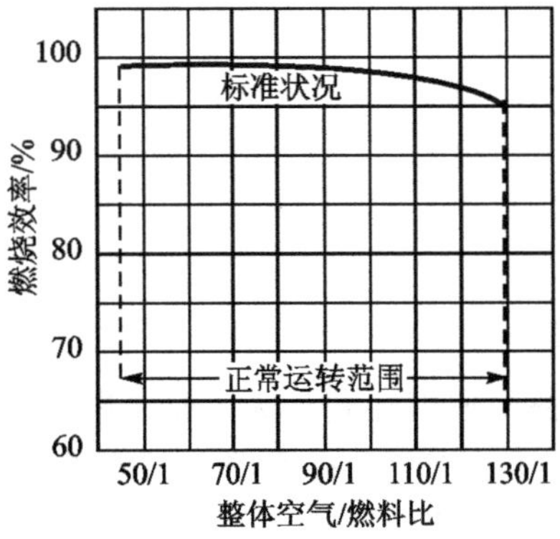

图3.29　燃烧效率与空气/燃油比

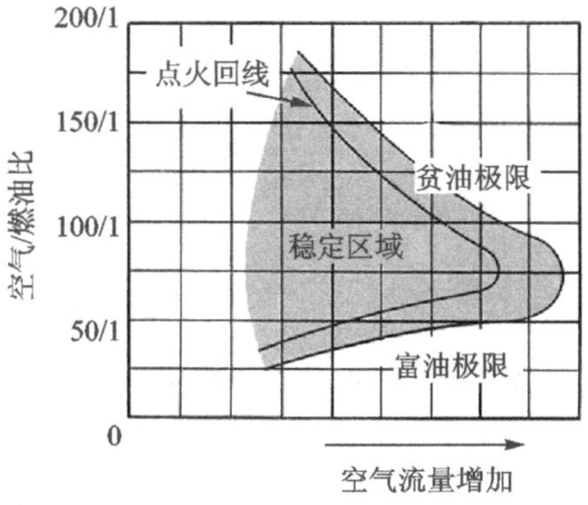

图3.30　燃烧稳定极限

4. 排　放

在燃烧室产生的废气中存在多种有害污染物，其中最主要的4种污染物是未燃尽的碳氢化合物（未燃尽的燃油）、烟雾（碳颗粒）和一氧化碳以及氮氧化物。而影响污染物形成的主要条件是压力、温度和时间。

在燃油丰富的主要区域，碳氢化合物转换成一氧化碳和烟雾，在稀薄区域内，充足的空气可使一氧化碳和烟雾充分燃烧形成无毒的二氧化碳。碳氢化合物也可以在该区域继续燃烧，以确保完全燃烧。

相同条件下形成的氮氧化物会抑制其他污染物形成，因为它可以加速冷却火焰，并减少燃烧时间。上述种种冲突的条件在燃烧室的持续改善中需要妥协，结果是设计和性能的优化已经使得燃烧过程大大"干净"。

5. 燃烧室常见故障

燃烧室常见故障是局部过热和熄火。在燃烧的主要区域，火焰筒壁和燃烧室的内部零件必须能够抵抗非常高的气体温度。在实践中，这会通过使用最好的耐热材料来实现，即使用高耐热涂层和阻燃绝缘冷却火焰筒内壁。

燃烧室还必须经受住燃烧产物的腐蚀，以及温度改变和疲劳振动应力引起的蠕变失效。

局部过热会造成火焰筒各处的温差过大,从而引起火焰筒变形或出现裂纹。其主要是由燃油分布不均匀和空气流动遭到破坏等原因造成的。

① 燃油分布不均匀的可能原因是喷油嘴的孔径发生变化(如积炭、锈蚀等)进而使得喷油嘴的喷射角度过大;燃油雾化质量不良或喷油嘴安装偏斜使得燃油喷射锥体偏斜。

② 空气流动遭到破坏的可能原因是火焰筒变形,火焰筒安装不正确或喷油量过大等。

为防止燃烧室局部过热而损坏火焰筒,必须加强对喷油嘴的维护,正确拆装燃烧室并按规定操纵发动机,不使喷油量突然增加过多。

熄火分为贫油熄火和富油熄火,其根本原因是余气系数超出稳定燃烧的范围。为防止熄火,应按照规定使用飞机和发动机,操作应柔和。加强对防喘系统的检查,使之处于良好的状态,防止因喘振导致的熄火停车。

3.4　涡　轮

3.4.1　涡轮介绍

涡轮的作用是提供动力来驱动压气机及配件。涡轮与压气机的区别:

① 对每一级的压气机和涡轮来说,压气机都是旋转的工作叶片在前,而静子叶片在后,涡轮则与其相反,在前的是静子叶片,在后的则是旋转的工作叶片;

② 压气机叶片间的气流通道是扩张型的,气流在通道中的流动属于压缩过程,而涡轮则与其相反,叶片间的气流通道是收敛型的,气流在其间的流动属于膨胀过程;

③ 压气机需要外界对其做功,而涡轮则是对外做功,即涡轮和压气机与气流间的能量交换在程序上恰恰相反;

④ 压气机的级数多,而涡轮的级数则相对较少。

要产生驱动力矩,需要多级涡轮,每级涡轮由一排固定的涡轮导向叶片和一排转动叶片组成,如图 3.31 所示,该部分的数量取决于气体流动所带来的动力。

涡轮轴的数量由发动机类型决定,高压缩比发动机通常有两个轴,来驱动高低压压气机,如图 3.32所示。

此外,还有三轴发动机,在高、低压涡轮之间存在中压系统,如图 3.33 所示。

在某些发动机中,驱动力矩是来自自由动力涡轮,图 3.34 所示。自由动力涡轮允许涡轮运行在其最佳的速度上,因为它在机械结构上与其他涡轮和压气机轴独立。

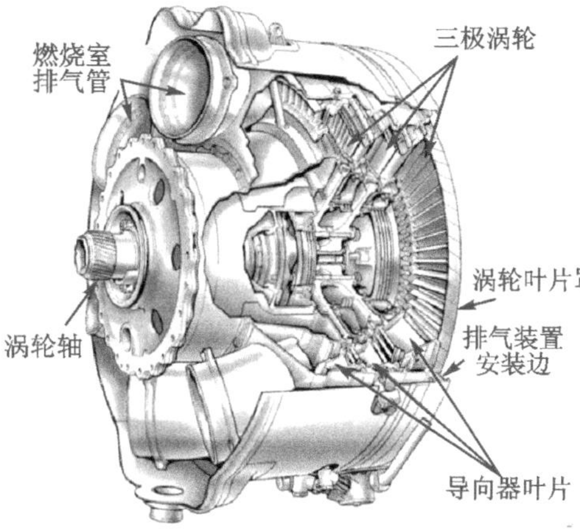

图 3.31　单轴系统的三级涡轮

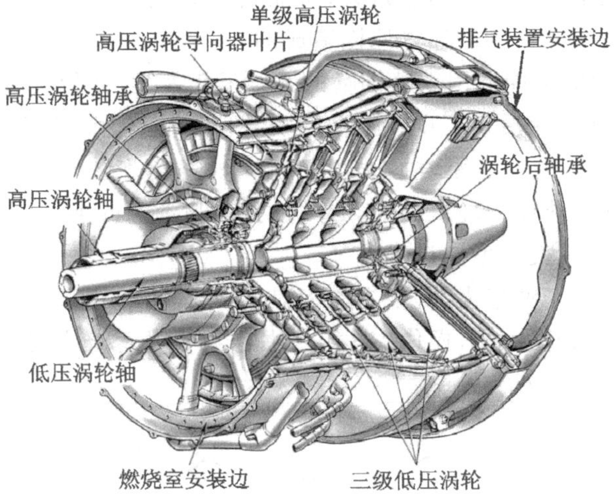

图 3.32　双级涡轮及其轴结构

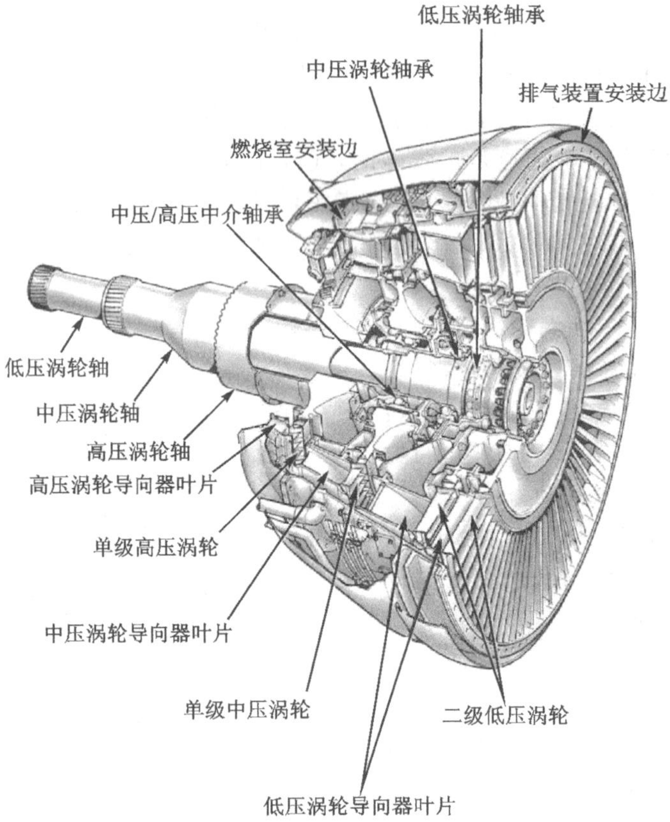

图 3.33　三级涡轮及其轴结构

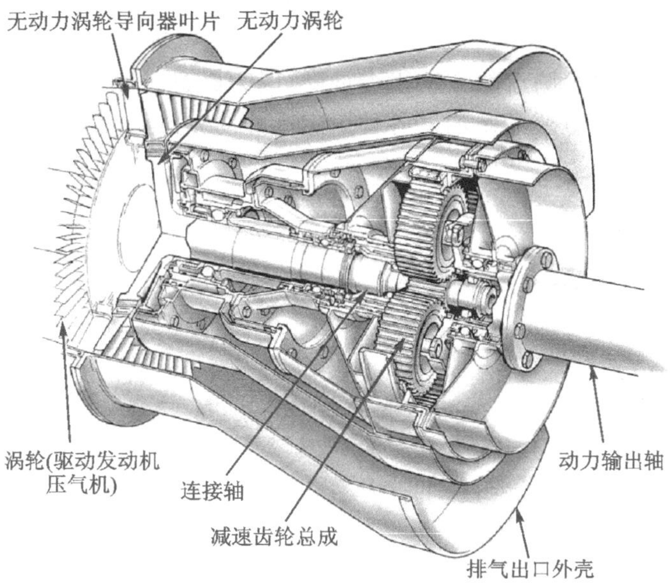

图 3.34　自由动力涡轮及其轴结构

3.4.2　涡轮组成

涡轮的基本组成部分是燃烧室排气喷管，涡轮导向叶片，涡轮圆盘以及涡轮叶片，涡轮轴与压气机轴共用或者通过自耦合连接。

1. 涡轮导向叶片

涡轮导向叶片具有翼型形状，相邻叶片之间会形成一个收敛的通道，如图 3.35 所示。叶片的位置在涡轮机匣内以一定方式扩展。

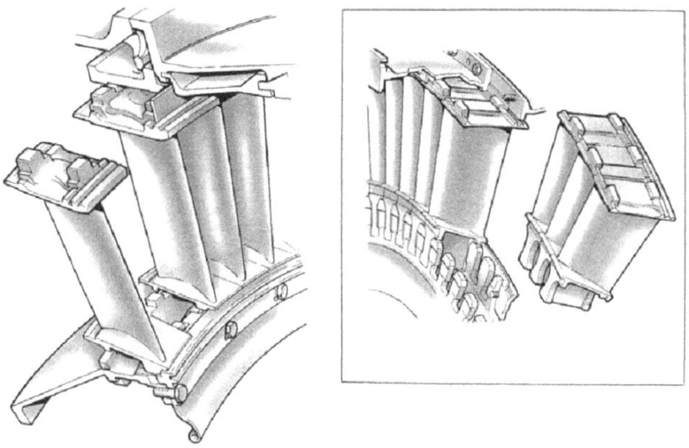

图 3.35　典型涡轮导向叶片的形状和位置

2. 涡轮叶片

涡轮叶片也具有机翼形状，相邻叶片之间形成一个通道使气流能稳定加速。根据所用材料强度以及用于降温的孔的大小，每个叶片的横截面的实际面积是固定的。为了提高效率叶片在设计时其后缘部分要薄一点,但为了防止在发动机运转过程中的温度变化引起叶片裂开,后缘部分也不能太薄。

将涡轮叶片固定在涡轮圆盘的方法相当重要,因为圆盘上固定接头或在叶片根部的应力对极限轮缘速度有非常重要的影响。各种固定叶片的方法如图 3.36 所示。

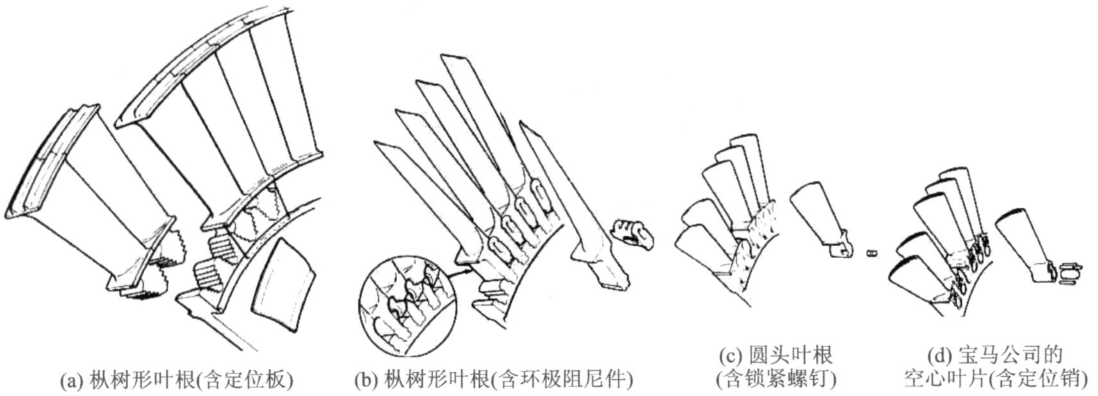

图 3.36 各种固定叶片的方法

涡轮叶片通道的设计基本上是基于空气动力学方面的考虑,以获得最佳的效率。涡轮按照其叶片形式可分为 3 类,分别为冲击式、反力式和由两种形式组合而成的冲击反力式。对于冲击式涡轮,其内部总压在每一级的下降发生于固定的涡轮导向叶片处,这是因为收敛的通道使气流速度增加而压力减少,气体被导向涡轮叶片时,叶片会受到气流撞击产生冲击力。对于反力式涡轮,固定的涡轮导向叶片被设计成只改变气流方向而不会改变气流压力,因而收敛通道会受到来自气流膨胀并加速而形成的反向作用力。通常情况下,燃气涡轮发动机不使用纯冲击式或纯反力式的涡轮叶片,而是它们的组合形式冲击反力式的涡轮叶片,如图 3.37 所示。在涡轮的设计中,其两种形式的叶片比例原则上在很大程度上取决于发动机涡轮的类型,但在一般情况下,是 50%左右的冲击式叶片和 50%左右的反力式叶片。

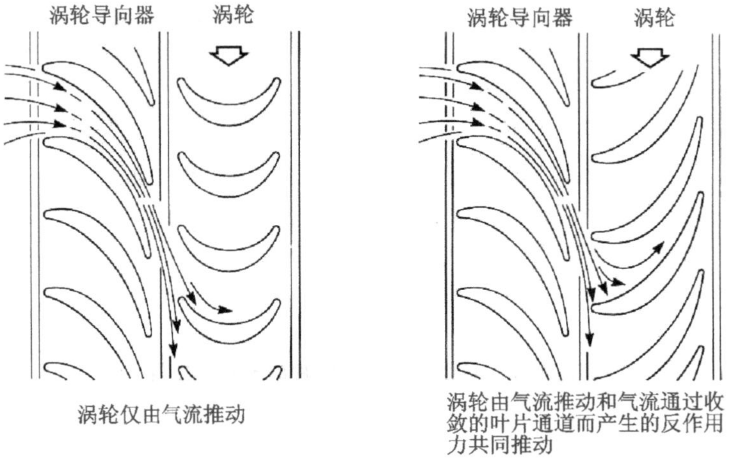

图 3.37 纯冲击式涡轮叶片和冲击反力式涡轮叶片的比较

3. 对转式涡轮

图 3.38 显示了一个 12 级对转式自由动力涡轮驱动其后部旋转风扇，这种设计只有一排固定的涡轮导向叶片。其余的涡轮导向叶片实际上是安装到一个旋转机匣上，并将叶片置于相对旋转鼓轮旋转方向相反的反向。因为只有一组翼面从排气流中提取能量，所以对转式涡轮相比于传统的涡轮能在更高的负荷下运转。

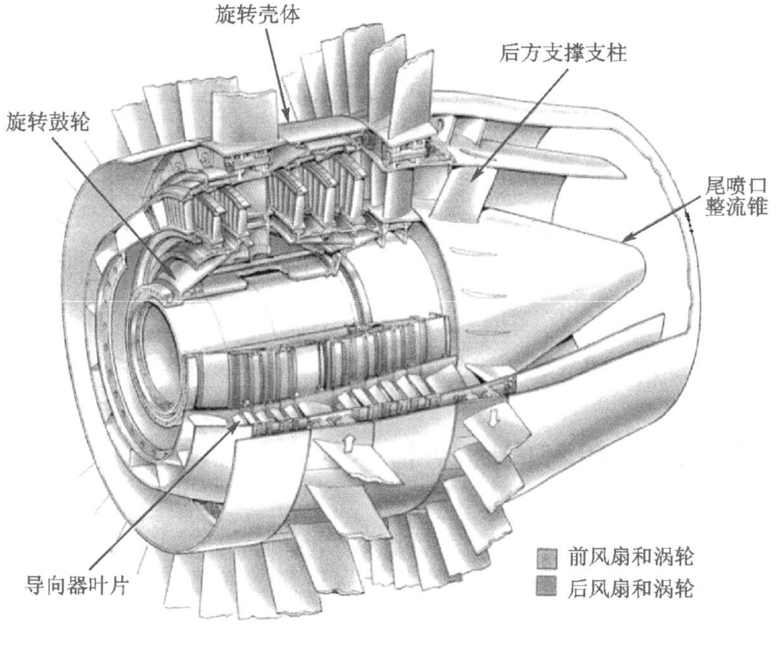

图 3.38　自由动力对转式涡轮

4. 双金属轮盘

高工作速率的涡轮其叶片根部会承受非常高的载荷，从而使传统的叶片安装方法显得难以满足实际需求。然而双金属轮盘或“整体叶盘”，有一圈铸造的固定在轮盘上的涡轮叶片，这种结构的涡轮适合小型高功率的直升机发动机。

3.4.3　气体流向涡轮中的能量转移

涡轮动力来源于燃烧气体与涡轮之间的能量转移。这种能量转移应为热能与机械能的相互转换，由于有损失的存在，能量转移往往不可能达到 100%。

气体在燃烧过程中膨胀，迫使它朝着涡轮导向叶片方向流动，由于叶片通道呈收敛状，所以气体能被加速到声速。在该气体温度下，速度约 760 m/s。同一时间，气体被导向叶片施加了一个涡轮叶片旋转方向上的“自旋”或“旋转”的力。高能气流通过叶片之后，其能量被吸收，从而使涡轮高速旋转并通过涡轮轴为驱动压气机提供能量。

在图 3.39 中，可以看到涡轮导向叶片和涡轮叶片是“扭曲”的，叶片尖端扭曲角要大于底部的扭曲角。

扭曲的原因是为了使燃烧系统流出的气体沿叶片长度在各处产生等量作用，并确保气流以一个统一的轴向速度流入排气系统。这样做的结果是气流通过涡轮时，速度、压力和温度都会发生一定变化，如图 3.40 所示。

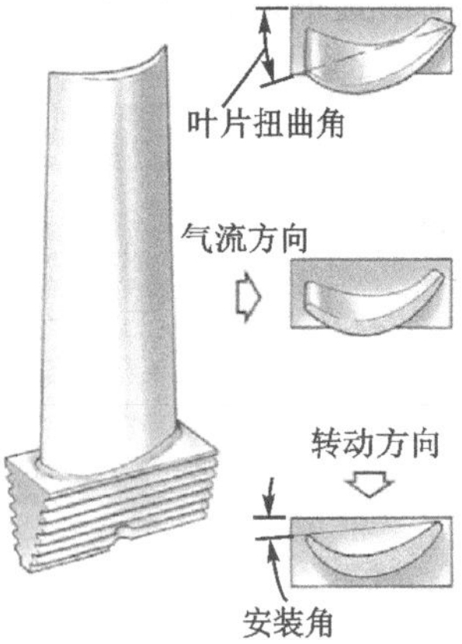

图 3.39　典型的涡轮叶片的双绞线轮廓

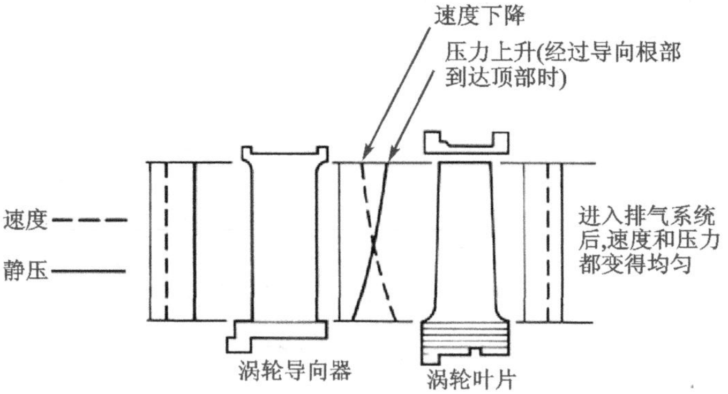

图 3.40　气体通过喷嘴和叶片的流动方式

3.4.4　涡轮的冷却与间隙控制

1. 涡轮的冷却

提高燃气涡轮发动机性能的有效措施是提高涡轮前燃气温度，然而提高涡轮前燃气温度常常受到涡轮部件的结构强度的限制。为了解决这个问题，就必须对涡轮叶片采取必要的冷却措施。一般情况下，涡轮叶片的冷却只需在第一级涡轮叶片或前两级涡轮叶片上进行。冷却空气的来源：

① 燃烧室的二股气流；

② 从压气机后面级直接引气；

③ 从压气机中间级引气。

冷却涡轮叶片的“冷”空气是通过旁路管道引来的，冷却后的空气会随着燃气一起进入涡轮。往往需要进行冷却的涡轮叶片是空心结构的。涡轮冷却的通常方法有导热、对流换热、气膜冷却等。

涡轮冷却的目的在于：

- 提高涡轮前燃气温度，从而提高发动机性能；
- 在涡轮前燃气温度给定的条件下，通过降低涡轮零部件工作温度到安全运行范围之内，以确保涡轮零部件具有可靠的机械强度；
- 使涡轮零部件温度均匀分布，降低热应力，进而提高涡轮零部件工作表面的耐蚀性，将涡轮零部件与高温燃气流分开，可以避免热气流对零部件工作表面的浸蚀；
- 能够采用更廉价的耐热材料。

2. 间隙控制

涡轮机匣与涡轮工作叶片叶尖之间的径向距离叫做涡轮的径向间隙，涡轮的径向间隙对涡轮效率有很大的影响。据估算，一台先进的双级涡轮，涡轮的径向间隙如果增加 1 mm，则涡轮的工作效率就会降低约 2.5%，并且发动机的耗油率也将上升约 2.5%；因此，为了降低损失，提高发动机工作效率，应尽可能地降低涡轮径向间隙。

影响涡轮径向间隙的因素：涡轮转子叶片工作时由于离心力作用而产生的拉伸以及热膨胀所引起的叶片和叶盘的膨胀伸长；机匣受热膨胀及变形不均匀；高温工作环境导致的转子蠕变伸长，以及机匣的蠕变收缩；转子和静子件的偏心度；结构形式带来的工作中径向间隙的变化。

间隙控制的方法：

① 减小装配间隙，采用易磨封严装置，即在涡轮机匣中嵌入一种柔软的封严块，以保证当转子叶片与机匣之间的间隙减小到零并发生相互碰撞时，仍能安全工作而不致造成叶片的损坏；

② 减小涡轮间隙，对间隙采用主动控制技术，如 RB211 发动机上装配的发动机可移动式叶尖间隙控制环。

3.4.5 材　料

1. 涡轮导向叶片

由于其静止状态特性，涡轮导向叶片不需要承受相同的涡轮叶片旋转时承受的应力。对于涡轮导向叶片来说，耐热性是其最需要具备的属性。为此镍合金的使用是必要的，但同时冷却也很必要，以防止金属过热而融化。陶瓷涂层能提高叶片耐热性能，因而减少了冷却所需的空气量，进而能够提高发动机的效率。

2. 涡轮盘

涡轮盘常处于高速旋转、相对低温并且承受巨大转动应力的工作环境当中。影响涡轮盘寿命的因素是其抗疲劳开裂性能。在过去，涡轮盘是由铁素体和奥氏体钢制成，而如今通常使用的则是镍基合金。增加镍合金元素的涡轮盘能够通过提升其抗疲劳性能，来延长轮盘使用寿命限制。此外，通过昂贵的粉末冶金法制得的轮盘能够提高其自身 10% 的强度，因而能够适应更快的转速。

3. 涡轮叶片

涡轮叶片在承受高温的同时，也要足以承受由于高速旋转而产生的离心载荷。一片小小的涡轮叶片，尽管质量比较小，但当其处于最高转速时会受到很高的载荷，并且它还必须承受住高速气流施加的巨大弯曲载荷，进而才能为涡轮提供巨大驱动力来驱动压气机。涡轮叶片也必须具备抗疲劳特性和耐热冲击特性，以保障其在气流高频波动条件下不会发生失效，与此同时，还必须能够耐腐蚀和抗氧化。尽管有这些需求，叶片还是必须要在目前能够合成的材料以及现有制造方法的基础上进行加工制造。

特定的叶片材料和安全性限制了涡轮入口最大允许温度和相应的发动机最大功率。因此，冶金学家和设计师都在不断寻找更好的涡轮叶片材料及叶片冷却的改进方法。

涡轮叶片经过一段时间运行，长度会慢慢变长，这种现象被称为“蠕变”，并有故障发生前的使用寿命的限制。早期使用的材料是高温钢锻件，但这些被能提供更好的抗蠕变和抗疲劳特性的镍基合金迅速取代。

4. 平　衡

涡轮平衡是非常重要的操作。在高转速和材料质量的影响下，任何不平衡会严重影响旋转部件装配轴承和发动机的运行。

3.5　喷　管

3.5.1　喷管介绍

现代航空燃气涡轮发动机排气系统的功能主要是将涡轮排出的气体以一定速度排放到大气中，并在所需的方向上提供推力。在涡轮喷气发动机中，排气的速度和压力为其产生推力，但在涡轮螺旋桨飞机发动机中，只有少量的排气参与产生推力，因为大部分气流的能量已被吸收来推动涡轮螺旋桨旋转。因此，排气系统的设计，对发动机的性能有相当大的影响。喷管出口截面积的设计影响涡轮进气温度，气流流量以及排气速度和压力。

根据发动机类型，气流进入排气系统时的温度为550～850 ℃，并且随着加力燃烧的使用，气流温度可以达到1 500 ℃，甚至更高。因此，必须使用特殊的材料和构造形式来抵抗变形和开裂，并防止热传导到其他飞机结构。一个基本的排气系统，如图3.41所示。

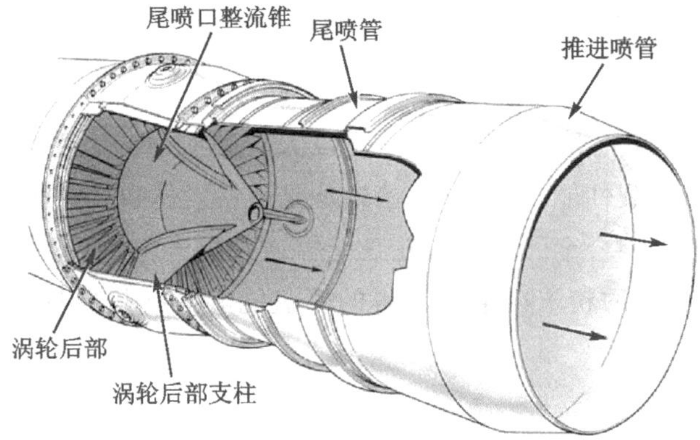

图3.41　一个基本的排气系统

对于具有反推力、噪声抑制和两个位置的推力喷管的排气系统来说，需要一个更复杂的结构，如图3.42所示。低涵道比发动机可能还包括一个混合器单元，使冷热气流充分混合。

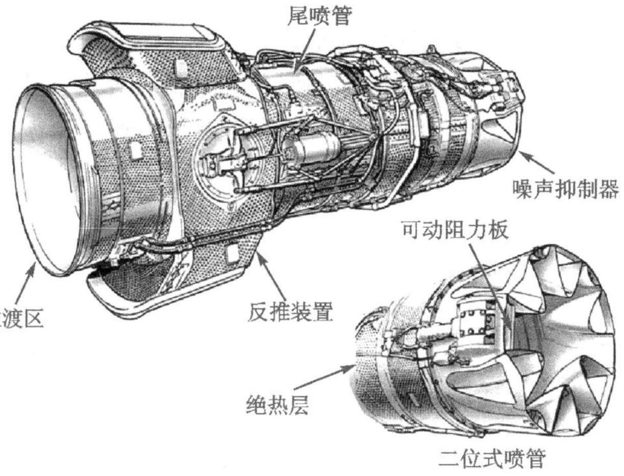

图 3.42 具有反推功能的排气系统

3.5.2 喷管的类型

喷管分为两大类，分别是亚声速喷管和超声速喷管。亚声速喷管是收敛形的气流通道，而超声速喷管是先收敛后扩张形的气流通道。

喷管依据其结构还可以分为两大类：①固定喷管，包括简单收敛喷管和高涵道比分开排气喷管；②可调面积喷管，包括引射喷管、收敛-扩张喷管、塞式喷管以及各种不同类型的非轴对称喷管。

1. 亚声速喷管

由于收敛尾喷管的结构简单、质量轻，并且能在可用压力比小于 5.0 的范围内具有较好的性能，所以在亚声速飞行或只作短暂超声速飞行的多用途飞机的发动机上，仍然有广泛的应用，如图 3.43所示。

亚声速喷管由排气管（中介管）和喷口组成。而排气管包括壳体、后整流锥和支板 3 个组成部分。排气管在涡轮的后面，它与后整流锥形成一个略微扩张的通道，其作用不但为燃气提供一个流动的通道，而且还能通过燃气减速来减小气流的流动损失。后整流锥使气流通道由环形逐渐变成圆形，以此来减小燃气的涡流；支板的作用是迫使气流流动方向发生偏斜转变成轴向流动，以减小流动损失。喷口所采用的收敛形的管道能够使排气加速，进而获得较大的推力；在中介管内燃气减速增压；在喷口内燃气加速降压。

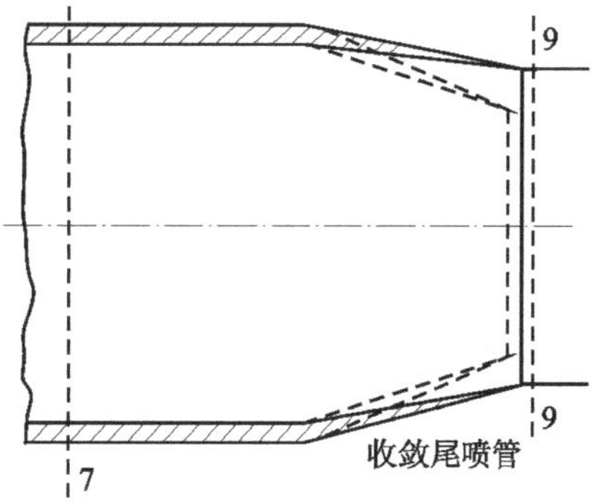

图 3.43 亚声速喷管

亚声速喷管的 3 种工作状态：

（1）亚临界状态

亚临界状态的特点是：

$$p_9 = p_0, \quad Ma_9 < 1.0$$

当尾喷管可用压力比 p_{t_7}/p_0 较低时(其中,p_{t_7} 为尾喷管进口气流总压;p_0 为尾喷管出口反压),出口截面气流速度较低,达不到当地声速,所以气流是完全膨胀且马赫数小于1.0。

随着可用压力比的增加,出口气流速度增加并趋近于声速。当 $p_9 = p_0$,$Ma_9 = 1.0$ 时,称为临界状态。

(2) 临界状态

临界状态的特点是:

$$p_9 = p_0, \quad Ma_9 = 1.0$$

如果临界状态可用压力比继续增加,由于收敛尾喷管出口气流马赫数不能大于1.0,所以此时仍然是 $Ma_9 = 1.0$,而 $p_9 > p_0$ 称为超临界状态。

(3) 超临界状态

超临界状态的特点是:

$$p_9 > p_0, \quad Ma_9 = 1.0$$

此时,气流在尾喷管出口截面上达到声速,并在出口外的自由射流中膨胀到超声速。

根据3种工作状态的特点,由压力比 $\dfrac{p_{t_9}}{p_0}$ 的值与临界压力比 $\left(\dfrac{p_{t_9}}{p_0}\right)_{cr}$ 的值作比较就可判断尾喷管属于何种工作状态。

当 $\left(\dfrac{p_{t_9}}{p_0}\right) < \left(\dfrac{p_{t_9}}{p_0}\right)_{cr}$ 时,为亚临界状 $p_9 = p_0$,$Ma_9 < 1.0$;

当 $\left(\dfrac{p_{t_9}}{p_0}\right) = \left(\dfrac{p_{t_9}}{p_0}\right)_{cr}$ 时,为临界状态 $p_9 = p_0$,$Ma_9 = 1.0$;

当 $\left(\dfrac{p_{t_9}}{p_0}\right) > \left(\dfrac{p_{t_9}}{p_0}\right)_{cr}$ 时,为超临界状态 $p_9 > p_0$,$Ma_9 = 1.0$。

2. 超声速喷管

超声速喷管工作原理图如图3.44所示,超声速飞机用的发动机,燃气在尾喷管中的总膨胀比可达10~20,如果仍采用收敛形尾喷管,则燃气不完全膨胀所造成的推力损失将很大。据估计,当飞行马赫数 $Ma = 1.5$ 时,收敛形尾喷管造成的推力损失为10%;当 $Ma = 3$ 时,推力损失达到50%。因此,当飞行马赫数 $Ma > 1.5$ 时,为了保证燃气能充分膨胀,以减少推力损失,不管是否安装有加力燃烧室,发动机都应采用收敛扩张形的可调节超声速尾喷管。

气流在管内作加速或减速流动时,除了在管子的进出口端须保持一定的压力差以外,管子的通道截面积也应有相应的变化。

每秒通过面积 A 的流量为 $\rho w A$,所以流量连续方程为

$$d(\rho w A) = 0 \tag{3.7}$$

式(3.7)又可写为

$$A w \, d\rho + A \rho \, dw + \rho w \, dA = 0 \tag{3.8}$$

或

$$\frac{dA}{A} = -\frac{d\rho}{\rho} - \frac{dw}{w} \tag{3.9}$$

绝能流动时能量方程为

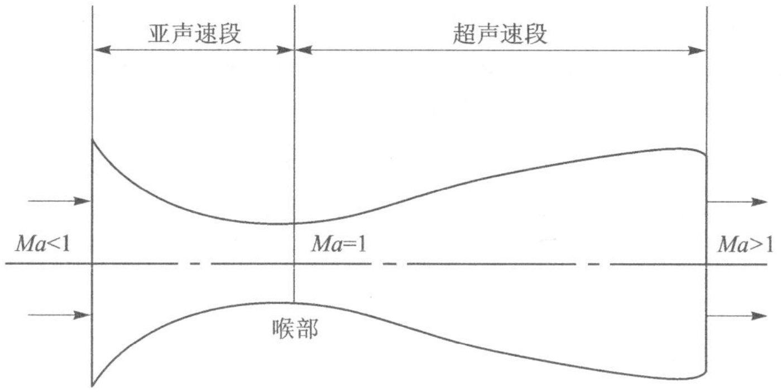

图 3.44　超声速喷管工作原理图

$$du + d(pv) + d\left(\frac{w^2}{2}\right) = 0$$

在理想绝能流动中，气体微团的压缩和膨胀符合理想绝热过程，其能量方程为

$$du + p dv = 0$$

两式相减即得到理想绝热流动时的能量方程：

$$v dp + d\left(\frac{w^2}{2}\right) = 0 \tag{3.10}$$

式(3.10)可改写为

$$\frac{dp}{\rho} + d\left(\frac{w^2}{2}\right) = 0 \quad 或 \quad \frac{dp}{\rho} + w dw = 0 \tag{3.11}$$

上式两边除以 w^2，得

$$\frac{1}{w^2}\frac{dp}{d\rho}\frac{d\rho}{\rho} + \frac{dw}{w} = 0, \qquad \frac{\alpha^2}{w^2}\frac{d\rho}{\rho} + \frac{dw}{w} = 0$$

$$\frac{1}{Ma^2}\frac{d\rho}{\rho} + \frac{dw}{w} = 0, \qquad \frac{d\rho}{\rho} - Ma^2\frac{dw}{w} = 0 \tag{3.12}$$

从式(3.12)可以看出，气流速度很小时，Ma 的数值很小，气流速度变化对气体密度变化的影响很小。然而随着 Ma 的增大，气体密度变化受到速度变化的影响越来越大。将式(3.12)代入流量连续方程，得到

$$\frac{dA}{A} = (Ma^2 - 1)\frac{dw}{w} \tag{3.13}$$

从式(3.13)可以看出，气体在管内作理想绝能加速流动时，喷管通道截面积的变化应符合以下规律：

- $Ma < 1$，　$\frac{dA}{A} < 0$，　管道收缩；
- $Ma = 1$，　$\frac{dA}{A} = 0$，　临界状态，管道截面积最小；
- $Ma > 1$，　$\frac{dA}{A} > 0$，　管道扩张。

从物理意义上同样可以给出解释：从连续方程可以看出影响喷管通道截面大小的有两个因素：气流速度和气流密度。二者对喷管通道截面的影响是互相矛盾的，流速增大要求通道截面积缩小，与此同时气流密度下降却要求喷管通道截面积增大。当气流速度低于声速时，气体密度变化较小，这时流速变化是决定喷管通道截面积变化的主要因素，喷管通道截面积随着流

速增加而减小。当气流速度达到声速时，速度增大与密度下降这两个因素对喷管截面积变化的影响恰好相当，因而管子截面积就不变化了，该截面称为临界截面。当气流速度超过声速以后，气体密度下降对管子截面积的变化起决定作用，于是管子截面积必须随流速增大而扩大。因此气体在管内流动欲得到超声速气流必须用超声速喷管，如图 3.45 所示。

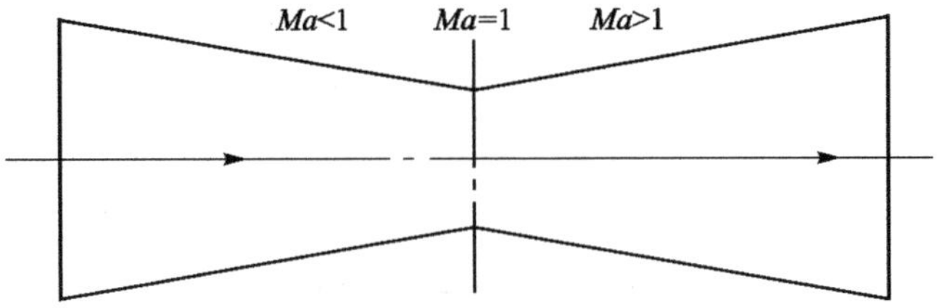

图 3.45　不同流速下的喷管截面积的变化

超声速喷管由收敛段（亚声速流动）和扩张段（超声速流动）两部分组成，在喷管最窄的截面上（称为临界截面）气流速度恰等于声速。

3.5.3　涡扇发动机尾喷管

在低涵道比发动机中，两股气流通过混合器单元混合在一起，如图 3.46 所示，混合器确保气流在进入尾喷管之前被彻底混合。

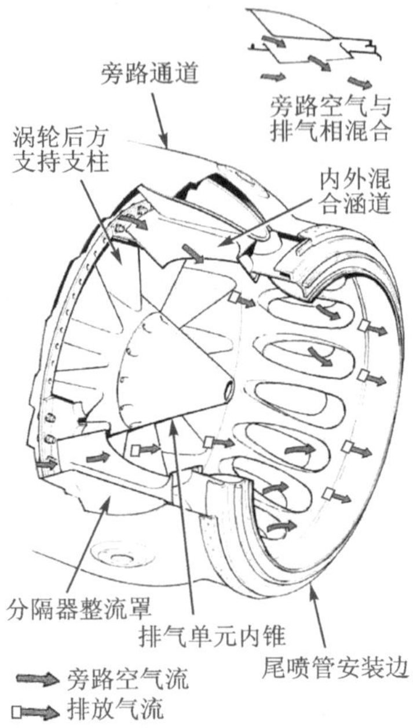

图 3.46　低涵道比发动机空气混合器

而在高涵道比发动机中，这两股气流通常是单独流动的，热的和冷的喷管是同轴的，并且每个喷管的截面积都被设计成得以获得最大的效率。然而，可以通过把两股气流结合在一个通用的或集成的喷管组件里来改善效率。这个喷管组件会在气流进入大气之前对两股气流进行部分混合。两类高涵道比的排气系统，如图 3.47 所示。

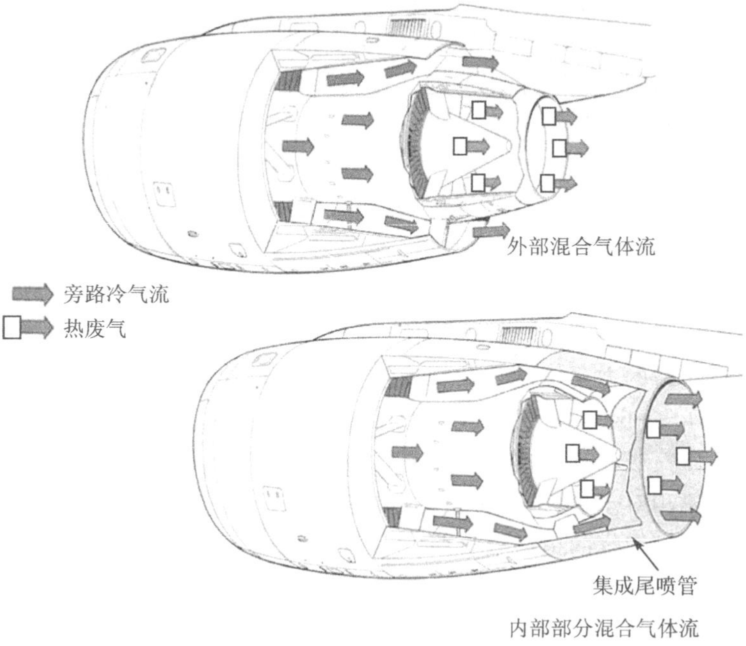

图 3.47 两种高涵道比发动机的排气系统

3.5.4 尾喷管的材料

排气系统必须能够承受很高的气体温度，因此，通常使用镍或钛的合金来进行制造，并且能够防止任何热量转移到附近的飞机结构。而实现的方法则是通过在喷管周围通冷却空气，或在排气系统上加装绝热层，如图 3.48 所示。每个绝热层都包含有内层纤维绝热材料，以及外面包裹的一层增加强度的不锈钢薄板。此外，吸声材料有时也会用于排气系统，以降低发动机的噪声。

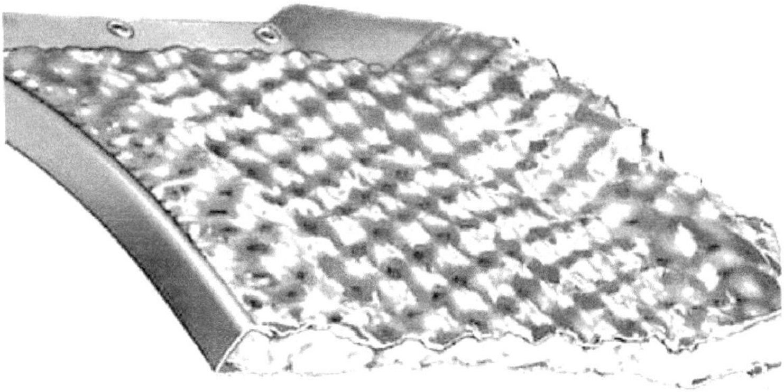

图 3.48 绝热层

整流锥和流线型的整流罩应该能经受住排气的压力，为防止扭曲变形，常通过放气孔来获得压力平衡。

在低涵道比发动机中使用的混合器由若干使旁路气流进入废气流的导槽组成。而高涵道比发动机中采用的集成喷管组件具有粘接的蜂窝结构，为这个大组件提供轻质高强的特性。由于排气系统所受温度的巨大差别，因此这一大型组件必须以一种允许热扩张和冷收缩而不会导致畸变或损坏的方式组装在一起。

习题与思考题

1. 描述典型亚声速进气道内沿管道的气流参数的变化规律。
2. 超声速进气道的种类及各自特点是什么？
3. 评价进气道优劣的主要性能参数有哪些？
4. 比较离心式压气机和轴流式压气机增压原理的不同。
5. 比较离心式压气机和轴流式压气机的优缺点及其适用的飞机类型。
6. 双转子压气机相对于单转子压气机有哪些优点？
7. 使得燃烧室稳定燃烧的措施有哪些？
8. 燃烧室的类型有哪些？并比较各自的优缺点。
9. 描述燃烧室中低速回流区的形成过程。
10. 描述发动机涡轮与压气机的异同点。
11. 纯冲击式涡轮叶片和冲击反力式涡轮叶片工作原理的区别是什么？
12. 涡轮叶片通常有哪些冷却措施？
13. 简述超声速喷管的工作原理。
14. 高、低涵道比发动机尾喷管排气的差别是什么？

第 4 章　航空发动机的主要系统

4.1　航空发动机滑油系统

4.1.1　滑油系统功用

根据滑油系统在航空发动机中的使用特点，可以将滑油系统的主要作用分为 4 个方面。

① 润滑作用：滑油系统为航空发动机中的所有齿轮、轴承和齿条提供滑油润滑，以减少金属与金属的直接接触，达到减少摩擦的目的。

② 清洁作用：带走由于机械结构之间的磨损而产生的细小颗粒，并将其从滑油中分离，达到清洁的目的。

③ 冷却作用：通过滑油的流动吸收并带走环境中的热量，通过滑油/燃油热交换器，将其传递到燃油中，实现对部件的冷却。

④ 防腐作用：滑油流过零件表面后，使零件表面有一层油膜覆盖，将空气与零部件隔离开，达到防腐的目的。

此外，滑油还可以作为其他系统的工作介质，起到结构封严和发动机状态的载体的作用。

4.1.2　滑油系统组成

常见的航空发动机滑油系统组成结构有滑油箱、增压泵、滑油滤、回油泵、滑油/燃油热交换器、油气分离器、指示系统和磁性堵塞等。

1. 滑油箱

大多数航空发动机的滑油系统采用干槽式结构，如图 4.1 所示，即具有独立的外部油箱。滑油箱用钢板或铝合金板焊接而成，通常会留有滑油箱容积 10% 的膨胀空间，以满足滑油在高温环境下造成的体积膨胀、因流动起泡等滑油体积增大现象对滑油箱的要求。滑油箱装有观察窗和侵油尺，在进行内部检查时，观察内部滑油量，并装有滑油压力传感器，将测得的压力值显示在驾驶舱仪表盘上。注油口分为重力式和压力式两种，通常发动机上会装有其中一种或两种注油口，并在注油口盖上标记“滑油”字样。由于轴承腔内的空气与滑油混合，使油箱的回油中是气油混合。通过油气分离器，将回油中的气体分离，滑油继续循环使用。

2. 滑油泵

滑油泵对于发动机的正常有效地工作至关重要，其故障常常会导致发动机的快速停机。滑油泵多为齿轮泵，如图 4.2 所示，其可分为增压泵和回油泵，并组成为一体，由辅助驱动系统驱动其运动。

图 4.2 中的齿轮泵是由一对啮合钢制齿轮组成，并组装在密封的铝制外壳中。当齿轮泵的齿轮旋转时，滑油进入齿轮泵并随之充满轮齿和外壳中，最终由出油口流出。齿轮旋转时，油被卷入泵中，在齿和套管之间流动，然后从出口流出。由于少量压缩油被留在齿轮啮合中，所以可

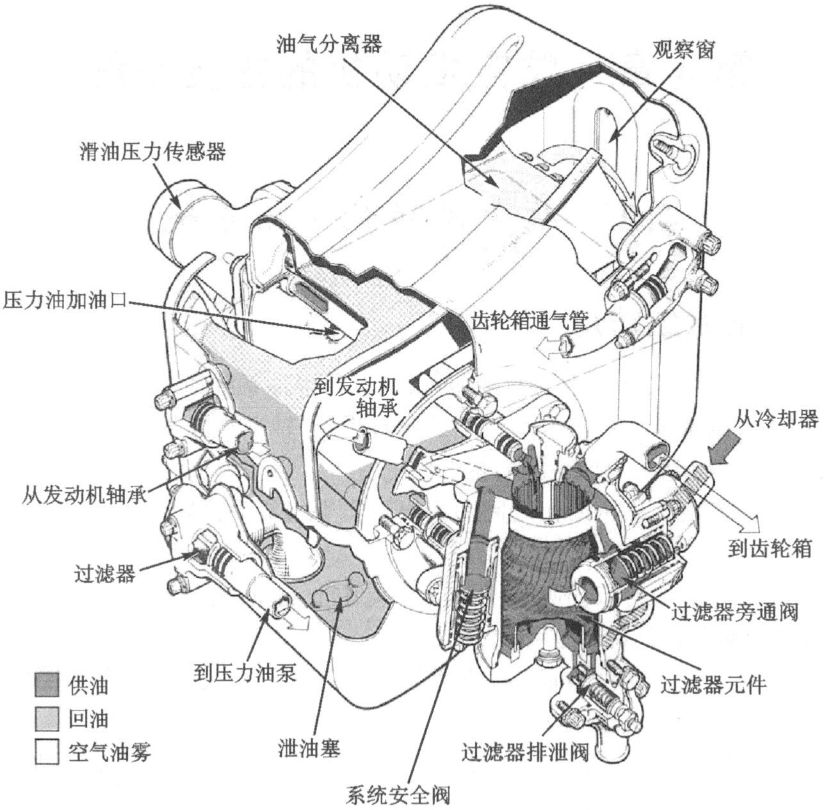

图 4.1 滑油箱

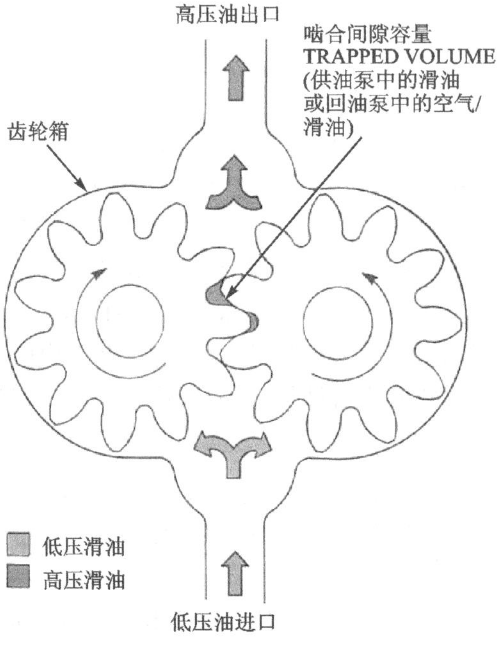

图 4.2 齿轮泵原理

能会导致液压锁和泵的损坏。齿轮泵可以用做压力泵和清除泵，一起放在共同的外壳内。

有些发动机中采用叶片和内齿轮油泵，在需要短时间运行和使用全损失润滑系统的发动机中也可采用结构较为简单的单杆式油泵，如图 4.3 所示。

图 4.3 中的单杆泵的作用是在柱状泵体内存储大量滑油。当活塞压进泵体内时，在油门的控制下，迫使泄油阀开启使滑油流向需要润滑的部位。当活塞到泵体顶端时，由于油压下降泄所以导致油阀关闭。在泵体和油箱间的压力下降使得滑油补给泵开启直到泵体内充满滑油。

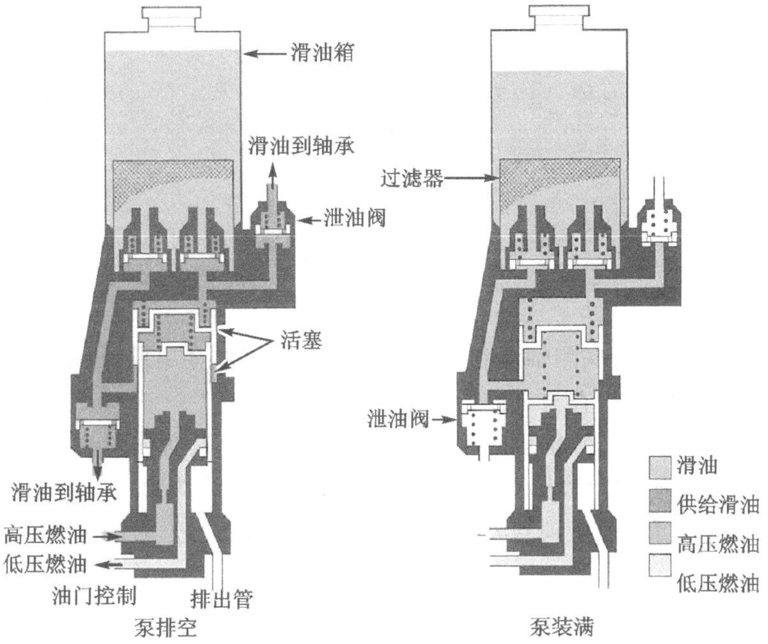

图 4.3　单杆油泵

3. 滑油/燃油热交换器

发动机的热量通过滑油在轴承腔和齿轮箱内的流动和摩擦传递给滑油。通常需要安装滑油冷却器，冷却介质可以采用燃油、冲压空气，也可以采用燃油和空气冷却两种方式结合。因此，根据冷却介质的不同将滑油冷却方式分为滑油/燃油冷却、滑油/空气冷却和混合冷却 3 种。通过冷却滑油，将热量传递给燃油和空气，不仅能够保持理想的滑油温度，还可以提高整体的热效率。

现主要介绍滑油/燃油热交换器，其作用是冷却滑油并加热燃油，如图 4.4 所示。其由壳体、蜂巢管、旁路活门、滑油温度传感器、压力维持阀等部件组成。壳体由多个折流板分割成多个区域，在隔板分割的区域中，布置有蜂巢管，其内输送燃油，外部有滑油流动，从而进行热交换。在滑油进口与出口处有旁路活门(也可叫做温度控制活门)，在滑油温度低粘度大，或冷却器出口压差达到一定值时，活门打开，滑油不流过冷却器直接供油，以确保低温起动。此外，在冷却器供油管线上设有压力维持阀，以确保滑油压力始终大于燃油压力，以防止在出现故障时燃油泄露进入滑油区域造成危险。

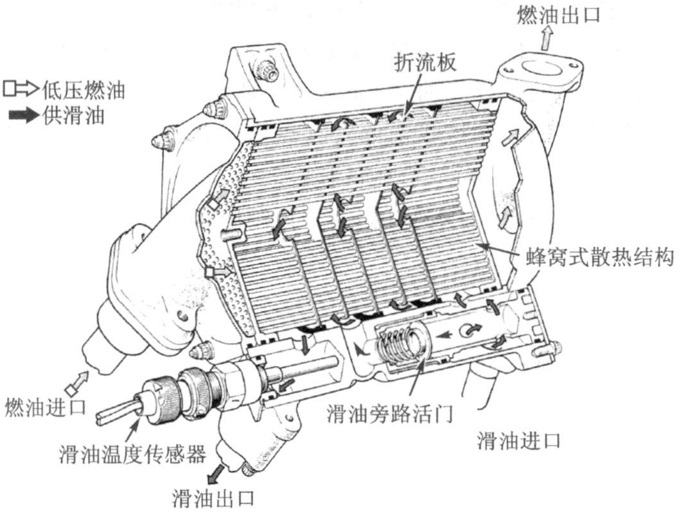

图 4.4　低压燃油冷却滑油冷却器

4. 磁性堵塞

磁性堵塞的作用是用来探测轴承和齿轮磨损掉落的磁性金属屑，进而判断轴承和齿轮的磨损情况，以便制定相应的检查与维修计划，如图 4.5 所示。

磁性堵塞常安装在滑油箱、轴承腔等部件的回油路上，由浸润在滑油中的永磁铁和封严壳体组成。通常情况下，通过磁性堵塞可以在不拆除或检查滑油滤的情况下对可能潜在的故障提出预警。此外，它们可以连接到驾驶舱的报警系统中，在飞行中提供动态指示。

5. 油气分离器

工作后滑油中会含有大量气泡，体积增加数倍，造成油箱、齿轮箱和轴承腔内气压过高，易造成滑油供应中断、油膜损坏增加磨损概率、增加油耗等问题。因此，需要通过油气分离器将油滴中的气泡和蒸汽去除，如图 4.6 所示。一些油气分离器会采用一种多孔状的介质组成除气元件，可以有效的提高使用效率。

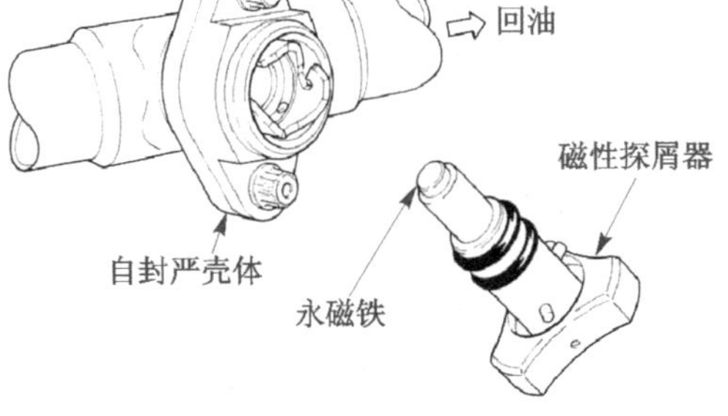

图 4.5　磁性芯片检测

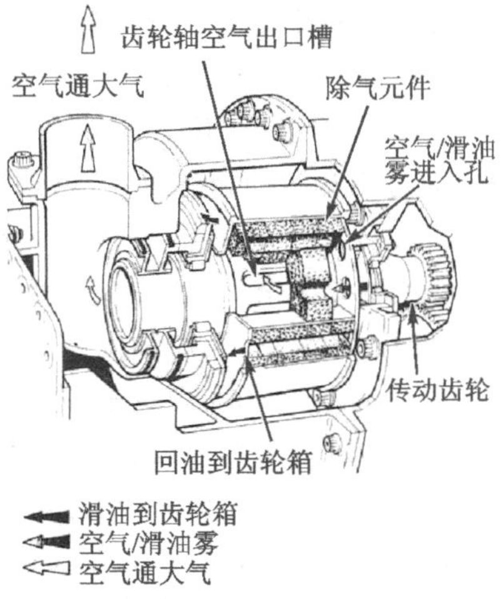

图 4.6　离心力油气分离器

6. 滑油滤

为防止异物、碎屑等杂物随滑油系统循环流动，在滑油系统中安装了大量的滑油滤。滑油滤一般可分为网状油滤、杯型油滤、螺纹式油滤和篦齿型油滤 4 种。

滤网较粗的油滤一般安装在油箱出口或滑油泵的进口处，防止碎屑对滑油泵造成损伤。当在滑油滤前端安装增加泵之后，滑油滤可成为高压油滤，可以阻挡更微小的异物和碎屑进入供油管路。图 4.7 为螺纹式滑油滤。

此外，在回油管路上会安装回油滤，如图 4.8 所示，其由多孔薄板或过滤网组成，以收集滑油系统中的碎屑。

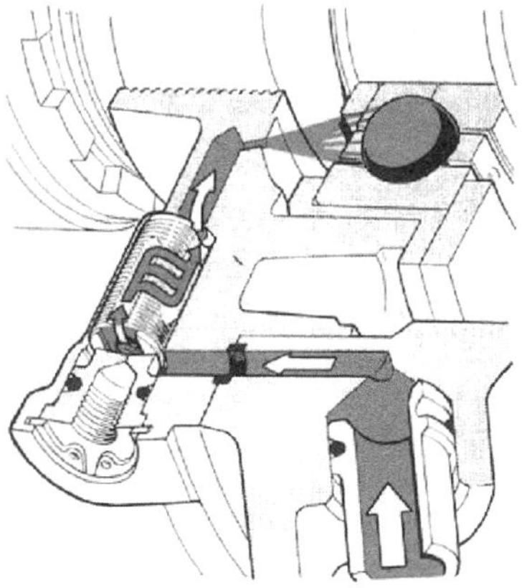

图 4.7　螺纹式滑油滤

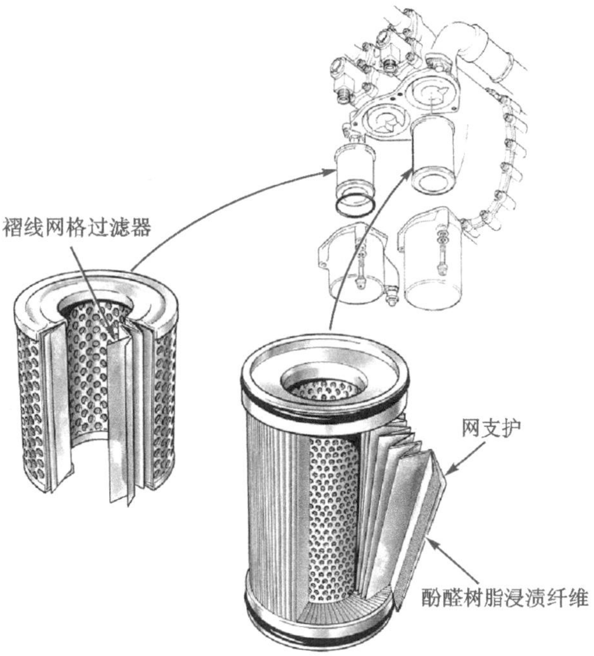

图 4.8　回油滤

4.1.3　润滑系统分类

滑油系统通常可分为调压活门式滑油系统和全流式滑油系统。两者之间的主要区别在于对流向轴承的滑油的控制方式不同。无论哪种系统，滑油的温度和压力是发动机正常安全运行的关键。

1. 调压活门式滑油系统

调压活门式滑油系统是通过设定滑油压力阈值控制对轴承腔的滑油供应量的装置，如图 4.9所示。当超过阈值时，通过一个弹簧加载阀使滑油从压力泵出口回到油箱或压力泵入口。在发动机空转时以一定压力打开阀门，从而给发动机正常运行提供恒定的进油压力。然而，提高发动机转速，会使轴承腔压力急剧上升，减少了轴承腔和供油之间的压力差。因此，在发动机转速提高的情况下，会降低向轴承腔的供油率。为了缓解这一问题，一些调压活门式系统使用增加的轴承腔压力来提高安全阀的弹簧负荷，这样就能在发动机转速提高的情况下，通过增加供油压力来维持轴承腔和供油压力差，从而保证恒定的滑油量。

有些发动机可能有额外的调压活门（限压阀），它被安装在油压泵的出口。当系统阻塞时供油压力就会高于设定值，此调压活门就会被打开，将滑油回流到压力泵的入口端。类似的阀门也可以安装在压力过滤器附近，防止在过滤器部分阻塞时轴承腔缺油，或者在冷起动时滑油具有高粘度的条件下，防止过量的滑油通过过滤器。

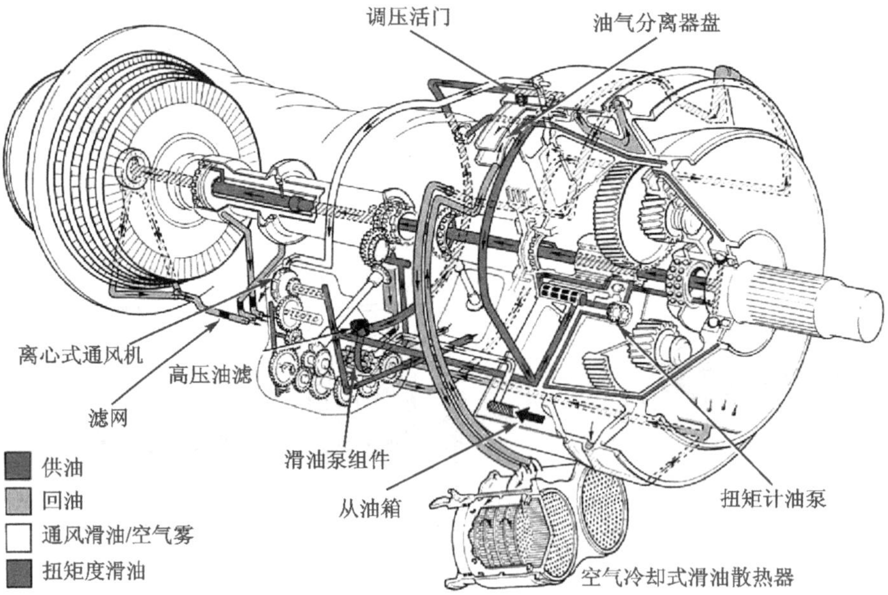

图 4.9 调压活门式润滑系统

2. 全流式滑油系统

对于需要较低供油压力的发动机，调压活门式滑油系统能够保障发动机正常工作，但对于需要高供油压力的发动机，调压活门式滑油系统不能随着转速的增加而逐渐增加供油压力，因此需要全流式滑油系统实现该需求。

全流式滑油系统通过增压泵对滑油供油管路直接输送压力，使得供油压力可以随转速增加而增大，因而可以满足各个转速下的滑油压力与流量的需求，特别是高功率状态下的要求。图 4.10 为某涡扇发动机的滑油系统的示例。增压泵转速、滑油喷嘴尺寸、轴承腔压力决定了供给滑油的压力。而在系统的旁路中安装释压活门，可以防止滑油压力过高对管路、油滤以及冷却器造成损伤。

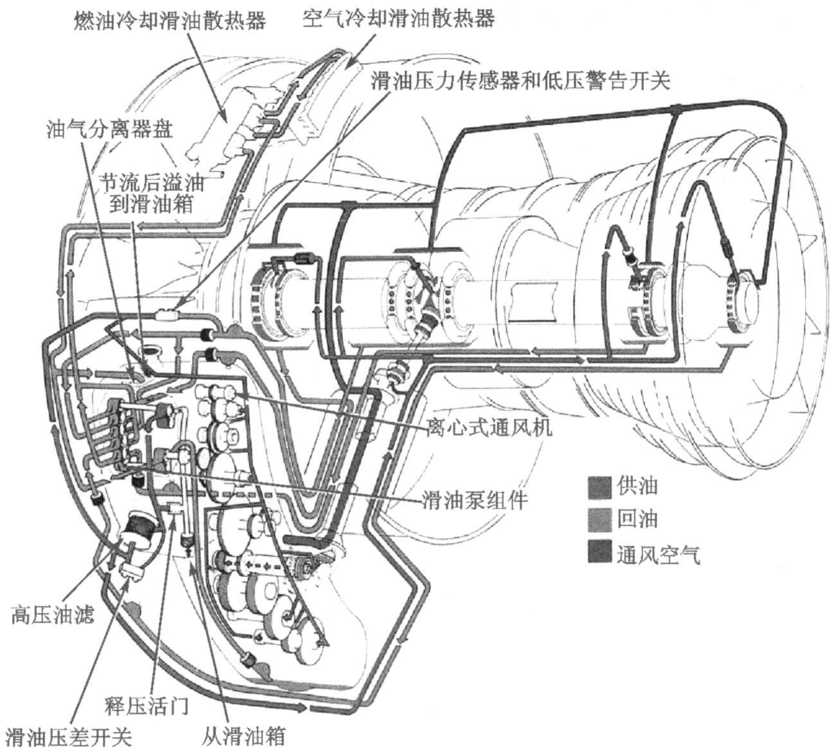

图 4.10 全流式滑油系统

4.1.4 滑油指标与要求

滑油的选择是根据在低温下发动机启动的需求决定的。为满足这些基本要求，需要提供改进的润滑特性，因此需要在滑油中添加特殊的添加剂。通常会进行特殊的实验和发动机测试验证不同滑油的适用性。

通常情况下，滑油的一般指标如下：

(1) 粘 度

粘度是指流体反抗切向力的能力，其受温度影响。当温度高时，粘度就低；反之当温度低时，粘度就高。由于滑油的粘度直接影响滑油的流动性，过大或过小的粘性都会造成滑油的流动损失，因此需要适当的滑油粘性，且随温度变化越小越好，以达到减少流动损失的目的。同时适当粘度的滑油可以在金属部件表面形成具有一定厚度又可以保持适当强度的油膜。

(2) 闪 点

闪点是指滑油蒸汽发生闪燃现象的最低温度。为防止滑油工作中发生闪燃事故，要求发动机滑油的闪点应高于其工作温度，同时在减少滑油消耗的前提下保证润滑效果。

(3) 燃 点

燃点是指足量可燃滑油蒸汽发生燃烧现象的最低温度。与闪点的要求一样，需要滑油燃点高于滑油的工作温度，防止可能的火灾等事故的发生。

此外，滑油还需要有较好的抗氧化性、抗泡沫性，对金属腐蚀小、毒性小等特点。

4.1.5 润滑系统的常见故障

1. 滑油污染故障

滑油污染是造成部件磨损的主要原因。高温环境中，会发生一系列氧化、聚合反应，形成积碳、漆膜和油泥等污染物。

常见的滑油污染物如表4.1所列。

表4.1 常见滑油污染物

污染物	产生原因
固体颗粒污染	主要来源于沙尘、焊渣、磨粒、滑油氧化分解得到的沉积物等，是部件磨损的主要原因
水分液体污染	由于滑油与水发生作用变成乳浊液，同时与水中离子结合生成酸，降低滑油品质及其工作性能
空气气泡污染	滑油在工作流动中产生大量气泡，会增加油液压力，影响工作性能
化学物质污染	酸性物质对滑油系统零部件的腐蚀，降低工作可靠性，此外，还包括细菌污染等

在滑油系统设计中，会安装油滤、油气分离器等装置将污染物从滑油中分离出，但同时需要更多的检测与监测手段，以及时发现污染并更换滑油，避免造成更大的损失。

2. 滑油压力故障

滑油压力需要维持在一定水平，滑油压力过高或过低都会对滑油系统的正常工作产生影响，但针对不同的发动机有不同滑油压力的需求。

滑油压力过高容易引起滑油泄漏，增大滑油消耗量，还会导致滑油/燃油热交换器中蜂巢管等薄壁元件的损坏。通常传感器故障，滑油泵、增压泵故障，释压活门卡在关位等会造成滑油压力过高。

滑油压力过低会造成滑油流量太少，对润滑、冷却、防腐都造成不利影响，使轴承、齿轮等部件温度过高和磨损严重，影响其机械性能。滑油压力过低还可能会导致滑油/燃油热交换器中燃油进入滑油管路中，易发生火灾等重大危害。因此，如发现滑油压力过低应及时停车，避免事故发生。通常传感器故障，滑油泵钢故障，释压活门卡在开位，漏油等是滑油压力过低的主要原因。

3. 滑油温度故障

与滑油压力类似，滑油温度应保持在一定水平，但与滑油自身性质有一定关系。

滑油温度过高则粘度系数降低，在金属部件表面无法形成一定厚度的油膜，对润滑、防腐都有不利影响，加速金属部件表面的磨损与氧化，降低滑油系统工作效率。造成滑油温度过高的原因有传感器有故障，热交换器（或散热器）故障，释压活门卡在开位，漏油。

滑油温度过低则粘度变高，流动性不好，润滑和冷却效果降低，同时阻力增大，造成滑油系统功率下降，发动机启动困难。

4. 滑油系统机械故障

滑油系统的机械故障可能是由于机械加工制造中出现瑕疵，装配时出现误差，工作中由于滑油污染造成的磨损，工作中异常振动造成的损伤等原因造成的。针对这些滑油系统故障，应定期对滑油系统进行检查，主要检查滑油滤，检查磁堵，对滑油样本进行光谱和铁谱分析。同时采用必要的监测手段了解并反映滑油系统工作状况，及时制订相关的维修计划和排故措施。

4.2　航空发动机空气系统

由于民用飞机通常采用涡扇发动机，对于涡扇发动机而言，通常可以将流经发动机的空气系统划分为 3 个等级。

① 核心机空气系统：供应燃烧室燃烧提供推力，一些部件的冷却与封严；

② 风扇空气系统：经外涵道喷出，是推力的主要来源；

③ 内部空气系统：维持客舱气压、发动机部件的冷却与封严，发动机的内部空气系统，如图 4.11 所示。发动机内部的空气系统定义为不会影响发动机推力的空气气流。

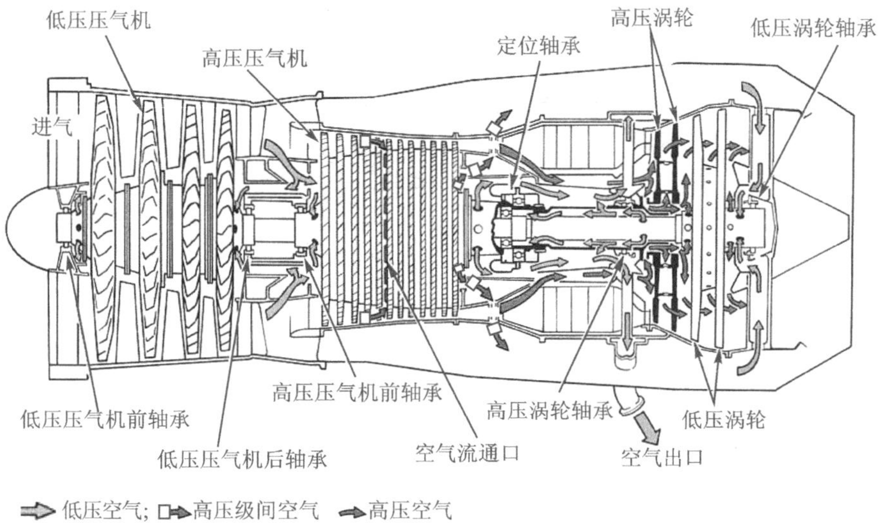

图 4.11　航空发动机内部空气系统

4.2.1　冷却与封严

为保障航空发动机的安全运行，需要对发动机涡轮、燃烧室和一些配件设备进行冷却。同时为了提高发动机工作效率，并防止滑油泄露和控制空气流动需要对航空发动机采取一定的封严措施。图 4.12 给出了一种涡轮冷却与封严的设计方案。

1. 涡轮冷却

随着发动机技术的提高，对发动机性能提出了更高的要求，其中一种提高性能的方法就是提高涡轮前燃气温度，这势必增加了涡轮的热负荷与动力负荷，因此需要有效的手段对涡轮叶片进行冷却。在保障发动机安全正常工作的条件下，不断提高涡轮前燃气温度，进而提高发动机性能。

涡轮冷却的方法主要是采用空气冷却系统，其中以冷却涡轮叶片为主要目的。

涡轮叶片分为涡轮静子叶片和涡轮转子叶片，由于工作条件和位置的差异，静子和转子叶片有不同的冷却方式。如第 1 级导向叶片由叶片一端或两端引入来自燃烧室的两股气流进行

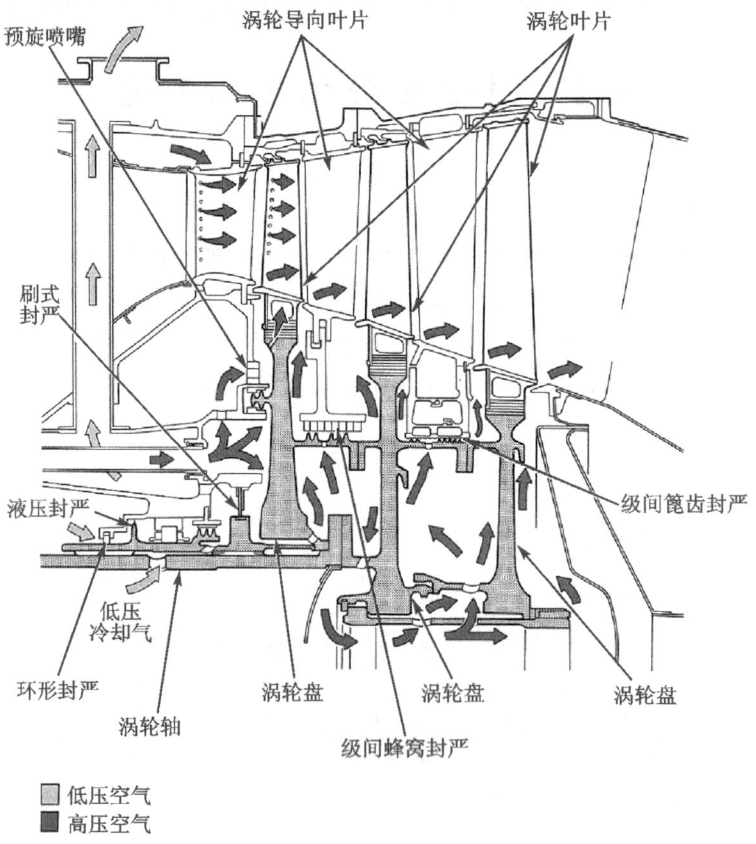

图 4.12 涡轮冷却与封严的设计方案

冷却；而第 2 级导向叶片本身温度较低，如需冷却，冷却气从顶部缘板处流入。

目前针对涡轮转子叶片的冷却气引入方式，多采用预旋的方法，可以降低冷却气的相对总温，提高冷却效果。根据冷却气在叶片内的流动方式可以分为以下几种：

（1）对流冷却

对流冷却是目前广泛采用的一种空气冷却方式。这种方式需要使用冷却叶片，使冷却空气从叶片内的若干通道流过，带走壁面上的热量，从而降低叶片温度，实现叶片冷却，冷却过程如图 4.13 所示。

（2）冲击式冷却

冲击式冷却方法常用于局部高温区域的强化冷却，利用多股冷却空气冲击冷却区域，增强局部换热能力，实现局部高温区域的强化冷却。

（3）气膜冷却

气膜冷却通过采用冷却叶片，使冷却气可以由叶片顶端或根部进入叶片内腔，经由壁面上的冷却孔流出，在叶片表面形成一层冷却气膜，将叶片与高温燃气隔开，达到冷却的目的，如图 4.13右侧两个图。因此，气膜冷却有隔热和散热的双层作用。但气膜冷却的缺点也很明显，气膜会造成叶片表面的流动损失。

（4）发散冷却

发散冷却是效果最好的冷却方式。这种冷却方式使用疏松多孔材料制成的特殊叶片，冷

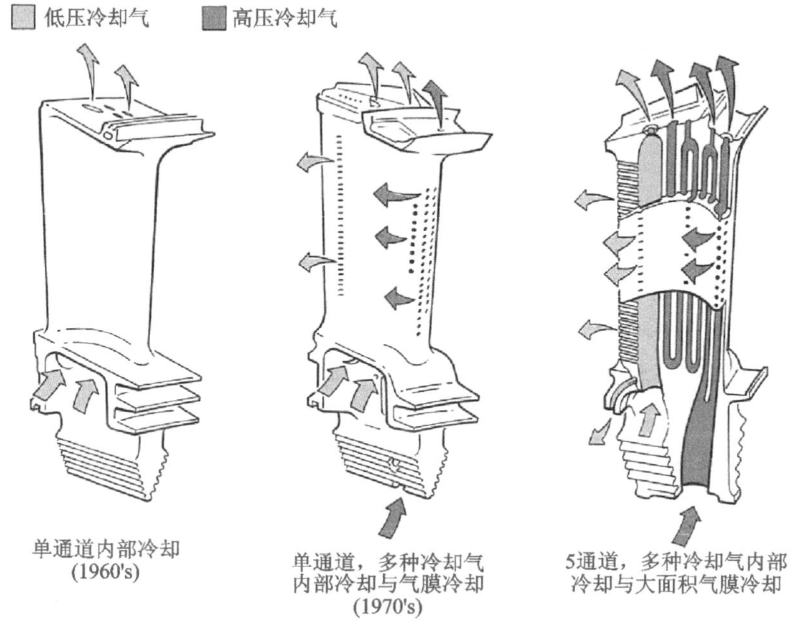

图 4.13 叶片冷却的过程

却空气从内腔经过叶片表面的微孔流出，不仅带走叶片表面热量，同时可以形成气膜，达到冷却的目的。

此外，还需要对涡轮盘和涡轮部件进行冷却。常采用空气沿轮盘侧面径向吹风冷却，和空气流经叶片根部或榫头的间隙对涡轮盘进行冷却。对涡轮部件的冷却需要根据涡轮部件所处位置、工作状态及受热情况，采用不同的冷却方式。

2. 燃烧室冷却

燃烧室冷却方式有散热片式、气膜式以及层板式冷却方式。

散热片式燃烧室是在燃烧室外壁锻造出大量纵向散热片，当火焰筒外两股气流流过时，增加冷却气与火焰筒壁的热交换面积，达到冷却散热的目的。

气膜式冷却方法和涡轮叶片的气膜冷却类似。在火焰筒外侧形成气膜，达到隔热与冷却的目的。

层板式冷却采用浮动壁式火焰筒，在火焰筒的内外壁的内侧有浮动环，将高温燃气与火焰筒内外壁隔开，冷却气流在其间的流动通道中流过，带走热量，具有隔热和冷却的双重效果。

3. 配件冷却

发动机轴承冷却主要采用滑油冷却方式，利用滑油在轴承间的流动带走热量。发动机的配件冷却主要指发电机和点火导线的冷却。如图 4.14 为发电机冷却系统。

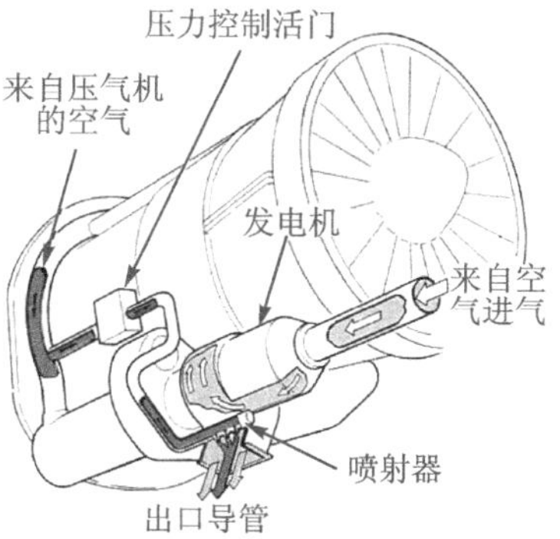

图 4.14 发电机冷却系统

4. 封 严

封严的主要作用是：

① 防止滑油泄露；

② 控制发动机轴承腔冷却气流的流入；

③ 防止涡轮盘腔主流气体的侵入。

根据发动机的使用环境的温度和压力、产生热量等条件会选择不同的封严结构。常见的封严结构如图 4.15 所示。

① 篦齿封严。篦齿封严广泛用于轴承腔内，用于防止滑油泄露，并能控制内部空气的流动。其包含一些静子叶片，成蜂窝状结构，封严间隙在飞行周期中随部件的热膨胀和旋转部件的弯曲情况而变化。图 4.15(a)给出了 3 种篦齿封严结构。

② 环状封严。环状封严常用于轴承腔内，特别是高温区域的封严。该封严结构由金属环组成，正常工作状态下，环状封严与旋转轴之间的间隙要比篦齿封严小。图 4.15(b)为环状滑油封严。

③ 液压封严。液压封严结构常用在两个旋转件之间。但不同于篦齿封严和环状封严，液压封严不允许气流流过整个封严结构。图 4.15(c)为中介轴承液压封严。

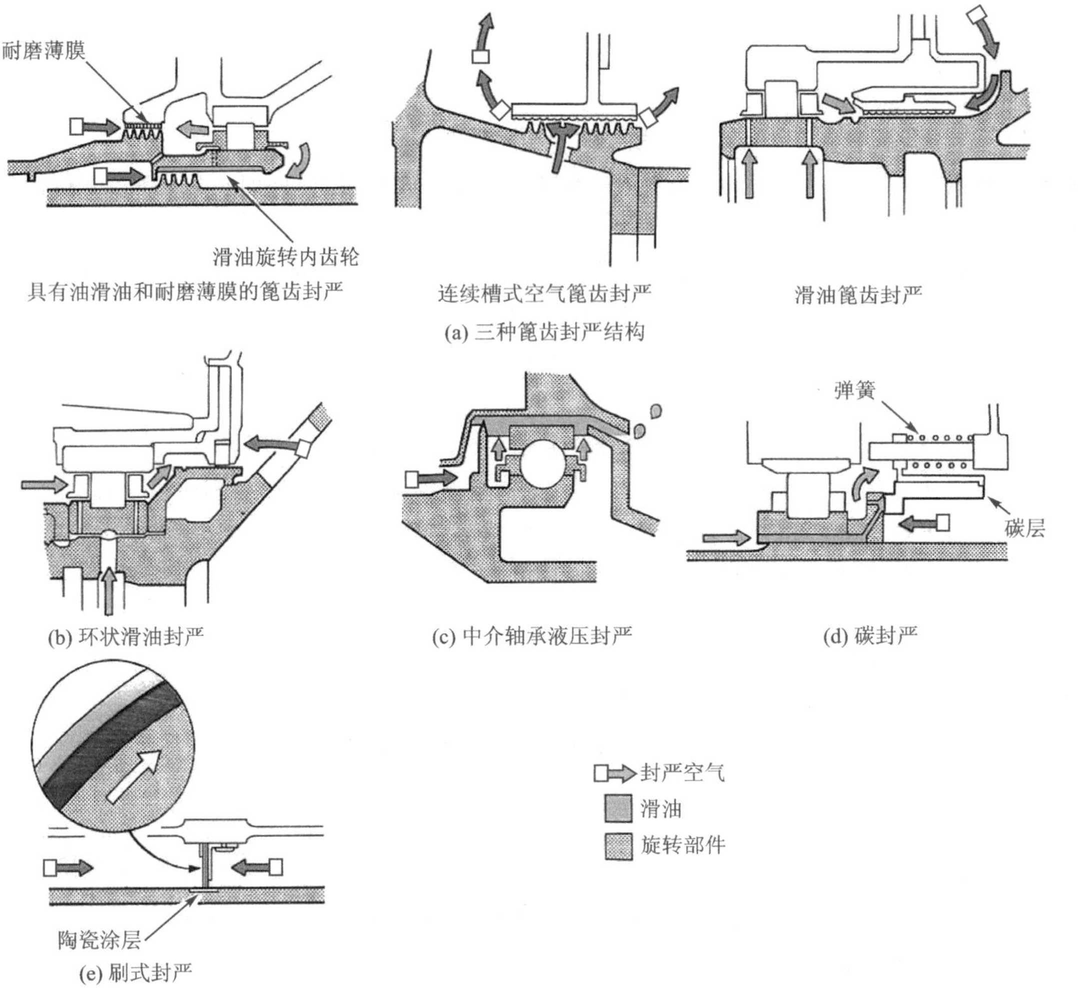

图 4.15 常见封严结构

④ 碳封严。碳封严由碳环组成。该封严结构对紧密接触有较高要求，同时不允许滑油和空气泄露或流过封严结构，如图4.15(d)所示。

⑤ 刷式封严。刷式封严是有许多细金属丝组成的环状结构。由于与旋转轴紧密相连，要承受径向摩擦力，以防止滑油的泄露，如图4.15(e)所示。

4.2.2　空气系统控制

空气系统控制主要针对两种情况，一是与压气机有关的发动机喘振，另一个是与涡轮有关的提高涡轮效率的问题。

1. 压气机防喘

压气机喘振一直是多级轴流式压气机的重要课题，压气机喘振是一种严重偏离设计工况运行时的一种不稳定工作状态。其本质原因可以概括为，发动机在非设计状态下工作时，由于压气机前面增压机和后面增压机的流通能力不匹配，造成了前涡后喘或前喘后涡的现象。因此需要对流经压气机的空气流量进行控制，使之与压气机流通能力相匹配，保持空气流动的平稳与连续。

(1) 压气机防喘装置

目前有多种应用在发动机压气机上的防喘装置，下面是3种最常用的防喘装置。

1) 放气机构

放气机构的作用是将空气从压气机中间级放出，以改变压气机特性，扩大稳定工作范围，可用于防止前喘后涡型喘振。其主要类型有放气活门、放气带和放气窗等。

放气活门一般由多个放气活门和控制元件组成，与全权限数字发动机控制器系统连接，通过液压或气压作动筒操纵。

放气带是钢制具有弹性的带状结构，由作动筒操作，放气带松弛时，气流从下方气孔流出，达到防喘的目的。

放气窗常用在大涵道比涡扇发动机中，位于低压压气机出口，通过对低压压气机放气减少进入高压压气机的空气流量。

2) 多级可调静子叶片

由于压气机进口可变弯度导流叶片或可转导流叶片只能使第一级转子叶片进口气流的攻角恢复到设计状态，而无法使后面若干级转子叶片的气流攻角恢复到设计状态。因此，先进发动机上多采用一种改进型的叶片，即多级可调静子叶片。

多级可调静子叶片采用外操纵方案，对可转静子叶片、摇臂、联动环等装置进行操控，并于全权限数字电子控制(FADEC)系统相关联，可由电子数字系统控制。

3) 双转子或多转子压气机

采用双转子或多转子发动机的防喘机理是：在相同增压比和总级数的情况下，随着压气机转子数量增多，每个转子的级数相对减少。这样可以减少非设计工况时各级压气机之间流通能力的差异。同时转子转速可调，可以实现各级压气机间流通能力的自动匹配。

(2) 压气机气流控制系统

压气机气流控制系统是对多种防喘方式(放气活门、放气带、放气窗和多级可调静子叶片等)的综合，通过各种传感器对发动机工作状态进行监控，由发动机控制系统对该系统进行控制。

2. 涡轮间隙控制

在涡轮机匣设计过程中，对涡轮叶片间隙提出了严格要求，即在不发生叶片与机匣碰磨的前提下，尽可能减少涡轮叶片间隙。这样可以有效的减小漏气损失，提高涡轮效率。

间隙控制装置最早应用在高压涡轮上，其有主动控制和被动控制两种。主动间隙控制受到 FADEC 系统的控制，利用预先编辑好的控制程序对涡轮叶片间隙进行主动控制。通过 FADEC 系统内的飞行高度、转速及温度传感器等多种传感器获得信息，对涡轮机匣采取气动冷却式控制或机械式控制。

气动冷却式控制是在机匣外侧布置多根冷却气管道，当工作状态改变时，通过打开或关闭冷却气管道，实现对机匣的降温冷却等措施，进而实现主动控制。而机械式控制则是利用摇臂使动叶外环做轴向运动，以调整间隙。

4.2.3 其他功用

1. 维持客舱压力

发动机引气系统获得的空气，一部分用于核心机或外涵道产生推力外，还有一部分需要引入到客舱系统中，通过引气控制系统和空气分配系统，获得具有适宜温度、压力以及流量的空气，输送给客舱，维持客舱压力。

2. 发动机轴承载荷控制

发动机轴承同样会受到轴向的气体载荷，并且压气机轴承和涡轮轴承受到相反方向的轴向力，两个轴承中间固定有定位轴承。气体力能够有助于径向压力的平衡封严，并保证定位轴承能够在整个发动机推力范围内保持位置不变，轴承载荷控制如图 4.16 所示。

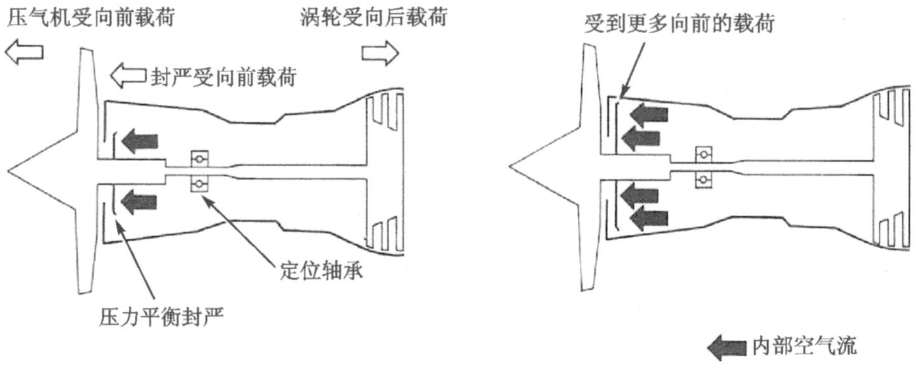

图 4.16 轴承载荷控制

4.3 航空发动机燃油系统

4.3.1 概 述

发动机燃油系统需要在发动机各种不同工作状态下，都能为发动机燃烧室提供清洁、无蒸气、经过增压的燃油，同时控制燃油流量，确保发动机容易启动、加速并达到稳定工作状态。因此，需要多个燃油泵将燃油通过喷嘴喷入到燃烧室中，同时需要燃油控制系统根据发动机工作状态对燃油的流量进行自动控制，以维持发动机的正常转速与压比等参数的要求。

在一般进入发动机的空气和燃油流量之间的关系会随飞行高度、外界温度以及飞行速度的变化而变化。图 4.17 的(a)和(b)分别代表了空气流量和燃油流量随飞行高度变化的一种典型曲线关系。在空气流量发生变化时，需要燃油系统对燃油流量进行控制，改变燃油流量，否则将改变空气与燃油流量比，进而导致飞机速度的变化，影响发动机的工作状态与健康状态。

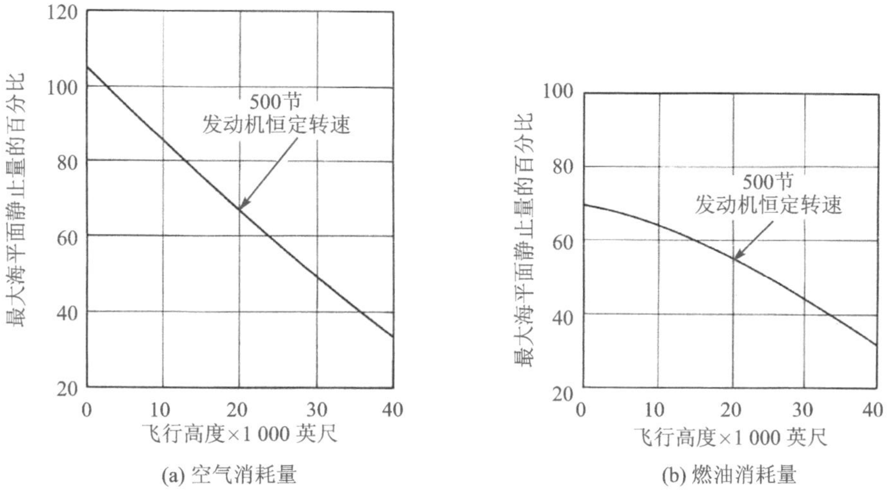

图 4.17　空气流量和燃油流量随飞行高度变化曲线

除了燃油系统本身外，还需要发动机安全自动控制、空气流量控制等与燃油系统相关的控制系统。通过这些燃油系统的机械组件和电子控制组件保障了发动机燃油系统的正常工作，维持了发动机不同工作状态下的性能要求。此外，燃油系统通常还会提供一些辅助功能，如滑油冷却和液压控制等功能。

4.3.2　燃油控制系统

燃油控制系统是根据飞行时的油门位置及飞行条件和大气状况等外界飞行环境因素，对发动机燃油流量进行控制。

燃油控制系统通常可分为高压燃油控制系统和低压燃油控制系统。如在液压机械式控制系统的基础上，加装电子控制装置，形成发动机电子控制系统。燃油控制系统对燃油的控制又可分为 5 个方面，分别为压力控制、流量控制、加速度控制、速度控制以及压力比控制。

本小节主要介绍高压燃油控制系统。

1. 高压燃油控制系统

图 4.18 给出的是典型的涡喷发动机的高压燃油控制系统的简化图。高压燃油控制系统主要由高压燃油泵、油门杆控制器和多个燃油雾化喷嘴组成，此外还装有多个传感器，以实时监控发动机燃油系统工作状态。

高压燃油控制系统通常会通过监测以下信息，由伺服系统反馈进而调节高压油泵的输出量来控制到雾化喷嘴的燃油流量。

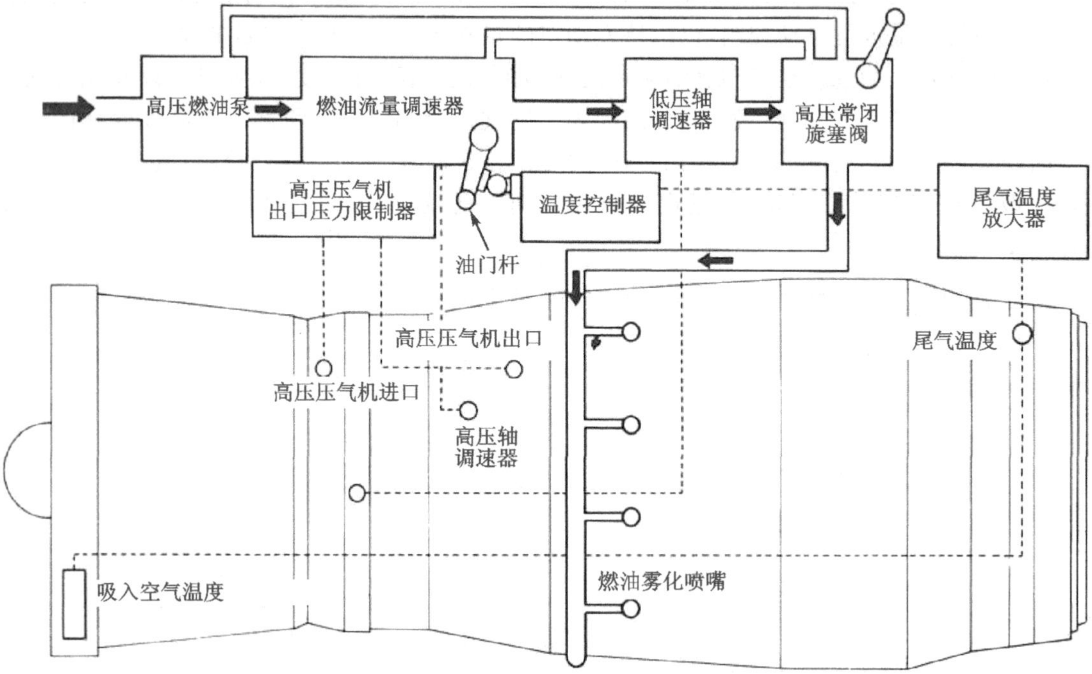

图 4.18　典型的涡喷发动机的高压燃油控制系统

① 油门动作；

② 空气的温度和压力；

③ 转速增加与降低；

④ 发动机转速、燃气温度和压气机出口压力的监测信号。

(1) 压力控制系统

涡喷发动机压力控制系统由燃油控制单元、伺服操作节流阀、调速器和控制阀等组件组成，如图 4.19 所示。控制阀位于节流阀内，并通过齿轮机构与驾驶舱内的油门杆连接，并与驾驶员的油门通过齿条和小齿轮机构相连，通过控制油门杆的位置调节燃油流量。

在稳定工作条件下，油门伺服压力和油门控制压力相平衡，以保持阻尼节流阀能保持在稳定位置，降低控制隔板上的压力保持平衡，调节燃油泵伺服压力调节燃烧室的燃油流量，保持流量恒定平稳。

在飞机加速阶段，初始加速时调节油门杆到预定位置，此时打开节流阀，控制阀关闭低压燃油通路，为发动机提供更多的燃油；并且节流阀会增加额外部分燃油，进而增加节流阀伺服压力，提高节流阀运动速度，流向雾化喷嘴的燃油流量增加，完成加速过程。相反，减速过程中，通过伺服弹簧控制阀的运动，进而打开低压燃油管路，阀内燃油流出，通过控制阀的压力将节流阀推向关闭位置，减少燃油流量。

当飞行高度发生改变时，空气进口压力发生变化。当进气压力增加时，会关闭回流阀增加燃油流量。反之，进气压力下降时，回流阀打开减少燃油流量。

双转子或多转子发动机同时具有高压轴和低压轴，分别对应高压压气机、高压涡轮和低压压气机、低压涡轮。燃油系统对高低压轴有不同的控制方式，为防止高压轴转速超过限定值，

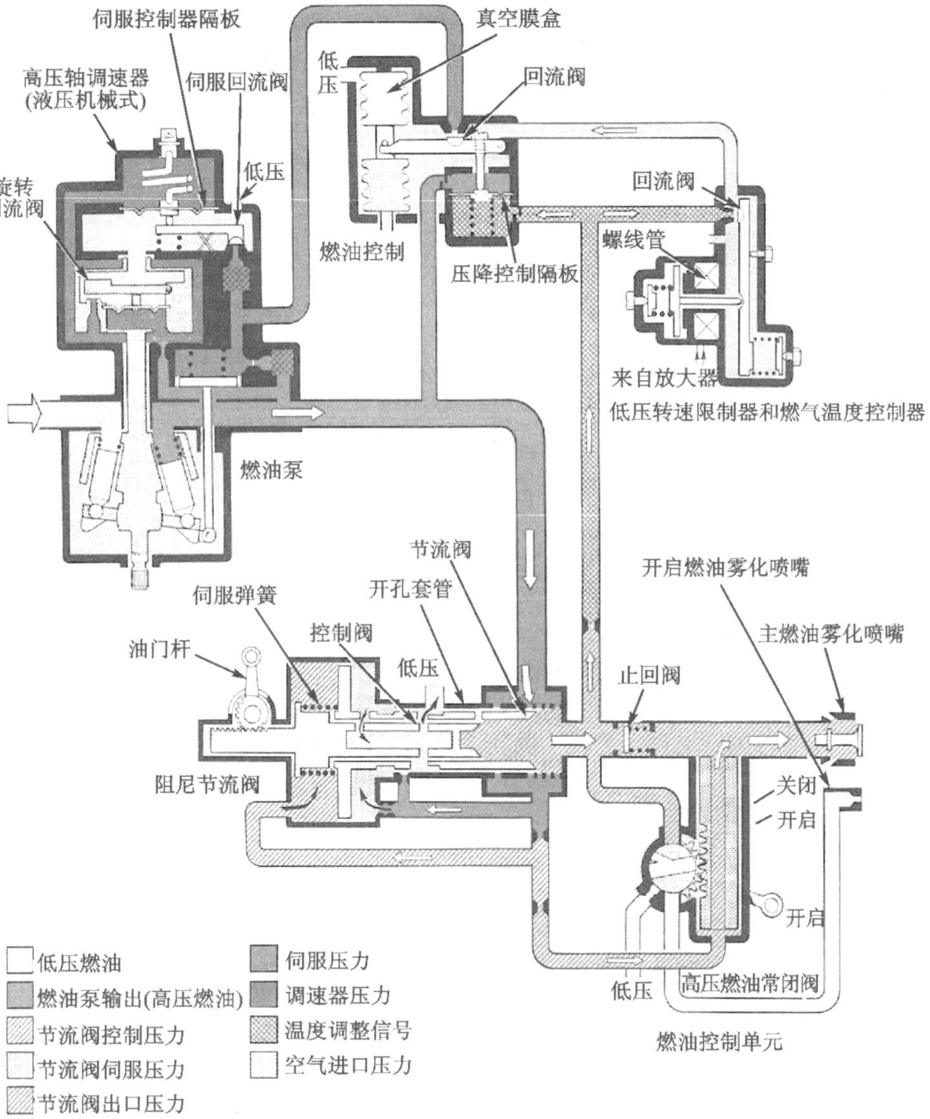

图 4.19　涡喷发动机的压力控制系统

通过液压机械式的调速器对其进行控制，由旋转回流阀监测高压轴转速，通过控制压力限制高压轴转速。同样，为防止低压轴转速超过限定值，通常会加装一个低压压气机调速器，通过检测低压轴转速和温度，反馈给电磁阀，进而打开回流阀，降低伺服压力和燃油流量。同时，还需要控制燃油流量，以限制发动机温度，防止超过工作温度。

(2) 流量控制

流量控制燃油系统更类似于一种紧凑型的压力控制系统。在不同工作状态下，流量控制燃油系统对发动机燃油的控制与压力控制系统的控制方法类似，但对节流阀的流量变化相对不敏感。图 4.20 所示的流量控制系统是一种经过改进的比例流量控制燃油系统，该系统使用了燃油微调装置，能够更加准确的供给燃油。

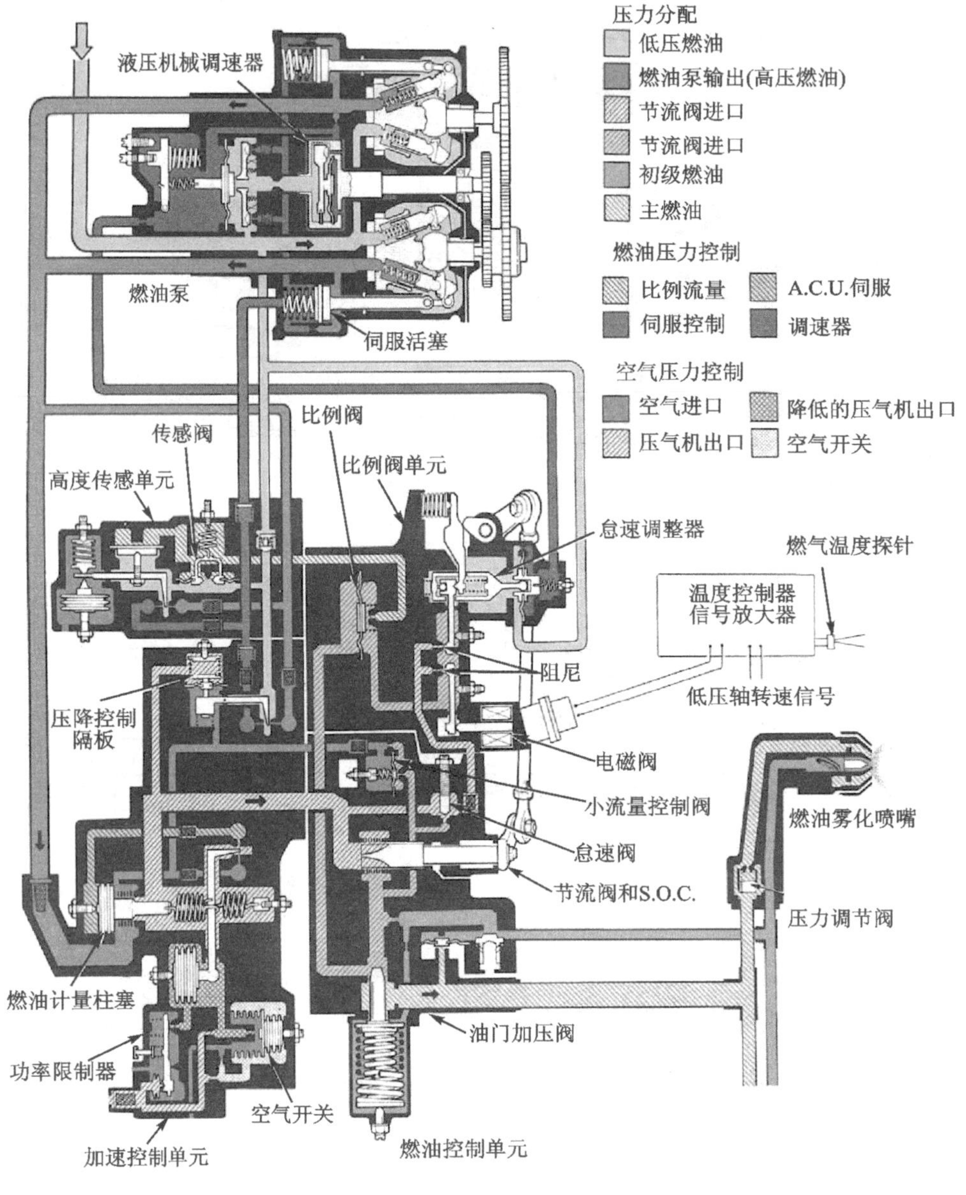

图 4.20　比例流量控制系统

(3) 加速度与速度组合控制

加速度和速度组合控制系统是一个机械系统,同时也是一个全调速系统,如图 4.21 所示,因此不需要单独控制的最高转速调速装置控制机制,通常可以将其比做燃油流量调节器。整个机构还装有高压燃油泵,以及由高压燃油驱动的燃油驱动和弹簧一侧的主雾化喷嘴压力控制的泵伺服活塞。

当空气进口压力恒定时,旋油门持续给转速控制调速器提供有效载荷,使转速保持恒定,调速器套管保持在某一恒定位置。

当飞机飞行高度和速度发生变化时,空气进口压力随之改变,燃油流量应该随之相应改

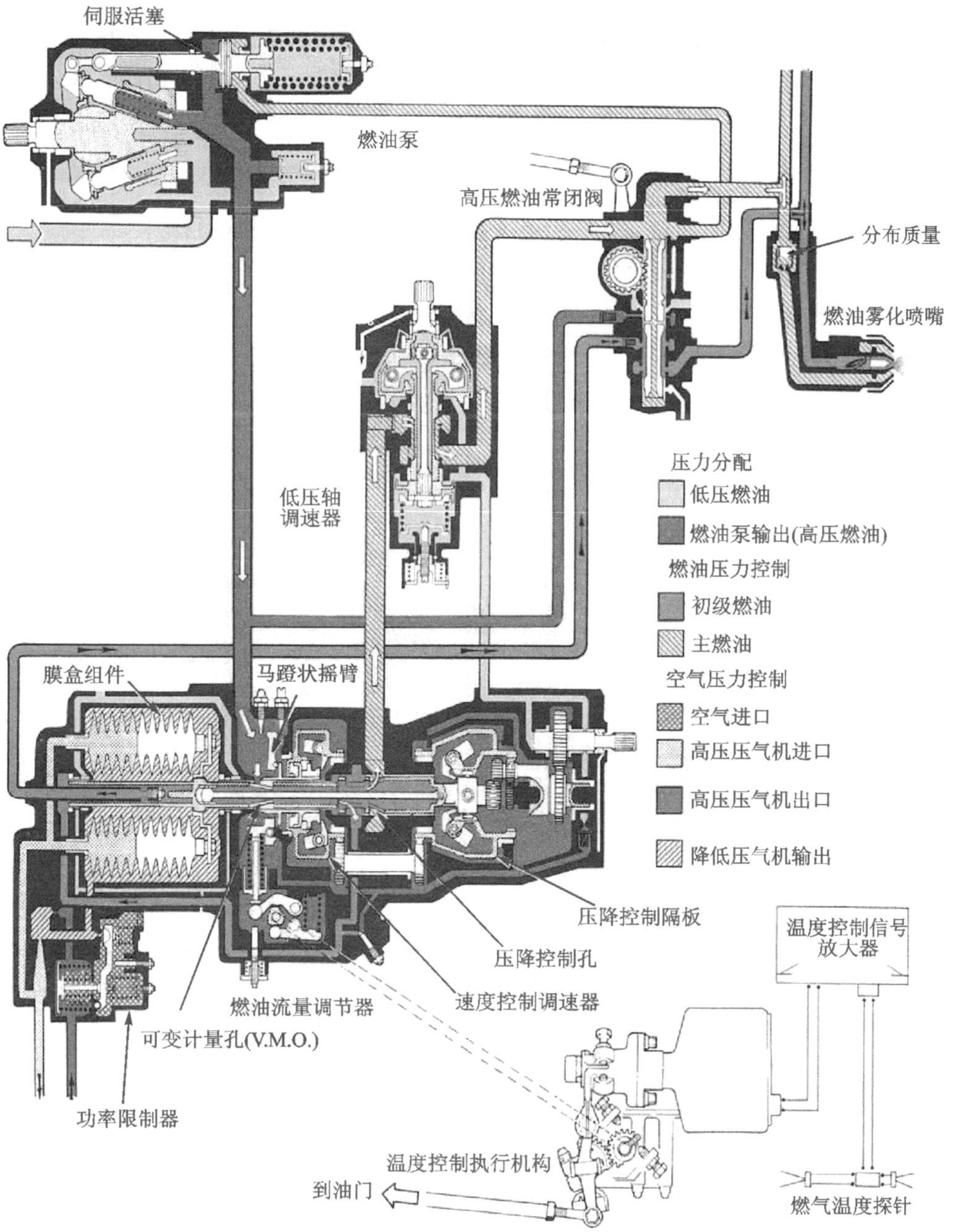

图 4.21　加速度和速度的组合控制系统

变，以维持发动机恒定转速。例如飞机飞行高度增加时，压气机进口压力下降，系统压降增加，燃油泵伺服活塞将调节燃油泵输出量以平衡空气流量的减少。

为防止燃气温度超过限定值，系统会根据监测到的燃气温度减少燃油流量。同样，为防止发动机过载，功率限制器调节腔内压力，调节可变计量孔控制燃油流量，进而限制高压压气机输出压力维持在某一预定上。

(4) 压力比控制

压力比控制是类似于加速度和速度组合控制的一种机械系统,如图 4.22 所示。

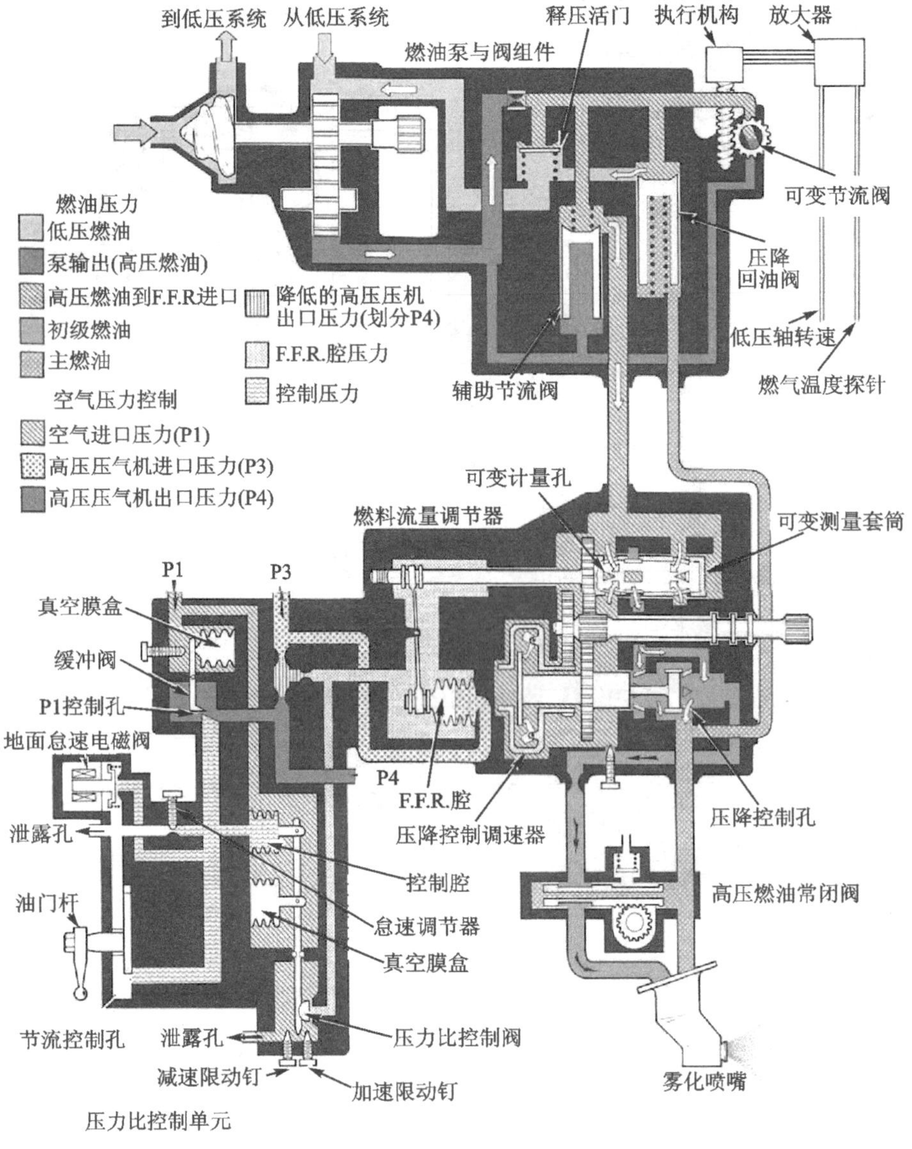

图 4.22 压力比控制系统

使用高压压气机输出压力和空气压力的比值作为主要控制参数。与加速度和速度组合控制系统类似,压力比控制系统同样不需要单独的控制器来控制最大转速,机构内也包含一种类似于燃油流量调节器的装置。机构内装有齿轮泵,由压降回油阀控制齿轮泵的输出量。

在稳定工作状态,燃油泵的出口压力要高于发动机需求的压力。因此,打开压降回流阀允许多余的燃油回流到泵的进口,可以有效控制燃油压力过高。

当飞机飞行高度和飞行速度改变时,需要调整燃油流量以满足发动机推力的需求或飞机爬升状态的需求。飞行高度的增加会降低空气进口压力(P1)和高压压气机出口压力(P4),因此需要打开压比控制阀，并扩大燃油流量调节器 FFR(Fuel Flow Regulator)腔的体积减少可变计量孔 VMO(Variable Metering Orifice)的区域，进而减少燃油流量。

然而，为满足发动机推力需求和飞机爬升的要求，有必要安装缓冲阀使得 P4/P1 的压力比值随着飞行高度的增加而增加。因此，随着飞行高度增加，P1 下降，缓冲阀向 P1 控制孔移动，在降低控制压力的同时由控制腔感受压降，并作用于压比控制阀，逐渐关闭可变计量孔。

为防止高压压气机转速和燃气温度分别超过限定值，在燃油泵出口安装了辅助节流阀。稳定工作状态下，利用弹簧弹力开启辅助节流阀，当达到限定值时，通过监测相应信号，改变节流阀开口面积，以降低燃油流量，达到限制高压压气机转速和燃气温度的目的。

2. 低压燃油控制系统

低压燃油控制系统由低压燃油泵、加热器、燃油滤、增压装置、泄油活门、燃油/滑油热交换器等基本组件构成，工作原理与高压燃油控制类似，如图 4.23 所示。

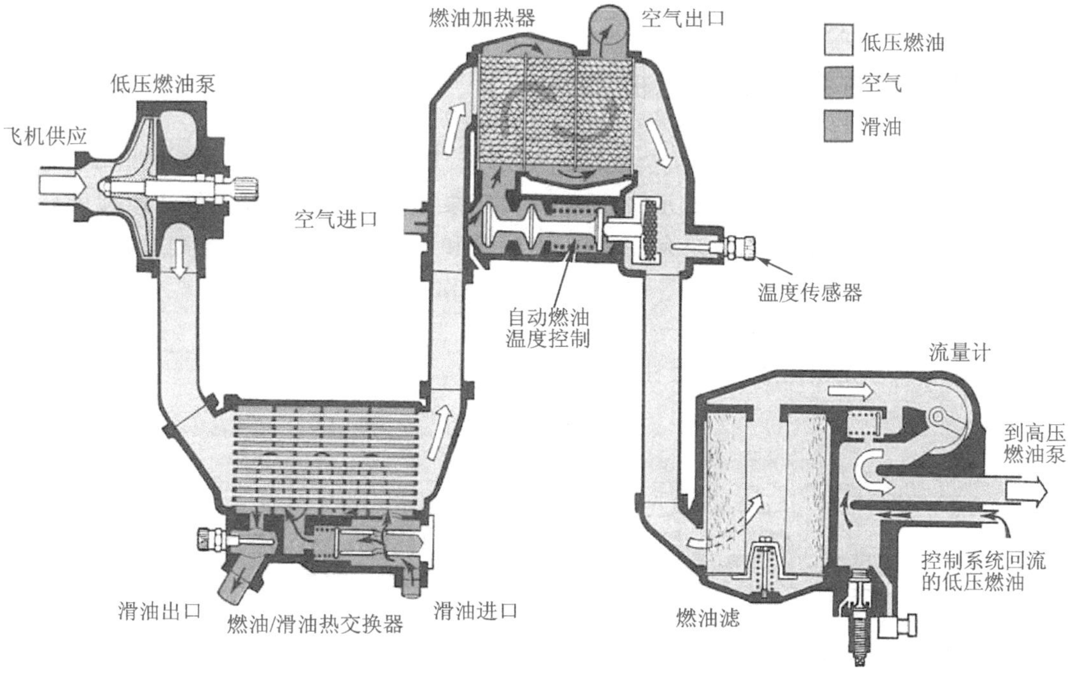

图 4.23　低压燃油控制系统

3. 发动机电子控制

发动机采用了电子控制系统和发动机监控系统，即在液压机械式控制系统的基础上，加装电子控制装置，两者实现发动机的控制。具体内容将在 4.5 节详细介绍。

发动机电子控制主要是对发动机轴的转速域排气温度(EGT)进行不断监测，并作为限制器，在发动机轴转速和 EGT 接近或达到限定值时进行电子与机械同时控制，以调整燃油流量，从而保证发动机的转速和 EGT 维持在一个安全水平。

(1) 监控型电子控制

监控型电子控制是液压机械式燃油控制向数字电子控制的过渡，共同实现发动机的控制。其中，液压机械式控制系统为主控制器，对发动机进行全面控制，而电子监控器更像是一种监视器、限制器，限制发动机各参数保持在安全范围内。

在工作条件不变(高度、速度、环境温度或油门杆的位置)时，通过安装在发动机内的热传感器(监测 EGT)和转速传感器(监测发动机高压和低压轴的转速)等多种传感器获得温度和转速信号，经过放大器，将信号传递给监控系统，由电子控制器根据温度值和转速值对发动机进行电子控制。但如果工作条件改变，对电子控制器的输入量发生改变，电子控制器将放弃控制权，由液压机械控制系统对发动机进行燃油流量控制，保证发动机安全正常工作。

(2) 全权限数字电子控制(FADEC)

FADEC 是管理发动机控制的所有控制系统的总称。发动机电子控制器(EEC)或电子控制系统(ECU)是控制系统的核心，由计算机控制，然后通过电业伺服机构等执行机构输出控制量给液压机械装置的各个活门、活塞、泵等作用元件。因此，在 FADEC 中液压机械控制系统变为数字电子控制的执行机构。

4.3.3 燃油系统主要机械部件

1. 燃油泵

燃油泵是向燃烧室供油的主要元件，通常有增压泵和主燃油泵。根据供油原理可分为容积式泵和叶轮式泵。常见容积式泵有柱塞泵、齿轮泵和叶片泵等；叶轮式泵则包括离心泵、气心泵和螺旋泵等。

(1) 柱塞式燃油泵

如图 4.24 所示是单组可变行程柱塞式燃油泵。

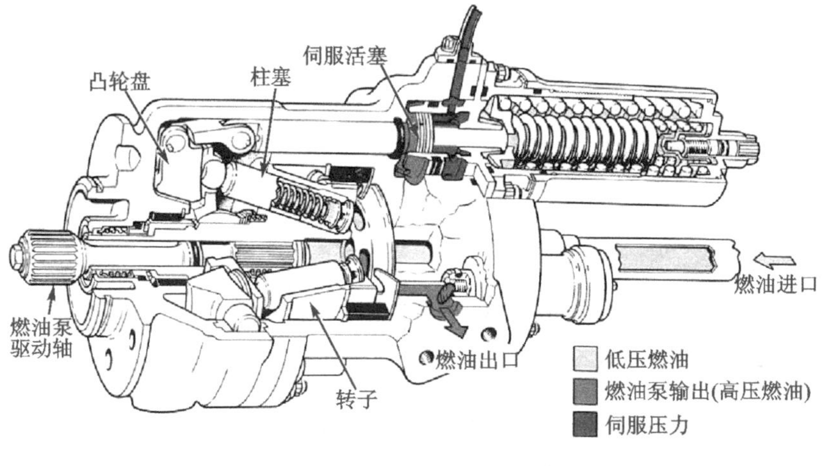

图 4.24 柱塞式燃油泵

柱塞式燃油泵是由发动机齿轮传动驱动的，其供油量取决于转速和凸轮盘角度。单组燃油泵可以提供每小时 400～8 000 L，最大压力约 900 kg 的燃油。其主要优点是当转速不变时，供油量可以通过改变凸轮盘角度进行调节。

（2）齿轮式燃油泵

齿轮泵是定量泵，由发动机驱动，其燃油流量与转速成正比。当转速不变时，可通过旁路的回油阀调节流量。由于齿轮泵的供油量始终高于需求量，因此需要通过回油阀将多余燃油输送回泵的进口。

2. 燃油雾化喷嘴

燃油系统的最后一个重要组件就是燃油雾化喷嘴，通过雾化燃油促进混合气形成，保证燃油的充分燃烧和稳定燃烧提高燃烧效率。雾化喷嘴可分为离心式、气动式和蒸发式。

（1）离心式雾化喷嘴

离心式喷嘴的工作原理是燃油压力将燃油沿切线方向孔压入喷嘴内腔，高速旋转，从喷口喷出，在离心力作用下雾化，形成旋转的圆锥油雾层，如图 4.25 所示。

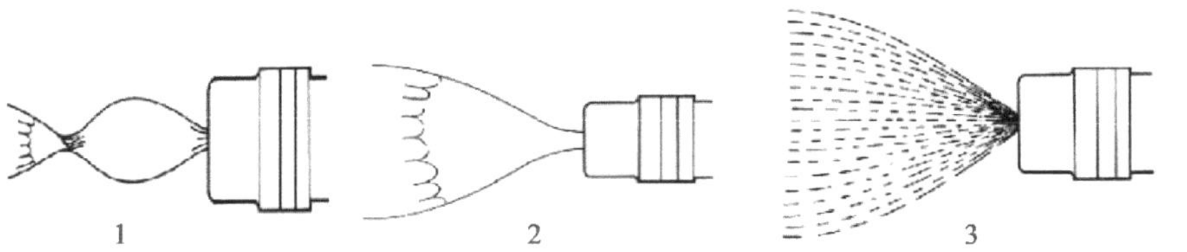

图 4.25　离心式喷嘴工作原理

早期的离心式喷嘴为单油路离心喷嘴，如图 4.26 所示。

它由油腔和固定的区域雾化喷嘴组成。这种燃油喷嘴能在高燃油流量和高燃油压力的情况下提供了良好的雾化效果，但是在飞行高度增加、发动机转速较低时不能提供较好的雾化效果。因此现在的航空发动机上常采用双油路离心喷嘴。

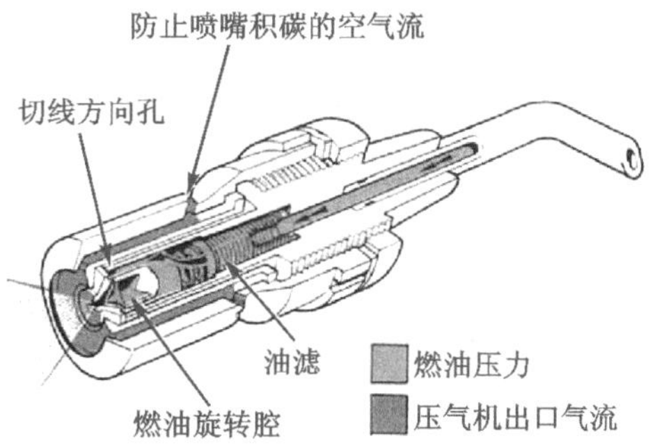

图 4.26　单油路离心喷嘴

双油路离心喷嘴内有主、副两条油路及相应的环形主喷嘴和中心副喷嘴，如图 4.27 所示。当燃油流量较小时，燃油压力低，仅副油路供油，从副喷油孔喷出；当燃油流量较大时，燃油压力高，主、副两条油路同时供油，从主、副喷油孔同时喷出。通过这种方式，在相同的最大燃油压力的有效雾化的情况下，双面双层喷嘴能够比单层喷嘴提供更广泛的流量范围，也可获得在高海拔地区需要的雾化效率。

（2）气动喷嘴

喷气喷嘴常常在加力预燃室中见到，如图 4.28 所示。其工作原理是使油膜和高速气流相互作用，在气动力作用下使油膜破碎雾化，快速形成混合均匀的混合气。气动喷嘴能够有效地混合油气并能减少冒烟和积碳，同时气动喷嘴不需要很高的供油压力，因此可以使用齿轮泵供油。

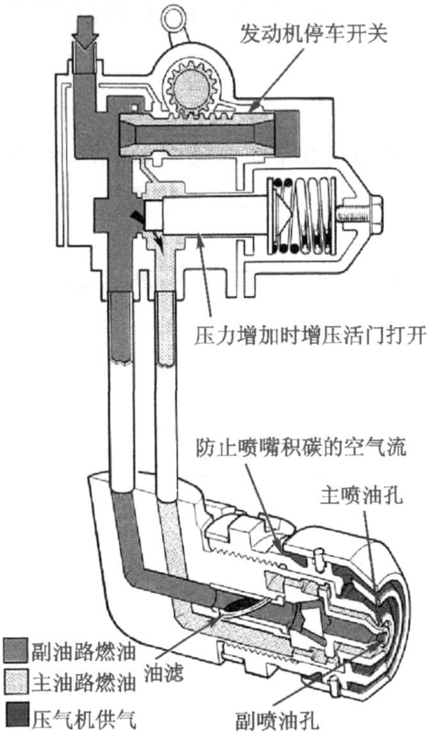

图 4.27　双路离心喷嘴

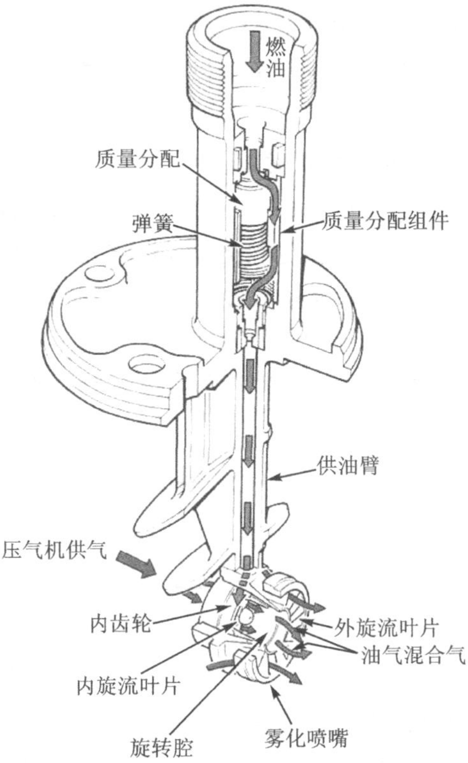

图 4.28　气动喷嘴

4.3.4　燃　油

1. 燃油要求

在一般情况下,航空发动机燃油应具备以下条件:

➤ 在所有工作状态下,均可保证燃油可通过燃油泵输送并维持一定的燃油流量;
➤ 允许发动机在所有地面条件下启动,并满足飞行特性;
➤ 在所有工作状态下,都能维持较高的燃烧效率;
➤ 具有较高的产热值;
➤ 对燃烧室和涡轮叶片有较小的损害;
➤ 对燃油系统各元件有较小的腐蚀性;
➤ 能够为燃油系统各元件的工作提供适当的润滑作用;
➤ 可以有效地将火灾降到最低值。

2. 燃油的蒸馏和沸腾

在飞行过程中的燃油温度取决于飞行高度、爬升率、在高海拔地区的持续时间和前进速度造成的动力学加热。因此,燃油容易沸腾生成大量燃油蒸气,燃油损失率升高,因此会导致发动机燃油系统的气阻。

为避免此类现象的发生，飞机通常会为利用惰性气体为油箱增压或安装通风系统调节油箱内的蒸气压力。特别对于超声速发动机在持续超声速工作时，还需要在油箱表面加装隔热材料，防止超声速飞行带来的动力学加热。

3. 燃油污染控制

恰当使用油滤、燃油/水分离器和添加剂可有效地控制污染的程度。保持燃油脱水将防止严重结冰的问题，减少了微生物的生长和腐蚀。减少固体物质可防止燃油泵过度磨损，减少腐蚀和燃油系统内发生堵塞的可能性。

4.4　航空发动机启动和点火系统

4.4.1　启动系统

1. 概　述

在燃气涡轮发动机开始工作前，需要外界给予能量使其转子转动，以达到一定的转速，进入稳定的慢车状态，这个过程称做启动。

在地面启动时，启动系统和点火系统需要同时协调工作，确保发动机的压气机与涡轮能够达到一定转速，同时保证有足够的空气进入到燃烧室中与燃油混合满足点火要求；但在飞行过程中，点火系统单独工作。

针对不同发动机及其工作环境，对启动系统有不同的要求。此外，对于发动机空中意外停车，也需要启动系统能够有足够的可靠性，在一定高度的空中能够自动启动，且具有足够多的重复启动次数。

2. 启动方法

目前常用的启动机主要有电动启动机、空气涡轮启动机、燃气涡轮启动机等。启动机的一般要求是具有较高的扭矩，可以将扭矩传递给发动机转子，使其转速增加以达到稳定的慢车状态。

(1) 电动启动机

电动启动机是直流电机，由直流电源、直流电动机、减速器和离合器组成，如图 4.29 所示。电动启动机通过齿轮、棘轮机构、离合器与发动机相连接，在发动机达到一定的转速后，启动机与发动机自动断开连接。

电动启动机的电力来源有地面电源、机上电源和辅助动力装置 APU(Auxiliary Power Unit)等，但同时需要通过继电器和电阻元件确保能够持续有效地供应直流电给启动机，保证其能达到启动机需要的转速要求。

相比于其他启动方式，电动启动机使用方便，启动过程自动化，在发动机达到满意转速或时间循环周期完成时，启动机载荷降低，启动过程停止。但其缺点同样明显，电动启动机质量过大，功率随外界影响而变化。早期的发动机中，完成启动过程后，电动启动机完全变成无用质量。为解决此问题，可将电动启动机在启动过程中当做启动机，在飞行过程中当做直流发电机，同时也可以是点火系统的能量来源。

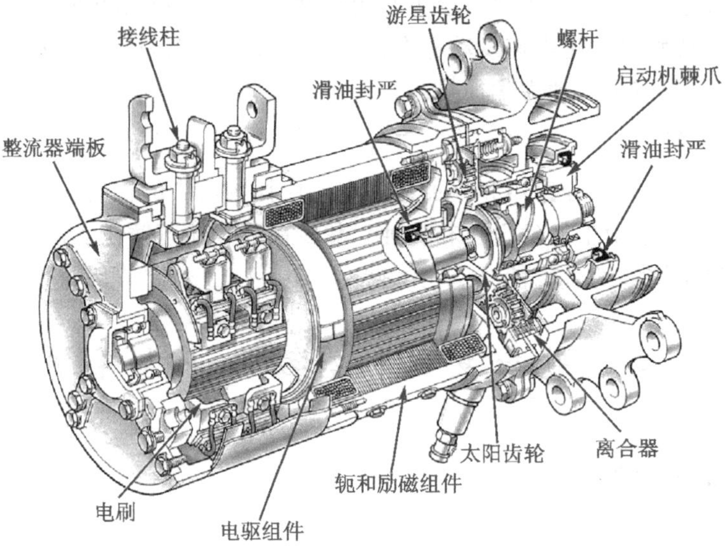

图 4.29　典型的电动启动机

(2) 空气涡轮启动机

空气涡轮启动机通常用于大多数商用喷气发动机和一些军用喷气发动机上。空气涡轮启动由单极涡轮、减速器、离合器和传动装置组成,如图 4.30 所示。

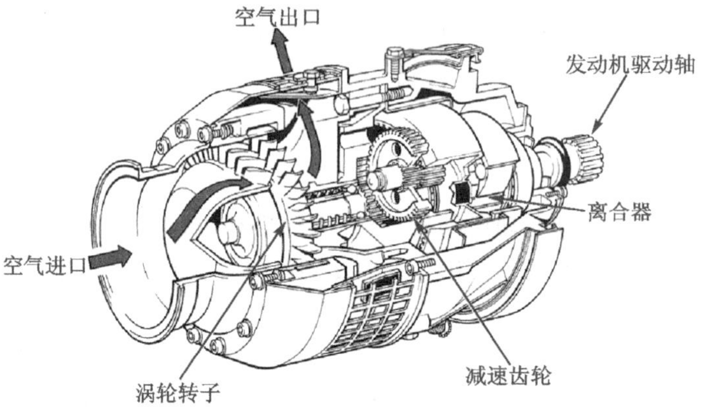

图 4.30　典型空气涡轮启动机

空气涡轮启动机的主要气源有外部地面气源车、APU(辅助动力装置)或已经启动的发动机。启动机所需的空气供应主要由减压阀控制,当需要启动时开启,在达到启动转速时关闭。同时,当发动机达到一定转速时,离合器松开,启动机停止工作。图 4.31 为典型的空气涡轮启动系统。

空气涡轮启动机具有质量轻、结构简单、功率大、使用方便,可靠性高等优点。但其缺点同样明显,不能单独启动发动机,需要外界气源的供应。

一些燃气涡轮发动机并不适用启动机进行发动机启动。它们通过从外部气源处获得空气,将空气通过单向阀以冲击的形式喷向发动机转子叶片,进而完成发动机启动。

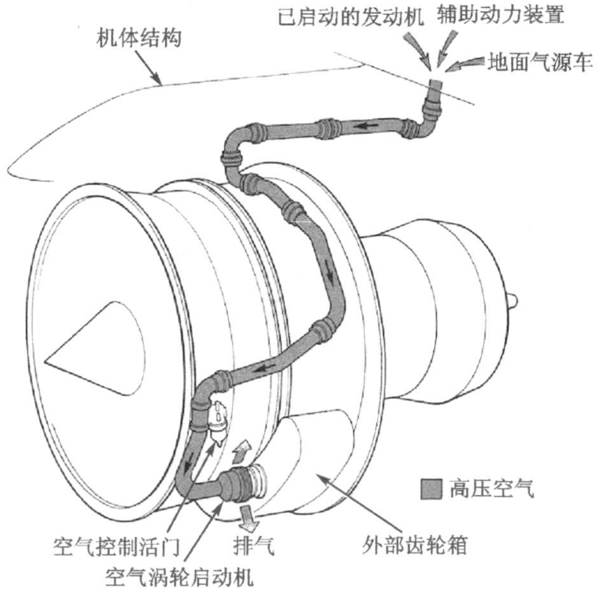

图 4.31　典型空气涡轮启动系统

(3) 燃气涡轮启动机

燃气涡轮启动机实际上是一台完整的小型涡轮发动机，由离心式压气机、回流式燃烧室、独立向心式涡轮、减速器和离合器组成，且具有自己的燃油和点火系统、启动系统(通常是电启动或液压启动)以及独立的滑油系统，如图 4.32 所示。

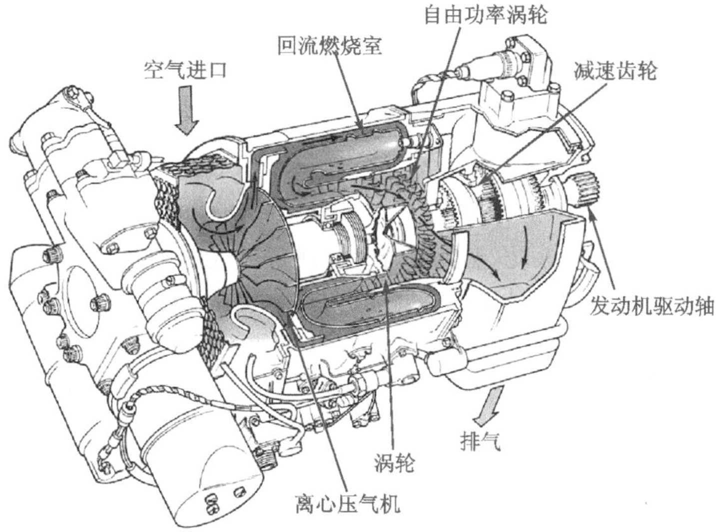

图 4.32　典型燃气涡轮启动机

在启动初期，燃气涡轮启动机由自身的启动机带动达到启动转速，断开点火系统，启动机继续工作，转速逐渐增加到工作转速，通过大传动比的减速齿轮带动主发动机转子旋转。当主发动机达到一定转速时，与启动机脱开连接，启动机逐渐停止工作，离合器松开，主发动机依靠自身功率达到慢车转速，完成启动过程。燃气涡轮启动机的启动功率大，使用方便，但结构复杂。

3. 启动过程

发动机启动根据带动发动机转子加速的驱动力的来源，一般可分为 3 个阶段，如图 4.33 所示给出了涡喷发动机的典型启动过程。

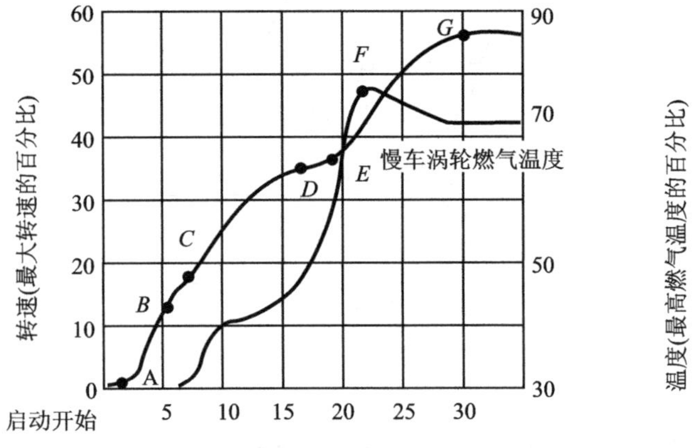

A—点火接通；*B*—供高压燃油；*C*—点燃；*D*—自持转速；
E—启动机电路断开；*F*—启动涡轮燃气温度峰值；
G—慢车转速

图 4.33　涡喷发动机典型启动过程

① 第一阶段：启动机为转子加速的唯一驱动力，单独带动发动机转子转动。

② 第二阶段：启动机和涡轮转子为转子加速驱动力，共同带动发动机转子加速，此时发动机涡轮已经有一定功率。

③ 第三阶段：涡轮转子为转子加速唯一驱动力，单独带动发动机转子加速。

4.4.2　点火系统

1. 概　述

点火系统的作用是产生电火花，点燃混合气。通常燃气涡轮发动机都装备有两套点火系统，且每套系统都具有独立的点火装置与对应的点火电嘴相连，并且安装在燃烧室的不同位置。

点火系统的组成元件包括电源、高能点火器、高压导线、点火电嘴等。一般点火系统为复合点火系统，既有点火器的高能输出也有低能输出。高能输出（如 12 J 的能量）能够有效地保证发动机在高空中和一些其他特殊情况下完成二次点火的目的。然而，在冰雪天起飞或寒冷天气条件等特殊飞行环境下，为保证点火系统可以在火焰熄灭的情况下重新点燃混合气，需要低能输出（3～6 J 的能量）。

2. 点火系统分类

点火系统可以分为直流点火装置和交流点火装置等。

（1）直流点火装置

通常，典型的直流点火装置里面会有一个直流断续器，其内部的感应线圈会在断续器结构的作用下，通过高压整流器为电容器充电，如图4.34所示。当电容器中的电压值达到限定值时，能量就通过点火电嘴的断面释放出来。为延长放电时间，会在装置中安装轭流圈，还装有放电电阻确保在系统断开后的1 min之内把电容器中的能量全部释放掉。此外，还需要安装安全电阻，确保在高压导线断开和绝缘时仍能安全工作。

晶体管点火装置如图4.35所示，它和直流断续器装置的工作方式大致相同，两者区别在于用晶体管断续器代替了原有的断续装置。相比原有断续装置，晶体管断续器具有更长的使用寿命，且尺寸和体积的减小有效地减轻了该装置的质量。

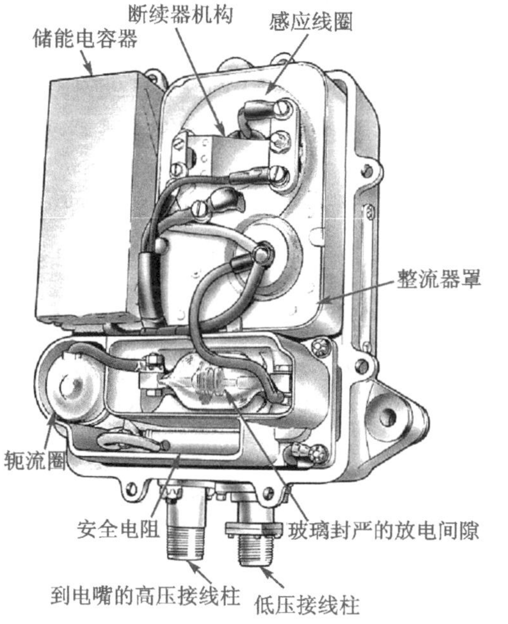

图4.34　直流点火装置

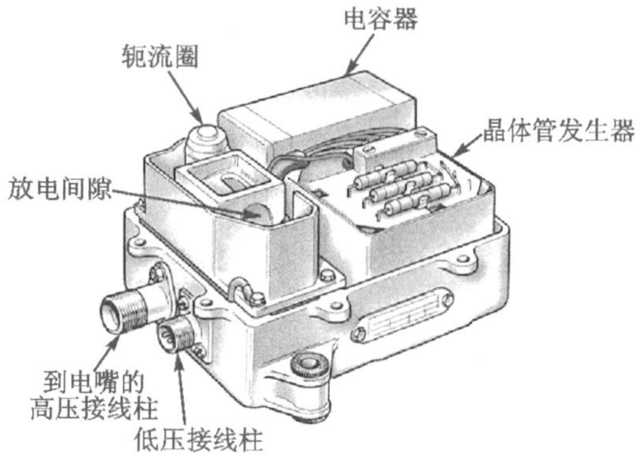

图4.35　晶体管点火装置

(2) 交流点火装置

交流点火装置由变压器、储能电容、轭流圈、整流器、放电电阻、安全电阻和点火电嘴组成，如图4.36所示。

交流点火装置的整体工作顺序与直流点火装置类似，两者的区别在于电能的来源方式。交流点火装置的高压电是通过变压器产生，经由整理器将高压电转变为直流电，给储能电容充电。当电容器中的电压值达到限定值时，能量就通过点火电嘴的断面释放出来。

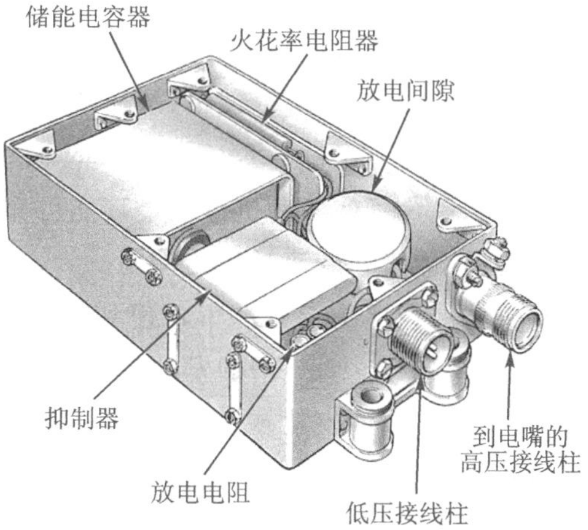

图4.36　交流点火装置

4.5 航空发动机控制系统

航空发动机的工作过程是极其复杂的气动热力过程。对这样一个复杂的过程如果不加以控制，航空发动机工作系统是根本不能正常工作的。航空发动机控制系统的工作目的就在于使其在任何环境条件和任何工作状态下都能稳定、可靠地运行，并且充分发挥其性能效益。

随着航空发动机工作系统的不断发展，其控制也在不断发展。这一发展可以大体归纳为：由基于经典控制理论的单变量控制系统发展到基于现代控制理论的多变量控制系统，由机械液压控制系统发展到数字式电子控制系统，由航空发动机各部分单独控制发展到各部分综合控制。

4.5.1 概 述

1. 发动机控制系统功用

发动机控制系统的功用包括下述几个方面：

① 燃油流量控制。根据发动机状态的不同，将计量好的、经过增压的、无蒸汽的、清洁的燃油供给燃烧室。在控制中要求：不能喘振、不能超温、不能超转、不能富油熄火、不能贫油熄火。为满足上述安全限制，燃油调节器应在这些限制之内工作。

② 放气活门 VBV（Variable Bleed Valve）和导向叶片 VSV（Variable Stator Vane）的控制。

③ 涡轮间隙 TCC（Turbine Clearance Control）的控制。

2. 发动机控制的内容和方法

发动机控制分为推力控制、过渡控制和安全限制 3 个方面。

（1）推力控制

推力控制包括转速控制、压比控制、反推力控制。根据飞机的飞行状态和发动机的工作状态，对供给燃烧室的燃油进行计量，从而获得所需的推力。

（2）过渡控制

过渡控制是为了使发动机过渡过程能可靠、稳定和迅速地进行。一般包括有压气机的防喘控制及启动、加速和减速过程的控制。

发动机的加速性是指从慢车转速到最大转速所需要的以秒为单位的时间。这个时间越短，其加速性就越好。要想增加发动机的转速就一定要有剩余功率 ΔN，若 ΔN 越大，加速所需时间则越短，加速性也就越好。加速过程受到下述条件的限制：

- 加速时要特别注意防止压气机喘振；
- 在高转速范围内加速时要特别注意防止超温；
- 需要特别注意的是在空中加速时要压气机出口的压力超压和防止熄火；
- 而进入减速过程后，其限制条件则变为：防止低压压气机进入喘振状态，防止贫油熄火。

(3) 安全限制

安全限制的目的是保证发动机安全正常的工作，防止超温、超压、超转和超功率。安全限制系统只有当出现有超温、超压、超转和超功率时才起作用而工作。

发动机的工作限制如图 4.37 所示。在地面条件下工作时所受限制主要为最大转速、贫油熄火、涡轮前燃气总温的最高值、压气机喘振边界。

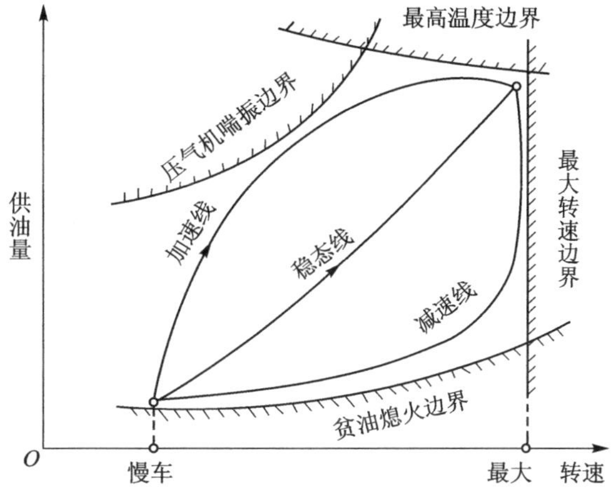

图 4.37　发动机安全工作范围

在空中条件下工作时所受限制主要为高空低速时受燃烧室高空熄火的限制，因为高空空气稀薄，燃油雾化质量差，难以稳定燃烧；低空高速时受压气机超压限制。

4.5.2　液压机械式发动机控制系统

液压机械式发动机控制系统由低压燃油泵，燃油滤，喷嘴，加热器，燃油/滑油热交换器，增压泄油活门，燃油控制器，主油泵几部分组成。

① 低压燃油泵。低压燃油泵是离心式泵，其功用是向发动机的高压泵提供其所需流量和燃油压力。

② 燃油滤。由压差电门，旁通活门和油滤组成。当油滤进出口的压差达到一定数值或油滤堵塞时，压差电门接通，警告灯亮。但发动机仍能正常工作，只是指出应清洗油滤。旁通活门则正好相反，当油滤堵塞或油滤进出口的压差达到一定数值时打开，直接供油。

③ 燃油喷嘴。雾化燃油，分为雾化型(双路离心式喷嘴)和蒸发型。

④ 加热器。热空气来自压气机，对燃油加热，其目的是防止燃油结冰。

⑤ 燃油/滑油热交换器。加热燃油，同时冷却滑油。

⑥ 增压泄油活门(PD 活门)。

- 增压活门：当供油压力大于预定值时打开(一般在慢车之前)，停车和低转速时关闭。在工作时增压使燃油在预定压力下流入燃油总管，控制流入副油路的燃油流量，起到分配活门的作用。
- 泄油活门：停车时打开通过燃油总管将燃油引回到油箱，发动机工作时关闭。

⑦ 燃油控制器。燃油控制器用于监测各种参数，并按照驾驶员的要求，向燃烧室供应足够的燃油，使发动机产生所需要的推力。

⑧ 主油泵。主油泵是容积泵，用于给燃油增压，有齿轮泵和柱塞泵两种。

4.5.3 监控型电子控制

监控控制是指发动机的主要功能仍由液压机械式控制器完成。如转速控制、启动、加速和减速控制等。发动机电子控制器(EEC)辅助于液压机械式控制器,其主要作用是保证精确的推力控制,便于推力管理,同时不超出发动机的安全限制。

EEC的主要特点有:

① 由液压机械式控制器完成主要功能,EEC起监控、限制作用,具有有限功能,即对推力(功率)进行有限的控制。

② EEC参与工作时,对于外界条件的变化,可以精确保证选定的目标值。EEC可以精确地保证EPR或N1的实际值等于要求值。

③ 在该型控制中,多数的液压机械控制器的供油计划高于EEC的供油计划,EEC通过减少液压机械控制器的供油达到目标值,即称下调。

④ EEC通过力矩马达与液压机械控制器联系,实现电/液转换。EEC计算结果以电信号输出给力矩马达,再转换成液压信号控制燃油流量。

⑤ 如果发现EEC有故障,可以冻结调准在当时位置,同时通知驾驶员。驾驶员可以使EEC退出工作,即回到不能下调位置,由液压机械式控制器恢复全部控制。

⑥ EEC有自检能力,可以连续检测自身故障。有的EEC还可以故障代码形式储存故障,供维护人员调出查看修改。

⑦ EEC有输入信号证实和选择逻辑,它可以排除有故障的或假的输入信号。

⑧ EEC一般装在风扇机匣外侧,这里是发动机上环境相对较好的地方,安装有减震座,采用环境空气冷却。也有的EEC位于飞机电子设备舱。

⑨ EEC由专用发电机供电,飞机电源也供给EEC作为备用电源及地面试验电源。

⑩ 在飞机主设备中心有监控器,对EEC实施监控,储存EEC故障数据。

4.5.4 全权限数字电子控制(FADEC)

随着飞机、发动机的发展,发动机控制领域的研究成果层出不穷。其中,飞机-推进系统控制一体化技术、全权限数字电子控制(FADEC)技术等无疑都代表着当前发动机控制技术的先进水平,FADEC有着众多的优点和巨大的发展潜力,并且随着新材料、新技术的应用,可靠性问题得以解决,同时,成本也在不断降低。

FADEC利用数字式电子控制系统的极限能力来完成系统所规定的全部任务,是高性能飞机发动机以及一体化控制必然采取的控制形式,是该领域的发展方向和研制重点。

FADEC系统包括主燃油、加力燃油计量装置,放气活门控制,变几何位置作动,燃油泵系统,专用电源发电机,传感器,叶尖间隙主动控制以及电子控制器等完整的控制系统。

1. FADEC的优点

① 提高发动机性能。FADEC的精度高、计算能力强,并且能够在整个飞行范围内发挥发动机的最佳性能;能够改善发动机的启动、过渡特性以及发动机的安全保护。FADEC的逻辑

判断和数值计算能力可在更合理的范围内选择控制规律;且容易实现发动机控制方案的变动,通过修改软件就可以寻找最佳控制性能。

② 降低燃油消耗量。由于 FADEC 可实现发动机的最佳控制,在发动机控制器更换时,可减少甚至不需要调整运转,加之气最佳化、慢车转速的闭环控制引,结合自动油门等措施,能够减少燃油消耗。

③ 提高可靠性。由于采用故障诊断、恢复功能、余度技术,而且减少了超转、过应力、超温等情况,使发动机的可靠性提高。

④ 降低成本。由于包括诊断、自测试、记忆等功能,可实现计算机辅助故障诊断,给维护带来方便。加上更换控制装置不需要调整运转,使发动机维修成本降低。

⑤ 易于实现发动机状态监控以及与飞机控制的一体化。

2. FADEC 的功能

FADEC 的功能之所以说是全功能,这是因为:

(1) 在发动机控制方面

① 推力管理,提高了推力控制的精度,即对发动机的推力进行精确的控制。

② 燃油量由 EEC 控制。

③ 为防止喘振,通过控制可调静子叶片的角度和放气活门的开度,以得到最优化的喘振裕度使发动机更好地工作。

④ 涡轮间隙控制(TCC),通过控制发动机不同级的引气来保证涡轮叶尖间隙为最优化间隙,从而减少燃气泄漏,改善涡轮的效率,提高发动机的性能。

⑤ 对发动机的燃油和滑油进行控制。

⑥ 对发动机的启动点火和反推进行控制。

⑦ 安全保护,EEC 使发动机的各主要参数不超限。

(2) 状态监控和故障检测方面

①FADEC 可以自动检测故障,并采取相应的措施。

②为了保证工作可靠,FADEC 采用裕度控制。EEC 采用双通道或者多通道进行工作,当一个通道发生故障时,可自动转换到另一通道重要的传感器,而且作动器也是有裕度的。用 EPR 来实现对发动机的推力输出进行控制,若 EEC 检测到压力传感器发生故障,则可以自动切换到 N_1 对发动机的推力输出进行控制。

③ FADEC 有存储、记忆故障的功能。

(3) 数据通信方面

EEC 与飞机之间可相互接受信息,用于维护、操纵驾驶舱显示。

4.6　航空发动机指示系统

飞行员在实际飞行过程中必须通过发动机指示系统来获悉发动机的工作情况,其为飞行员提供了发动机工作的基本信息以及一些对特殊情况的处置方法,便于飞行员更好地监控发动机正常安全工作，发挥发动机的最大功效，对确保飞行安全以及延长发动机的有效寿命等起了很大的作用。目前航空发动机指示系统已基本由原来的液压-机械式或机械式控制更新为更为先进的数字电子式控制。后者具有精度高、可靠性高以及显示更为直观等明显优势，极大地减轻了飞行员的工作负荷，提高了飞行安全系数。

4.6.1 概　述

图 4.38 是一种图表简化式的发动机控制及指示系统的布局图。

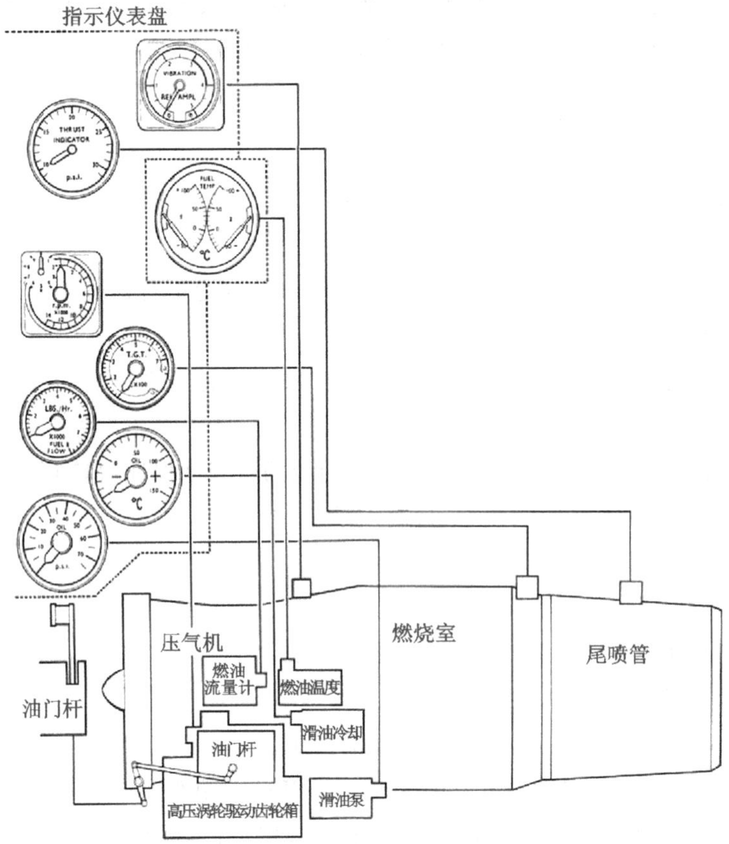

图 4.38　发动机控制及指示系统的布局图

发动机指示系统通过飞机计算机对信号装置和发动机传感器提供的各种数据进行处理后，将信息传输并显示在主警示/警告板、飞机数据监控显示器 ECAM(Electronic Centraliged Aircraft Monitoring)以及警告板上。其中信号装置主要提供诸如滑油滤与燃油滤的阻塞情况，启动空气活门、油门等位置，反推指示等的显示；飞机传感器则主要监测有关压力、发动机振动、速度、温度以及燃油流量等方面的信息。

4.6.2 发动机指示系统组成

发动机指示系统包括燃油指示系统、滑油指示系统以及反推与发动机振动指示系统。

1. 燃油指示系统

在该系统中，主要涉及到两个参数的指示，即燃油流量和已用燃油。燃油流量指的是在单位时间内通过某截面的燃油量，其对功率设置及燃油管理等工作都有着很大的参考作用。已用燃油提供了关于燃油的基本信息，对制定下一步的飞行计划起到参考作用。燃油指示的过程如下：首先通过燃油流量传感器把模拟式信号传送到 ECU，为了提高系统的精确度和可靠性，ECU 采用双通道（B 和 A）分别对这些资料进行数据化，再通过 ARINC429 数据传输线将"燃油流量"和"已用燃油"信息传送给飞机系统，通过飞机系统的 1、2 号 FWC（Flight Warning Computer）和 1、2、3 号 DMC（Display Management Computer）处理后显示在中央监控系统 ECAM 上。需要强调的是飞行警告计算机 FWC 只能将信息处理后再反馈给显示管理计算机 DMC，再由 DMC 将信号统一送给 ECAM。另外关于 ECU 的双通道设计，其包含了两个微处理器及其接口，构成 A、B 控制通道。两个通道相互独立，能同时工作且独立完成所有系统功能。但其中只有一个通道的输入信号用于控制发动机，另一个则为备用通道。

为了使飞行员能够对燃油信息做出迅速准确的判断，燃油指示系统采用了直观化的液晶显示。其中，燃油流量是用绿色数据显示在 Upper ECAM（即 E/WD）上。在燃油流量信号无效的情况下，数字式的指示会变为琥珀色的"××"，以提醒飞行员。造成这种有效数据缺省的情形一般有两种，即 ECU 电源关断以及在地面上最后一台发动机停车 5 min 后。另外，在开车和巡航条件下，已用燃油也是用绿色数字显示在 LOWER ECAM（即 SD）上，它是由 ECU 计算出来并在下一次发动机开车时自动更新的。若 ECU 输出的数据与来自飞机计算机的数据不相符，已用燃油的数字指示将被琥珀色的短线划去，告示机组系统工作不正常。如图 4.39 所示为燃油流量指示器。

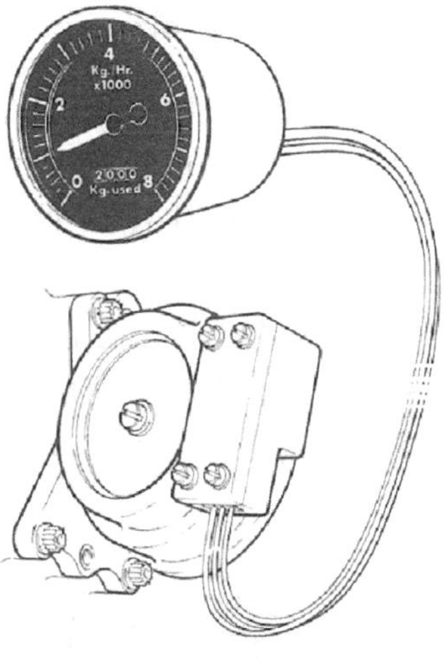

图 4.39　发动机燃油流量指示器

2. 滑油指示系统

提供给飞机系统的用来监控滑油系统的主要参数有滑油量、滑油温度、滑油压力、低压警告以及滑油滤阻塞信息等。

（1）滑油量

滑油量表安装在座舱内 LOWER ECAM 系统显示板上，也是双重显示格式。在发动机正常工作期间，滑油量显示为绿区和绿色数据；当滑油量低于某一阀值时，其指示将变为频闪性绿色数据，也就意味着目前滑油量仅可供发动机在最大滑油消耗率下正常飞行若干小时。燃气涡轮发动机的滑油消耗一般很少，飞行中若滑油箱内的发动机耗油量突然增加或滑油突然减小，都是发动机滑油系统故障的征兆，则需要加强对滑油系统的监控。

（2）滑油温度

如果滑油温度超过阀值，座舱内会产生各种各样的警告信息。当滑油温度介于 $m \sim n$ ℃之间并且持续时间超过若干分钟时，或滑油温度超过 n ℃时系统会出现以下信息：

① 出现单音警告，同时琥珀色的相应的灯亮；

② 滑油指示数据变为琥珀色，且频闪显示；

③ 在 E/WD 的下半部分(信息区)出现琥珀色“OIL HI TEMP”显示，且给出收油门到慢车位以及关断发动机等显示。

另一方面，如果滑油温度低于某一阀值时，系统同样会出现上述 A 的信息和 B 的部分信息显示“OIL LOW TEMP”并要求推迟起飞和避免油门过大。

(3) 滑油压力及低压警告

正常的滑油压力为“绿色”工作范围；若系统压力降低到 13 PSID(称为低压限制点)时，压力显示将变为红色指示；而当系统压力超过 90 PSID 时，压力指示情况则会变成绿色频闪信号。飞行中，当系统压差降到 13 PSID 以下时，滑油低压电门闭合，同时，出现连续性的声音警告，且滑油低压电门闭合，同时，灯闪亮，另外 SD 上滑油压力指示将变为红色；并且 E/WD 下半部分显示变为红警告并给出处置步骤，引导飞行员立即使油门慢车位、执行发动机停车程序，防止发动机进一步损坏。

滑油压力和温度发射器及指示器如图 4.40 所示。

3. 反推及发动机振动指示系统

反推一般是在中断起飞过程或着陆滑跑过程中为防止飞机冲出跑道而使用的。使用反推后，机组可以在 Upper ECAM 上获取相应的指示。反推具有如下两种模式：

① 展开模式：标有 REV 的信息框会显示在 N_1 转速表的表盘内，在反推门完全展开后，REV 变为绿色显示，否则为琥珀色显示。

② 收起模式：反推门收起后，REV 显示变为琥珀色。在实际飞行过程中，飞机计算机以绿色信息的方式同时将发动机振动和速度信号输出显示在 Lower ECAM 的发动机页面和巡航页面上。发动机振动发射器及指示器如图 4.41 所示。

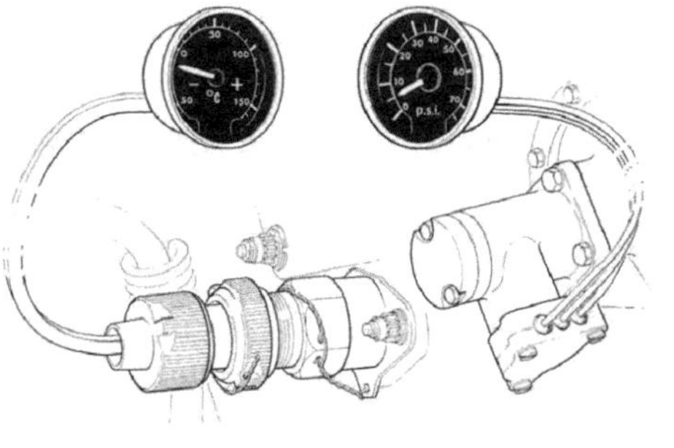

图 4.40 滑油压力和温度发射器及指示器

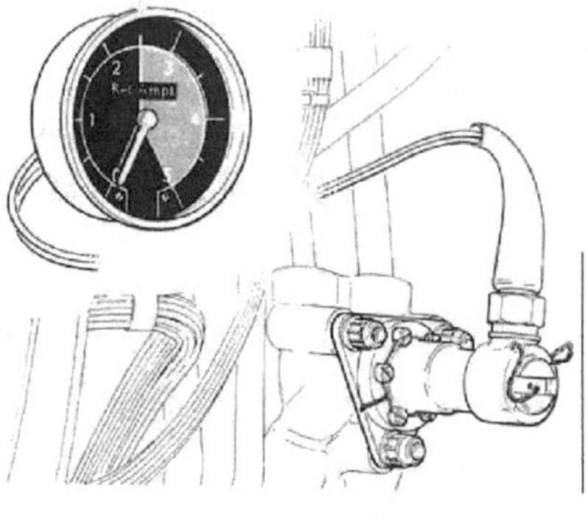

图 4.41 发动机振动发射器及指示器

通常对于低压转子的振动单位是用 mils(振动位移单位：毫英寸/秒)来衡量的，而高压转子则是用 IPS(振动速度单位：英寸/秒)来衡量。实际指示过程中为了避免提供给飞行员两种不同形式的系统显示，低压和高压转子的振动信息是经处理后显示在座舱内的。

此外，发动机指示系统还包括发动机主推力指示系统、发动机压气机/涡轮轴扭矩指示系统、发动机转速指示系统、发动机燃气温度指示系统、发动机警报系统等多种指示系统，用于显示在驾驶舱仪表盘上，给飞行员以指示和警告。

4.6.3 飞机综合数据系统

飞机系统参数的实时数据提供给用来监控飞机和发动机参数的飞机综合数据系统 AIDS (Airborne Integrated Data System)，并允许机务人员执行对发动机参数趋势的监控和排故工作。AIDS 则通过多功能控制及显示器 MCDU(Multifunction Control Display Unit)的主菜单来调用各参数。对于航线维护机务，AIDS 有如下的基本应用：

① 读取实时参数：飞机系统传输的实时参数能通过选择相应的代码在 MCDU 上显示出来。

② AIDS 报告：此报告就是关于某个特情的一组数据，而这些数据是存储在数据管理计算机 DMU 里的，可以通过打印报告的形式读取出来。一旦发生特情，这些报告将自动生成并通过 MCDU 打印出来，同时存储在多功能磁盘驱动器(MDDU)上或通过飞机通信寻址及报告系统 ACARS(Aircraft Communication Addressing and Reporting System)传输出去。

③ 发动机巡航报告：该报告记录的数据是发动机稳定工作 20 s 以上的平均值，主要有发动机工作状态、自动驾驶仪接通状态以及发电机负荷状态的数据。

④ 发动机巡航性能报告：除了采集数据时间长且提供关于飞机的信息更多外，该报告基本上同巡航报告相同。

⑤ 发动机起飞报告：该报告记录的是起飞各阶段的发动机状态数据和相应的无线电高度。

⑥ 发动机需求报告：该报告主要是在实际飞行的 1～3 航段中通过人工输入请求来实现的。在提出请求的前后 5 s 之间，数据每隔 1 s 记录 1 次。

⑦ 发动机维护建议报告：一旦滑油压力、滑油温度以及 N_1、N_2 振动值超标，就会生成此报告。

⑧ 发动机试车报告：该报告除了记录发动机巡航报告中的数据以外，还记录相应的修正参数。

4.6.4 集中故障指示系统

集中故障指示系统 CFDS(Centralized Fault Display System)提供的主要报告功能有：上一次飞行报告、ECAM 显示故障报告、系统自检报告、航后报告以及以前飞行的报告等。它是由 3 部分构成的，分别为多功能控制及显示器 MCDU、集中故障显示接口计算机(CFDIU)和打印机。

CFDS 系统共有两套 MCDU，被置于油门两侧的驾驶舱控制台上，是连接飞机系统、机组以及机务之间的接口计算机。CFDIU 主要接收来自飞机计算机的自检信息和 ECAM 的指示信息，同时它还可以用于机务在地面测试各系统工作情况和调用各种航后报告等。

4.7 航空发动机防冰系统

4.7.1 概　述

当飞机在结冰气象条件下飞行时，除飞机机体会发生结冰现象外，飞机的动力装置也会发生结冰现象。这将严重影响飞机的飞行安全，特别是飞机发动机进气道的结冰，轻则降低发动机效率，重则损坏发动机，可能造成机毁人亡的事故。因此，飞机发动机上通常会装有防冰系统以减少发动机结冰对飞行性能及安全造成的影响。

国内外主流发动机的防冰方式主要有两种：主动防冰技术和被动加热防冰技术。前者主要依靠气动部件的外形和材料实现主动防冰，不需要热气加热等形式；后者则采用对容易结冰的零件表面进行加温，其中被动加热技术也是最常用的发动机的防冰方式。常用的热源有压气机的热空气（常用在涡喷和涡扇发动机中）和电加热或两者结合（常用在涡桨发动机中）。

4.7.2 结冰部位、形式及其影响

1. 发动机结冰及防冰部位

发动机结冰部位常出现在发动机进口部分，如进气道唇口、整流罩、整流支板等，如图 4.42所示。

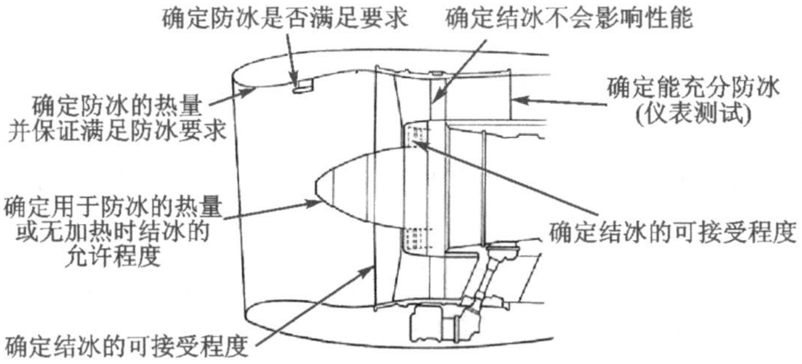

图 4.42 发动机结冰及防冰部位

2. 飞机常见结冰现象及其影响

飞机的迎风表面通常会产生 3 种不同形式的结冰现象，即“水滴积冰”，“干结冰”和“升华结冰”。“水滴积冰”指的是过冷水滴（温度低于冰点而仍未冻结的液态水滴）撞击并积聚冻结于部件前缘表面而发生的积冰现象。“干结冰”指的是飞行环境温度低于冰点时，因飞机防冰设备工作或气动力加热等原因使部件迎风表面的冰晶沉积融化、然后再冻结成冰的现象。“升华结冰”指的是飞机由冷区进入暖区，致使机体表面温度低于周围气温且达到结霜温度时，空气中的水汽在飞机表面凝华成冰的现象。

图 4.42 中所示的结冰部位的冰层会引起发动机进口截面减小，改变发动机进口流场，是发动机性能变坏，严重时可能会引起发动机喘振。此外，由于飞机及发动机振动，其表面的冰层可能破裂，破裂的冰块会被吸入到发动机中，打伤叶片，甚至损坏整台发动机，对飞行安全造成严重影响。

4.7.3 航空发动机防冰系统

1. 发动机热空气防冰系统

防冰的热空气通常是通过压气机的最后一级引气，空气排入发动机进口或者大气中，以维持系统内热空气循环，使加热能量不断补充。典型的发动机热空气防冰系统如图 4.43 所示。

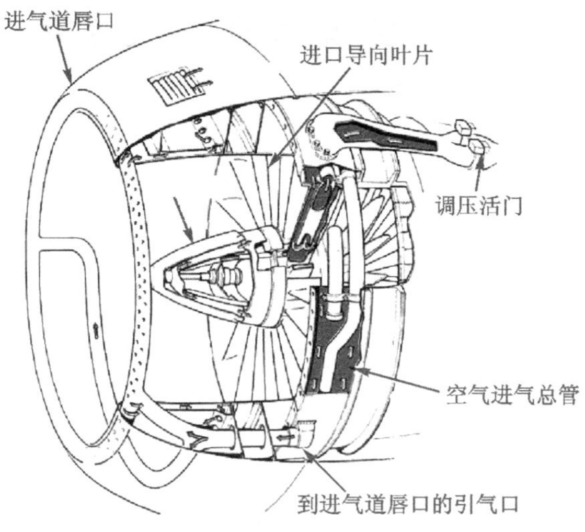

图 4.43　发动机热空气防冰

防冰系统可采用人工方式进行电控操作，也可根据防冰系统的信号自动操作。防冰系统内安装有调压活门，当发动机在高转速条件下工作时，由于调压活门保持加热空气的压力不变，因而限制了从压气机来的热空气的空气流量，防止了防冰系统工作时对发动机性能造成过大的影响。

2. 发动机电加热防冰系统

发动机电加热防冰系统通常安装在涡桨发动机上，用于对螺桨的加热防冰。电加热的零部件有发动机进气罩、桨叶和桨毂。当采用空气-滑油散热器时，还有散热器的进气罩。热空气、滑油和电加热混合防冰系统如图 4.44 所示。

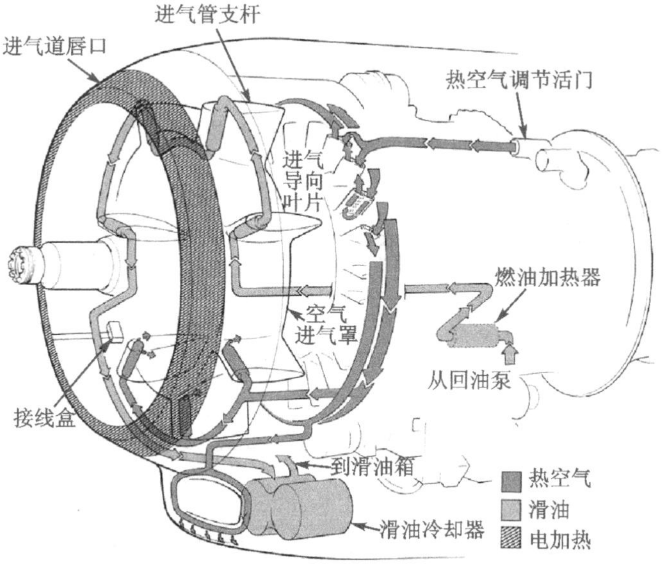

图 4.44　热空气、滑油和电加热混合防冰系统

4.8 航空发动机防火系统

4.8.1 概 述

航空发动机防火系统是飞机防火系统中的一个重要组成部分，其关系到发动机的正常工作和安全稳定性。航空发动机的防火部位通常分为3个，发动机动力部分（包括燃烧室、涡轮和尾喷管）、发动机压气机和附件机匣部分以及完整的动力装置舱。

发动机防火系统通常由探测系统、灭火系统和控制指示系统组成，如图4.45所示为常见飞机防火系统组成图。探测系统用于在预定规则和方法下及时探测火灾的发生；灭火系统则在发现火灾时及时处理防止火势蔓延并消除火灾险情；控制指示系统用于反馈到驾驶舱，给飞行员以提示并自动/手动对其进行控制。

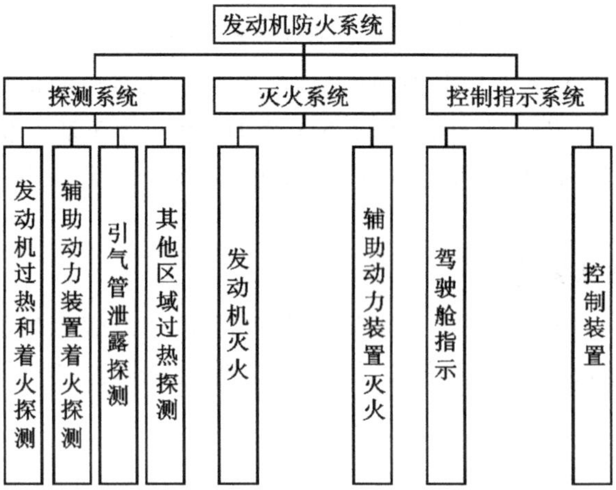

图4.45 常见发动机防火系统组成

针对于航空发动机防火系统，可以在上述图表的前提下具体划分为：发动机火灾预防系统、发动机过热及着火探测系统和发动机灭火系统。

4.8.2 发动机火灾预防系统

发动机火灾预防系统主要是指在发动机设计阶段，即将大多数发动机中使用或产生可燃液体和蒸汽与发动机的热断部件隔离，并设计“冷却区域”实现额外可燃液体的隔离和可燃蒸汽的清除。同时，发动机使用的滑油和液压油尽可能使用防火滑油或液压油，某些特殊的发动机需要使用易燃的滑油或液压油，其常采用双层壁式管路，对滑油或液压油的泄露有一定的包容性。

其中，“冷却区域”是常见且有效的方法，如图4.46所示。其利用防火隔板将外围可燃液体管路与发动机燃烧室、涡轮和尾喷管等热端部件隔离开，并利用通风系统防止可燃蒸汽的聚集。

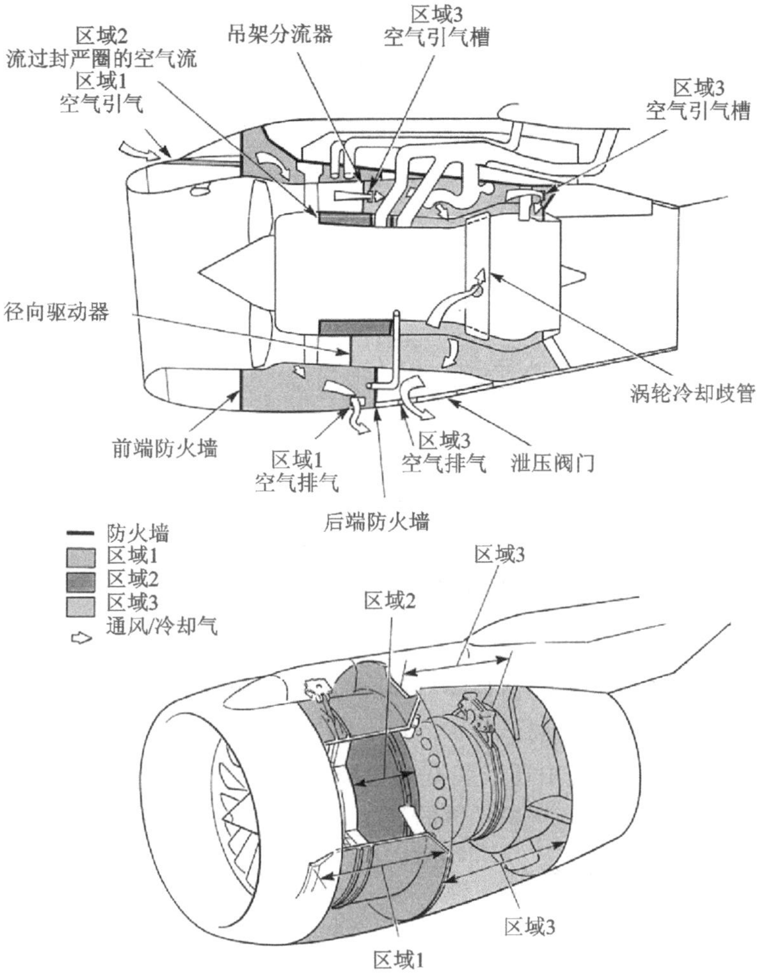

图 4.46　涡扇发动机冷却与通风系统

4.8.3　发动机过热和着火探测系统

发动机过热和着火探测系统中常常会包含有关控制和指示系统。一般情况下，发动机过热不会造成发动机的着火或火灾事故，发动机过热探测系统主要用于提醒飞行员当前发动机工作状态，避免由于过热导致发动机相关部件的过度损坏，以及在极度危险情况下由于过热造成的发动机着火等事故的发生。

发动机过热和着火探测系统主要由多种传感器和探测器组成，经过电子回路用于反馈和控制。常见的发动机过热和着火传感器和探测器有：热电偶、热敏电阻、燃气探测器以及根据某材料受热介电特性变化的原理制成的热探测器等。特别当飞行马赫数过高时，热电偶和热敏电阻无法满足探测要求，即需要使用热探测器感受温度的升高和温度升高速率。图 4.47 为连续元件热探测系统。

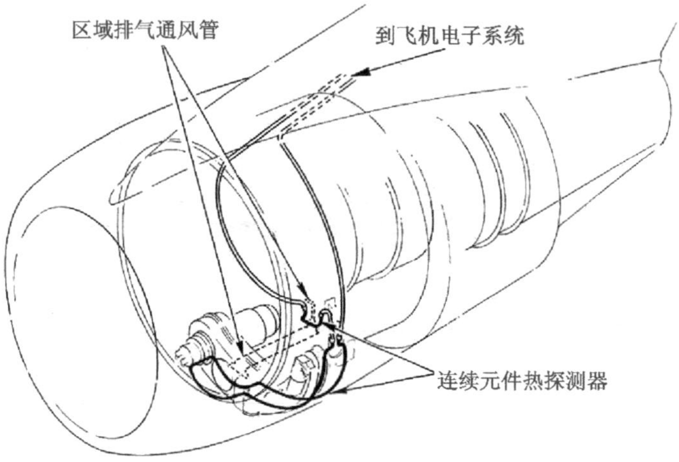

图 4.47　连续元件热探测系统

4.8.4　发动机着火控制系统

发动机着火后，必须控制其火焰在一定区域内，避免火焰蔓延到飞机的其他区域。通常情况下，发动机外围封严装置使用铝合金等材料，在飞机静止状态下，其不能很好地包容火焰。但是，在飞机飞行过程中，铝合金封严装置周边的空气流，通过冷却作用给予其足够的防火和包容火焰的能力。此外，发动机中还安装有防火隔板和一些其他的封严装置（钢或钛合金制成）可以用于包容火焰，到达防止火焰扩散的目的。

4.8.5　发动机灭火系统

发动机灭火系统由发动机、APU 火灾控制面板和两个装有氟里昂灭火剂，并利用氮气增压的球形灭火瓶构成，如图 4.48 所示。

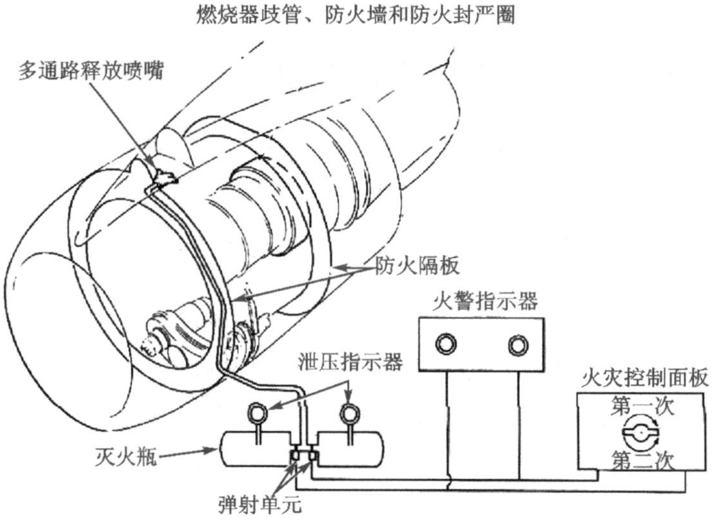

图 4.48　发动机灭火系统

需要注意的是，在开启发动机灭火系统之前，需要及时关闭发动机，防止由于发动机的持续工作引入更多的可燃性液体和蒸汽以及具有助燃作用的空气。同时，在完成发动机灭火后，同样不能马上启动发动机，需要完全确认后方可启动发动机。

习题与思考题

1. 通常航空发动机滑油系统的组成有哪些？
2. 描述滑油系统的主要功用。
3. 简述调压活门式滑油系统和全流式滑油系统的区别。
4. 何为内部空气系统，其主要作用是什么？
5. 常见的空气系统封严结构有哪些？
6. 引用速度三角形解释压气机防喘的原理？
7. 概述空气流量和燃油流量随飞行高度变化的典型规律？
8. 简述涡喷发动机压力控制的一般过程。
9. 航空发动机燃油应具备的条件有哪些？
10. 描述发动机的启动方法及其过程。
11. 交流点火装置主要由哪些部件组成？
12. 复合点火系统的特点是什么？
13. 发动机控制系统有哪些主要功用？
14. 发动机控制的分类及各自的控制特点是什么？
15. 什么是全权限数字电子控制，具备哪些优点？
16. 发动机指示系统主要由哪些部件组成？
17. 提供给飞机系统用来监控滑油系统的主要参数有哪些？
18. 什么是集中故障指示系统，能提供哪些主要信息？
19. 发动机的结冰部位主要在什么地方？
20. 发动机防冰的主要措施有哪些？
21. 描述常见防火系统的构成。
22. 何为发动机防火系统中的“冷却区域”？

第 5 章　航空发动机状态监测技术

5.1　航空发动机状态监测概论

5.1.1　航空发动机状态监测发展历程

航空发动机是飞机最核心部件，工作在高温、高压、高载荷的工况下，因此保证发动机的健康状况是保证飞机可靠性的前提。飞机故障中发动机故障占有很大的比例，因航空发动机导致的故障占总故障的 60%以上，严重影响了飞机工作效率和正点放行率。为此，制造商和用户均开始采用有效手段对发动机各部件工作状态，以及与其密切相关的参数实施监测，并根据监测所得的数据对各部件工作状态的发展趋势做出有价值的准确判断，实时地把握发动机的健康状态和发展趋势，提高预警性和保证飞机安全，同时能够改善发动机的经济性。

从航空发动机监测技术发展历史来看，航空发动机状态监测主要经历了 4 个阶段的发展，分别是人工记录、机载记录、飞机状态监控系统、实时监控和人工智能阶段。

1. 人工记录

在飞机稳定巡航状态，由机组人员人工记录驾驶舱仪表数据，然后将其录入计算机，再利用软件进行数据的分析。但是该方法易出现读出、抄写和输入的错误，因而工作效率低，监控参数少，存在时间差，准确性差，数据的再开发利用也比较困难。尽管有这么多的缺点，但费用较低，并且对飞机设备无特殊要求，易于制订程序，使它成为早期发动机监控的通用方式。

2. 机载记录

利用数字飞行记录器 DFDR(Digital Flight Data Recorder)或快速记录器 QAR(Quick Access Recorder)中连续记录的参数重放，可以对发动机的工作状况进行监控，该方法避免了中间环节的错误，提高了性能监控的准确度，并且可以随时进行译码或重放，但获得的发动机监控参数种类和数据有限，不能选择记录器规定数据以外的参数进行监控。

3. 飞机状态监控系统

利用飞机状态监控系统 ACMS(Aircraft Condition Monitoring System)连续监控飞行数据链并汇总数据，以报告的方式记录。该方法操作简单，监控范围广，减少了输出的数据量，提高了精度，但最初投入费用高，对监控人员的专业水平要求高。

4. 实时监控和人工智能

为了更加实时、有效地监控发动机运行工作状态，许多新的发动机状态监测技术已经相继研制成功并投入应用，如用于数据实时传输的飞机通信、寻址与报告系统 ACARS(Aircraft Communication Addressing and Reporting System)。飞机状态监控系统(ACMS)与飞机通信、寻址和报告系统(ACARS)联用，实时将发动机工作状态数据传递给地面基站及维修工程部门，同时利用人工智能系统进行故障隔离和判断，及时分析研究，并采取措施。该方法除具有飞机状态监控的优点外，还增加了"实时"性，即能及时分析并采取有效措施，地面能对机组的操作及时给予指导，并且能提前做好地面维修准备。这样可以提高飞行安全性，减少地面维修停场时间。

以上 4 种方法，实际上简要反映了发动机状态监控技术的发展历程，该过程可形象地表示为图 5.1。从 100%的人工监控方式发展到 100%的机器监控方式，完善的监测方法由此形成。发动机状态监测主要包括系统化的数据采集；采集的数据由单个的点参数改变为趋势参数；使用计算机网络，又使监控数据构成全机队的综合数据库。

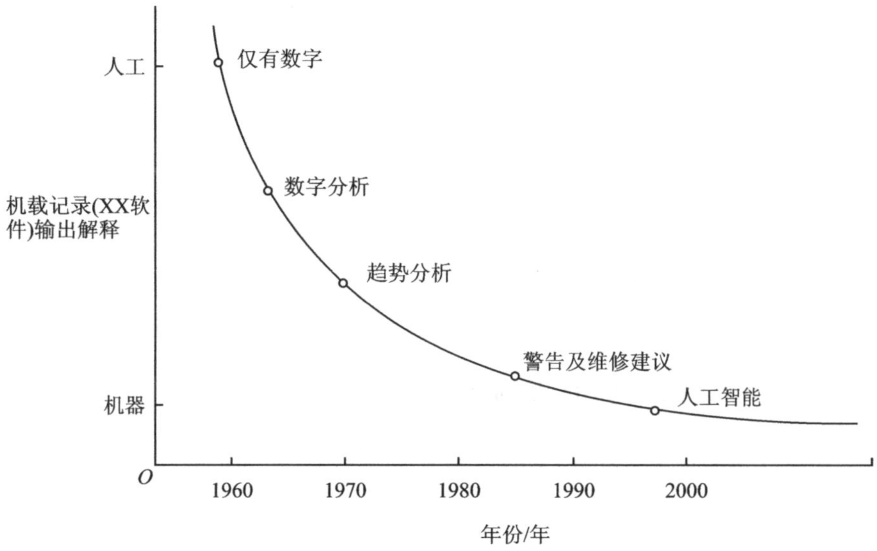

图 5.1　发动机状态监测技术的发展

为了得到与性能劣化相关的特征，人们选择了状态监测技术。状态监测就是确定物理参数，并通过一定的技术手段来判断机器设备的状态完整性。状态监测与故障诊断有很大的关系，大致的过程如图 5.2 流程图所示。

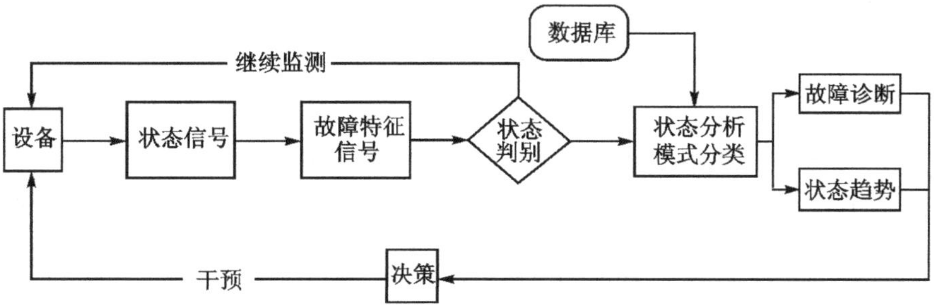

图 5.2　状态监测的过程

综上所述，为了得到与航空发动机性能劣化相关的特征，开始选用发动机状态监测技术，通过确定与发动机工作状态相关的物理参数，并以一定的技术和后续处理手段来判断航空发动机的状态。经过几十年的发展与改进，航空发动机状态监测技术的作用也日益凸显，带来巨大的直接或潜在经济效益。

5.1.2 航空发动机监测技术的意义

正是因为航空发动机状态监测技术得到长足的进步，使得现代航空发动机能够采用基于状态的视情维修策略，因此实行发动机状态监测具体意义体现在以下几个方面：

- 及时判断故障原因和预防故障发生；
- 提高了发动机的性能和利用率；
- 提高了安全性；
- 有效、灵活地组织维修；
- 更合理的制定下发和送修计划；
- 更经济、准确地控制备发数量。

某型发动机采用先进监控技术后，空中停车、航班延误或取消、非计划换发、计划拆换分别减少了12%、13%、15%和2%，提高了飞机的安全性和经济性。总之，通过发动机状态监控，便能够以更安全、更可靠、更经济的方式来使用和维修发动机，由此也可以为航空公司带来巨大的社会和经济效益。

5.1.3 航空发动机主要监测技术

状态监测包含了多种针对不同对象的监测方式，典型状态监测技术分类如下：

- 油液分析（油液质量、油液污染）；
- 磨损颗粒监测和分析；
- 振动；
- 温度；
- 性能；
- 噪声；
- 目视检查和其他。

以上列出了一些常用的状态监测技术名称，表5.1中更加详细地说明了各种状态监测技术常见的应用领域和所需的仪器。

表5.1是20世纪80年代所规划的内容，即使从现在的角度来看仍很全面。随着传感器技术、计算机技术、网络技术、以及智能算法等方面的发展，状态监控技术也是在不断发展。例如激光技术用于监测粒子成分、光谱分析用于监测电子发射等，其监测结果为视情维修提供了更多的信息。

应用于航空发动机的状态监测技术也可根据监测对象的不同进行分类，发动机状态监测技术主要有：基于气路参数分析GPA(Gas Path Analysis)的监控技术、发动机转子系统的振动诊断技术、基于滑油分析的发动机磨损状态诊断技术、发动机内部气路部件的孔探检测技术等。而民用航空公司在实施具体监控方法时，往往视具体情形而对监控技术进行具体分类，如某航空公司发动机控制部门就将监测技术划分为：滑油监测、振动监测、气路参数监测、常规监测、特殊监测。

表 5.1　状态监测种类、应用领域和所需仪器

调查种类	受调查的项目					可以获得的仪器
	旋转电机	工艺流程设备	电子仪器	一般使用仪器	建筑物	
目视	×	×	×	×	×	频闪观测仪，内窥镜
温度测量	×		×			红外线，温度计
噪声探测	×					听诊器和测音器
振动探测	×					振动分析器，振动计
腐蚀，侵蚀探测		×				X 射线，超声波，电涡流
蒸气和煤气泄漏		×				超声波，测音器
润滑状态	×					分光镜，磁堵
裂纹和表面缺陷		×				电涡流，超声波，X 射线，渗透剂
电力和电子测量			×	×		电压计，安培计，示波器
继电器和变压器测量			×	×		示波器
热绝缘损失和其他热损失		×			×	热成像仪
高压电，半导体热发散			×			热成像仪
轴承探测	×					冲击脉冲法
槽、罐结构（裂纹探测）		×				声发射
管道和热交换器缺陷		×				电涡流
磨损	×					X 射线荧光，放射性

5.2　航空发动机磨损状态监测技术

5.2.1　概　述

在航空发动机中通常利用滑油来对工作部件进行润滑和降温，当工作部件发生磨损时，产生的磨粒就会进入滑油中，因此对滑油中磨粒的监测便成为监测运转机件磨损状态的重要途径，同时也是揭示磨损表面的损伤机理，诊断磨损过程和磨损类型的重要手段。因此，滑油系统油液监测是发动机状态监测与故障诊断的主要方法之一。发动机滑油油路磨损状态监测与故障诊断主要是采用光谱分析、铁谱分析或磁塞监测等分析手段，对润滑系统的滑油进行在线监测或者离线分析，依此来判断设备中相关部件的磨损状况，常称为滑油监测与诊断技术。滑油监测与诊断技术同振动、噪声分析等技术相比，具有操作方法可靠，环境干扰少，不需对发动机进行改装，也不受所提供有限监测参数的限制等优势。

在航空发动机上，广泛使用轴承和齿轮来支撑转动转子的传递功率，部件在发动机运转过程中，由于相互之间的运动而产生摩擦，进一步导致磨损和产生大量热量。滑油系统的作用在于形成滑油油膜并带走摩擦磨损产生的热量，以维持机械部件的正常工作状态。因此，在滑油中可能悬浮有磨损下来的金属颗粒。若磨损严重，还会引起某些零件掉皮、掉块。尤其是发动机主轴承，有可能出现掉皮、滑蹭等现象。根据摩擦学理论，不同类型的磨损故障所产生的磨

屑的大小、形状各不相同，因此可以通过分析滑油中的金属磨屑来确定发动机磨损故障的类型，并根据金属磨屑数量的多少来确定故障损害程度，这是对航空发动机润滑系统部件尤其是对其封严系统状况的一种有效的监测手段。民航发动机属于复杂的技术密集型机械产品，其中包含大量的齿轮、轴承等相互摩擦的机械部件，因此针对于滑油磨粒分析的磨损状态监测在发动机状态监测与故障诊断过程中扮演了重要的角色。

在对航空发动机整个滑油系统监测中，一般包括：

① 滑油消耗率及消耗量监控；

② 滑油中的金属屑分析；

③ 滑油理化品质状况分析。

监测及分析的目的有 4 个方面：

① 测定油品的品质，判断油液是否能够继续使用；

② 鉴定及判别不同种类油品的品质，判断油液的优劣性；

③ 通过油液中磨损产物的种类、分布、尺寸大小、形状等油品信息来判断航空发动机机械部件的工作状态和运行情况，发现可能存在的问题；

④ 通过油液分析数据处理结果，预测滑油系统潜在的故障。

3 种滑油系统监测方式中，滑油消耗率分析是通过记录飞机飞行前后的滑油量，然后分析出滑油消耗速率，从而得知有关滑油是否泄漏的信息，或得知由于燃油/滑油散热器损坏而在滑油中是否出现燃油污染的信息。滑油消耗率的计算方法是用本次滑油添加量除以本次滑油添加时间和上次滑油添加时间之间的飞机飞行时间总和；同时计算每 5 次的加油段的滑油消耗量作为趋势值。这样就可对滑油趋势值进行监控，及时报告滑油趋势不正常情况。

航空公司通常采用的滑油消耗率的计算公式为

$$\text{oilrate} = \frac{I_{\text{oil}}}{T_{\text{fly}}} \tag{5.1}$$

式中：oilrate 为滑油消耗率；I_{oil}为滑油添加量；T_{fly}为此次滑油添加量和上次滑油添加量之间，发动机所在飞机的飞行时间。

通过这样的计算而得到的一系列发动机滑油消耗率的波动比较大，不便于之后的分析。为了更好地进行分析，需采用将连续 5 次的滑油消耗率求平均值的方式来作为第 5 次的滑油消耗率，公式如下：

$$R_{\text{avg\_oilrate}} = \frac{\sum_{i=0}^{5} R_i}{5} \tag{5.2}$$

式中：$R_{\text{avg_oilrate}}$为滑油消耗率的平均值；R_i为第 i 次的滑油消耗率。

航空公司的滑油消耗率监测应满足如图 5.3 所示的流程，并且这是经某航空公司的实际使用而得到证实的可行的方法。

对滑油量的监测，一般是在滑油箱上通过油尺或目视镜进行，是由地面机务人员在做日常维护时来检查油箱的滑油量。但现在的涡轮发动机在驾驶舱内设有滑油量指示，在发动机工作过程中，其可提供连续不断的滑油量指示。通过对滑油量的监控，可发现滑油消耗量的变化

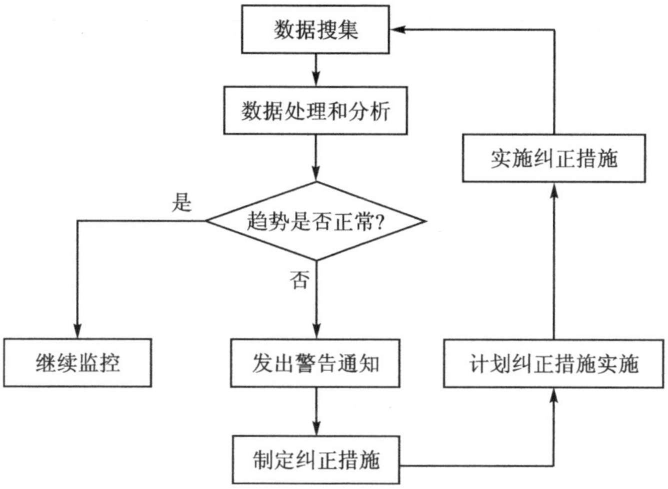

图 5.3　滑油消耗率监控流程

趋势。

对金属屑的监测可分为两大类：

① 在线监测，如磁性屑探测器；

② 离线的实验室分析，如滑油铁谱分析技术和滑油光谱分析技术。

滑油理化状况分析监控检验油品的品质来确定油品包含的理化信息，从而决定是否能继续使用，其主要对象是针对油品本身而并非发动机的机械系统。涡轮发动机通常使用的滑油均为人工合成的滑油，是由矿物质油和从动植物中提取的二元酸酯混合而成，而不是纯矿物质滑油。在长期使用过程中滑油可能被氧化、酸化、分解，或被燃油稀释，从而改变它的特性，影响滑油效果。通过对滑油颜色的变化进行观察或在实验室中进行化学分析，可判断滑油是否已经变质，是否能继续适合使用。例如，新鲜的航空滑油的颜色较明亮，而使用后的滑油则会因为氧化所生成的胶质及沉淀的影响，颜色会变暗。如果滑油氧化强烈，它就会变成淡红色；严重过热时，还可能发出滑油烧焦的味道，并且它里面还会出现小的黑颗粒，从而使滑油变成暗黑色。

发动机滑油润滑零部件磨损故障监测与诊断技术中，大部分监测对象主要还是监测发动机润滑油中的磨损产物，即对滑油中金属屑进行分析，形象地说就是给发动机“验血”。现代大型发动机上通常都装有信号式油滤或磁堵，用以对滑油中的磨损物含量进行在线监测，当其超过设定指标时便会告警，待发动机停车后再进行深入地检查。与此相比，更为有效的则是滑油离线监测技术，即定期对所监测的发动机进行滑油取样，对采集到的油样进行离线分析，主要的分析手段有磨粒计数、磨粒显微形态学分析以及光谱分析等。准确掌握滑油油样中所携带的磨损产物的成份、含量和形貌种类等重要信息后，就可以推断出相关零部件的磨损状态。

常用滑油中磨粒分析方法的监测诊断的结果统计见表 5.2 所列。

表 5.2 可靠性统计结果

监测方法	正确诊断/%	经验偏差/%	缺少信息偏差/%	不能诊断/%
光谱分析	36	0	43	21
铁谱分析	55	20	15	10
油品分析	21	0	16	63
计数器	33	0	0	67
方法综合	70	20	10	0

综合利用各种滑油油液分析手段来判别滑油系统乃至整个发动机的工作状态，将会具有显著的效益。首先，不需要专门停机对发动机进行检查，因此可大大提高发动机的使用效率，避免过度维修；其次，通过滑油的工作参数和油液油样进行监测，不需要专门的参数测试，工作效率提高；再次，有利于对不同类型的发动机进行对比检查。

5.2.2 磨损原理

磨损是一个复杂的消耗过程，一般包括 3 个阶段：磨合阶段、正常磨损阶段和严重磨损阶段。与这 3 个阶段相对应，磨损故障的形式分为早期故障、偶然故障和耗损故障。图 5.4 所示为磨损过程与故障率的浴盆曲线。

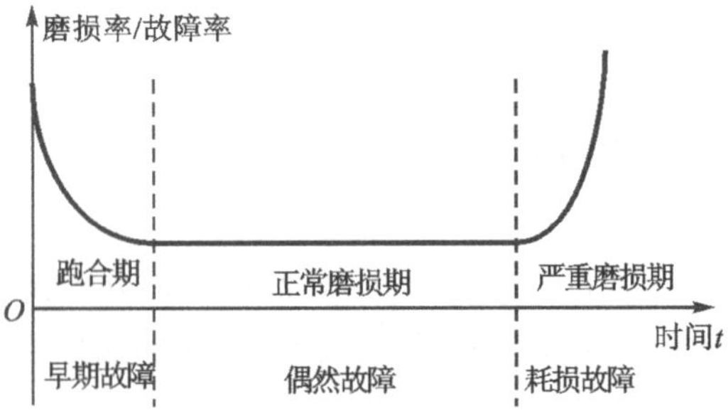

图 5.4 磨损过程与磨损故障率浴盆曲线

根据磨损发生过程的不同机理，磨损分为粘着磨损、磨料磨损、疲劳磨损、腐蚀磨损和冲蚀磨损。而磨损过程中产生的磨粒类型与磨损的类型也有着一定的对应关系，可以分为正常滑动磨粒、严重滑动磨粒、切削磨粒、疲劳剥块磨粒、层状磨粒、球状磨粒和氧化物磨粒等。因此，如果能够准确地获得磨粒的类型信息，就可以推断出磨损的类型，进而推断出磨损的损伤形式，所处于的磨损阶段以及可能发生磨损的发动机零部件。上述分析过程的基本原理见表 5.3所列。

表 5.3 磨粒类型与磨损类型、损伤模式、典型零件和接触性质的对应关系表

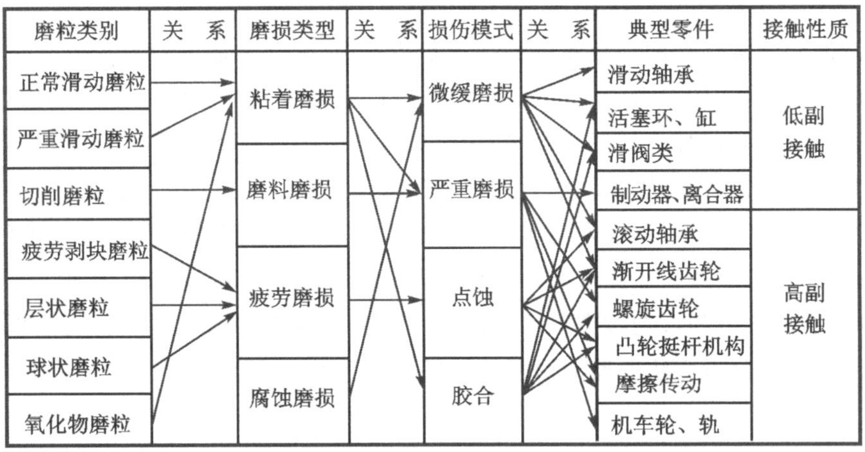

1. 磨损失效分类

磨损是一个复杂的过程，磨损的原理和失效模式各不相同。

(1) 粘着磨损

部件摩擦表面微凸体的相互接触会由于应力过大而产生局部塑性变形。塑性表面在载荷的作用下粘着形成结点焊合。在相对运动的条件下，结点材料可能会从一个较软的表面转移到较硬的另一个表面，也可能会被撕下而形成粘着磨损磨粒。按照表面的破坏程度，通常可以将粘着磨损划分为 5 级，由轻至重依次是：轻微磨损、涂抹、擦伤、撕脱和咬死。在发动机处于高速、高温和重载情况下时，发动机的齿轮、轴承等工作部件产生的胶合便是粘着磨损破坏的一种严重表现的形式。

(2) 磨料磨损

磨料磨损是一个表面同与其匹配表面上的坚硬微凸体之间的接触，或与相对于一对接触表面作相对运动的硬质粒子之间的接触而造成的材料损失或转移。前者称为二体磨料磨损，后者称为三体磨料磨损。航空发动机零部件在磨合期比较容易发生的磨损形式为两体磨料磨损。根据磨料对金属表面磨削的条件不同而存在 3 种损伤原理：

① 微切削，在这种损伤过程中，由于磨料的几何形状可以产生完整的切屑，表面损伤可能是犁沟，也可以是飞边。对于脆性材料，微切削将引起材料的崩落；

② 疲劳破坏，由于磨料颗粒的作用，金属表面产生交变的接触应力而导致疲劳破坏，同时，犁沟的隆起也会使金属产生多次应变而导致疲劳破坏；

③ 压痕假说，对塑性较大的金属表面来说，由于磨料颗粒在应力的作用下会被压入金属表面进而产生压痕，并且还会从金属表面上挤压出剥落物。

(3) 疲劳磨损

两接触表面作滚动或滚滑复合相对运动时，由于交变应力的作用，接触表层金属就会发生塑性变形，进而萌生出裂纹。裂纹扩展后表层金属会发生断裂剥落，因而就会在金属表面上留下一个空坑。疲劳寿命的波动性非常大，一般有收敛性和扩展性两种疲劳磨损类型。收敛性疲劳磨损往往出现在跑合期，一般情况下，随着部件跑合期的结束会自行消失；而扩展性疲劳磨损使初始的疲劳麻点会随着使用时间而不断扩展，直至零件失效。疲劳磨损一般发生在润滑条件较好的封闭式环境的机械系统中。否则，其他的磨损失效形式往往就会先于疲劳磨损出现之前发生。发动机主轴承以及减速器齿轮、轴承等零件最常见的磨损失效形式就是疲劳磨损失效。

(4) 腐蚀磨损

腐蚀磨损是金属表面与周围介质发生化学或电化学反应时产生的表面物质损失。在海域上空飞行或采用劣质燃料时，发动机气流通道零件更容易发生腐蚀磨损。

(5) 冲蚀磨损

冲蚀磨损是由于金属表面受到含有硬质粒子的流体(液体或气体)冲刷造成的表面材料损失。根据粒子的入射角大小，可将冲蚀磨损分为研磨冲蚀和碰撞冲蚀。像直升机在灰尘的条件下工作，发动机气流通道零件就容易发生冲蚀磨损。

2. 磨损微粒分类

磨损产生物是指磨损过程中产生的微小颗粒，所以也称为磨损微粒，简称为磨粒。研究磨损问题时，磨粒是重要的分析依据，它是揭示摩擦学表面的磨损机理、监测磨损过程以及诊断磨损失效类型的最为直接的信息元。

(1) 按磨粒成分分类

如果按磨粒成分划分磨粒种类，那么可将磨粒分为金属磨粒和非金属磨粒两大类。金属磨粒又可依据铁磁性质而分为铁磁性金属磨粒(如铁、钴、镍以及相应的化合物)，以及非铁磁性金属磨粒(如铝、铜、巴氏合金磨粒等)。非金属磨粒则是指结晶体、摩擦聚合物、积碳磨粒、纤维、砂粒等微粒。

(2) 按磨粒形状分类

在磨粒的形成过程中，由于不同接触方式、载荷、温度和环境因素的影响，并且磨损机理也不尽相同，因此，磨粒具有各异的形态特征。根据磨粒的形态特征，可以划分为正常滑动磨粒、严重滑动磨粒、切削磨粒、疲劳剥块磨粒、层状磨粒、球状磨粒和氧化物磨粒等。

(3) 按磨粒的形态特征分类

大量关于磨损以及磨粒形成机理的研究表明，不同的磨损形式会产生不同种类的磨粒，而不同种类的磨粒具有其相对固定的形态特征。通过利用铁谱技术和扫描电镜等先进技术等手段进行的大量监测实例表明，各种磨损形式所产生的特征磨粒一般来说具有各自相对特定的形态特征。图 5.5 所示是从标准特征磨粒图谱库中选出的部分特征磨粒图谱。

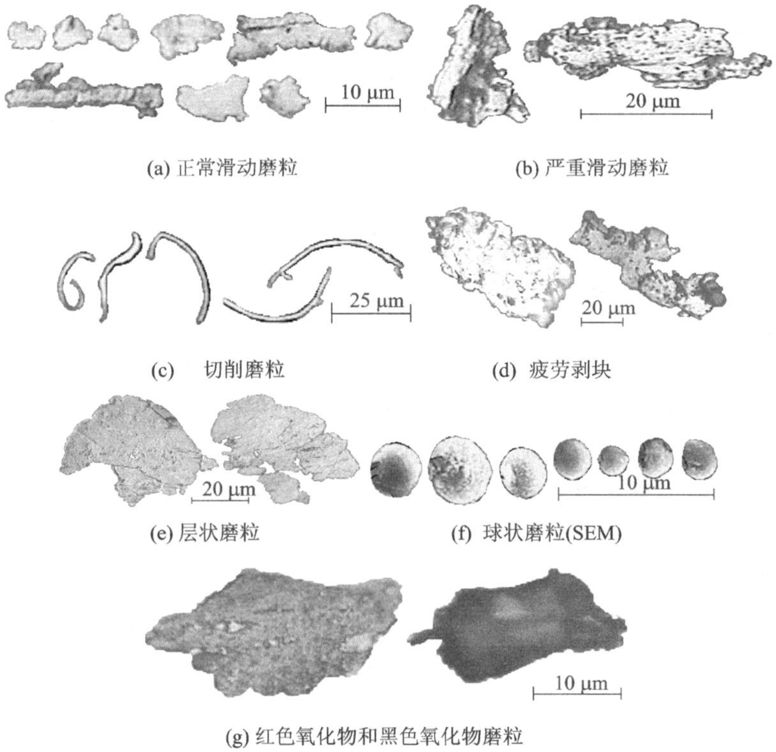

图 5.5 部分磨粒样本图

磨粒是摩擦副作相互运动时产生的材料损耗或转移形成的根据颗粒摩擦学的思想，磨粒分析的依据有以下几点：

① 不同的摩擦副的结构特点决定了其可能产生的磨损形式，如滚动轴承会产生滚动疲劳

磨损，齿轮传动会产生滚－滑复合磨损等；

② 不同的磨损形式会产生不同特征的磨粒；

③ 磨粒的形态特征(如尺寸、形状、表面形貌和纹理等)与磨损的破坏机理密切相关，是判断摩擦系统是否正常工作的重要参考信息；

④ 磨粒的物理性能、机械性能隐含着摩擦接触处被破坏之前的温度和组织变化信息；

⑤ 磨粒的成分和颜色信息，可以揭示磨粒的来源，进而依此来判断故障的部位。

可以根据磨损微粒的形态特征，大致推断出摩擦表面发生的磨损过程及其磨损失效类型，进而判断发生磨损故障的零部件的位置。

5.2.3　滑油磨粒铁谱分析技术

1. 铁谱分析的基本原理

铁谱分析的基本原理与医学临床中通过验血来监测病人的身体状况的方法相类似。因为铁谱分析正是用来给机械设备来“验血”的，其早期思想是由 W. W. Seifert 和 V. C. Westcott 于 1971 年率先提出来的，1972 年 V. C. Westcott 取得了专利权，并通过 Foxboro 公司制成了第一台铁谱仪。该仪器的工作原理是利用高强度磁场将机器润滑油中携带的磨粒分离出来，并沉积到铁谱基片或沉积管内，之后再利用光密度计、电子扫描显微镜和铁谱显微镜等各种精密仪器对沉积的磨粒进行细致观察或精确测量，进而依据磨粒的表面形貌特征、颜色特征以及粒度分布特征等信息，以判断生成磨粒的机械运转部件的摩擦和磨损状态。

2. 铁谱分析系统基本组成

铁谱分析系统一般由磨粒制谱仪、铁谱显微镜、CCD 摄像机、图像采集卡、微型计算机及图像监视器等硬件构成，如图 5.6 所示为系统的硬件框架。该技术提高了铁谱分析的自动化水平，谱片管理手段也得到相应加强。同时，采用了图像处理、图像识别等技术手段的铁谱技术使得磨粒的定量分析变为可能。

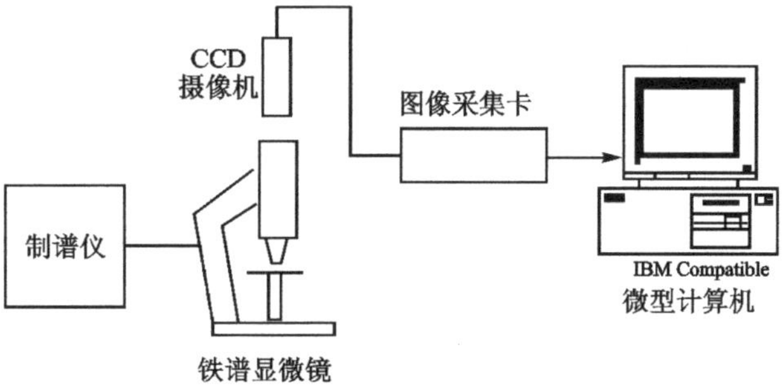

图 5.6　铁谱分析系统的一般构成

南京航空航天大学航空安全与保障技术研究所通过对各类先进铁谱分析技术的综合研究，利用其在图像处理、机电控制技术等方面的优势，于 1997 年研制出 DMAS(Debris Monitoring & Analytic System)智能化铁谱分析系统，极大地促进了国内铁谱分析技术的进一步发展。

DMAS 智能化铁谱分析系统是一种新型的基于计算机控制的分析系统，综合了磨粒形态与成分分析技术，通过计算机对磨粒进行自动识别、分类，进而实现磨损故障的自动诊断，解决了磨损故障定位的难题。同时，该系统利用极大似然估计的方法对磨粒分布建立了数学模型，并给出了对铁谱取样和采样的随机误差的定量估计方法。另外，DMAS 系统在制谱、显微镜控制、图像处理、目标识别等方面都具有较高的智能化程度，极大地降低了铁谱分析人员的技术水平要求以及他们的工作强度。

DMAS系统的硬件部分主要由全自动旋转气动式颗粒制谱仪、自动扫描三坐标铁谱显微镜和显微图像采集系统组成,其组成和相互关系如图5.7所示。

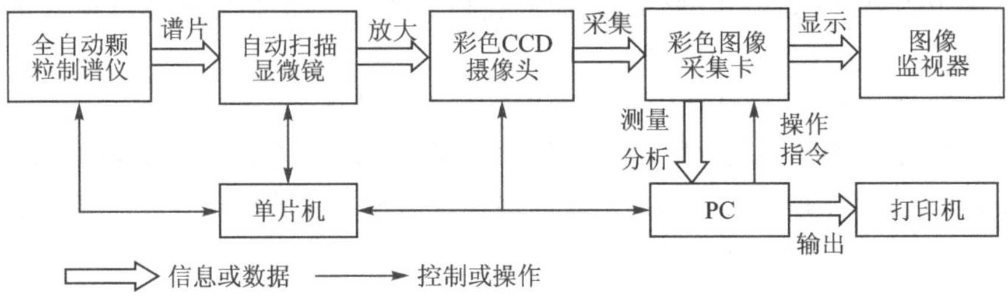

图5.7 DMAS智能化铁谱分析系统硬件组成框图

3. 铁谱分析的一般步骤

铁镨分析的一般操作程序是取样、制谱、观测与分析和结论4个基本环节。

(1) 取 样

取样就是用取油工具从油路管线上或油箱中抽取润滑油样本。取样操作必须确保所取的油样含有能反映机器工况变化的磨损颗粒,只有这样才能通过铁谱分析做出正确的判断。因此,取样时应遵循以下几条原则:

- 应尽量选择在润滑油过滤之前并避免从死角、底部取样。
- 应尽量选择在部件运转时,或刚停机时取样。
- 应始终在同一位置、同一条件下(如停机则应在相同的时间后)和同一运转状态(转速、载荷相同)下取样。
- 取样周期应根据机器的性质和对状态检测要求来制定。部件在新投入运行或刚经解体检修,其取样间隔不应太长,通常是间隔几小时取样一次,以此来监测并分析整个磨合过程;机器进入正常工作阶段后,取样间隔可适当加长;此后,当发现磨损发展很快时,就需要缩短取样时间间隔。

(2) 制 谱

制谱是铁谱分析的一个关键步骤。制谱就是用铁谱仪分离油样,将其中的铁磁性颗粒沉积于玻璃基片上,经固化和清洗后完成,以利于之后的观测与分析。为便于油液中磁性金属颗粒的沉积,应对所抽取的油样进行稀释,即在油样中加入一定比例有机溶剂。

(3) 观测与分析

分析包括定性分析和定量分析两部分。

① 定性分析即利用显微镜观察所制谱片上磨粒的尺寸、形状、颜色,并根据颗粒特征以定性分析运转设备的润滑状态,从而判断磨损类型和磨损部位。直读式铁谱仪不适合用来做定性分析,因为直读式铁谱仪不能提供关于磨屑形态、磨屑来源的信息。

② 定量分析即配套使用光密度测量仪与显微镜,以此来测出谱片上不同区域的磨屑颗粒覆盖面积,再通过公式算出磨损指数。随着计算机技术的飞速发展,目前可利用计算机对铁谱片磨粒图像处理进行定量分析,该分析方法通过使用扫描摄影机将铁谱显微镜里的图像输入图像分析仪,按照给定的灰度反差对几何图形进行定量分析。其测量的基本参数有面积、周长、弦长、方位、投影长度和计数等。利用计算机软件并按照一定的数字模型对这些基本参数

进行处理，即可以再衍生出一系列所需要的参数，并进一步发现能反映磨损特征的参数提供充分的依据，这就是探索与磨损机理有关的磨损微粒几何形态的内在规律。目前已使用的数学模型有线性回归法、中心取矩法和概率分布法等。

(4) 结　论

根据分析结果作出状态监测或故障诊断结论，为制定发动机的维护措施提供依据。

总体而言，铁谱分析技术特点在于：

① 因为可以从油样中沉淀出 1～250 μm 尺寸范围内的磨粒并进行检测，且该范围内磨粒最能反映机器的磨损特征，所以能够及时准确地跟踪机器的磨损变化。

② 能够进行直接观察，并对油样中沉淀磨粒的形态、大小和其他特征进行研究，进而掌握磨擦副表面磨损状态，从而确定磨损形式。

③ 可以通过对磨粒成分的分析和识别，判断不正常磨损发生的部位；铁谱仪比光谱仪更廉价，并且适用于不同机器设备。

5.2.4　滑油磨粒光谱分析技术

1. 光谱分析的基本原理

根据原子结构的不同，每种元素都具有其特征谱线。根据元素的特征谱线可以对元素进行定性分析；根据特征谱线强度的变化可以对元素进行定量分析。光谱理论指出：光在润滑油内传播时，被油内的颗粒物散射、吸收，会导致光透射光谱曲线呈现差异。现有的光学检测方法中，由于单一波长光源其本身易发生变化，造成监测润滑油质量变化情况有误差。因此，对滑油进行光谱分析，就是利用油样中所含金属元素原子的光学电子在原子内能级间跃迁产生的特征谱线，来检测该元素是否存在的一种分析方法。而特征谱线的强度则与该种金属元素的含量多少有关，通过光谱分析，就能检测出被检油样中所含金属元素的类别及其相应浓度，由此可推断出这些元素的磨损的具体发生部位及其严重程度，并依此对相应零部件的工况作出判断。

在进行光谱分析时，应严格按操作手册的规定来抽取滑油样品。一般情况下抽样是在发动机停车后，并在地勤人员执行发动机勤务之前进行的，并且要求从油箱中无沉淀的地方进行取样。根据实验表明，光谱技术中的监测传感器有优良的抗干扰性能力，测试精度高，较大温度范围内保持较高的精度，工作稳定性高，有效地检测出滑油的质量等特性。光谱分析技术实现的重要组成部分是光谱分析仪，其工作原理是抽样的油液通过汞灯的激发，经过透镜、狭缝、折射板，在光栅上分散出不同波长的谱线，对谱线分析得出结论。

2. 光谱分析系统基本组成

一般光谱仪器都由 4 部分组成：光源和照明系统、分光系统、探测接收系统和传输存储显示系统，如图 5.8 所示。

光源和照明系统既能作为研究的对象，也能作为照射被研物质的研究工具。

分光系统作为光谱仪的核心部分，它一般是由准直系统、色散系统、成像系统 3 部分组成，主要的作用是在一定空间内将入射进来的光线按照不同波长规律进行分离。

探测接收系统的作用是将成像系统所接收到的光谱能量转换成易于测量的电信号，即实现光电信号的转化，并测量出对应光谱组成部分的波长和强度，从而获得被研究物质的特性参

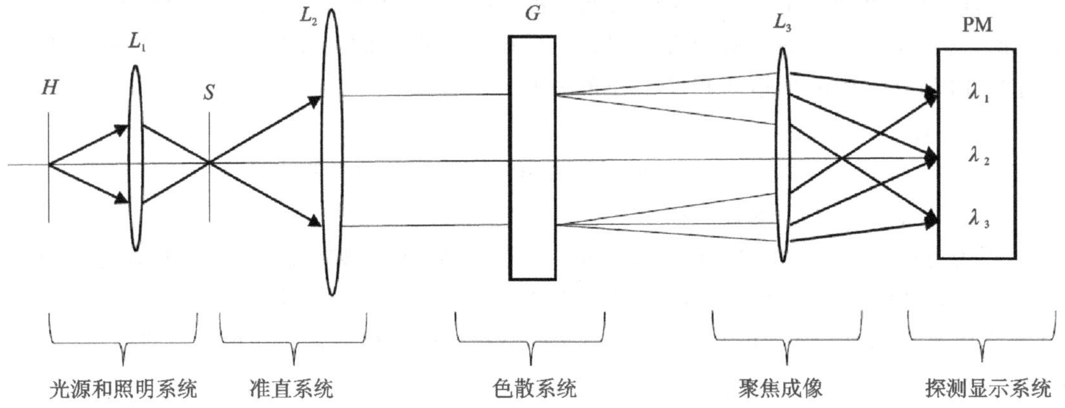

图 5.8　光谱仪基本组成

数如物质的组成成分及其含量以及物质的温度、运动速度等。

传输存储显示系统的功能是将探测接收系统转化出来的电信号初步处理后，进行存储或通过高速传输接口将其上传给上位机，而上位机则会对光谱数据进行进一步的数据处理及显示等。

5.2.5　滑油磁塞检测技术

1. 磁塞检测的基本原理

磁塞检查法的工作原理是通过将带磁性的塞头插入润滑系统的管道内，当油液流经磁性塞头时，滑油中较大的铁磁性颗粒就会被吸附于磁性塞头上。根据发动机上装有的磁性金属屑探测器的功能可以将磁塞分为两类：第一类磁塞需要定期从油路中取出，用于观察和测量所捕获的磨粒形貌和数量；而第二类磁塞连接有传感器，它们之间有个信号转换器，可以将磁塞所捕获的磨粒量转换为电信号，此信号与捕获的铁磁性磨粒总量成正比。这些设备可在回油通路的不同部位收集铁磁性磨屑，监测人员会对磁性屑探测器进行定期检查，并通过肉眼对所收集到的磨屑大小、数量和形貌进行观测与分析，以此来推断机器零部件的磨损状态。磁塞检测法适用于磨屑颗粒尺寸大于 50 μm 的情形。若出现磨屑量过多或过大的现象，则说明发动机内部出现严重磨损或掉块损伤，此时应及时采取相应措施防止故障事件升级。随着监测技术的发展，一些新型的机载金属屑探测器如离心式颗粒分离器、金属屑量监测器等也将会被应用到发动机滑油监测上。

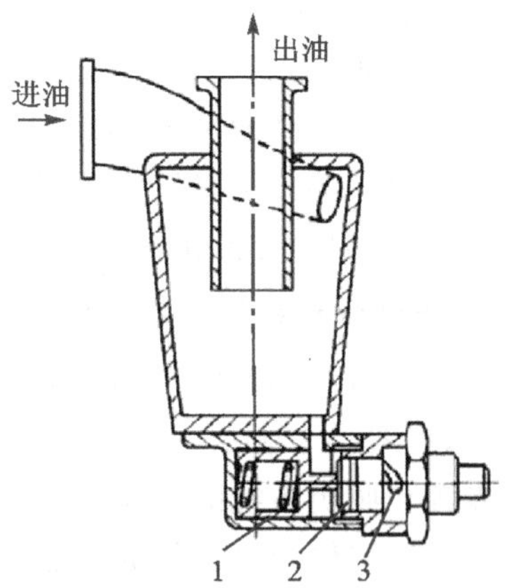

1—示封油阀；2—油磁性探头；3—性凹轮槽

图 5.9　磁塞的构造

2. 磁塞检测系统基本组成

磁塞由一个永久安装在润滑系统中的主体和一个磁性探头共同组成。当探头插入主体后磁铁就会暴露在循环着的滑油中，而把磁性探头取出后，主体内的封油阀就会自动封闭油路出口以防止滑油的泄漏，其结构如图 5.9所示。当磁塞中的磨屑过多时，控制线路会被触发，进而停止主机的运行。磁塞应该被安装在滑油系统中最有可能捕获到磨屑的地方，较合适的部位是油管弯曲的地方。根据历史经验，大部分碎屑是在跑合期收集到的，这主要是由装配时留下的外界杂物和微屑造成的。而在进入正常运转后碎屑数量就会显著减少，如果通过监测发现磁性磨粒数量、尺寸明显增加，这就表明零件摩擦副发生了异常磨损，此时应将磁性探头的更换周期缩短，增加取样频数进行进一步观测，如果还发现磨粒数量的增加仍呈上升趋势，那么就需要立即采取必要的维修措施了。

通过对铁谱分析技术、光谱分析技术以及磁塞检测技术的分析，总结了 3 种滑油金属屑检测技术优缺点和适用范围，如表 5.4 所列。

表 5.4　磨损状态监测技术比较

滑油监测技术	优　点	缺　点
磁塞检测	技术要求低，易于实现简单检测，耗费少	监测范围有限且精度不高
光谱分析	与计算机结合，准确度提高，结果直接得出，光谱传感器不易受外界因素（温度，电压，时间）影响	技术要求高，设备精度要求高
铁谱分析	技术发展较早且成熟，磨粒尺寸基本都在适用范围 20～200 μm 内	要求磨粒为磁性材料

5.3　航空发动机振动监测技术

5.3.1　概　述

振动信号是发动机状态监控与故障诊断过程中常见的一类数据。发动机的高、低压的转子是由盘、轴、叶片等零部件组装而成。在运行过程中，这些部件不可能做到完全平衡，并且发动机转子是高速旋转部件，这种不平衡在旋转过程中会产生一定程度的振动信号，这些振动信号就是状态监控与故障诊断的征兆信息。发动机生产厂家对转子都有一定的不平衡度要求，发动机出厂时都应满足此要求，并且厂家也规定了发动机在使用过程中所允许的最大振动值，只要发动机的振动值不超过此限制值，就是允许的。

振动监测故障诊断可分为在线诊断和离线诊断。前者是对运行状态下的机组振动故障原因作出诊断，采用计算机实现，系统的核心是专家经验。如何将分散的专家经验变成计算机的语言为缺乏振动知识和经验的运行人员服务，是国内外许多专家研究的一个技术问题。振动监测离线诊断是将振动信号、数据提取出来，进行仔细的分析、讨论或模拟实验，主要集中在故障特征和机理的分析上，其在故障诊断深入程度上要比在线诊断具体的多，因此难度也较大。

5.3.2　发动机振动机理及超限的原因

航空发动机主要由进气道、压气机、燃烧室、涡轮和尾喷管组成。其中涡轮和压气机联为一体，这种旋转件是主要振源，它的振动通过轴承和发动机承力结构传到发动机，引起发动机的整机振动。因此，航空发动机的振动有整机振动、转子振动和轴承振动等。发动机转子作为旋转机械系统，其振动故障通常包含如下的情况，如图 5.10 所示。

在发动机上装有振动信息传感器感受发动机振动的部位，如轴承的支承座、涡轮机匣或风

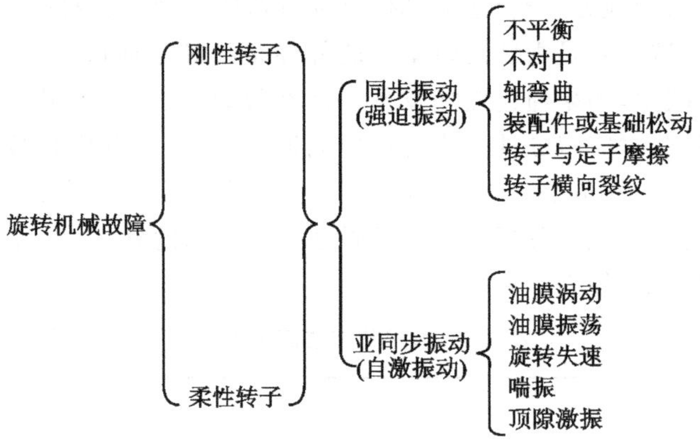

图 5.10　转子振动故障分类

扇机匣等。传感器感应的振动信号被送到振动信号分析仪,经过滤波后,对应于发动机的高低压转子的转速。把信号分成不同的波段,然后对不同的频率波段进行连续跟踪,找出其中的最大的振动值,并把此值传给飞机指示系统。发动机性能工程师通过 FDR 或 QAR 系统也可获得振动数据,进行分析。其中转子不平衡、转子不对中和碰摩是常见的振动故障,其对应的主要原因有以下几个方面。

(1) 转子不平衡的原因

引起发动机转子部件的运转不平衡的原因主要有两个:

① 零部件本身的缺陷。由于转子内部的叶片、轴、盘等零部件在加工制造过程中都有一定的偏差,装配成转子后自然无法达到 100%的平衡。发动机生产厂家规定了发动机在使用过程中所允许的最大振动值,只要不超过此限制值,则是允许的。

② 在发动机的使用过程中,零部件磨损等原因会引起转子的振动。

(2) 转子不对中的原因

转子在装配过程中经常出现不对中偏差。轴不对中偏差是由于相邻轴承座不同心而导致轴中心线偏斜所引起的。

轴不对中偏差可能出现 3 种情况:平行度偏差、角度偏差和同时存在平行度、角度偏差。对中不良的转子运行将导致轴承负荷不均衡,使发动机振动加剧,关键件过早失效。

(3) 转动件与静止件碰摩的原因

在发动机运转过程中,由于转子不平衡、转动件与静子件的径向间隙小、轴承座同心度不良等,均能发生转动件与静子件碰摩,并导致振动剧增。

发动机制造厂商规定了各种型号的发动机在使用过程中所允许的最大转子振动值。以 GE 公司的 CF6 型发动机为例,N_1(低压转子的振动)最大值为 3.0 Units,N_2(高压转子的振动)最大值为 5.0 Units。如果监控值超过了最大值,说明转子部件出现故障。一般情况下,发动机振动增加或超限,可能的原因如下:

① 工作叶片发生部分损坏或折断;

② 工作叶片安装不合适;

③ 转子上有部件丢失,如螺栓、螺母等;

④ 工作叶片或转子变形;

⑤ 转子轴承不同轴或轴承磨损；

⑥ 联轴器的安装或联接螺栓拧紧不当。

5.3.3　振动监测系统的组成

振动监测系统包括预处理、报警和结果输出、数据库、数据采集、数据传输和通信及监测分析系统 6 个主要部分。其结构流程示意图如图 5.11 所示。

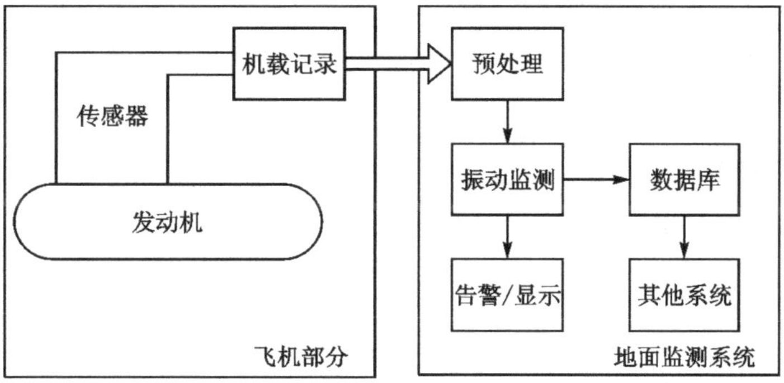

图 5.11　地面振动监测系统功能模块示意图

发动机振动监测过程可分为振动测量、振动信号处理及故障特征提取、状态识别。根据监测对象的特征，如结构特点，振动信号频带范围和幅值，确定测试系统的传感器和记录设备。振动信号处理是振动监测的核心，它完成从原始振动信号中提取有用信息。状态识别是根据信号处理结果和故障特征信息，判断监测对象的状态及其故障的发展趋势。最后，信号处理和故障状态识别通过计算机软件实现。振动总量反映了发动机总的振动能量状况，而振动分量则反映出是何种激振源及其激励的大小。发动机一般都规定总量限制值，如果振动总量超过限制值，表明发动机振动过大，部件可能因此而破坏。发动机上的各振源通常有不同的激振频率，如转子质量不平衡会激起频率为转子工作转速的振动，不对中故障会激起较大的二阶振动，而转子与静子碰摩会产生分频等频率成分十分丰富的振动。振动信号处理就是要从原始振动信号中提取这些有用信息，为状态识别提供依据。

振动监测系统的硬件构成如图 5.12 所示，其中包括振动传感器、放大器、机载采集和记录器、移动存储介质、处理计算机、信号调理器和输出设备。

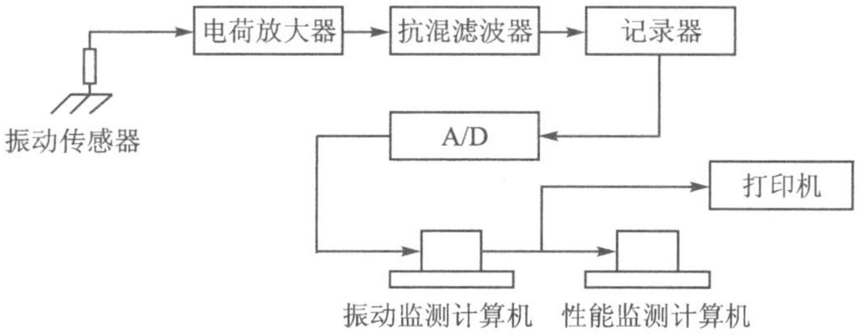

图 5.12　振动监测系统硬件组成示意图

振动监测系统的主要功能如下：

① 数据存储与显示。系统可以保存每个典型工作状态的状态参数、每个起落的振动原始

数据，显示振动信号和发动机、飞机工作参数的时间历程曲线。

② 系统的信号分析与处理功能主要有：

➤ 对飞行工作参数进行预处理，剔除野点和消除噪声；

➤ 根据飞机和发动机的工作参数，选择典型的工作状态；

➤ 监测发动机各测点处的振动总量；

➤ 对发动机稳态振动信号进行频谱分析，并监测各分量的振动值；

➤ 对发动机加减速过程进行时频分析；

➤ 对振动总量以及各转子振动分量进行趋势分析，并判断转子振动的变化趋势。

③ 数据管理。利用数据库管理监测结果和历时记录，并将数据和报表打印输出。

5.3.4 发动机振动的测量

根据振动信号转换的方式，相应的振动检测技术可分为电测法、机械法和光学法。其简单原理和优缺点见表5.5。

表5.5 振动监测方法

名　称	原　理	优缺点及应用
电测法	先将被测对象的振动量转换为电量，再用电量测试仪器进行测量	灵敏度高，动态、线性范围及频率范围宽，便于分析和遥测，但易受电磁场干扰。是目前最广泛采用的方法
机械法	利用杠杆原理将振动量放大后记录下来	抗干扰能力强，但动态、线性范围及频率范围窄，测试时将会给工件加上一定的负荷，影响测试结果，用于低频大振幅振动及扭振的测量
光学法	利用光杠杆原理、读数显微镜、光波干涉原理以及激光多普勒效应等进行测量	测量精度高，不受电磁场干扰，适于对质量小及不易安装传感器的试件进行无损检测。在精密测量和传感器、测振仪标定中用得较多

航空发动机的振动测量系统包括以下两部分。

1. 振动传感器

目前用于航空发动机振动测量的传感器主要是电动式速度传感器和压电加速度计。由于航空发动机振动非常复杂，而且工作环境又比较恶劣，所以航空发动机振动测量用传感器需要特殊设计，专门研制和生产。

电动式速度传感器产生的电信号与振动速度成正比，经过积分电路可以测量振动位移。电动式传感器曾广泛应用于发动机的振动测量，但是由于其本身存在着不可避免的缺陷，随着现代测试技术的发展，被压电加速度计所取代是不可避免的。

压电加速度计是根据某些材料的压电效应设计的，它输出的电信号与振动加速度成正比，通过积分电路可以测量振动速度和振动位移，其有着寿命长，适用于宽频带振动测量和分析、耐高温、安装方便以及工作方向任意等特点。因此在航空发动机振动测量中愈来愈多地使用压电加速度计。

2. 振动测量分析仪

目前航空发动机振动测量分析仪主要有4类。

第 1 类是最简单的振动测量分析仪。它通过在仪器内部特殊设计的带通滤波器测量发动机某一频段(例如 70～200 Hz)的振动总量，必要时选择窄带通滤波器测量某一特定频率的振动分量，进行简单的振动分析。这类仪器使用简单、方便、价格便宜，目前在国内发动机振动测量中应用最为普遍，但其测量误差较大。

第 2 类是采用专门设计的自动跟踪转速滤波技术的振动测量分析仪。它最突出的特点是能够根据转速表提供的参考频率，从宽频的振动信号中分离出发动机转速频率及其谐波的振动分量。这对于尤其是多转子发动机的振动测量和分析，寻找振源非常重要。自动跟踪转速振动测量分析仪的关键是跟踪滤波器，国内早已研制成功运用相关检测原理的自动跟踪振动分析仪。近几年国外成功研制出采用数字信号处理技术的跟踪滤波器，这种测量分析仪能同时给出振动的幅频特性和相位特性等数据，为发动机的现场整机动平衡提供了条件。

第 3 类是运用快速傅里叶变换(FFT)技术的数字式振动信号分析仪，它可以在测量现场对发动机的振动信号实时地进行频谱分析，显示或打印出发动机振动频谱。这类仪器国外发展比较快，在发动机振动测量分析中使用这类仪器比较普遍。

第 4 类是机载发动机数字式振动监视仪，它可以在飞行过程中分析加速度计所测的振动信号，生成并存储关于发动机振动幅值和相位的数据。目前国外许多公司，例如波音、麦道、空中客车等生产的客机上均装有这种称为 MICROTRAC 的仪器。

航空发动机的振动测量对飞行安全极为重要，其测量方法如下：

(1) 测振点选择

传统测量工艺是将测振点选择在发动机的外部机匣上，由于测振点离振源较远，容易受到发动机结构振动的干扰，因此测量误差较大。一些新型发动机在设计阶段就将测振点转移到内部转子支承点上，大大提高了测量精度。

(2) 测量方法

传统的发动机振动测量方法是用电动式传感器对发动机机匣的振动速度信息进行测量，通过相应的积分放大电路获得振动位移，再通过带通滤波器显示振动位移峰峰值。但大量的试验证明，这种方法测出的是由转速频率振动等多个不同频率振动的复合，因此误差较大。

比较新的测量方法是采用压电加速度计测量振动加速度信息，必要时选择窄带通滤波器或转速自动跟踪滤波器显示发动机转速频率的振动加速度分量。这种测量方法不需要任何换算，减小了测量误差。

(3) 振动参数

机械振动可以用振动位移、振动速度、振动加速度 3 个互相关联的参数表示。其中振动位移反映物体的结构变形，振动速度反映物体的振动能量，振动加速度反映物体的振动惯性力。多数机种的振动用加速度表示。振动位移和加速度都与振动频率的平方有关，同一振动量在低频时位移较大而加速度很小，在高频时位移很小而加速度较大。因此在宽频带内表示发动机的振动用位移和加速度都不方便。但振动速度却与频率无关，从低频到高频同一振动量的振动速度不变。所以普遍认为，用速度表示发动机的振动比较合适。例如，美国军用标准 MIL-E-5007D《航空涡轮喷气和涡轮风扇发动机通用规范》明确规定发动机的振动用速度有效值表示。实际上低频时测量振动位移比较直观且信噪比高，现在仍习用位移峰峰值表示低频振动。例如 CFM-56 发动机低压转子的振动极限就用位移峰峰值表示，但高压转子的振动极限用速度有效值表示。高频振动的惯性力对结构件破坏很大，必要时需要给出振动加速度。MIL-E-5007D 规定何时提供发动机振动的速度谱图和加速度谱图，关键危险部件的振动应能在加速度谱图上确定出来。

5.4 航空发动机气路监测技术

5.4.1 概 述

气路系统部件是航空发动机的最核心部件，包括燃烧室、压气机、涡轮。这些部件的一些热力参数可反映发动机性能变化，如压力、温度（发动机进气温度和发动机排气温度）、燃油流量、转子转速等。在起飞阶段和巡航阶段分别分析气路参数的变化情况，再把这些参数转换成标准状态下的数值，并与发动机厂家所给定的该型发动机的标准性能参数进行比较，来判断发动机健康状况，实现对发动机的监控，并分析出产生异常的原因，为预防和排除故障提供依据。表 5.6 列出了通常民航发动机在起飞阶段和巡航阶段需要监控的气路参数。

表 5.6 民航发动机气路监控参数

飞行阶段	监控参数	参数解释
起飞阶段	EGT 裕度	起飞阶段的排气温度裕度
	N_2 裕度	起飞阶段的高压转子转速裕度
巡航阶段	EGT 偏差	EGT 与基线值的偏差
	N_2 偏差	N_2 与基线值的偏差
	FF 偏差	燃油流量与基线值的偏差
	N_1 偏差	N_1 与基线值的偏差

气路参数监控分析技术的要点是：用特征量的变化量或相对变化量来表征发动机的故障量。虽然特征量往往不能直接测量，但是发动机的可测量的征兆量与特征量存在着一定的函数关系。所以特征量的变化量或者相对变化量可用征兆量的变化量或相对变化来确定，从而实现对发动机的监控以及故障隔离。

5.4.2 EGT 裕度降低原因

从发动机的设计角度来看，发动机性能衰退主要有 3 个原因：泄漏损失、轮廓改变以及表面粗糙度变化引起的损失。

① 空气泄漏：发生在转子叶片尖部与机匣之间，也会发生在静子叶片与转子之间。泄漏量的增加主要是由转子和静子之间的刮磨引起的。

② 轮廓改变：在流路中向前台阶的轮廓改变引起激波损失，通常可以避免。

③ 表面粗糙度：表面粗糙度超过某一值时开始衰退，且随着表面粗糙度的增大，衰退量也增大。

从发动机使用角度分析，发动机性能衰退主要是由以下原因造成的：

① 核心机气路的原因。指气流通过压气机、燃烧室及涡轮时，由于个别单元体的效率下降，或者由于整个核心机随使用时间增加而导致效率下降，从而引起排气温度升高。

② 燃油系统的原因。如喷嘴积炭或者安装位置的误差致使雾化不良产生局部超温，燃油

计量装置发生故障使 EEC 检测产生误差致使油量增大等都可能造成 EGT 超温或局部超温现象。

③ 故障方面原因。指发动机不能按规定正常工作时引起的 EGT 超温，比如起飞滑跑时发生喘振、鸟撞或外来物致使叶片损失、启动过程中提早关闭放气活门等都有可能使 EGT 超温。

④ 人为因素致使 EGT 超温。诊断记录表明，发动机超温大多是人为因素造成的。

⑤ 外部物理环境变化引起 EGT 超温。如严寒条件下启动，或空气中盐分、水分及微尘含量过高等都可能会使 EGT 升高。

5.4.3　温度监测技术及其基本原理

发动机排气温度超温是民用航空发动机使用过程中常见危害较大的故障之一，常采用 EGT 裕度进行监控。EGT 裕度：红线温度与全功率时排气温度 EGT 的差值，公式如下：

$$\Delta EGT = EGT_{red} - EGT_e \tag{5.3}$$

式中：ΔEGT 为 EGT 裕度值；EGT_{red} 为红线温度；EGT_e 为全功率时排气温度。

通常对 EGT 的评价指标是：在起飞时采用 EGTM，在巡航时采用 DEGT，这两个指标之间密切相关，随着 EGTM 的不断下降，DEGT 相应的逐渐递增。以 CF6－80C2A5 型发动机为例，其起飞 EGTM 和巡航 DEGT 之间增减变化关系曲线如图 5.13 所示。

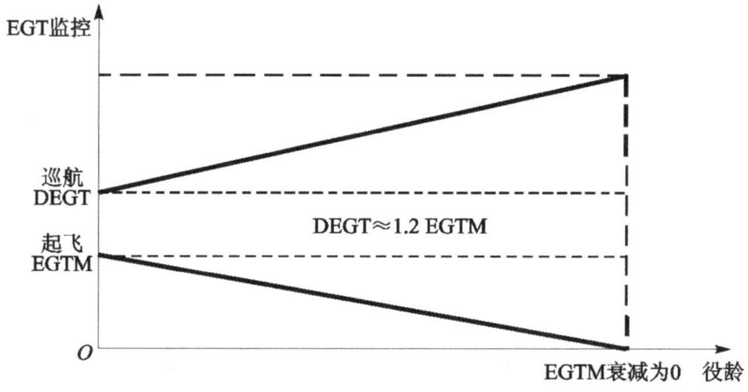

图 5.13　发动机 EGTM 和 DEGT 趋势变化关系图

现代涡轮风扇发动机使用过程中的性能评定参数主要是排气温度 EGT 裕度（ΔEGT）。通过对其分析，可以监控、预测发动机的运行状态，对快速排除故障有很大帮助。

5.4.4　EGT 测量方法

温度是表征物体冷热程度的物理量，是监测技术中的一个重要参数，发动机中许多状态量通过温度反映，比如滑油温度、发动机进/出口温度、大气温度、尾气排出温度等。温度监测技术实现的 3 种方法分别为热电偶测温法、辐射测温法和光纤测温法。

1. 热电偶测温法

热电偶测温法的工作原理就是热电效应，又称塞贝克效应，随着温度梯度由高温区往低温区移动时，所产生电流或电荷堆积的一种现象。如图 5.14 所示，两种不同的导体（或半导体）

A 和 B 串接成一个闭合回路，测温时结点 1 作为测量端（热端），置于被测的温度场中，结点 2 作为参考端（冷端）处于某一恒定温度场中，测量回路中的热电势，然后将换算成温度。

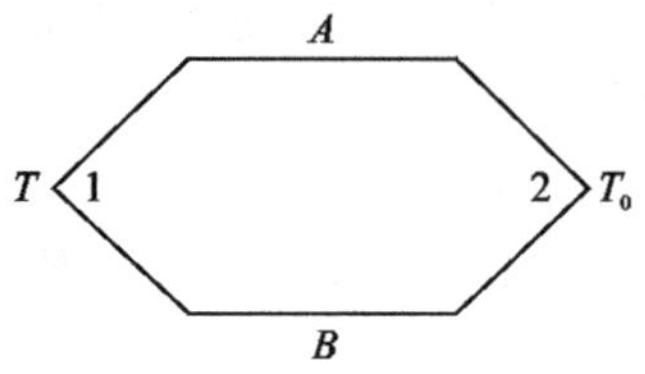

图 5.14　热电偶回路

传统的热电偶温度测量受表面的燃气干扰大、质量大响应慢，热交换速度慢。随着科技的发展，采用电镀、真空蒸发、真空溅射等薄膜热电偶测温法取代了传统热电偶测温法。先进的热电偶测温法可以对航空发动机表面直接测温。先进的热电偶测温法采用薄膜热电偶传感器来测量涡轮叶片表面温度。这种传感器能最大程度地减少对流场的干扰。

2. 辐射测温法

众所周知燃烧室出口温度很高，即使采用耐高温的材料采用热电偶测温，热电势也不稳定，而且工作寿命较短，热电偶测温需要支撑载体，其必然影响流场。近年流行的辐射测温法弥补了上述缺点，其工作原理是任何物体，其温度超过绝对零度，都会以电磁波的形式向周围辐射能量电磁波，其中与物体本身温度有关传播热能的那部分辐射，称为热辐射。通过收集某一表面的热辐射传递给探测器以产生正比于辐射强度的电信号，运用斯忒藩-玻耳兹曼定律并对表面辐射率加以修正便建立起该信号与表面温度之间的关系。辐射测温技术有测温范围广、测温快、对周围以及被测介质干扰小等优点。特别红外辐射测温法因其被测介质红外辐射能量的强度与其温度成正比，测量灵敏度高，测温范围广。

3. 光纤测温法

光纤测温技术的工作原理是光经过光纤到达传感器的热敏材料部分，传感器反射回一个自身温度相对应的脉冲信号，信号经过处理分析确定温度。它较传统的测温技术，有灵敏度高，抗干扰性以及高适用性，抗电磁噪声干扰性强，耐用性高。据研究表明光纤传感器，可以长期工作在 1 800 ℃的高温环境，具有精度高响应快的特点，特别适用于航空发动机涡轮入口燃气温度和燃烧室温度场的测量。

5.5　航空发动机无损检测技术

5.5.1　概　述

无损检测技术 NDT（NonDestructive Testing）是指对机器零部件和结构件（金属与非金属）进行非破坏性检测，以期发现表面和内部缺陷的一项专门诊断监测技术。

无损检测技术在现代机械故障诊断中是探求故障根源和机理，预测隐患的重要手段之一。在工业生产中，无损检测技术对于保证产品质量、降低产品成本、提高安全可靠性以及改进制造工艺等具有重要意义。无损检测是用非破坏的方法检查材料、毛坯和零件的内部或表面缺陷并评价其整体质量的技术，又称无损探伤。NDT 技术能发现材料或工件内部和表面所存在的缺欠，测量工件的几何特征和尺寸以及测定材料或工件的内部组成、结构、物理性能和状态等。由于各种 NDT 方法都有其适用范围和局限性，因此新的 NDT 技术一直在被开发和应用。只要符合 NDT 的基本定义，任何一种物理的、化学的或者其他可能的技术手段，都可能被开发成一种 NDT 方法。

在维修中，有时需要使用 NDT 方法来迅速检查发现结构以及其他部位的裂纹或缺陷，而且有时候为了检查肉眼难以发现的结构或部件的缺陷，NDT 技术是唯一经济可行的方法。飞机结构和部件是由各种不同的金属和非金属材料制造而成的，如铝合金、钢、钛合金和复合材料等，针对不同部位及不同类型金属，需要采用不同的 NDT 方法。常用的 NDT 方法有以下几种：内窥镜孔探、渗透、磁粉、涡流、超声波、射线（X 射线/线射线）。

5.5.2　内窥检测技术

内窥检测技术用于检测难以进入的物体内部区域，具有无损、直观和快速的性能，自其产生开始就在航空探伤领域有着重要的应用前景。现代航空发动机密封式结构特点决定了内窥检测技术在其故障诊断中的重要地位。我国在 20 世纪 70 年代开始就将工业内窥镜作为无损检测的重要仪器用于民航发动机维修中。

内窥技术是利用光学原理将密封物体内部的状态传导出来，再对光学图像评估、检测、诊断。内窥镜的发展已有近 200 年的历史。1806 年一个名叫 Philipp Bozzini 的德国人发明了光导器，该设备即为内窥镜的雏形。1921 年，以色列人 George S. Crampton 研制出了世界上第一台工业硬杆式内窥镜。不过，由于探测距离短、无法弯曲和设备笨重等，硬杆式内窥镜一直难以满足人类的应用需求，其原理图如图 5.15(a)所示，图 5.15(b)为其实物图。

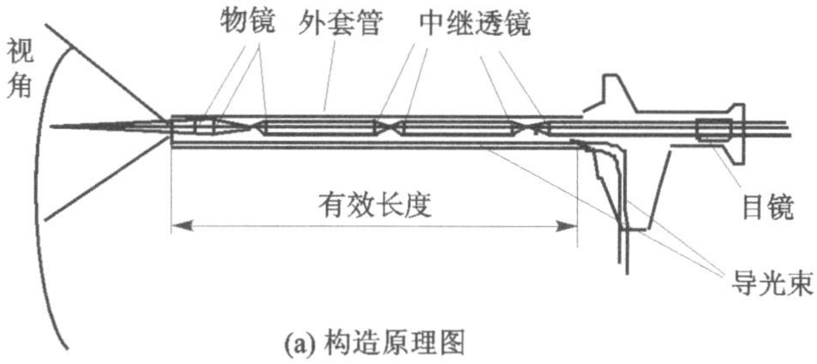

(a) 构造原理图

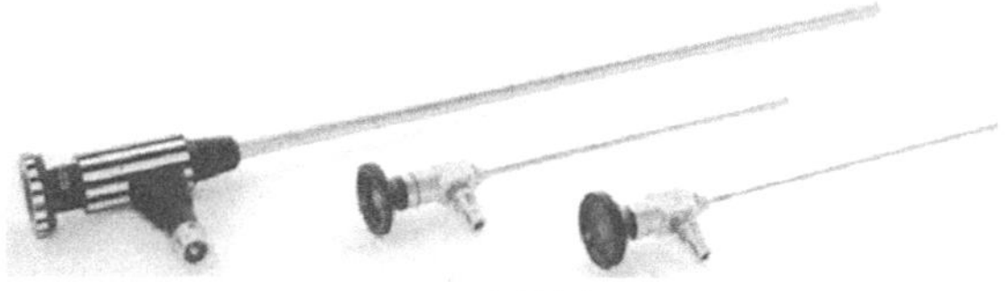

(b) 实物图

图 5.15　现代硬杆式内窥镜

第二代内窥镜改用挠性光导纤维作为导光、传像元件，因此导光性良好，视野进一步扩大，但其最大的缺陷是纤维容易折断，从而图像上易出现黑点。如图 5.16(a)和(b)所示分别为第二代光导纤维内窥镜的结构原理图和实物图。

随着 1983 年美国韦林公司(Everest VIT Inc.)推出世界上第一台电子内窥镜，内窥镜产品的发展也进入了第三代。电子内窥镜主要由光源、内镜、视频处理中心、图像记录系统、视频显示系统以及附属设备组成，其最大的特点是采用 CCD 元件将观察到的物像由光信号转换成数字信号，再传输到视频处理中心进行处理，最终达到显示和数据提取的目的。图 5.17(a)和

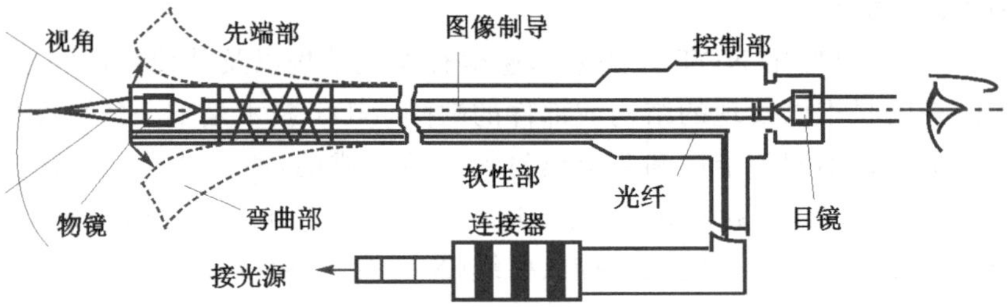

(a) 结构原理图

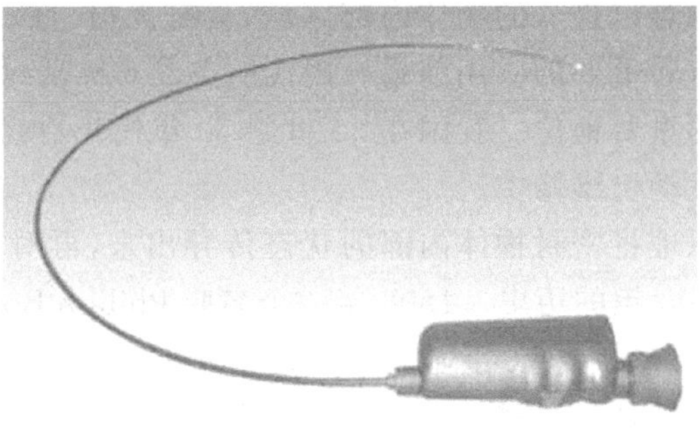

(b) 实物图

图 5.16　软管式光纤内窥镜

(b)分别为第三代软管式电子内窥镜的结构原理图和实物图。

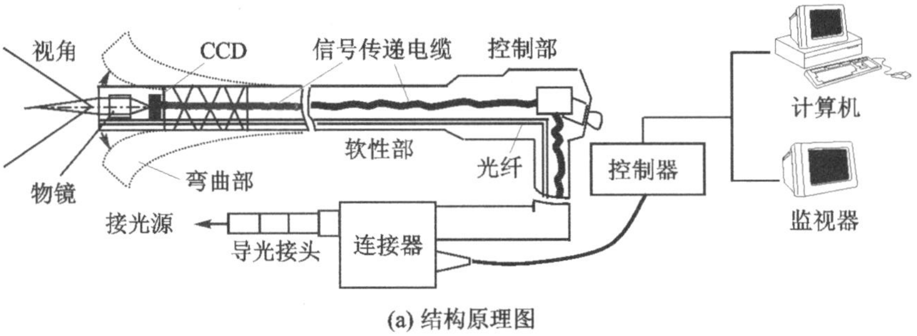

(a) 结构原理图

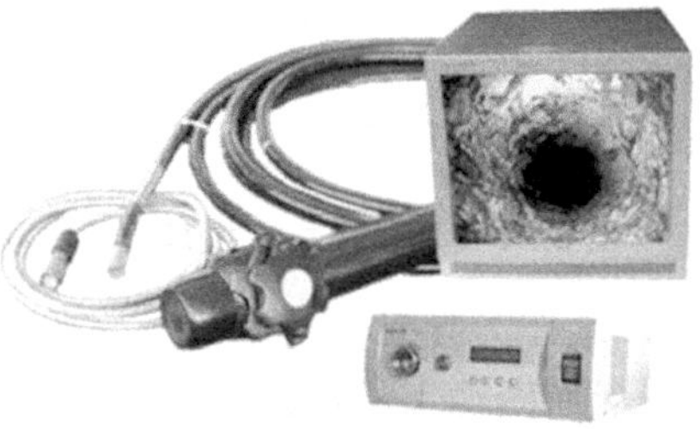

(b) 实物图

图 5.17　软管式电子内窥镜

第三代内窥镜的研制成功对发动机等机械内部损伤监测和故障诊断具有重大的应用价值。发动机的气路关键部件如高压压气机、主气流通道部件、高、低压涡轮的叶片等都不易拆卸而且检验可达性较差，通常都是利用内窥技术完成对这些零部件的检查与监测工作，因此，内窥技术一直在航空发动机的维修诊断中发挥着重要作用。图 5.18 为航空发动机的孔探检测现场图。

图 5.18　航空发动机孔探检测现场图

具体有以下几方面的应用：

① 定期规定的孔探检查：定期检检工作开始前应参阅最近一次的孔探报告，并了解发动机的技术状况，然后按工单规定逐区域进行检查，通常是在无故障的飞机上进行。

② 突发事件后的检查：此类内窥检查多针对于某一部位进行检查，在工作开始前应详细了解故障原因，仔细对损伤部位进行分析，并且与相关技术人员制订工作程序，确保不会漏检。

③ 故障监控：因为在长期使用的发动机上，常出现的缺陷虽不影响飞行安全，但任由其发展下去后果不堪设想，因而在换发前需要对发动机的故障状态进行定期监控，并根据需要调整定检周期的长短，直至超标。

5.5.3　涡流检测技术

由于交变的电流会在其周围空间产生交变的磁场，并在导电的试件中产生涡流，涡流检测技术即通过对涡流场变化的检测来检查试件的情况，其工作原理如图 5.19 所示。该检测技术常用于导电材料的表面和近表面缺陷检查，在飞机维修工作中的应用最为广泛，尤其是对应力腐蚀裂纹和疲劳裂纹的检查灵敏度很高。

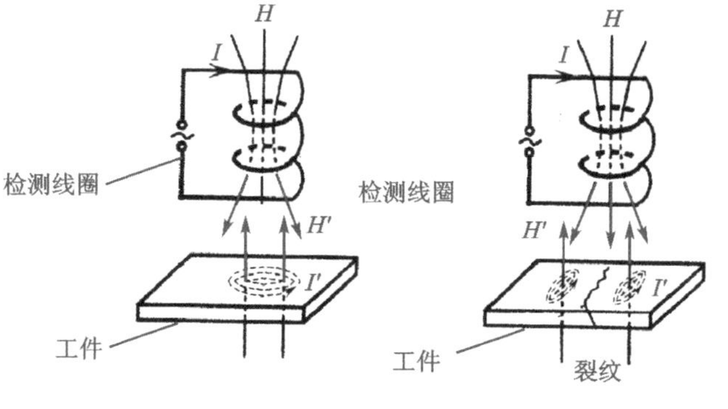

图 5.19　涡流检测原理图

一般情况下在飞机维修中，用高频涡流仪检测表面的凹痕、裂纹、蚀坑；用低频涡流仪检测内侧表面的腐蚀和表面下一定深度的裂纹。

某型发动机二级涡轮叶片叶背第一榫槽内在使用中容易产生裂纹，且已发生过折断事故。因此，必须进行探伤检查。据国内外有关文献介绍，涡流探伤法是检查涡轮叶片榫槽内裂纹的最可靠的探伤方法，如图 5.20 所示。

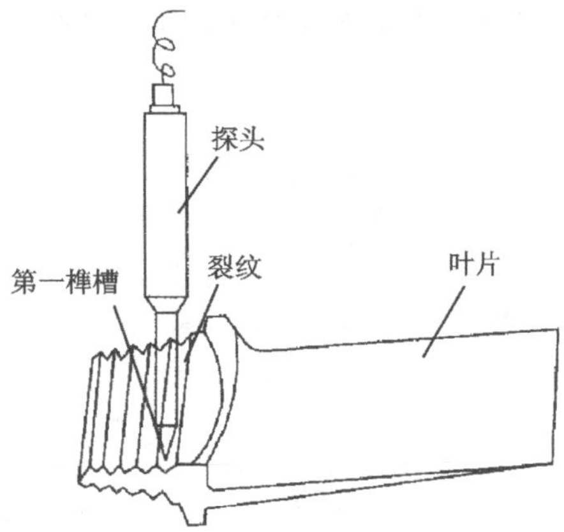

图 5.20 涡轮叶片榫槽裂纹的涡流探伤

涡流检测技术的优点：

① 疲劳裂纹和应力腐蚀是飞机不少结构部件常出现的毛病，而涡流检测法对这两种裂纹最为敏感，灵敏度最高。

② 涡流检测法不必去除表面漆层，给检测工作带来很大方便。

③ 涡流检测对飞机蒙皮背面的腐蚀损伤，尤其是晶间开裂较为敏感。

④ 使用低频涡流仪可以检测多层蒙皮搭接处的损伤或其他多层结构的缺陷。

⑤ 由于涡流仪的探头可以做的很小，因而飞机上搭接部位的螺栓孔、铆钉孔周边裂纹的检测很方便。

⑥ 飞机的很多部位，可以直接用涡流仪进行原位检测，不必拆卸结构部件。

涡流检测技术的缺点：

① 仅局限于导电材料的检测，一般不用于铁磁性材料的检测。

② 只能检查表面和近表面的缺陷。

③ 大面积检查效率极低，对形状复杂试件难作检查。

④ 必须先了解缺陷的方向才能取得比较好的检查效果，且影响因素比较多，判断缺陷性质、形状、大小困难。

5.5.4 超声检测技术

超声检测是利用了超声波的发射与反射的原理进行检测。声波在某种材料中的声速是一定的，当声波遇到试件中的缺陷时，声波波速会随着材料声阻抗的变化而改变并在这一点产生一个回波，在已知材料声速的情况下，可以通过测量回波时间获得缺陷的位置信息。

超声波探伤主要有两个作用，一是测厚，根据脉冲波返回时间测出厚度；二是测裂纹，根据反射波的强弱判断有无裂纹。在飞机维修中常用于铸造、焊接、锻造材料的起落架以及试件测厚、发动机部件检查、粘结质量以及重要部位螺栓检查等。如图 5.21 所示为采用 CTS－22 型或性能相同的超声波检测仪对某型飞机主液压油泵出口导管的超声检测。

超声检测技术的优点：

① 可以检查内部缺陷的大小、位置、埋深、性质等；

② 适用于金属、非金属、铁磁、非铁磁等各种材料的检查；

③ 仅需要从一侧接近试件，可用于测厚等。

超声检测技术的缺点：

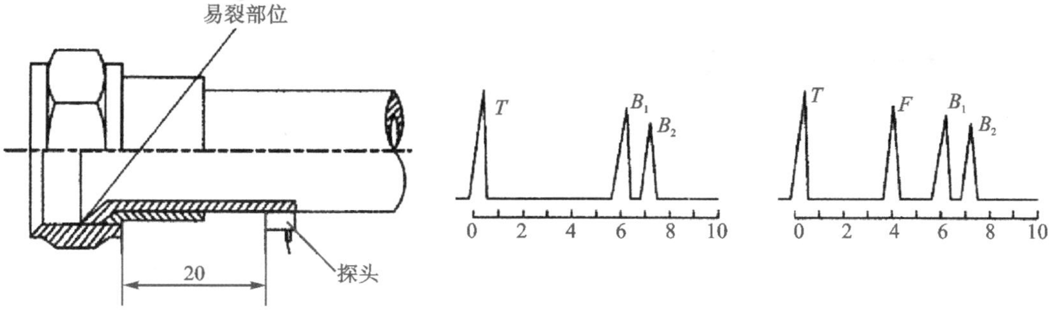

(a) 油泵导管检测图　(b) 无缺陷波形图　(c) 有缺陷波形图

图 5.21　油泵导管的超声检测

① 需要参考试件用于仪器标定；

② 需要先了解缺陷方向才能取得较好的检查效果，而且影响因素较多，对检查者要求较高，此外，对形状复杂试件检查相对困难；

③ 需要耦合剂，对耦合表面要求较高。

5.5.5　渗透检测技术

渗透检测是将溶有荧光染料或者着色染料的渗透剂施加在被检测的工件表面，如图 5.22(a)所示；将附着在工件表面多余的渗透剂清洗掉，如图 5.22(b)所示；经过干燥处理和施加显像剂后进行显像，如图 5.22(c)所示；在紫外线灯或白光下进行观察，缺陷处会发出黄绿色的荧光或者显现着色染料的红色，用目视检查就能发现，如图 5.22(d)所示。渗透检测常用于检查非松孔性的金属和非金属材料表面开口缺陷。

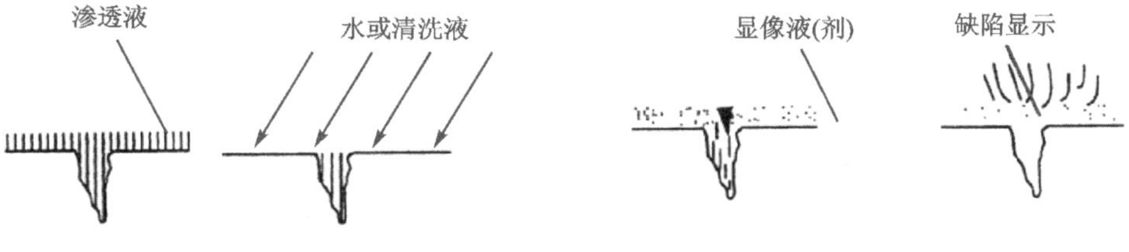

(a) 渗　透　(b) 清　洗　(c) 显　像　(d) 观　察

图 5.22　渗透检测原理

在飞机维修中，此法广泛用于飞机黑色金属、有色金属(包括锻件、铸件、焊接件、机加工零部件等)及陶瓷、玻璃、塑料等非金属材料表面开口性缺陷的检测。该方法不受零部件的形状、大小、组织结构和化学成分及缺陷方向的影响。它对飞机各受力部件，包括发动机转子叶片上的裂纹、孔洞、折叠、分层、疏松等表面缺陷，都有较好的检测灵敏度。对于腐蚀部位清除的彻底程度，也可以用渗透检测来确定。图 5.23 为采用着色法渗透检测水平尾翼大摇臂的检测工艺图，图 5.24 为采用荧光检测铸造叶片是否存在缺陷。

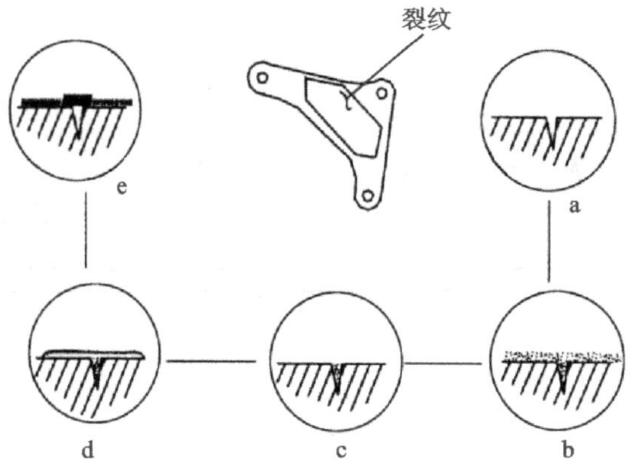

图 5.23 大摇臂着色法检测工艺图

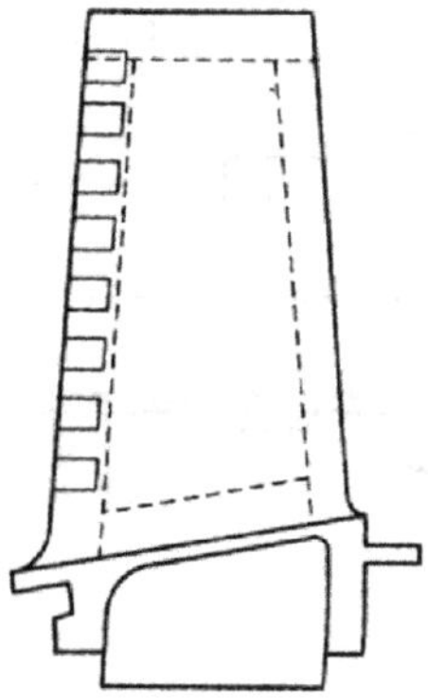

图 5.24 铸造叶片的荧光检测

渗透检测技术的优点：

① 不受工件尺寸大小、几何形状、内部结构、成分和缺陷方位的限制，且在一次操作中可以同时检查表面开口的全部缺陷；

② 经济、操作简单，缺陷显示直观，灵敏度较高；

③ 可用于在位和实验室检查。

渗透检测技术的缺点：

① 仅适用于表面缺陷的检测，也无法显示缺陷的深度以及缺陷内部的形状和大小；

② 无法对多孔性材料进行检查，如某些铸造材料，如果工件表面比较粗糙，将无法检出细小、分散的缺陷；

③ 对表面清洗的要求较高，在外场或在位条件下难以保证清洗质量。

5.5.6 磁粉检测技术

磁粉检测是将铁磁性材料的工件进行磁化，若工件表面或近表面存在缺陷，会在缺陷附近表面空间形成漏磁场，如图 5.25 所示。将微细的铁磁性粉末（即磁粉）施加到该表面上，漏磁场会吸附磁粉并形成磁痕，显示出缺陷的位置和形状，缺陷处在紫外线灯或白光下将分别发出黄绿色的荧光或者显现磁粉颜色。磁粉检测常用于检测铁磁性材料的表面和近表面缺陷。

在飞机维修中磁粉检测法是检测飞机结构中铁磁性材料工件表面或近表面缺陷最好的方法，主要用于检测锻钢件和焊接件。飞机上钢结构零部件，如接头、安装座、起落架及发动机上的合金结构刚部件，均可采用磁粉探伤。此法对疲劳裂纹和应力腐蚀裂纹的检测灵敏度高，结果可靠，还可配合涡流检测对结果作进一步的验证。图 5.26 为采用 CTQ－1 型手枪式磁粉探伤仪对前起落架轮轴根部进行裂纹损伤检测。

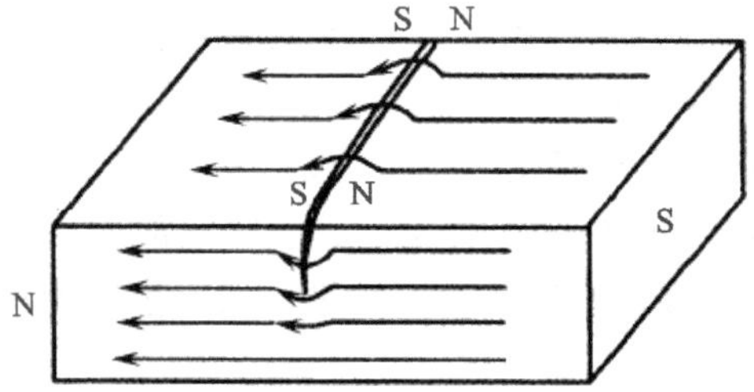

图 5.25 磁粉检测原理

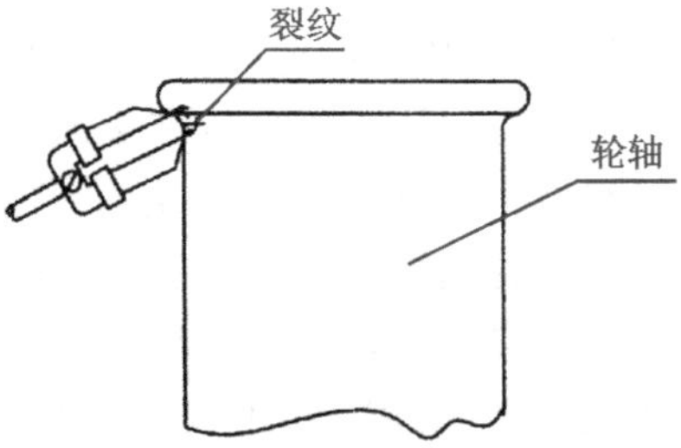

图 5.26 轮轴根部裂纹磁粉损伤检测

磁粉检测技术的优点：

① 能直观地显示缺陷的位置、形状、大小；

② 具有较高的灵敏度，检测速度快，工艺简单，经济；

③ 几乎不受工件大小和形状的限制。

磁粉检测技术的缺点：

① 仅适用于铁磁性材料的表面和近表面缺陷的检测，且检测深度一般不超过 1.5 mm，此外，宽而浅的缺陷也难以检测出来；

② 要求磁化方向与缺陷方向垂直，因此需进行多次磁化以检测出不同方向的缺陷；

③ 检测完成后常需要进行退磁和清洗，一般用于可拆卸工件的检测，在位检查较难进行。

5.6　航空发动机静电监测技术

5.6.1　概　述

航空发动机的静电监测技术的研究起源于 1970 年，当时美国空军技术研究所 AFIT（Air Force Institute of Technology）的学生发现发动机在失效之前，气路的电气活动性会增加。起初认为是个别电荷的颗粒撞击到了静电传感器探极所产生的信号，然而通过吸入颗粒以及模拟颗粒进行实验，并没有产生像先前描述的单个颗粒那样产生相同的信号，发动机相关的数据采集实验也就中止了。随后在 1975 年，Shaeffer、Peng 和 Sajben 等人认为这是发动机气路环境中过量的电荷产生的一个特里切尔脉冲，通过一些统计数据表明在发动机失效前会在气路中出现过量的电荷，但他们没有找到电荷和发动机性能退化之间的物理关系。随后，AFIT 的学生 Dunn R. W. 和 Mitchell J. E. 在喷气发动机碰摩和烧蚀实验的过程中发现：当发生碰摩和烧蚀时，大量的金属颗粒物（粒径为 5～100 μm）从发动机气路部件表面脱落，形成了气路中过量的电荷，正是这些过量的电荷产生了感应信号。后续的实验中还发现，发动机正常工作时电荷的数量和大小变化趋势与退化率的趋势相同。1978 年，美国的 Robert P. Couch 博士研究并验证了通过监测尾气中因为部件碰摩、腐蚀以及烧伤等产生的静电脉冲信号能够有效地监测到涡轮发动机的性能退化。实验表明，采用该方法后大约 2/3 的发动机至少能提前 4 h 预测到气路故障，且虚警率仅为 5%。

5.6.2　静电监测原理

发动机静电监测技术是基于静电感应的原理。航空发动机进气道吸入外来颗粒或尾喷管喷出内部故障颗粒时，颗粒物与空气发生剧烈摩擦会带上电荷。当带电颗粒随气流穿过静电传感器电极时，将会引起传感器金属探极内部电子流动，为了平衡附近的外来电荷，探极电子将会被重新分布并产生相应的感应电流和感应电压，监测设备便能够对产生的感应电压进行在线监测。通过对金属探极的感应电压进行测量，得到电荷颗粒的电荷强度以及带电极性。外电场会随着带电颗粒离开传感器的感应场而消失，正负电荷将会迅速移动并互相中和，使得探极呈电中性状态，因此监测得到的感应信号也将恢复至零。

通过分析电荷感应原理，人们设计出来了监测气流中带电颗粒带电水平的静电传感器，该类传感器主要由感应探针、接地外壳、测量电路等部分组成。静电传感器对感应信号的整个测量过程如图 5.27 所示。当带电物质靠近或远离静电传感器的探测空间时,将会在传感器探针上出现感应电荷。静电传感器的物理测量模型如图 5.28 所示。

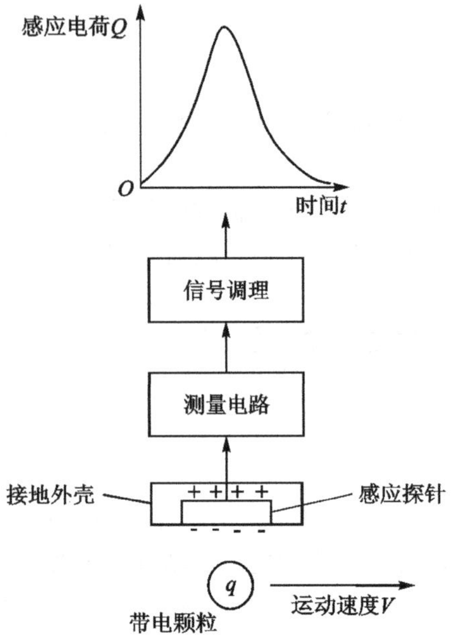

图 5.27　静电传感器测量原理

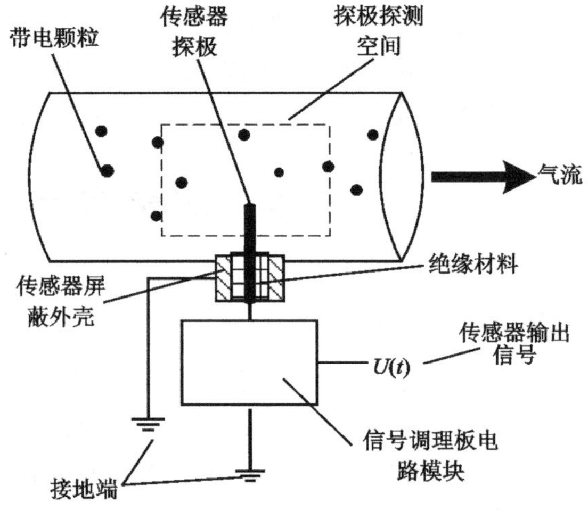

图 5.28　静电传感器的物理测量模型

高速气流是静电传感器一个重要的工作环境,高速气流中夹杂着许多大小不一、带电量不尽相同的带电颗粒,这些带电颗粒将会被静电传感器探测到。在探测过程中,静电传感器获取经过探测空间的所有带电颗粒的带电情况,探针上的感应电荷通过信号检测电路模块(测量电路)经过信号电缆输出电压信号,传感器探针与传感器外壳之间填充了绝缘材料,传感器外壳与大地之间需要接地线,及时的消除其表面感应的电荷,避免这些感应电荷对传感器探针产生影响。

5.6.3　静电监测技术应用

1997 年,英国 Smith 公司对静电监测技术做了大量的实验研究并研制了对发动机气路颗粒碎片带电颗粒进行监测的发动机损伤监测系统 EDMS(The Engine Distress Monitoring System)和吸入物监测系统 IDMS(Ingested Debris Monitoring System)。通过在发动机的加速任务实验中,EDMS 提供了发动机在正常运行下早期故障预警信息,包括压缩机碰摩,以及更有意义的燃烧室系统故障。后续的发动机的性能跟踪报告证明了预警信息的正确性,因而有效地证明了 EDMS 能够用于发动机气路故障征兆并定位到部件。并且 EDMS 在不同型号的发动机上的实验都有类似的特征,表明了 EDMS 具有普遍的早期故障探测能力。1999 年,H. E. G. Powrie 在面向全面预测的 EHM(Engine Health Management)概念中,提出要实现故障预测与健康管理,则需要具有提供早期故障预警能力的监测技术来检测故障的发展趋势,以便能够采取适时的维修活动。借助于 IDMS 和 EDMS 的帮助便有可能达到这个目标。2000 年,Fisher 对发动机气路静电监测技术进行了总结,并指出需要进行决策算法和信号处理的研究以提高诊断效果。经过 20 多年的模拟实验、台架实验和机载实验,静电监测技术作为一种新型的监测技术被引入到 F-35 战斗机的 PHM 能力设计中，主要用来对发动机的推进系统进行实时监控，包括发动机吸入碎屑监控系统 IDMS、发动机排气颗粒监测系统 EDMS，静电监测技术的应用极大提高了发动机的 PHM 能力。

IDMS 主要用来对进入发动机的碎屑所携带的静电荷进行检测，将这个数据与 EDMS 结果结合到一起，可以确定发动机吞咽外物的综合影响。为了满足 PHM 系统的早期告警要求，必须检测出可能有害的吸入材料，以便降低后续损害，并采取适当的补救措施。EDMS 主要用来检测发动机尾气中的碎屑所携带的静电荷，通过 EDMS 可以实时地监测气路部件的退化并提供对初期故障状态的早期告警。该系统可以跟踪故障的严重性变化，从而为维修计划制定获得了更多的决策时间，并能实现发动机模块级的故障诊断。EDMS 与现有的监测技术的综合应用可以确保在故障的早期发出报警并且跟踪故障的进展。持续的监测以及将 EDMS 数据与发动机工作状态关联起来，还可以发现发动机哪些工作状态相对造成了更多的部件损坏，从而进行改进。F-35 的 IDMS 和 EDMS 硬件配置图如图 5.29 所示。

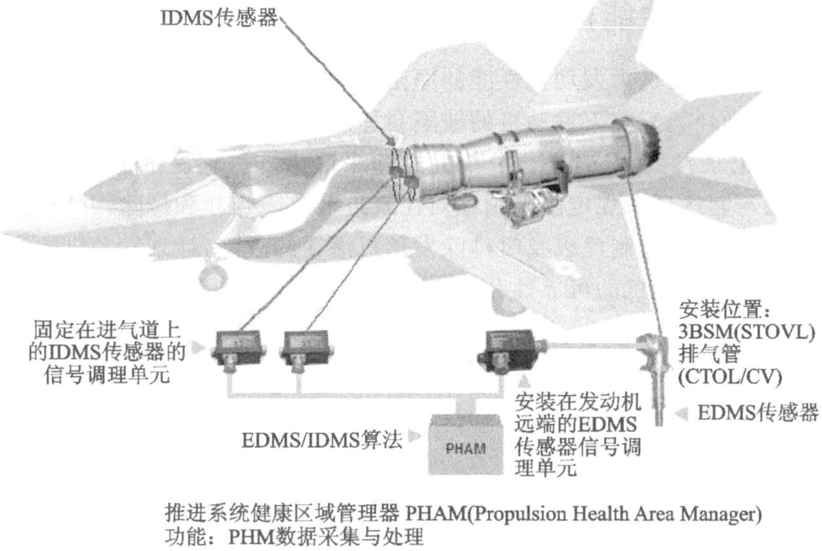

图 5.29　F-35 的 IDMS 和 EDMS 硬件配置图

习题与思考题

1. 航空发动机主要监测技术有哪些？
2. 简述滑油磨粒铁谱分析技术的基本原理。
3. 简述滑油磨粒光谱分析技术的基本原理。
4. 比较铁谱分析技术、光谱分析技术以及磁塞检测技术的不同特点。
5. 航空发动机振动增加或超限的主要原因是什么？
6. 航空发动机监测中有哪些主要振动参数？
7. 简述温度监测技术的基本原理。
8. 航空发动机无损检测技术有哪些，各有什么特点？
9. 航空发动机静电监测技术的基本原理是什么？

第6章 航空发动机性能控制技术

6.1 发动机性能控制概述

由于发动机处于十分恶劣的环境中，运行一段时间后，其各个部件都会有一定的退化。为了延长使用寿命、并保证工作的安全性，并且能够提供足够的性能来保证安全飞行，必须实时监控发动机性能并在恰当的时机采取恢复措施。采用发动机性能控制技术，维修人员可以及时发现发动机内部损伤，并提前采取必要的安全措施以防止空中停车，同时减少发动机非计划拆换，延长发动机的装机时间，降低发动机的维护成本。

6.1.1 发动机性能控制目标

发动机性能控制方案认为发动机性能的原始和正常水平会受到环境和操作方式的影响，并且在特定的操作和环境影响下发动机的缺陷会加深。发动机性能控制方案要求每天根据航后报告，定期译码记录参数，及时进行分析并迅速采取措施。它提供了监控发动机性能的方法，并将监控结果与制造厂家规定的限制相对比来进行故障判断和排除，并监控主要性能参数的变化趋势。发动机性能控制可以及时排除发动机潜在的故障，计划发动机的换发，预防发动机空中停车，从而提高发动机的可靠性和安全性。

6.1.2 发动机性能控制各部门职责

发动机性能控制需要航空公司的工程技术部、维修生产计划部门和维修部门协调以保障发动机能够正常运行，各部门的职责如下。

(1) 工程技术部

发动机的工程技术部除了需要负责制定发动机管理的相关程序外，为了保持发动机的性能状态，主要完成如下任务：

- 负责发动机 AD/SB/VSB/SL 的工程评估和工程指令的颁发；
- 完成发动机性能状况的评估和认定以及相关纠正措施的制定和落实；
- 提出发动机性能警戒值修订并负责评估；
- 建立发动机性能监控档案；
- 对每日发动机状态监控数据和滑油消耗数据进行处理并分析，同时收集并分析孔探报告和滑油金属屑末报告以及其他相关的发动机性能数据；
- 跟踪没关闭的警告通知项目和视情监控项目，并监督各类纠正措施的落实情况；
- 负责评估状态监控数据，滑油消耗率数据，孔探和滑油金属屑末检查报告等，及时处理问题，确保相应的性能参数正常；
- 评估发动机性能，同时分析和评估发动机水洗效果、发动机性能衰退、发动机修理质量等。

(2) 维修生产计划部门

- 负责编制相关发动机的例行、非例行工卡；
- 负责制定维修计划，如发动机更换工作计划、发动机相关的例行维护工作和发动机排故工作等；
- 负责监督相关工卡工作的执行情况。

(3) 维修部门

负责具体实施维修管理部下发的相关发动机的各类工卡。

6.1.3　发动机性能控制的流程

航空发动机性能控制不仅可以有效地预防发动机在空中停车，保障航空安全，还可以减少发动机非计划拆换，延长发动机在翼时间，从而大大降低发动机的维护成本。国内民航发动机性能监控大多依赖于制造商提供的系统，这一方面使得发动机的监控要时时依赖于厂家，失去了自主性，遇突发事件可能导致厂家监控系统不能使用而影响业务的正常运转；另一方面厂家系统虽在数据的采集和录入上基本实现了自动化，但对于数据的处理和分析还存在诸多不足，没有充分挖掘现有丰富的性能监控数据。

航空发动机性能控制的基本流程如图 6.1 所示，实时采集的发动机状态参数通过 ACARS 传输到地面监控站，进而由性能监控软件处理，之后用户可得到几个关键的性能参数的偏差值，并以图形表示出来，用于监控发动机状态。

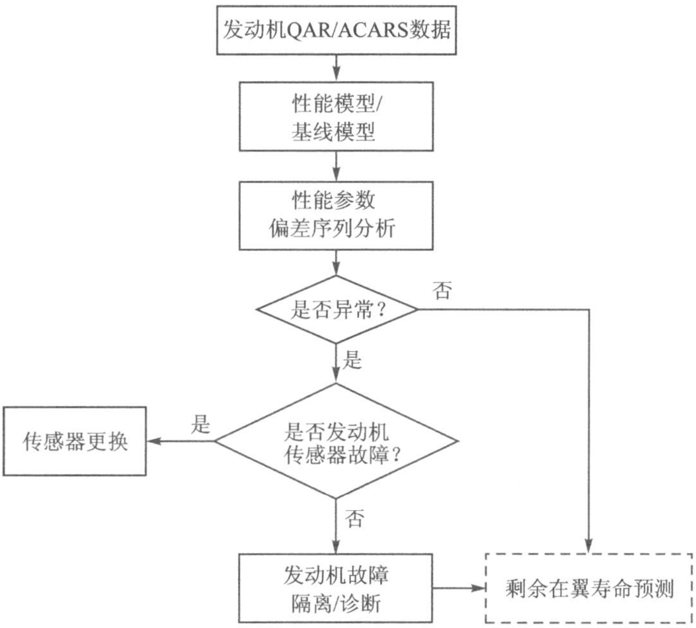

图 6.1　航空发动机性能控制流程

航空发动机性能数据由各飞机维修实施单位收集并传递给发动机性能监控人员。发动机性能数据及来源主要有以下 5 个方面：

① 发动机性能监控参数，主要来源于 QAR (Quick Access Recorder) 或 ACARS (Aircraft

Communication Addressing and Reporting System)数据。为此需要取下 QAR 光盘,上传至 QAR 服务器;或用软盘下载 ACMS 数据;或通过 ACARS 直接将数据上传到发动机厂家;通过 SAGE、RD、OSYS 等发动机监控系统对发动机性能参数进行趋势监控。例如,发动机排气温度裕度(EGTM)、燃油流量、发动机高低压转子转速、发动机振动值等发动机性能参数。

② 发动机滑油消耗量数据,通过记录飞行前后的滑油量和飞行时间,分析滑油消耗率变化趋势,从而判断是否存在滑油泄露问题,其数据来源于技术记录本。

③ 发动机相关的各类故障信息,数据来源于飞机故障报告系统和技术记录本。

④ 孔探检查数据,使用内窥镜检查发动机内部结构,这样就能够及时发现损伤,以评估发动机的整体性能,来源于孔探检查报告。

⑤ 金属屑末数据,通过分析滑油中的金属屑末来确定发动机磨损故障类型,通过金属屑末数量的多少来确定故障程度,数据来源于技术记录本。

6.1.4 发动机性能控制方法

航空发动机性能控制的目的是为了对发动机性能进行实时监控,并在必要时实施纠正措施,以保证各参数具有一定的安全裕度以免发动机参数超过规定的发动机极限值。

发动机状态监控工程师每日监控发动机性能状况并与发动机厂家的限制值相对比,利用发动机性能控制方案提供了对发动机性能状况的持续监控和分析方法,及时识别不利趋势并迅速采取纠正措施。

① 性能评估标准(发动机厂家限制值)即发动机厂家限制包含于各机型飞机维修手册,发动机维修手册和无损探伤手册中所涉及的发动机使用限制的主要参数有:

➤ 滑油压力;
➤ 滑油温度;
➤ 发动机各转子转速;
➤ 排气温度;
➤ 滑油消耗率;
➤ 振动值;
➤ 磁堵检查发现的屑末;
➤ 孔探中发现的发动机本体缺陷。

② 当发动机状态监控工程师发现发动机性能参数不正常或达到警戒值时,应及时颁发纠正措施。

③ 发动机状态监控工程师确定纠正措施后,维修管理部负责实施。维修实施单位应及时反馈纠正措施的实施情况和结果。

④ 在发动机性能周例会上,发动机状态监控工程师应就视情监控项目和警戒值项目与维修管理部工程师、厂家代表协商讨论,提出解决问题的办法。

⑤ 发动机状态监控工程师对于视情监控项目和警戒值项目进行跟踪和监控,及时获取纠正措施的情况和相关信息,结合发动机趋势图进行监控分析。

⑥ 当发动机被拆换或发动机性能趋势恢复至正常状态时,经性能周会讨论分析后,视情

监控项目和警戒值项目可以关闭。

6.2 性能数据处理

由于测量和记录误差，使得所收集的性能数据中不但存在许多偏离正常值特别大的、不合理的、孤立的数据，而且还存在缺失数据的现象。为了更好地分析参数变化的趋势，需要对性能数据进行异常点分析，噪声处理，补充缺失值。

6.2.1 异常点分析处理

由于测量误差，或也可能是数据固有的可变性的结果，在大型数据集中，通常存在着与其余数据有较大出入的数据点，称之为异常点。为此，可采取距离检测法去除异常点，将其对模型的影响减到最小。其基本思想是计算数据集中所有样本间的测量距离，并与给定的阈值进行比较。如果数据集中至少有一部分样本到样本 S 的距离大于阈值，则这个样本 S 就是一个异常样本，也就是说那些没有足够相邻点的样本通常被判定为异常点。

6.2.2 噪声处理

航空发动机监控软件中常用的平滑方法有：移动平均平滑法和指数平滑法。设监测数据 $\{y_t\}$ 是平稳随机序列：

$$y_t = x_t + \varepsilon_t \tag{6.1}$$

式中：x_t 为 t 时刻的状态；y_t 为 t 时刻的测量值；ε_t 为 t 时刻的测量噪声。

n 点移动平均平滑法为

$$\hat{x}_t = \frac{y_t + y_{t-1} + \cdots + y_{t-(n-1)}}{n} \tag{6.2}$$

指数平滑为

$$\hat{x}_t = \hat{x}_{t-1} + \alpha(y_t - \hat{x}_{t-1}) \tag{6.3}$$

式中：$\hat{x}_t$ 是 x_t 的估计值；α 为平滑指数(取 $\alpha=0.1\sim0.3$)。在式(6.2)和式(6.3)中，y_t 可视为原始偏差，$\hat{x}_t$ 可视为平滑后的偏差。

6.2.3 多源数据处理

发动机监控的数据源采集自 QAR、ACARS，此外，还包括维修电子文档、飞行日志等信息，数据格式不一致。因此，初始样本的数据质量无法满足分析所需，必须对数据进行规范化处理，实现多数据源描述的一致性，以保证数据源的可用性和稳定性。图 6.2 为一种多数据源处理过程，示意图中各阶段对应操作的具体含义如下：

① 清理集成：删除噪声、不一致的数据，将多数据源综合起来；

② 选择转换：抽取与分析任务相关的数据，数据转换或合并成适当的形式；

③ 模型应用：采用已有的模型来抽取未知数据中隐藏着的模式与知识；

④ 评估表示：根据设定的标准对输出结果进行评估。

监控应用中涉及的多数据源主要如下：快速存取记录器(QAR)译码数据，地空数据链

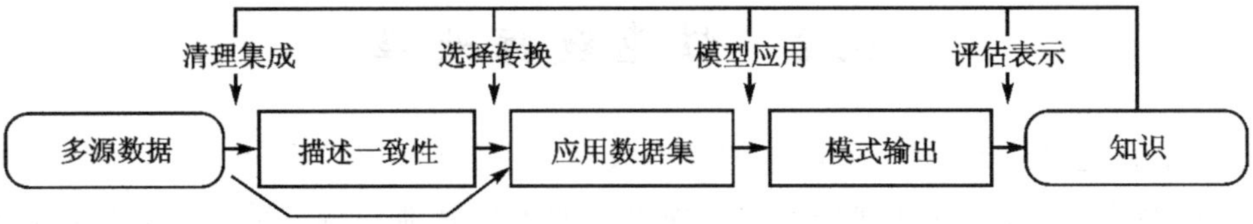

图 6.2 数据规范化过程示意图

(ACARS)报文译码数据,发动机性能监控(ECM)数据,维修电子文档(MEDMMS)等。由于QAR与ACARS的数据源都是来自于数据管理部件(DMU),因此,两者实质上是同一路数据采集信号的两种记录方式。两者的区别在于,QAR数据以秒为记录频率,具有很好的完备性,但只能在航后获得;而ACARS数据基于VHF链路实时传输,但数据的记录频率、参数量都远低于QAR。

另外,发动机性能监控(ECM)和维修电子文档(MEDMMS)数据的格式都是自定义的,为了保持数据应用的一致性,必须针对指定的数据集,进行数据转换处理。例如对于发动机性能实时监控中所需要的故障类别,需要有一个从自然语言描述性的专家知识到计算机语言描述性的知识规则的转换,这就需要对故障类别进行编码,保证数据描述的一致性。

多数据源一致性处理确保了各种数据源、知识库在数据格式和工程意义的统一性,是在多数据源飞行数据背景下,进行发动机故障诊断和性能控制的基础。

6.2.4 数据的时间配准

多源气路参数应用过程中,由于数据帧的采样频率不同,决定了帧速率的不同,各路通道获取的观测数据、征兆数据存在着不同步的问题,必须将这些数据进行同步,以获得统一"时基"和一致时间的过程,称为时间配准。

多路参数只有在同一时间轴参考系中的时间配准,数据才可用,需要开展数据帧的同步研究,即在同一时间轴坐标系内实现多源异采样率数据的重绘,其中三次样条插值是进行帧数据重绘的有效方法。三次样条是指使用分段三次多项式函数来描述这种曲线,其中在各种曲线的连接处有连续的一次和二次导数。三次样条曲线的基本形式可以描述为,给出1组控制点,通过每个控制点的分段三次多项式曲线来拟合输入点,可以得到三次插值样条。设有$n+1$个控制点,坐标分别为

$$P_k = (x_k, y_k, z_k) \qquad (k = 0, 1, 2\cdots, n) \tag{6.4}$$

使用如下参数方程组来拟合空间三次方程:

$$\begin{cases} x(t) = a_x t^3 + b_x t^2 + c_x t^2 + d_x \\ y(t) = a_y t^3 + b_y t^2 + c_y t^2 + d_y \\ z(t) = a_z t^3 + b_z t^2 + c_z t^2 + d_z \end{cases} \qquad (0 \leqslant t \leqslant 1) \tag{6.5}$$

对于这3个方程中的每一个必须确定多项式表示中的4个系数a、b、c、d值,而$n+1$个控制点共产生n条曲线段,每一段都需要确定系数。通过在曲线段的"交点"处设置足够的边界条件来解决上述问题,可以得到所有的系数值。由于边界点的空间位置就是控制点的位置,在气路参数重绘中,控制点的位置是固定的,因此,求解系数列表的关键是选择合理的一阶导数

数值。参数重构过程中，离散数据点为发动机气路状态参数点，包括了高低压转子速度、尾气温度和燃油流量信息，在数据处理阶段存储为高维数组。此外原始 UTC 时间信息也需要存储至数组，以确定控制点在时间轴上的位置。插值算法中，三次曲线的每段终点位置指定切线。样条完全由连续 4 个控制点给出。中间两个控制点是曲线段端点，其他两个控制点用于计算终点斜率。设 $P(u)$ 是两控制点 P_k 和 P_{k+1} 间的参数三次函数式，则从 $P_{k-1} \sim P_{k+2}$ 间的 4 个控制点用于建立样条段的边界条件。

$$\left.\begin{aligned} P(0) &= P_k \\ P(1) &= P_{k+1} \\ P'(0) &= \frac{1}{2}(1-t)(P_{k+1}-P_{k-1}) \\ P'(1) &= \frac{1}{2}(1-t)(P_{k+2}-P_k) \end{aligned}\right\} \tag{6.6}$$

控制点 P_k 和 P_{k+1} 在 $\boldsymbol{P}$ 处的斜率分别与弦 $\overline{P_{k-1}P_{k+1}}$ 和 $\overline{P_kP_{k+2}}$ 成正比。参数 $\boldsymbol{t}$ 为张量，它可以控制样条与控制点间的松紧程度。重绘曲线的向量方程为

$$\boldsymbol{P}(u) = \begin{bmatrix} u^3 & u^2 & u^1 & 1 \end{bmatrix} \begin{bmatrix} a_k \\ b_k \\ c_k \\ d_k \end{bmatrix} \tag{6.7}$$

$$\boldsymbol{P}'(u) = \begin{bmatrix} 3u^2 & 2u^1 & 1 & 0 \end{bmatrix} \begin{bmatrix} a_k \\ b_k \\ c_k \\ d_k \end{bmatrix} \tag{6.8}$$

式中：u 为点 k 和点 $k+1$ 间相对偏移量，$0<u<1$，代入边界条件并求解系数矩阵 $[a_k \quad b_k \quad c_k \quad d_k]^{\mathrm{T}}$，解矩阵方程：

$$\begin{bmatrix} P_k \\ P_{k+1} \\ P'_k \\ P'_{k+1} \end{bmatrix} = \begin{bmatrix} 0 & 0 & 0 & 0 \\ 1 & 1 & 1 & 1 \\ 0 & 0 & 1 & 0 \\ 3 & 2 & 1 & 0 \end{bmatrix} \begin{bmatrix} a_k \\ b_k \\ c_k \\ d_k \end{bmatrix} \tag{6.9}$$

得解形式如下：

$$\begin{bmatrix} a_k \\ b_k \\ c_k \\ d_k \end{bmatrix} = \begin{bmatrix} 2 & -2 & 1 & 1 \\ -3 & 3 & -2 & -1 \\ 0 & 0 & 1 & 0 \\ 1 & 0 & 0 & 0 \end{bmatrix} \begin{bmatrix} P_k \\ P_{k+1} \\ P'_k \\ P'_{k+1} \end{bmatrix} \tag{6.10}$$

将解展开为多项式并代入向量方程，得最终解形式：

$$\begin{aligned} p(u) = {} & p_{k-1}(-3u^3+2su^2-su)+p_k[(2-s)u^3+(s-3)u^2+1]+ \\ & p_{k+1}[(s-2)u^3+(3-2s)u^2+su]+p_{k+2}(su^3-su^2) \end{aligned} \tag{6.11}$$

可见，插值过程是利用已有参数数组计算系数矩阵并存储的过程。重绘过程中，将获取的数据集作为控制点集，按照所需的参数矩阵格式存储数据序列。在时间点上，分别对参数序列进行三次样条插值运算，得到整个时间段上的连续参数，对于算法的性能，利用均方根误差

(RMSE)进行误差评价。

$$\text{RMSE}=\sqrt{\frac{\sum_{i+1}^{n}(\text{OBS}_i-\text{SIM}_i)^2}{n}} \tag{6.12}$$

式中:OBS 为观测值,即译码所得参数观测值;SIM 为三次样条插值函数的拟合值;n 为样本容量。显然,RMSE 越小,表明了重绘误差也越小,所采用的插值函数准确、有效,插值所得参数估计值就能够真实地反映发动机运行状态和征兆。

上述工作对不同采用率气路参数进行了同一时间轴参考系内,解决了同时段内不同帧速率导致的参数时间不对准问题。参数的空间对准,是工程单位的统一。

6.3 发动机滑油消耗率监控技术

6.3.1 发动机滑油消耗率监控目标

滑油监测技术是机械设备状态监测与故障诊断的主要方法之一,特别适用于机械磨损类故障监控与诊断。作为一个技术密集型机械产品,航空发动机中包含了大量的齿轮、轴承等机械部件,十分复杂,因此滑油监测也是发动机状态监测与故障诊断的重要手段之一。工程师利用计算机实时监控发动机滑油消耗率和趋势值,并及时报告滑油趋势的不正常情况。

发动机滑油消耗率监控方案用于保证航空公司机群每一台装机发动机本体及滑油系统的正常工作,主要用于:

① 确认滑油消耗率在发动机维护手册限制值之内;

② 监控滑油消耗率的明显上升趋势,及时确定并采取纠正措施。

6.3.2 发动机滑油消耗率监控的职责

① 工程技术部的职责:

- 负责发动机滑油消耗率监控工作和处理滑油消耗率监控问题;
- 每天监控和分析发动机滑油消耗率趋势,及时反映发动机滑油耗量不正常情况;
- 跟踪滑油耗量的视情监控项目和警戒值项目;
- 提出修订滑油消耗率警戒值的建议,负责评估警戒值修订值。

② 维修实施单位的职责:

- 负责每日采集飞行小时、起落、滑油消耗信息并录入发动机监控信息系统,并确保数据的完整和准确;
- 负责实施发动机状态监控工程师制定的纠正措施。

6.3.3 发动机滑油消耗率监控的流程

发动机的滑油消耗率监控流程如图 6.3 所示。

1. 滑油消耗率数据的收集

(1) 数据记录

① 维修人员在按要求完成发动机滑油量的检查、加注工作后,必须在飞行记录纸的相应

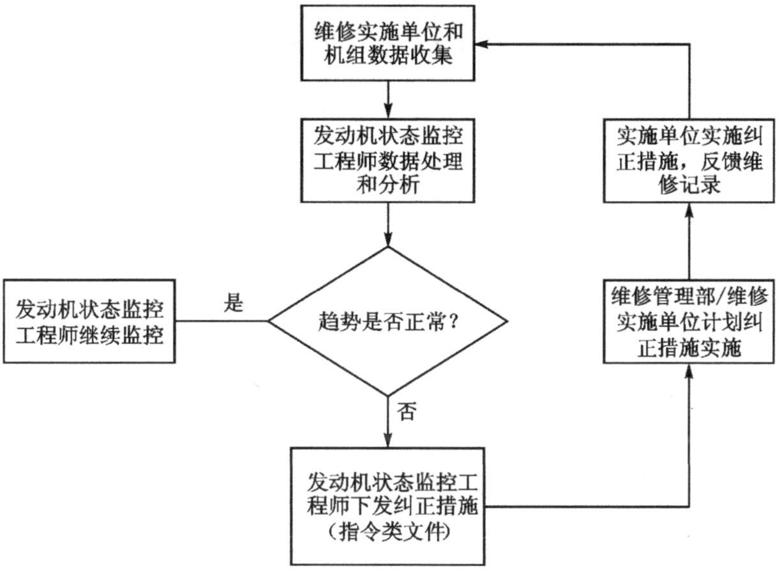

图 6.3　滑油消耗率监控总流程

位置上记录滑油添加量。记录必须准确、清晰，一般的记录方式为“添加前的读数＋添加量（夸脱）”。

② 飞行员负责在记录本上记录航段的发动机飞行小时数（包括发动机飞前，本次飞行和飞行后小时数）或者有飞机系统自动记录。

（2）数据收集和输入

① 维修人员负责每日采集飞行小时、起落、滑油消耗信息和录入发动机监控信息系统，并确保数据的完整和准确。

② 当记录纸上滑油添加量记录不清楚、发动机时间记录不清楚或缺少时，维修人员应及时询问准确的数据记录值。

2. 滑油消耗率数据分析

航空公司都采用第 5 章中式（5.1）和（5.2）进行滑油消耗率计算。工程技术人员负责进行滑油消耗率趋势曲线的日常分析和监控工作。

① 发动机滑油消耗率监控由各机型/发动机类型滑油消耗率文件构成，每一机型/发动机类型滑油消耗率文件又由许多工作表格构成，对于每一台发动机均有一工作表格与之相对应。

② 警戒值的修订：在日常发动机监控中，工程技术部、各维修实施单位和其他有关部门可以提出警戒值修订建议。警戒值修订需要在发动机性能例会上进行评估和讨论通过，然后提交后批准实施。

③ 分析方法：每工作日监控和分析发动机滑油消耗率趋势。当发动机滑油消耗率显示有缓慢、持续或突然上升趋势时，若趋势值没有达到或超过警戒值，发动机状态监控工程师应及时视情监控该发动机并采取相应措施；若趋势值达到或超过警戒值，应下发维修指令实施纠正措施。

3. 纠正措施

① 发动机状态监控工程师发现滑油耗量趋势不正常或达到或超过警戒值时，应尽快制订

好纠正措施，并发给维修管理部/维修实施单位；

② 维修管理部/维修实施单位实施具体的纠正措施；

③ 维修管理部/维修实施单位应及时反馈纠正措施实施情况和结果给发动机状态监控工程师；

④ 发动机状态监控工程师跟踪和监控视情监控项目和警戒值项目，及时获取纠正措施的情况和相关信息，并结合发动机滑油消耗率趋势图进行监控分析；

⑤ 当发动机滑油消耗率趋势恢复至正常状态时，经性能例会讨论分析后，视情监控项目可以关闭。当发动机被拆换后，可关闭警戒值项目。

6.4 发动机孔探检查控制技术

6.4.1 发动机孔探检查控制目标

孔探检查是控制飞机发动机性能方面最直观，也是最重要的检查手段之一。发动机需要检查的部位主要有：压气机、燃烧室和燃气涡轮。叶片裂纹、叶片损伤、燃烧室喷嘴积碳和材料丢失、外来物等是孔探设备检查的主要缺陷，这些缺陷都有可能导致发动机出现不同程度的问题，甚至造成空中停车。在发动机遇特殊情况，如发生超温、鸟击及其他情况下，孔探被用于检查发动机内部气流通道部件状况来判断发动机是否可用；孔探也被用于定期检查发动机有关部件状况以监控发动机性能。

发动机孔探检查监控方案的目的是为了持续监控发动机孔探检查发现的故障/缺陷的变化情况并在必要时采取纠正措施，这样就基本可以确保发动机孔探检查所发现的故障/缺陷在维护手册允许范围内。

6.4.2 发动机孔探检查控制的职责

① 工程技术人员的职责：

- 负责发动机孔探检查监控工作和处理各维修实施单位反映的孔探问题并采取纠正措施；
- 在发动机性能周例会上讨论缺陷的发展情况和纠正措施；
- 整理发动机孔探检查报告，做好存档工作；
- 分析并跟踪孔探检查发现的故障/缺陷。

② 维修技术人员的职责：

- 完成发动机的定期孔探和非例行孔探工作；
- 填写孔探检查报告单并上报工程技术人员；
- 分析并跟踪孔探检查发现的故障/缺陷；
- 根据维修指令单的指令安排纠正措施的实施，如非例行孔探和换发工作安排；
- 将纠正措施的实施结果反馈给工程技术人员。

6.4.3 发动机孔探检查控制的流程

孔探检查监控方案的流程图如图 6.4 所示。

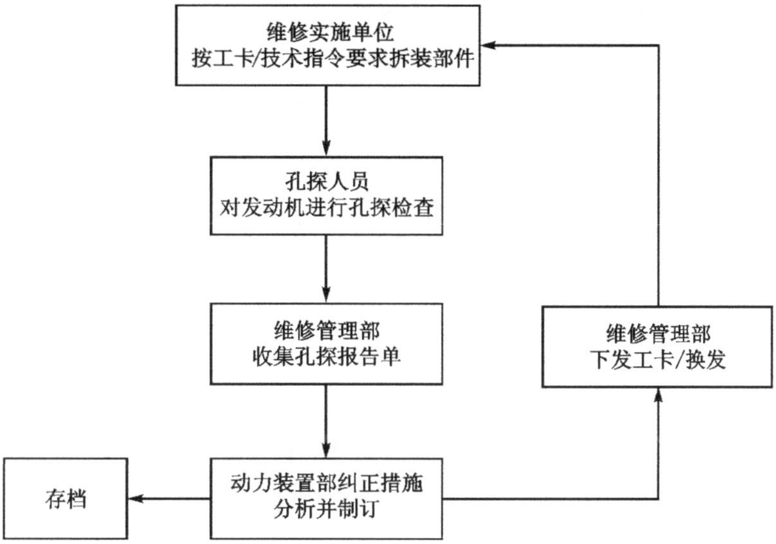

图 6.4　孔探检查监控方案的流程图

1. 发动机孔探检查的数据收集

发动机孔探检查需全程视频记录并保存，对发现的缺陷需拍照存档。

对于因突发故障或事件而引发的临时外委内窥镜检查工作，如内窥镜检查发现允许的缺陷或缺少影像记录，一般需要在飞机放行后 24 h 内，安排孔探人员进行一次复查。

同一台发动机需由不同的内窥人员在连续两次内窥检查中交替安排执行检查，在内窥镜工作中应对损伤数据进行比对，如出现差异，则需由另一名内窥镜检查人员进行复查确认。利用内窥镜检查监控使用发动机(已发现内部缺陷)，每次都必须对比前后两次内窥镜照片，并将测量数据详细记录在“发动机孔探检查报告单”中，同时描述每一个缺陷的发展情况。

对于检查发现有缺陷，并且需要咨询后续使用、监控方案的不正常情况，孔探人员一般应该在完成孔探工作之后的 2 h 内上交孔探报告。

2. 发动机孔探检查的数据分析

收到检查有缺陷的孔探报告单后，应立即对其进行分析，比较以前的孔探检查报告得出故障/缺陷的变化趋势。工程师需将孔探报告中的数据与手册进行对比，并确定恰当的重复孔探时间间隔。

发动机状态监控工程师应同时注意发动机状态监控趋势的变化情况，及时发现和报告发动机本体故障/缺陷的可能变化情况，将结果报工程师。

对于孔探检查有缺陷的发动机，工程技术部管理工程师应制订出合理的重复孔探时间间隔，如重复检查要求未包含在现有技术文件中，则应以技术指令的形式下执行维修任务。工程师在每月的发动机性能报告上应列表写明孔探发现的故障/缺陷。在定期的发动机性能例会上，与会者讨论缺陷的发展情况，制定纠正措施。

3. 纠正措施

需要孔探检查的纠正措施技术指令由工程技术部管理工程师下发，然后由维修计划控制部门安排生产计划,各维修单位按工卡要求拆装有关部件,并且各维修单位内窥镜检查人员负责检查发动机内部损伤情况。

如果孔探检查后发动机存在缺陷,该维修单位的发动机状态监控工程师应该对其进行持续监控,确保飞行安全。此类监控项目只有当具备以下几种条件之一才可以关闭:发动机被拆换、故障/缺陷不影响发动机正常使用。

对于监控使用的发动机,维修计划和控制部门按照签发的技术指令要求进行控制实施直到孔探监控项目关闭。

如果多次孔探检查未发现损伤有发展,经工程技术部管理工程师批准后,可依据手册或厂家建议决定是否延长重复检查间隔。

6.5 发动机金属屑末控制技术

6.5.1 发动机金属屑末控制目标

发动机滑油是各种屑末的运输媒介,金属屑末监控检查的目的是为了持续监控发动机磁堵和油滤检查发现的不正常屑末的变化情况,并在必要时能及时制定纠正措施,并确保发动机磁堵和油滤检查所发现的不正常屑末的状态在维护手册的允许范围内。

对滑油中金属颗粒的监控可分为在线监测和离线分析两大类。

① 在线监测:在发动机上装有机载的金属屑末监控设备,如磁性屑末探测器,通常在发动机的油滤壳体上还安装有机械式油滤旁通指示器,以便使维护人员在作维护/检查时及时发现问题。另外通过分析附着在油滤上的杂质,也可判断发动机内部的磨损情况。随着监控技术的发展,一些新型的机载金属屑探测器如离心式颗粒分离器、金属屑量监控器等也会被应用到发动机上。

② 离线分析:维修人员利用滑油取样,在实验室中进行滑油分析。通常包括滑油铁谱分析技术和滑油光谱分析技术,以此判断磨损的具体零部件。

6.5.2 发动机金属屑末控制的职责

① 工程技术人员的职责:

- 负责发动机金属屑末检查监控工作和处理各维修实施单位反映的金属屑末问题;
- 整理发动机金属屑末检查报告,做好其存档工作;
- 分析并跟踪金属屑末检查发现的故障/缺陷;
- 制定最终的纠正措施,并监督和指导纠正措施的实施。

② 维修技术人员的职责:

- 完成发动机金属屑末的定期检查和非例行检查工作;
- 填写金属屑末检查报告单并按需拍照;
- 把金属屑末收集到收集袋;
- 实施纠正措施并反馈给维修管理部;

- 将最终完成的技术指令交质量管理部存档；
- 根据维修管理部指令送检金属屑末，将结果反馈发动机相应部门；
- 分析并跟踪金属屑末检查发现的故障/缺陷；
- 安排纠正措施的实施，如非例行检查，重复性检查和换发工作安排；
- 负责下发金属屑末送检指令；
- 负责将金属屑末检查报告单、金属屑末收集袋移交发动机相应部门。

6.5.3　发动机金属屑末控制的流程

金属屑末监控工作的流程图如图 6.5 所示。

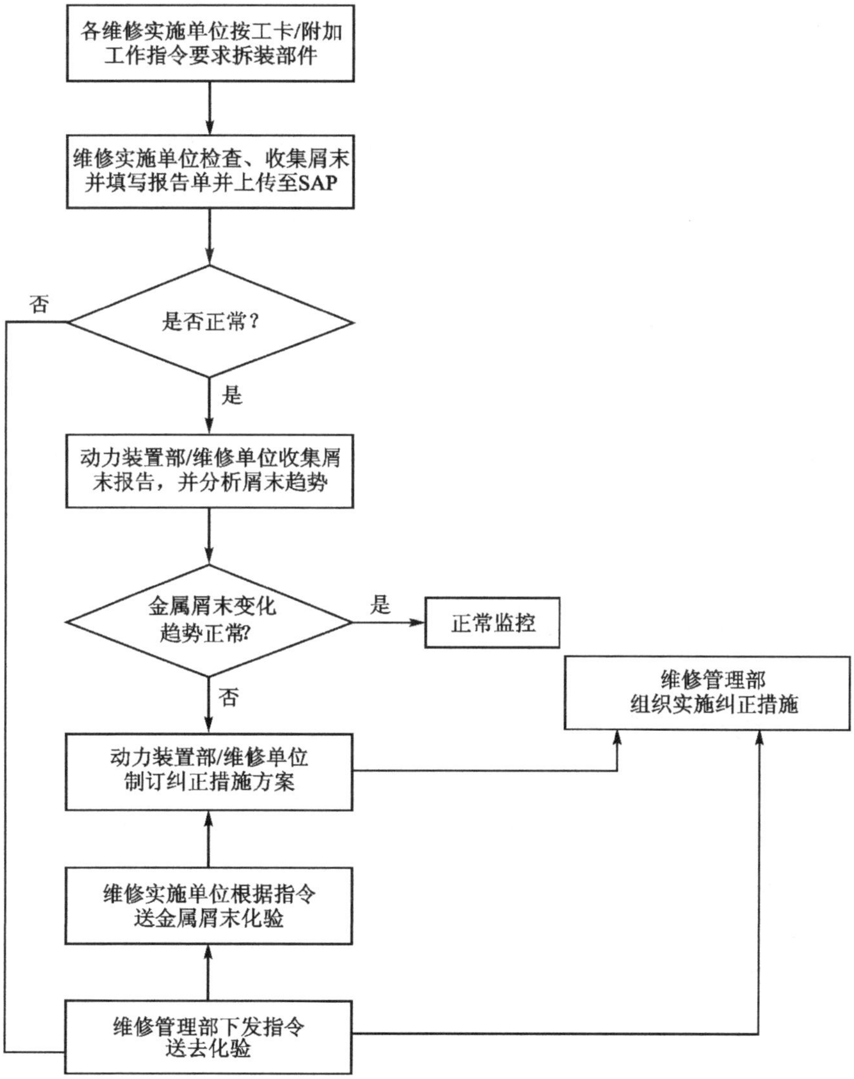

图 6.5　金属屑末监控工作的流程图

1. 发动机金属屑末的数据收集

对照工卡及飞机维修手册中的说明或图例，检查屑末是否正常，并填写“发动机滑油金属屑末检查报告单”。若发现异常，应对屑末进行照相，并收集屑末进行分析化验。

维修单位飞机维修人员把屑末装入收集袋中并确保屑末在运输过程中不至于丢失，并填写好“金属屑末标签”的相关内容，贴在收集袋表面(标签主要包括：发动机序号/装机/位置、磁堵/油滤位置、收集日期、工卡/技术指令号、检验者等项目由检验人员填写)。写明屑末的数量和颗粒形状、尺寸、尺寸分布和颜色等数据，还应附照片进行说明。

2. 发动机金属屑末的数据分析

发动机滑油金属屑末检查完成后，维修单位飞机整机放行人员决定该发动机是否可以放行。若检查发现屑末超过标准，飞机整机放行人员应按手册要求实施临时的纠正措施，并及时报告维修计划控制部门，同时提供屑末照片给维修管理部和工程技术部。维修人员将屑末送专门的实验室化验分析成分，并把化验结果反馈给维修单位发动机状态监控工程师/技术支援工程师；对每次收集的金属屑末报告进行评估，当发现屑末数量迅速增长或有不正常变化趋势时，下发技术指令实施纠正措施，同时将处理措施报工程技术部管理工程师；对发现屑末的发动机，进行综合评估，如需采取进一步措施，则应下发技术指令。

3. 纠正措施

检查发现不正常的发动机必须：

① 维修单位发动机状态监控工程师监控滑油系统的压力、温度、耗油量等的变化，评估确定最终的纠正措施。

② 由维修单位发动机状态监控工程师/技术支援工程师进行持续监控，确保飞行安全。此类监控项目只有当具备以下几种条件之一才可以关闭：发动机拆换、故障/缺陷被排除或厂家确认屑末不影响发动机正常使用。

6.6 发动机气路状态监控技术

6.6.1 发动机气路状态监控目标

发动机气路状态监控是指根据厂家的发动机性能监控软件计算出的发动机气路性能参数偏差值的趋势来判断故障的方法。广义的发动机性能监控还包括通过 QAR 数据对具有特定数据特征的故障进行监控、经过 ACARS 系统下传的 ACMS(Aircraft Condition Monitoring System)报告(俗称 ACARS 报文)监控等。

简要地说，发动机气路状态监控的理论基础是偏差理论，即当发动机出现异常时，部分气路性能参数会偏离正常的运行轨道，通过参数的偏差值的趋势反应出来。

EGT 裕度下降是发动机气路性能衰退的表现。通常低涵道比涡扇发动机的性能衰退主要源于风扇、压气机的性能变化，占 60%～70%；涡轮变化占 10%～15%；剩下的是由于封严间隙增大。对于高涵道比涡扇发动机，由于涡轮前总温高，性能衰退主要源于高压涡轮，占 63%～67%；高压压气机占 16%～28%；低压转子占 7%～21%。EGT 裕度(ΔEGT)定义为红线温度与全功率时排气温度 EGT 的差值，计算公式如下：

$$\Delta EGT = EGT_{red} - EGT_e \tag{6.13}$$

式中：EGT_{red}为红线温度；EGT_e为全功率时排气温度。

巡航数据的处理方法是把记录的原始值与模型发动机相同飞行条件的标准值相比较，得到一个两者之间的差值，并用一段时间里的偏差值绘制曲线，显示出来。

起飞数据的处理方法是把记录的 EGT 值与相同起飞条件（EPR 值或 N1 相同）下的 EGT 红线值相比较，得到一个 EGT 裕度，并把一段时间里的 EGT 裕度绘制曲线显示出来。起飞监控参数主要涵盖 EGT 裕度（EGTM）和外界大气温度限制（OATL）。

6.6.2 发动机气路状态监控的职责

① 工程技术部的职责：

- 每天监控和分析发动机气路参数监控趋势并及时发出警告通知；
- 分析发动机气路状态趋势，跟踪和监控纠正措施的实施情况；
- 及时反馈纠正措施的实施情况和结果。

② 维修实施单位的职责：

- 按照维修管理部生产指令或航线工作单完成 QAR 光盘/PC 卡的更换工作；
- 按照生产指令完成维修工作和反馈维修工作的完成情况；
- 负责记录发动机监控数据。

6.6.3 发动机气路状态监控的流程

发动机气路状态监控总流程图如图 6.6 所示。

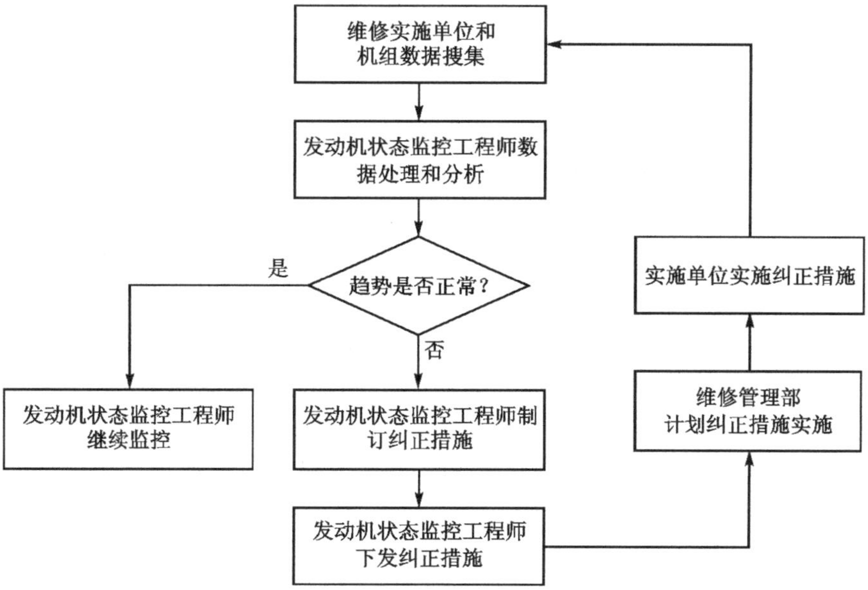

图 6.6　发动机 EGT 监控总流程图

1. 气路状态数据的收集

发动机状态监控工程师负责取下 QAR 光盘、PC 卡，上传至 QAR 服务器；或用软盘下载

ACMS 数据，或通过 ACARS 直接将数据上传到发动机厂家。P&W 发动机通常采用 EPR (Engine Pressure Ratio)来反映工况，巡航监视 4 个参数：EGT、WF(燃油消耗量)、*N*2(高压压气机转子角速度)和 *N*1(低压压气机转子角速度)。GE 发动机采用 *N*1 来反映工况，巡航监视 3 个参数：EGT、WF 和 *N*2。

发动机状态监控工程师应该对监控软件数据进行定期备份，以保证数据连续，防止数据丢失。对于发动机制造厂提供远程监控服务的发动机，则由该远程系统提供备份。

在航空器飞行过程中，EGT 按照数据采集的不同阶段分为起飞 EGT 和巡航 EGT。

(1) 巡航 EGT

巡航 EGT 是指巡航阶段稳定飞行条件下发动机排气温度，通常用 EGT 偏差(DEGT)衡量，即巡航状态下的实际飞行数据与发动机出厂基线之差，如图 6.7 所示。

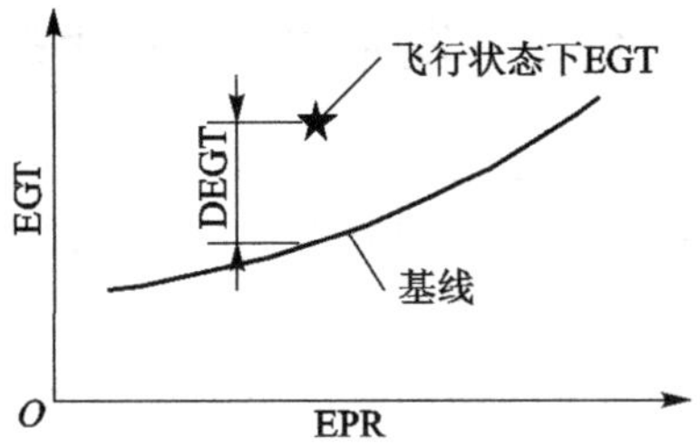

图 6.7 DEGT 定义示意图

(2) 起飞 EGT

起飞 EGT 是指起飞阶段最大推力条件下发动机排气温度，该阶段中发动机最容易发生超温现象，从而带来毁灭性影响，应坚决避免这种情况的出现，因此，必须严密监控。通常用起飞 EGT 裕度 EGTM 来判定是否是由于发动机超温引起的故障，并可根据其历史数据预测发动机的寿命。

EGTM 是衡量发动机性能的一项综合指标，同时也是民航业广泛采用的性能指标。EGTM 被定义为发动机在海平面压力、拐点温度(T^*)条件下，做全功率起飞时，发动机排气温度(EGT)值与 EGT 红线值之间的差值，同时要求起飞过程中飞机正常引气，发动机整流罩防冰和大翼防冰关闭。其中 EGT 红线值指发动机型号合格证中规定的运行所允许的 EGT 最大值。

民航发动机额定平功率(或平推力)是指发动机在平功率温度点如图 6.8 中的 T^* 所示，可以产生的额定推力。发动机使用时，在 T^* 以下，发动机额定推力基本不变，因此，随着 T_{t2} (发动机进口总温)的降低，发动机在转速、燃油流量和 EGT 都较低时就可产生其额定推力。这样，就可以在不牺牲推力的同时降低 EGT，也就降低了发动机热部件的衰退率。在 T^* 以上，为防止热部件的超温，发动机将保持 EGT 基本不变。这意味着，发动机将无法产生额定推力，而且随着 T_{t2} 的逐步增加，推力会逐步下降。经过大量的数据分析后发现，涡轮前温度每下降 20～30 ℃，发动机热部件寿命大约可增加一倍，因此想要延长发动机寿命，防止 EGT 超温十分重要。

外界空气温度限制(OATL)也是反映发动机性能衰退大小的参数。在图 6.9 中，将曲线 2 延长与 EGT 红线值相交，此时对应的 OATL(标准日情况下 T_{t2} 即为外界空气温度)就是该台发动机的 OATL。它表示当环境温度等于 OATL 时，如果仍然想要发动机产生额定的全推力，此时 EGT 就会等于红线值。显然，外界空气温度限制 OATL 与 EGT 裕度存在一定的关系，当发动机性能劣化后外界空气温度限制 OATL 会越来越小，这就是一些性能较差的发动机虽然在标准 EGTM 为零甚至小于零时，在天气较冷的时候还依然可以执行飞行任务的原因。因此，OATL 也可以用来反应发动机的性能衰退程度。

图 6.9 表示了两种情况下的 EGTM，一种是通常意义下 EGTM，又称海平面 EGT 裕度，

用 EGTM_SL(EGT Sea Level)表示。其中曲线 1 为实际情况下发动机排气温度随 T_{t2}(外界气温)的变化曲线,并随着使用时间的增加,发动机的性能将持续恶化,同时性能曲线会向上平移。而曲线 3 是允许使用的极限情况,此时 EGTM 为 0,发动机需要进行维修才能继续使用。另一种为最差情况下的 EGTM,用 EGTM_RWC(EGT_REALISTIC WORST CASE)表示,即在飞行高度较高、外界温度恶劣时的 EGTM。航空公司在实际使用中可以采用两者的插值,针对某些型号只采用其中之一情况。

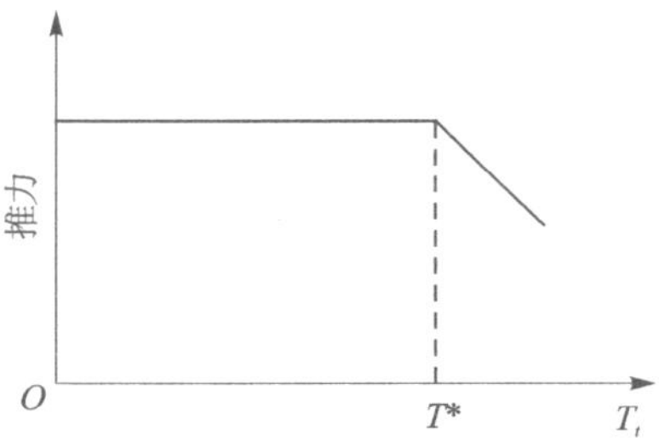

图 6.8　发动机推力随进气口温度变化图

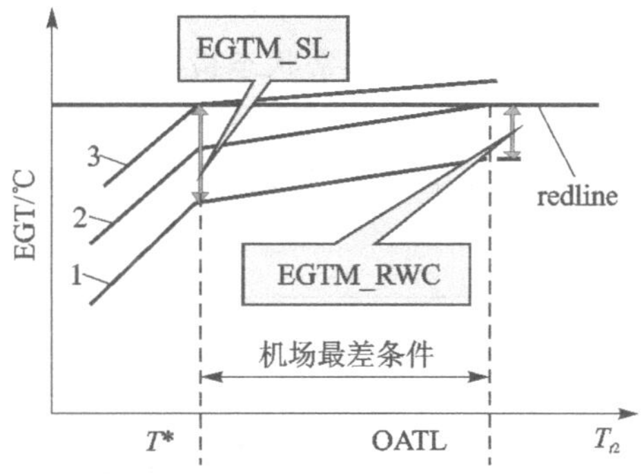

图 6.9　起飞 EGT MARGIN 定义

由于发动机在 T^* 上下采用了不同的控制规律,所以对于一台要产生其额定全推力的发动机,它的 EGT 与 T_{t2} 的关系就会如图 6.9 曲线 1 所示。从图 6.9 中可见,在 T^* 以下,随着 T_{t2} 增加,为了保证额定全推力的产生,发动机需要消耗更多的燃油,并维持更高的转速和 EGT;而在 T^* 以上,控制机构会使 EGT 保持稳定,因而发动机无法产生其额定全推力。

发动机的性能会伴随着使用时间的增加而衰退,图 6.9 中曲线 1 对应一台新的发动机,曲线 2 则表示这台发动机已经使用了很久后的情况。此时,在 T^* 以下,T_{t2} 相同时,由于发动机的性能衰退,为了产生其额定全推力,就需要消耗更多的燃油,发动机也得工作在更高的 EGT 下。由曲线 1、2 可见,发动机 EGT 裕度的下降反映了其性能衰退的程度。

2. 气路状态数据的分析

当采集性能数据后,将数据换算然后与发动机的基准值比较,可得到如起飞阶段的排气温度裕度(EGTM),排气温度偏差(DEGT)、高压转子转速偏差(DN_2)、低压转子转速偏差(DN_1)、巡航阶段的燃油流量偏差(DFF)等的原始偏差。通常,EGT 采用绝对偏差,其他采用相对偏差。计算公式如下:

$$\mathrm{DEGT} = \mathrm{EGT}_K - \mathrm{EGT}_B \tag{6.14}$$

$$\mathrm{DFF} = [(\mathrm{FF}_K - \mathrm{FF}_B)/\mathrm{FF}_B] \times 100\% \tag{6.15}$$

$$\mathrm{DN}_2 = [(N_{2K} - N_{2B})/N_{2B}] \times 100\% \tag{6.16}$$

$$\mathrm{DN}_1 = [(N_{1K} - N_{1B})/N_{1B}] \times 100\% \tag{6.17}$$

式中:下标 K 表示换算值,即将采集的实际 EGT 换算到标准飞行状态(高度、温度、推力、速度等)下的 EGT,下标 B 表示基线值。发动机排气温度 EGT(Exhaust Gas Temperature)按照在数据采集时飞行器的不同阶段分为起飞 EGT 和巡航 EGT。

由于传感器噪声、数据采集系统误差以及模型误差等,实际得到的偏差值序列含有较高的噪声，表现为趋势图离散度较大，而由故障引起的微小变化容易淹没在噪声中。数据平滑处理虽能够一定程度地消除趋势图离散度大的问题，对反映发动机长期的性能趋势有利，但往往对一些突发性故障或轻微故障的反应不够灵敏且滞后，通常在故障足够严重以致影响到气路性能参数并导致性能参数偏差值超标时，系统才能发出预警，这带来了安全隐患。

实际上在气路部件故障发生发展的早期，同样会引起参数序列的微小变化，如图 6.10 所示为某型民航发动机的状态监控报告的截图，给出了典型故障下某些关键性能参数的趋势图（巡航阶段）。其中图 6.10(a)所示为 HPT 故障，图 6.10(b)所示为高压涡轮的 C -型卡箍故障。研究引进新的气路异常状态检测方法，如贝叶斯因子方法、序贯概率比检验方法等统计方法，从高噪声的参数序列里及时发现这些微小的变化，对故障早期发现、早期诊断和早期排除，避免空中停车等安全事件，进而实现“风险关口前移”具有重要意义。

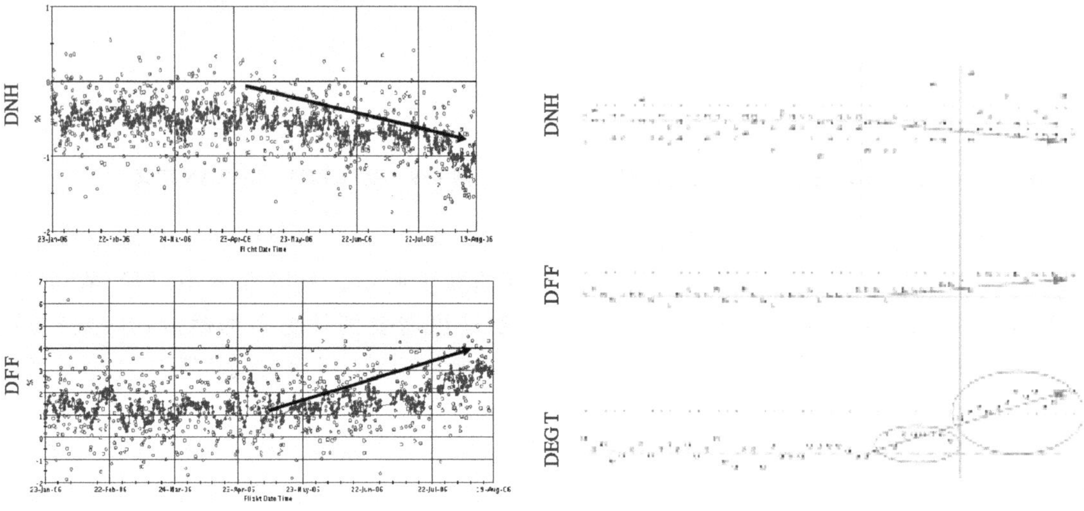

(a) HPT故障　　(b) C-型卡箍故障

图 6.10　性能参数偏差值序列

6.6.4　EGTM 的计算方法

1. 基于地面试车数据的 EGTM 的计算方法

起飞 EGTM 的计算方法比较复杂，主要包括两种：一种是根据车台数据估算，另一种是根据起飞数据计算。不同型号的发动机计算方法有着细微的差别，下面以普惠(P&W)公司的计算方法为例进行介绍。

发动机车台 EGT 裕度是指发动在车台试车时得到的 EGT 裕度，为相应 EPR 下的排气温度限制与标准化 EGTC 的差值，此时马赫数为零。该方法主要用于 3 个方面：一是发动机在翼情况下的维修工作或拆装零部件后的对整机的性能检测，考察指标是否达标；二是进维修厂前、后检测和计算发动机气路性能；三是用于估算起飞 EGTM。

车台 EGTM 的计算公式如下：

$$EGTM = EGT_{LIMIT} - EGTC \tag{6.18}$$

$$EGTC = \frac{EGT + 273.16}{(\theta T2)^{0.955} \times KHT4.9} - 273.16 + \frac{DeltaT4.9}{(\theta T2)^{0.955} \times KHT4.9} \quad (6.19)$$

式中：EGT_{LIMIT}为发动机 EGT 温度限制值，与推力 EPR 相关，可查特定湿度下的环境因子曲线图；EPR 为发动机压比是排气压力与大气压力之比，是控制反映发动机推力的主要参数；$\theta T2 = \frac{TT2 + 273.16}{288.16}$；TT2 为压气机入口总温；TT4.9（Turbine Discharge Total Temperature）为涡轮出口总温；KHT4.9 为环境因子，与测试环境的空气湿度有关，可查 EGT 温度限制值随 EPR 变化曲线图；$\frac{DeltaT4.9}{(\theta T2)^{0.955} \times KHT4.9}$为综合环境因子，与测试环境的空气湿度和温度有关，与推力变化相关，可查综合环境因子随 EPR 变化曲线图。

2. 基于起飞数据的 EGTM 计算方法

基于起飞数据的 EGTM 计算方法要求发动机进行一次全功率起飞（打开或关闭空调组件），然后由机组记录峰值 EGT 以及此时的 EPR 和 TAT（Total Air Temperature，发动机进气总温）。峰值 EGT 通常出现在飞机离开地面，起落架快要收起时。EGMT 计算步骤如图 6.11 所示：

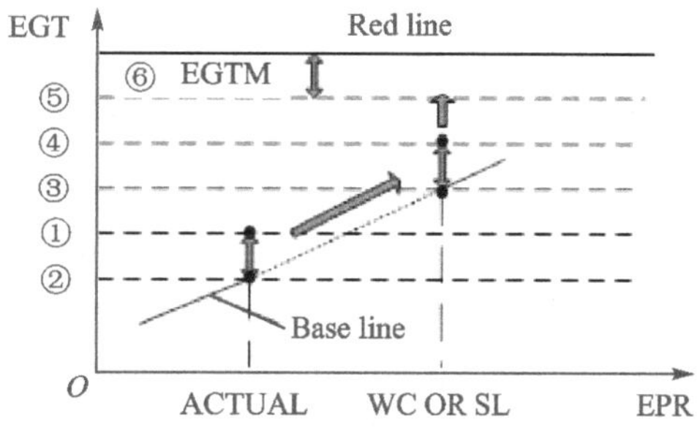

图 6.11　起飞 EGT MARGIN 计算方法

① 将观测到的 EGT 峰值修正为标准状态下 EGT 值；

② 在真实 EPR 和马赫数下，计算观测状态下 EGT 基线修正值；

③ 应用最差条件或者海平面条件下 EPR 和马赫数计算 EGT 参考基线修正值下的温度；

④ 用实际 EGT 修正值与参考 EGT 基线的差值（①与②的差值），调整基线条件；

⑤ 在此基础上，将该 EGT 转化为拐点 TAT 下的 EGT 修正值；

⑥ 调整 EGT 值和红线值的差为 EGTM。

由于上述方法需要知道发动机基线且计算方法复杂，适用于计算机程序，而手工计算时常用以下查表法估算。飞机起飞（关闭正常引气和防冰）后，记录峰值 EGT 以及此时的 EPR 和 TAT。然后，查阅厂家提供的针对特定的飞机和发动机组合的 EGT 检查表，可以获得相应条件下的 EGT 限制值，那么此发动机起飞 EGT 裕度就等于查表 6.1 得到的 EGT 限制值减去记录的 EGT 峰值。

表 6.1　起飞 EGT MARGIN 评估表

TAT/ ℃	OBSERVED EPR							
	1.22	1.24	1.26	1.28	1.30	1.32	1.34	1.36
50	605	614	623	631	640	648	657	665
40	579	588	596	604	613	621	629	637
30	553	561	570	578	586	594	602	609
20	527	535	543	551	559	566	574	581
10	501	509	516	524	532	539	546	554
0	475	482	490	497	504	512	519	526
−4	464	472	479	486	494	501	508	515

3. 性能基线模型

发动机气路状态监控依赖于几个关键性能参数的偏差值序列。偏差值是性能参数的测量值与相同条件下健康发动机的基线值之间的偏差，其精确程度除了与测量值是否准确有关外，还取决于发动机基线模型的精度。发动机基线是指针对刚出厂性能良好的某构型发动机，在一定的飞行条件下(如外界温度、飞行高度、马赫数、除冰状态)，发动机气路参数随工况参数的平均变化关系。发动机性能参数的基线模型就反映了健康发动机气路性能参数之间的一种基本的函数关系。在基线模型能够准确反映系统的特性，且传感器和发动机均未出现故障的情况下，由实际测量值减去基线值得到的性能参数偏差值，理论上应在0附近波动。通过分析偏差值序列，即可实现对气路异常状态的监控，因此建立准确的基线模型才可以进行发动机气路状态监控。

实际中对于大多数复杂系统，建立其准确的物理模型或基线模型十分困难。隐含在厂家监控系统中的基线模型是“一般化”的基线，即反映一批产品或同一型号的产品的平均属性。而事实上由于加工制造误差、使用维修等因素的影响，个体物理系统之间总是存在差异，这导致一般的基线模型并不能准确反映实际运行条件下个体系统的特性，由此得到的性能参数的偏差值也就存在误差或偏差。如图6.12所示为某型号民航发动机的性能参数偏差值序列，当飞机更换新的发动机后，性能参数偏差值序列出现了突变，但这一突变并非故障引起，而是由于监控软件所隐含的“一般”基线模型无法准确反映个体发动机的特性所致。发动机除制造、组装以及装机因素影响外，实际使用中性能退化以及维修活动等均会造成系统特性发生变化，即个体发动机的性能参数与一般化的基线模型预测值之间也会出现偏差，由此得到的性能参数的偏差量也不可避免地有偏差或误差。因此，建立实际运行条件下发动机的“个性化”的基线模型是进一步提高气路状态监控系统灵敏度和可靠度的基础。

此外，由于用户无法获得隐含在性能监控系统中的基线模型，使得发动机监控要时时依赖于厂家系统，在经济、技术和安全性控制上的自主性受到很大限制。当前国内的发动机都采用进口的发动机，而且这种情况还将持续很长的时间。如何建立自主的民航发动机基线模型以实现对厂家性能监控系统的补充或替代，是民航发动机监控领域的一个重要研究问题。

4. 发动机气路状态监控实例

航空公司发动机气路状态监控的方法是利用厂家提供的软件，在地面对起飞和巡航飞行时记录的发动机性能参数(如EGT、燃油流量和转速等)进行处理，分析它们的变化趋势(即性能趋势图)，评估发动机的性能状态。

巡航数据的处理：记录的原始值与模型发动机相同飞行条件的标准值相比较，得到一个两者之间的差值，并把一段时间里的偏差值绘制曲线，显示出来。巡航监控参数主要包括EGT偏差、转子转速偏差、燃油流量偏差、转子振动值、滑油温度和滑油压力等。

起飞数据的处理：记录的EGT值与相同起飞条件EPR值或N_1相同下的EGT红线值相比较，得到一个EGT裕度，并把一段时间里的EGT裕度绘制曲线，显示出来。起飞监控参数主要包括EGTM和外界大气温度限制OATL(Outside Air Temperature Limits)。

发动机状态监控工程师负责分析发动机性能趋势图。当监控参数的趋势发生下列变化时，将视为不正常趋势：

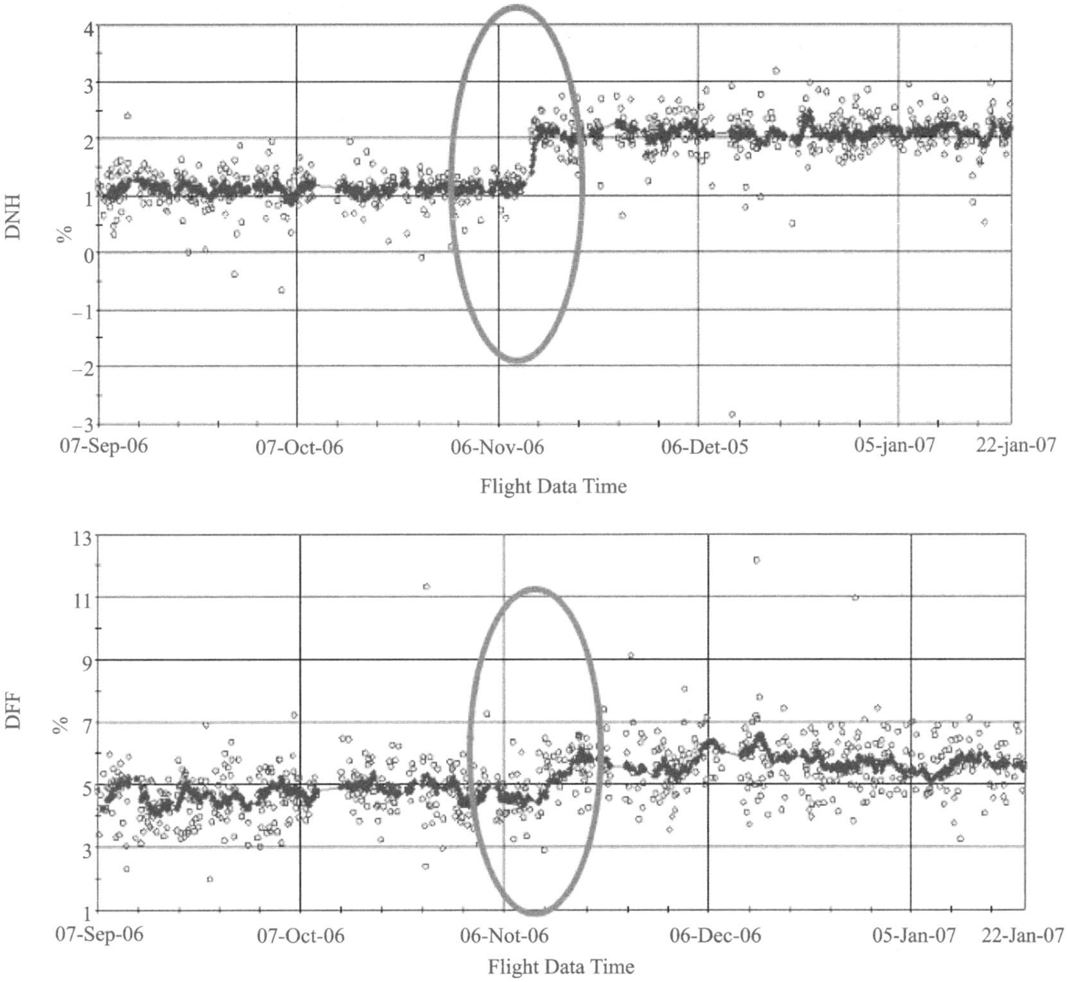

图 6.12　性能参数偏差值序列

- 监控参数达到厂家手册限制值或方案中规定的警戒/监控标准；
- 性能趋势大幅度偏离发动机原来的稳定值，达到方案规定的警戒/监控标准。

以下给出了某航空公司实践中根据发动机性能趋势图分析出的发动机本体问题，借助状态监控及时发现并排除了相关问题或潜在故障，确保了飞行安全。

(1) EGT 指示问题

通常 RB211 发动机的 EGT 指示问题会引起涡轮排气温度偏差 DTGT(注：这里 DTGT 等同于 DEGT)和/或 EGTM 不平滑值的阶跃性变化，平滑值的变化曲线较为缓和，而其他参数无变化。有些情况下 EGTM 有飘移但 DTGT 无明显变化，有时只是个别数据点飘移太明显，一般都是热电偶故障，热电偶极间绝缘失效或对机匣绝缘失效，往往发现问题时，热电偶已坏了多个。

(2) 涡轮部件损伤故障

CFM56－5C 典型故障包括，HPT 覆环烧穿、外来物引起 HPT 损伤、HPT 叶片损伤/断裂等。这些典型故障通常引起核心机性能衰退，在发动机性能参数上表现出的典型特征为：尾气排气温度 EGT 和燃油流量 FF(Fuel Flow)上升，同时伴随着核心机转速 N_2 下降。

(3) EGT 裕度提高措施

根据性能监控结果，发动机状态监控工程师确定纠正措施，编写附加技术指令，并由维修管理部负责安排在规定期限内完成检查和排故。发动机状态监控工程师负责对纠正措施的有效性进行评估。如果排故后的新趋势恢复正常，则可以关闭该监控项目；如果趋势仍不正常，则应实施新的纠正措施，直至趋势恢复正常或换发。

为了提高 EGT 裕度，航空公司主要采用降低排气温度的方法。目前航空公司常用的能有效降低 EGT 温度的方法主要有以下几种：

1) 减推力起飞

根据飞机的负载和其他情况，以一般大气温度和航空安全为前提降低起飞推力，从而大大增加 EGT 裕度，这项措施比较实用。

2) 发动机清洗

用一定压力的水(或溶液)冲洗发动机进气道、风扇叶片及整个核心机气路，一般可获得 5～10 ℃的 EGT 裕度，某些发动机甚至可以达 15 ℃。此方法简单方便效果显著，因此大多数航空公司都采用这种方法。

3) 风扇叶片及防磨带检查

目前常用涡轮发动机风扇产生的推力占总推力的 80%左右，一旦风扇的效率下降，就会对推力产生较大的影响，同时也会直接影响到 EGT 裕度。因此为了提高风扇效率从而降低裕度，可以加强对风扇叶片机防磨带检查。

4) 大修中提高 EGT 裕度

当对发动机进行大修时，根据各单元体对 EGT 裕度的影响的不同，确定不同的维修方案，提高 EGT 裕度。

6.6.5 航空发动机气路分析技术

发动机气路部件潜在的故障引起发动机零部件的尺寸或位置发生变化，进而引起发动机气路部件的性能恶化，如压气机效率或流量下降等，最终导致发动机气路可测参数的变化。

如果把发动机气路部件故障引起单元体性能恶化以及气路状态/性能参数变化的过程视做正过程，那么基于模型的故障诊断就是它的逆过程，即根据可测的气路参数来估计各单元体的性能或健康状况，从而实现故障定位及定量评估，这便是航空发动机气路分析的基本概念，如图 6.13 所示。

在基于模型的气路分析中，通过引进健康参数 f 来表征发动机各单元体的健康状态，用 u 表示发动机工作点参数，而可测的气路状态/性能参数用 Y 表示，则用于气路分析的发动机性能模型建立了发动机各单元体健康参数、工作点参数和气路性能和状态参数之间的函数关系，如图 6.14 所示。

$$Y = F(u, f) \tag{6.20}$$

在气路分析里感兴趣的量是各单元体的健康参数 f，而 f 是不可测量的，通常需要借助发动性能模型(图 6.14)和可测气路参数来估计：

$$f = F^{-1}(u, Y) \tag{6.21}$$

在实践中上式的求解面临诸多问题，一方面受制于机载传感器数量的限制，可测气路参数的数

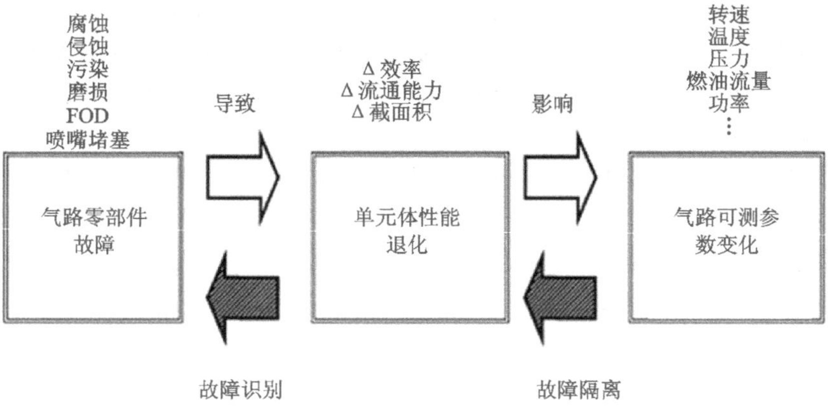

图 6.13　发动机气路分析基本原理图

图 6.14　用于气路分析的发动机性能模型

量通常少于待估计的健康参数的个数，如果要估计所有健康参数，这时上述方程实质为一个欠定方程组，其解并不唯一；另一方面，由于传感器噪声和偏差引起的测量误差对健康参数估计结果的影响较为明显，特别是健康参数变化量较小(轻微故障)时引起的测量参数的微弱变化容易淹没在噪声中，很难准确估计出健康参数。目前，航空发动机气路分析主要可分为基于线性模型和非线性模型的两大类方法。

1. 基于线性模型的气路分析

发动机性能模型高度非线性，为降低模型的求解难度，在发动机某些特定的稳态工作点附近(如最大功率或巡航状态)，用一线性方程组来逼近测量参数变化量 Δf 与发动机健康参数变化量 Δf 之间的关系为

$$\Delta Y = H \cdot \Delta f \tag{6.22}$$

式中：H 称为故障影响系数矩阵，可由发动机非线性模型得到。在已知测量参数的变化量 ΔY 后，健康参数变化量的等价关系为

$$\Delta f = H^{-1} \cdot \Delta Y \tag{6.23}$$

由于求解基于线性模型的故障方程需要测量参数的个数大于或等于健康参数个数，在测量参数有限的情况下，这就要求减少待估计的健康参数的个数，因此基于线性模型的气路分析方法需要借助一些先验信息来降低故障样本空间。比如可假设某些部件为健康状态，选取可能发生故障的单元体组合，并且其组合的健康参数的个数少于或等于可测参数的个数，分别建立其故障影响系数矩阵。在某些情况下，这些假设是适应的，比如实践中多个部件同时发生突发故障的可能性较小。此外，多个稳态工作点就意味着有多个故障方程，使方程个数多于故障样本个数。

基于线性模型的气路分析方法最早由 Urban 提出，之后为解决传感器噪声、故障方程的病态等问题，最优状态估计理论被引进以提高健康参数的估计精度，如加权最小二乘法、最大后验以及卡尔曼滤波方法等。基于线性模型的气路分析由于实现方法简单，计算量较小，被一些发动机制造商的商业系统所广泛采用。

在基于线性模型的气路分析中，健康参数的估计结果依赖于线性模型的精度。由于线性模型是对非线性的发动机模型的一阶逼近，忽略了高阶项，因此在健康参数的小偏差范围内线性模型精度尚能满足要求。在故障不太严重或健康参数偏差不大、更加注重故障的隔离定位而对健康参数估计精度要求不高的情况下，基于线性模型的气路分析方法基本能够满足需要。但基于线性模型的气路分析技术受制于模型自身精度问题，难以进一步提高健康参数估计精度，而直接采用高精度的非线性模型为提高健康参数估计精度提供了可能。

2. 基于非线性模型的气路分析

基于非线性模型的气路分析实质是通过调整发动机性能模型的健康参数，使发动机性能模型的输出与实测的气路参数相匹配。假设实测的状态参数为 Y，性能模型输出为 $\hat{Y}$，则基于非线性模型的气路分析问题转变为一个搜索健康参数 f 的取值空间使目标函数 OF 最小化的寻优问题：

$$\min_{f=\hat{f}} \mathrm{OF} = \phi(\| Y - \hat{Y}(f,u) \|) \tag{6.24}$$

Stamatis 等人最先引进了非线性模型用于工业燃气轮机气路分析，之后这种方法推广应用到船用燃气轮机和航空发动机上。通过选择合适的目标函数和优化算法，基于非线性模型的气路分析方法可以实现对气路部件健康参数的更加精确地估计，但这种方法对计算资源要求比较高，实时性较差，适合于一些离线的故障诊断和单元体健康状态评估的场合。

基于非线性模型的气路分析同样面临着测量参数个数少于待估计参数以及测量噪声影响的问题。为解决这些问题，近几年基于非线性模型的气路分析出现一些新的方法，如改进的卡尔曼滤波的方法、组合法、复合目标函数法、多稳态工作点法等。在解决可测参数少于待估计健康参数的问题上，这些方法的一个共同特点就是结合实际测量的气路参数，采取经验化的手段首先隔离出故障单元体，而假设其他单元体为健康状态，从而减小待估计健康参数的个数。这种方法有效的前提条件是在第一轮的故障隔离中能够准确隔离出故障单元体，同时其他单元体未发生任何故障或性能退化，但这通常与实际情况存在一定出入。对于实际中测量数据含有噪声的问题，通常可通过多次测量而获得多个观测样本，进而借助简单的取均值或移动平均法，或更加复杂的滤波技术来降低观测噪声对估计结果的影响。

(1) 非线性自适应性能模型

性能模型的精度对发动机状态监控与故障诊断结果具有重要影响，而部件特性图对发动机性能仿真精度具有重要影响。而实际中性能模型所采用的部件特性图通常很难准确反映一台实际发动机的部件特性，特别是在发动机投入使用后机械磨损、故障等因素的影响，不可避免地会引起部件特性的变化，导致发动机部件特性参数偏离其标准值(参考值)。如图 6.15 和 6.16 所示为某型涡扇发动机的风扇单元体特性图，图中实线为不同转速下部件特性参数的标准值，而虚线所示为性能退化后的实际部件特性。

为解决这一问题，Stamatis 等人提出了发动机非线性自适应性能模型的概念。在发动机的非线性模型里引进了修正因子 MF(Modification Factor)，以发动机稳态点下性能模型的输

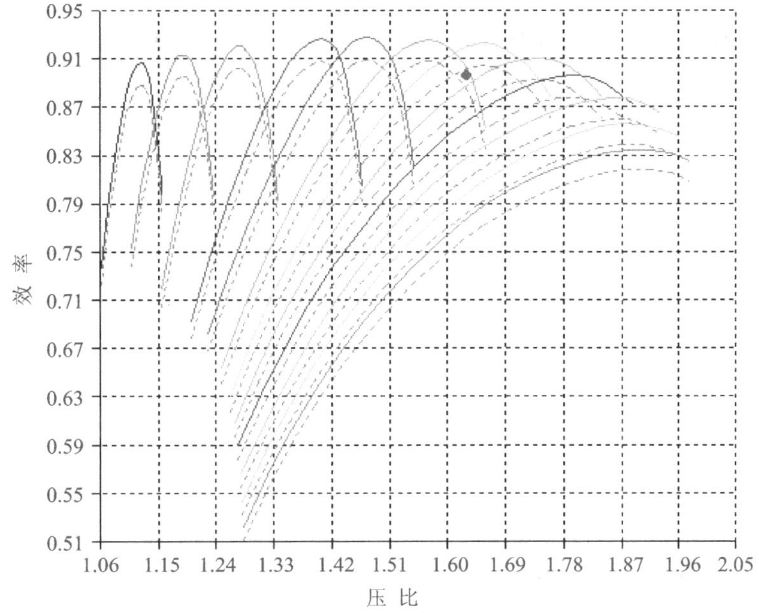

图 6.15　风扇部件效率和压力特性图

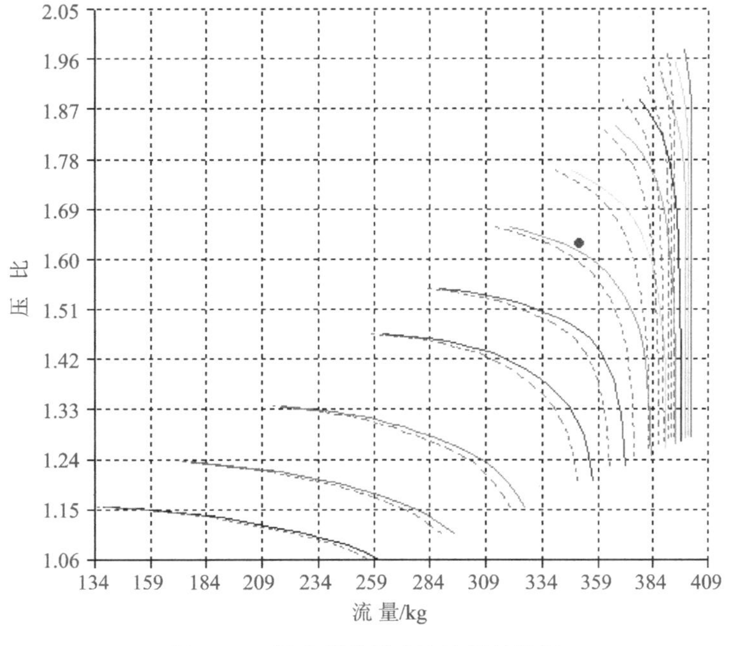

图 6.16　风扇部件压力和流量特性图

出与实际测量值的偏差的平方和最小为优化目标函数。通过调整修正因子对性能模型进行修正，使修正之后的性能模型可以匹配真实发动机的工作状况，并且随着发动机的使用，可根据新的测量数据不断修正性能模型，使之始终与实际发动机的工作状况相匹配。在某一工作点下，若以 $x_{\mathrm{p,ref}}$ 表示标准部件特性参数，$x_{\mathrm{p,cat}}$ 表示实际的部件特性参数，则此工作点下特性参数的修正因子 MF 定义为

$$\mathrm{MF}=\frac{x_{\mathrm{p,act}}}{x_{\mathrm{p,ref}}} \tag{6.25}$$

自适应性能模型中采用的部件特性参数不再是标准值，而是其乘上一个修正系数的修正值 $\mathrm{MF}\cdot x_{\mathrm{p,ref}}$。在原始的性能模型中引进了各部件特性参数的修正因子 MF，即可得到发动机的自适应性能模型为

$$\left.\begin{aligned} F(x,u,\mathrm{MF}) &= 0 \\ Y_{\mathrm{M}} - Y_{\mathrm{Calc}}(x,u,\mathrm{MF}) &= 0 \end{aligned}\right\} \tag{6.26}$$

式中：Y_{M} 为气路可测参数的实际测量值，是状态参数 x 中的可观测部分的子集，对于每一个测量值都有一个相应的性能模型的预测值 Y_{Calc}；u 为工作点参数。选择各单元体的效率和流量参数作为部件的特性参数来建立发动机自适应模型，其效率和流量参数的修正系数分别为

$$\mathrm{SE}_i = \frac{\eta_i}{\eta_{i\mathrm{ref}}} \times 100\% \tag{6.27}$$

$$\mathrm{SW}_i = \frac{W_i\sqrt{T_i}}{p_i}\left(\frac{W_i\sqrt{T_i}}{p_i}\right)_{\mathrm{ref}}^{-1} \times 100\% \tag{6.28}$$

单元体的效率和流量参数的变化反映了单元体性能退化或故障的严重程度，因此为了方便建模和计算，一般采用效率和流量参数的修正系数作为各单元体的健康参数，即 $f=(\mathrm{SE}_i,\mathrm{SW}_i, i=1,\cdots,n)$，比如 $\mathrm{SE}_i=1$，$\mathrm{SW}_i=1$ 则说明第 i 个单元体没有发生任何性能退化，若 $\mathrm{SE}_i<1$，$\mathrm{SW}_i<1$ 则表明单元体发生了性能退化或故障，且越偏离 1 说明性能退化或故障越严重。基于自适应模型的发动机气路分析的主要任务就是根据实际测量参数来估计这些未知的健康参数。在实际计算中，有时取健康参数的变化量（Δf）来表征单元体的健康状态。

效率参数相对变化量：

$$\Delta\mathrm{SE}_i = \mathrm{SE}_i - 1 = \left(\frac{\eta_i}{\eta_{i_{\mathrm{ref}}}} - 1\right) \times 100\% \tag{6.29}$$

流量参数相对变化量：

$$\Delta\mathrm{SW}_i = \mathrm{SW}_i - 1 = \left[\frac{W_i\sqrt{T_i}}{p_i}\left(\frac{W_i\sqrt{T_i}}{p_i}\right)_{\mathrm{ref}}^{-1} - 1\right] \times 100\% \tag{6.30}$$

ΔSW_i 和 ΔSW_i 更加直接的反映了一台发动机的某个单元体的性能退化或故障严重程度，整机健康状态由各单元体健康参数变化量的集合来表征，即 $\Delta f=(\Delta\mathrm{SE}_i,\Delta\mathrm{SW}_i, i=1,\cdots,n)$。

（2）目标函数构建与求解

通常未知的健康参数的个数多于可测气路参数的个数，方程组并不封闭，直接求解存在困难。因此，在实践中把方程组的求解问题通常转变为一个寻优问题。

$$\Delta\mathrm{SW}_i = \mathrm{SW}_i - 1 = \left[\frac{Wi\sqrt{T_i}}{p_i}\left(\frac{Wi\sqrt{T_i}}{p_i}\right)^{-1} - 1\right] \times 100\% \tag{6.31}$$

如何根据实际情况，构造合理的优化目标函数 $\phi(\cdot)$ 并选择相应的优化算法是基于非线性自适应性能模型气路分析的重要研究问题，图 6.17 所示为基于非线性自适应模型的发动机气路分析流程图。在基于非线性自适应性能模型气路分析领域，一个被广泛采用的一般的目标函数为

$$\mathrm{OF} = c_1 \cdot \sum_{i=1}^{M}\left(\frac{Y_M^i - Y_{\mathrm{Calc}}^i}{Y_M^i \sigma_{Y^i}}\right)^2 + c_2 \cdot \sum_{i=1}^{M}\left|\frac{Y_M^i - Y_{\mathrm{Calc}}^i}{Y_M^i \sigma_{Y^i}}\right| + c_3 \cdot \sum_{j=1}^{N}\left(\frac{f^j - f_{\mathrm{r}}^j}{f_{\mathrm{r}}^j}\right)^2 + c_4 \cdot \sum_{i=1}^{N}\left(\frac{f^j - f_{\mathrm{r}}^j}{f_{\mathrm{r}}^j}\right) \tag{6.32}$$

式中：f_{r} 为各单元体健康参数的参考值，根据具体情况选择，如对于一台新的发动机通常可假

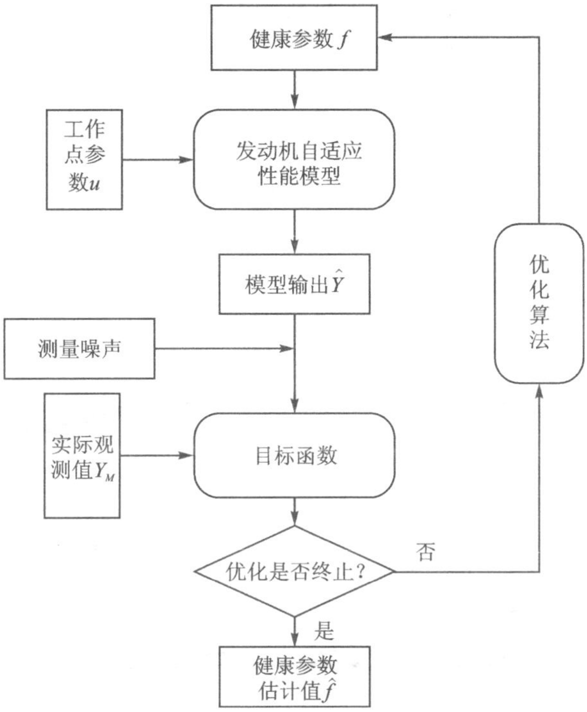

图 6.17　基于非线性自适应模型的发动机气路分析流程

设 $f_r^i=1$；考虑到测量噪声对估计结果的影响，测量噪声标准差 σ_Y 也引进到目标函数中；调整系数 c_k 可以调节各分项在目标函数中所占比重大小；M 为观测向量的维数；N 为待估计健康参数向量的维数。

式(6.32)给出了一般形式的目标函数，需根据具体情况选择合理的分项及相应的系数，比如当 $M \geqslant N$ 时，即待估计参数少于可测参数的数量时，目标函数可仅保留第一项，即 $c_1=1$，$c_2=c_3=c_4=0$，这时上述优化问题在最小二乘意义上存在唯一解。在实际中通常碰到的情况是未知的健康参数的个数多于实际可观测的状态参数的个数，必须增加额外的条件，即 c_3 或 c_4 不能同时为零，才能保证上述优化问题存在唯一解，这些增加的额外约束条件来源于合理的假设、经验或其他先验信息，如：

① 相关性，同一部件的性能退化或故障引起的两个健康参数的变化不是独立的；

② 健康参数的变化趋势遵循一定的规律，如部件效率随着性能退化总是下降，而流量参数对于压气机来说通常也是下降的；

③ 除非发生严重的故障，一般健康参数的变化不大，在一定的范围之内；

④ 正常使用因素造成的性能缓慢衰退通常引起健康参数的缓慢变化。

确定目标函数后，需要选择相应的合适的数值优化算法，典型的优化算法如单纯形法、DFP 拟牛顿法、BFGS 拟牛顿法等。

3. 航空发动机气路分析实例

(1) 涡扇发动机仿真模型

如图 6.18 所示为一典型的双转子大涵道比涡扇发动机仿真模型，包括风扇(Fan)、低压压气机(LPC)、燃烧室、高压涡轮(HPT)和低压涡轮(LPT)5 个单元体。根据发动机各单元体

工作过程所遵守的气动热力学定律，用一组气动热力学方程来描述发动机的工作过程，可实现发动机工作过程的仿真。其数学模型为

$$F(u,f,x)=0 \tag{6.34}$$

式中：u 为工作点参数，包括飞行条件（如外界大气条件、飞行马赫数、飞行高度等）和控制变量（如燃油流量或低压转子转速等，取决于不同的发动机控制方案）；f 为发动机健康参数，通过修改各单元体的健康参数可模拟不同的气路部件故障或性能退化；x 为气路各站位状态或性能参数（如表 6.2 所列），如高压压气机出口温度、排气温度等，其中仅有安装有传感器的部分站位的气路参数是可测的。

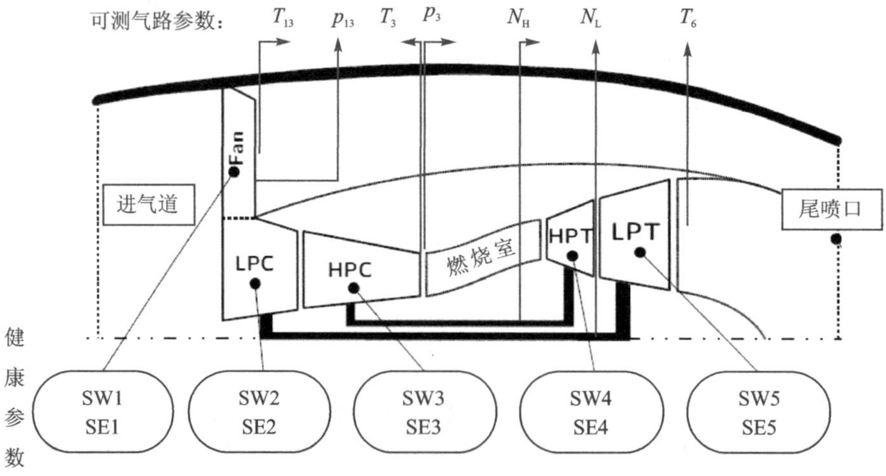

图 6.18　典型涡扇发动机气路部件健康参数与可测参数

表 6.2　发动机健康参数及气路状态/性能参数

发动机健康参数	发动机状态/性能参数
风扇部件流量修正系数(SW1)/%	低压转子转速(N_L)/(r·min^{-1})
风扇部件效率修正系数(SE1)/%	高压转子转速(N_H)/(r·min^{-1})
低压压气机部件流量修正系数(SW2)/%	风扇出口压力(p_{13})/bar
低压压气机部件效率修正系数(SE2)/%	高压压气机进口压力(p_{26})/bar
高压压气机部件流量修正系数(SW3)/%	高压压气机进口温度(T_{26})/℃
高压压气机部件效率修正系数(SE3)/%	高压压气机出口压力(p_3)/bar
高压涡轮部件流量修正系数(SW4)/%	高压压气机出口温度(T_3)/℃
高压涡轮部件效率修正系数(SE4)/%	尾气排气温度(T_6)/℃
低压涡轮部件流量修正系数(SW5)/%	发动机压比(EPR)
低压涡轮部件效率修正系数(SE5)/%	风扇出口温度(T_{13})/℃
	高压涡轮出口压力(p_{42})/bar
	高压涡轮出口温度(T_{42})/℃
	低压涡轮出口温度(p_5)/℃
	高压涡轮进口温度(T_{41})/℃
	推力/N
	燃油流量(W_f)/(kg·s^{-1})

注：阴影部分所标识参数为现代典型涡扇发动机可测参数。

在性能仿真实验中，根据控制方案选择一个变量作为控制变量，剩余控制变量则视为状态/性能参数。性能仿真软件可计算发动机在工作包线内任一工作点下的气路状态和性能参数，并且还可以通过设定各单元体的健康参数来模拟不同的气路部件故障或性能退化情况。借助发动机的性能仿真模型可计算得到发动机内部流场各个站位的热力学参数。而实践中受制于机载传感器安装数量的限制，在翼发动机只有少数气路状态参数可测。不同型号的发动机传感器配置依据厂家和用户的要求而不同，实际可测的气路参数也有所差别。但现代典型的民航涡扇发动机一般可测的气路参数包括图 6.18 中所标出的 7 个气路参数。借助性能模型仿真计算得到的气路参数不含噪声，但实际中传感器不可避免的会引进测量噪声，为使模拟更加接近外场实际情况，通常在性能模型输出的气路参数上添加一定的噪声来模拟实际的测量噪声。

(2) 仿真计算结果分析

考虑实际中经常碰到的一种情形，可测参数个数少于待估计的健康参数，即 $N=10$，$M=7$，比较各种目标函数的选择以及优化算法的性能。以给出的一般目标函数为基础，通过修改其系数值构造 3 种目标函数，其系数矩阵如表 6.3 所列，优化算法分别选择单纯形法、DFP 拟牛顿法、BFGS 拟牛顿法以及由一种非线性最小二乘优化算法 Smarquardt，计算结果如表 6.4 所列。

表 6.3　目标函数系数矩阵

系数 / 目标函数	c_1	c_2	c_3	c_4
OF1	1	0	1.0E－6	0
OF2	1	0	1.0E－6	1.0E－6
OF3	1	1.0E－4	1.0E－6	1.0E－6

表 6.4　不同目标函数与优化算法性能

目标函数 / 算法性能指标	OF1		OF2		OF3	
	时间/s	N	时间/s	N	时间/s	N
Smarquardt	13	79	40	258	77	489
DFP 拟牛顿法	157	1 002	190	1 232	374	2 387
BFGS 拟牛顿法	130	814	310	1 760	192	1 177
单纯形法	327	2 000	330	2 001	328	2 001

注：N 为发动机性能模型程序调用次数。

由图 6.19 至图 6.22 所示结果可见，在不考虑噪声时，对于观测参数个数少于待估计参数个数的情况，通过增加额外的约束条件，除单纯形法其他 3 种优化算法均能给出全局最优解，且目标函数形式的选择对优化结果精度影响不大。在优化结果精度相差不大时，由表 6.4 结果可见，非线性最小二乘优化算法 Smarquardt 收敛速度更快。

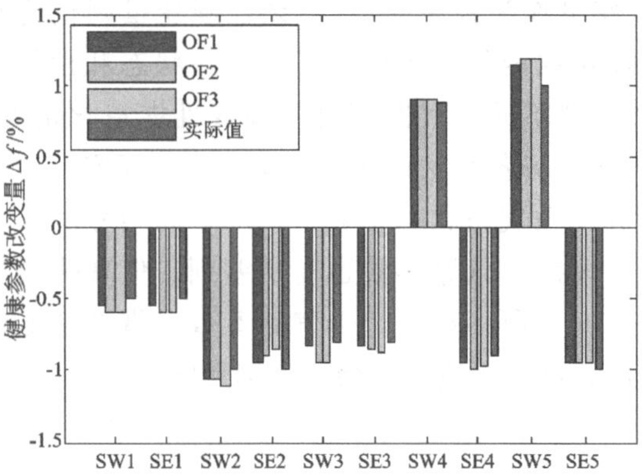

图 6.19　Smarquardt 优化算法估计结果

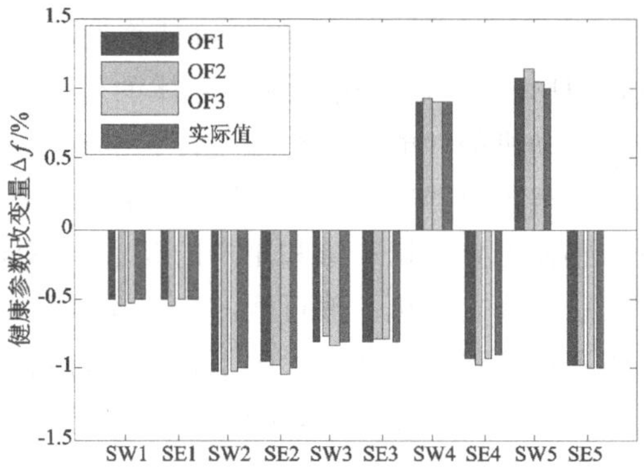

图 6.20　DFP 拟牛顿法估计结果

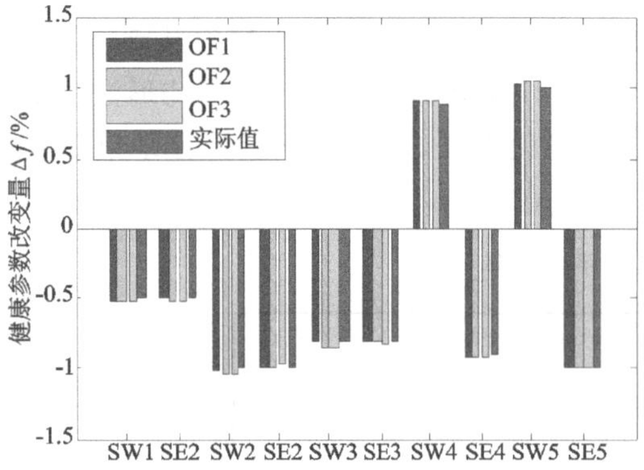

图 6.21　BFGS 优化算法估计结果

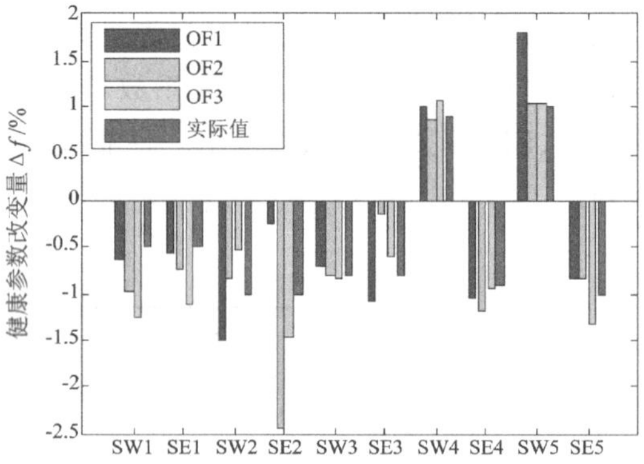

图 6.22　单纯形法估计结果

6.7　发动机性能恢复

6.7.1　发动机水洗概述

当沉积物黏附在发动机叶片表面后，将会改变气流进入压气机的攻角和叶片的几何形状，从而使得压气机叶片表面的粗糙度增大，导致气流流通通道的能力降低，使压气机的增压比、效率降低。这样会导致发动机的功率随之下降，从而发生超温和喘振；耗油率增加、稳定运行工况范围减小，以及发动机推力减小，使得发动机整体性能衰退，增加了发动机性能故障的几率，并使得维护成本增加、使用寿命下降。

对于航空公司来说，不仅可以通过制造商提供的软件对于发动机状态进行有效监测与评估，同时还可以通过对发动机进行水洗来恢复发动机性能。在翼清洗是航线上唯一可以做的最小修复工作，可以部分恢复发动机整机和单元体的性能，也可延长部件的使用寿命，特别是热端部件，对保持和恢复发动机的可靠性、提高使用经济性和延长发动机在翼寿命具有重要意义。

目前航空公司为了保证发动机排气温度裕度，延长发动机在翼寿命，航空公司根据发动机制造商建议，经过适航当局批准，采取发动机进行在翼水洗对发动机进行性能恢复，降低燃油消耗量。

6.7.2　民用航空发动机水洗的意义

发动机在长期的地面和空中运行过程中，有大量的空气通过发动机，长期的积累有大量的灰尘附着在发动机压气机叶片上（例如吸入油液、泥浆、跑道除冰液、鸟击残留等），从而形成积垢。积垢的形成，使得叶片表面的粗糙度增加，如图 6.23 所示。长时间会造成叶形发生改变，叶片的气动性能下降，表现为叶片之间的有效间隔减少，直接导致空气流量减少，最终导致推力和压比的降低，压气机效率的下降。对于喷气发动机，为了保证一定的推力，控制系统需要增加燃油的供应，因此增加了排气温度 EGT。涡轮入口温度的增加直接导致了起飞时 EGTM 的降低，当飞机遇到糟糕的运行环境和较高海拔时，EGTM 会更低。由于燃油消耗量提高导致的过高的 EGT 是发动机性能衰退的重要标志。通常航空公司需要对发动机进行在翼水洗，清洁压气机叶片上的积垢，恢复发动机性能，降低燃油消耗量，降低温室气体的排放，同时增加发动机在翼时间。

清洁后的叶片如图 6.24 所示。

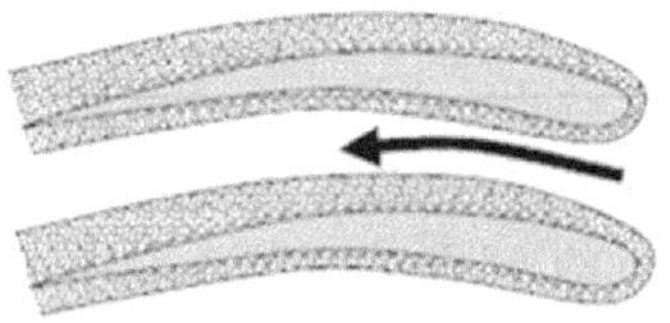

图 6.23　存在积垢的叶片

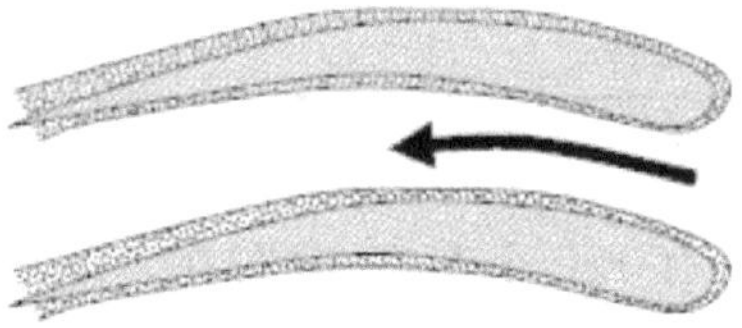

图 6.24　清洁的叶片

表 6.5 给出了国内某航空公司整个机队在一年时间内 369 架飞机 748 台发动机共水洗 1 953 次后机队不同机型燃油年节省金额和机队 CO_2 减排情况。从表中可以看出，不同发动机通过水洗可以不同程度有效降低燃油消耗率。特别对于 CFM56－3 与 CFM－7 发动机，在特定水洗间隔内，燃油消耗率分别为 0.43%与 0.45%，而通常 CFM56－3 与 CFM－7 发动机燃油消耗率分别为 0.6%与 0.8%。同时，通过计算可以得出每次水洗可以帮助航空公司节约燃油成本 8 098.43 美元，每台发动机水洗可以节约燃油成本 21 144.71 美元，每架飞机可以节约燃油成本 42 862.44 美元。每年通过水洗整个机队可以节约超过 1 500 万美元的燃油成本，对于航空公司来说也是非常可观的。同时，通过水洗整个机队每年可以减排 CO_2 气体 51 548 t，对于环境的保护起着积极的作用。

表 6.5　国内某航空公司机队水洗效果分析

飞　机	飞机数	发动机数	水洗间隔	年水洗数	共水洗数	特定间隔燃油消耗率/%	每台发动机年燃油节省/美元	机队燃油年节省/美元	机队 CO_2 减排/t
CRJ700/CF34	13	26	883	2.2	58	0.62	8 423	218 997	714
E190/CF34	6	12	981	0.6	8	0.69	1 998	23 973	78
B737/CFM56－3	25	50	720	2.9	146	0.43	15 648	782 406	2 550

续表 6.5

飞机	飞机数	发动机数	水洗间隔	年水洗数	共水洗数	特定间隔燃油消耗率/%	每台发动机年燃油节省/美元	机队燃油年节省/美元	机队 CO_2 减排/t
B737/CFM56-7	88	176	563	3.1	542	0.45	23 584	4 150 803	13 528
B747/PW4056	2	8	223	2.8	22	0.16	66 852	534 819	1 743
B757/RB211-535	13	26	546	2.8	72	0.27	22 016	572 415	1 866
B777/GE90	10	20	233	4.3	86	0.19	97 215	1 944 296	6 337
B777/GE90	6	12	124	1.3	15	0.10	58 387	700 643	2 284
A319/V2524	41	82	758	2.6	212	0.38	12 697	1 041 184	3 393
A320/V2527	82	164	731	2.5	417	0.37	13 240	2 171 391	7 077
A321/V2533	57	114	645	2.1	238	0.32	13 162	1 500 444	4 890
A330/PW4168	9	18	331	0.7	13	0.23	10 938	196 877	642
A330/TRENT 772	14	28	310	3.5	99	0.22	57 966	1 623 047	5 290
A380/GP7000	3	12	350	2.1	25	0.24	29 579	354 947	1 157
总计	369	748			1 953			15 816 242	51 548

根据 GAMECO 公司 EcoPower 发动机水洗项目的统计，全球参与 EcoPower 发动机水洗项目的已有 120 个客户，分布在全球 108 个地方，41 种飞机的 58 种发动机参与水洗，表 6.6 给出了全球参与 EcoPower 发动机水洗项目的发动机水洗效果的统计。从表中可以看出，EcoPower 发动机水洗项目对于 CFM56-5B 与 CFM56-7 发动机水洗效果尤为显著。

表 6.6 全球参与 EcoPower 发动机水洗项目的发动机水洗效果的统计

发动机类型	EGT/℃	TSFC/%
CF6-80C2/A2	11	0.6
CFM56-3	10	0.6
CFM56-5B	15	1.1
CFM56-7	15	1.1
JT8D	5	0.5
JT9D	7	0.6
GE90	12	0.8
PW2000F/F117	6	0.5
PW4000 94''	9	0.7
PW4000 100''	9	0.7
PW4000 112''	9	0.7
TRENT 800	11	0.7
V2500	5	0.5

6.7.3　发动机水洗时的注意事项

① 必须严格按照 MPD 产生的工卡要求操作，例如对于 CFM56－5B 的水洗，机务人员需要按照 AMM 手册里的维修任务 72－00－00－100－026 和 72－00－00 PB 701 的要求进行水洗工作。

② 确信发动机的清洗是当时获得 EGT 裕度的唯一途径。

③ 清洗叶片的同时一定要清洗发动机气路。

④ 水流量要控制在 18.9～22.7 L/min。小于 18.9 L/min 清洗无效，大于 22.7 L/min 增加了水进入齿轮泵的可能性。

⑤ 500～750 h 后再次清洗，如果少于恢复 5 ℃ EGTM 则减少清洗次数。如果大于恢复 10 ℃ EGTM 则增加清洗次数。

如果不按照 AMM 手册里的维修任务操作，可能会造成如下后果：

① 泵和转子间隔积水，轴承损坏，润滑系统冲淡，转子不平衡，封严损坏。

② 座舱出现气雾，造成空中停车，中断起飞。

③ 电源系统出现异常。

④ EGTM 无变化，以致出现对于此维修工作的质疑。

⑤ 设 MEC 损坏，以致发动机工作异常。

⑥ 对发动机造成不可预测的损坏。

6.7.4　影响水洗效果的因素分析

通过对航空公司近年来发动机水洗的流程和效果的分析，为了达到每次水洗后发动机 EGTM 恢复 10 ℃以上，同时 EGTM 的衰退率下降的目的，航空公司需要从以下几方面改进维修工作，如图 6.25 所示。

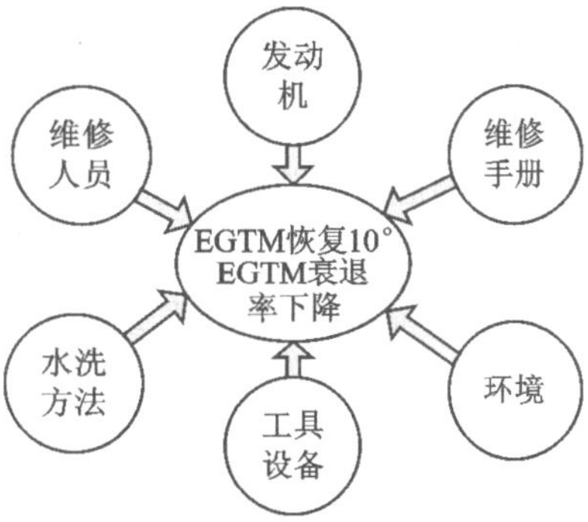

图 6.25　影响水洗效果的因素

1. 维修人员

维修人员的自身素质对于维修工作起着重要作用，航空公司应不断加强对于维修人员专业知识和技能的培训，提高维修人员的工作责任心，掌握发动机水洗的基本知识和正确的操作流程。

2. 发动机

显然发动机自身的性能和状态对于水洗的效果有着直接的影响。维修人员需要根据不同发动机的性能衰退情况、发动机的在翼时间以及发动机的送修时间，制定不同的发动机水洗方案。同时从多年航空公司水洗数据上看，并不是所有发动机经过水洗都能得到 EGTM 的恢复，有些时候经过水洗后 EGTM 反而下降，此时发动机维修人员需要根据发动机维修手册和排故手册对发动机进行故障诊断，找到 EGTM 下降的真实原因。

3. 维修手册

航空公司需要不断加大对于维修手册、排故手册的更新，确保维修人员依照手册的流程对发动机进行操作。同时，对于维修过程中发现与手册中不一致或有歧义的地方，需要及时与发动机生产商或飞机制造商联系，以寻求及时的帮助。

4. 水洗方法

根据对航空公司水洗过程的研究，目前航空公司主要采取的水洗材料包括冷水、冷水+清洁剂、热水、热水+清洁剂等。航空公司需要根据发动机所处的运行环境、发动机在翼时间等多种因素，选择合适的水洗方法。根据发动机制造商建议，国内某航空公司以 3～8 个月或 800～2 000 h 作为水洗间隔，以 CFM56 发动机为例，采取不同的水洗方法，得到如表 6.7 的水洗统计数据。

表 6.7 不同水洗方法对于 EGTM 恢复情况

水洗方法	水洗发动机台次	EGTM 恢复/℃
冷水	5	2～12
冷水+清洁剂	18	2～20
热水+清洁剂	5	5～16
热水	19	7～18

从表 6.7 可以看出，对于此航空公司的发动机而言，冷水加清洁剂的清洗效果比纯冷水的好；纯热水的清洗效果与冷水加清洁剂的几乎一样。纯热水清洗是一个很有效的方法，2000 年该航空公司机队发动机的平均 EGT 基本保持不变，这与坚持发动机水洗工作是分不开的。纯热水清洗也是一个经济可靠的方法，它既可以降低清洗成本（不需要专用的清洁剂），也可以消除清洁剂对发动机本体腐蚀的可能性。

对于发动机水洗间隔也是影响 EGTM 恢复的重要因素。水洗间隔通常都是根据厂家建议的间隔，水洗是厂家推荐的在翼性能恢复措施，一般不是强制性的。没有给定的标准，也没有指定间隔。例如 GE90 发动机的厂方推荐水洗间隔是 1 000 飞行小时，而 CFM56 发动机厂方推荐水洗间隔为 3～8 个月或 800～2 000 飞行小时。

5. 工具设备

从航空公司发动机水洗工作流程上看，水洗的工具设备也是影响 EGTM 恢复的因素。目前，通过实际检验，通常采用喷头、水枪（雾化）效果比只使用简易水管的水洗效果更好，同时水枪喷水角度与发动机轴线夹角 45°位置注水效果最佳，水洗时水温要求保持在 80～90 ℃。

6. 环　境

环境因素主要分为发动机运营环境与发动机水洗环境两个方面。发动机运营环境主要是从发动机运营时所处的温度、压力、湿度、地理位置等方面，在同一地区的使用的发动机随着季节的变化，水洗的效果也会由于环境温度和空气颗粒浓度的改变而改变。发动机水洗环境主要是考虑维修人员在地面对发动机进行水洗时的工作环境，包括工作场所的灯光，所使用工具的摆放位置等。

发动机水洗效果受多方面因素综合影响，航空公司需根据自身发动机的情况，结合发动机厂商的建议，制定合理的水洗方案，从而达到 EGTM 恢复能达到 10 ℃左右，同时降低 EGTM 衰退率的目标。

习题与思考题

1. 通常情况下，航空公司的哪些部门共同参与发动机性能控制工作？并描述各部门的职责。

2. 简述航空公司的发动机滑油消耗率监控方案。

3. 简述航空公司的 EGT 监控方案。

4. EGT 的纠正措施有哪些？

5. 通用电气公司的 EGT 计算方法有什么特点？

6. 描述发动机孔探检查控制的一般流程。

7. 简述金属屑末监控工作的一般流程。

8. 造成民用航空发动机水洗的主要原因有哪些？

9. 发动机水洗的主要作用是什么？

10. 影响水洗效果的因素有哪些？

第 7 章 航空发动机可靠性控制技术

7.1 发动机可靠性管理方案概述

20 世纪 70 年代中期，在追求高性能军用航空发动机研制思想指导下，发达国家航空发动机的研制突出高推重比、高涡轮前燃气温度和高增压比。如美国，15 年间涡轮前燃气温度提高了 430 ℃，推重比增加了 1 倍，耗油率降低了 15%。与此相适应，涡轮部件的周向应力提高了 92%。进而引发的突出矛盾是，一方面高增压比、高涡轮前燃气温度使得构件所承受的气动负荷、热负荷和离心负荷大幅度增加，另一方面高推重比又要求零件的质量减轻，提高构件的工作应力，其结果造成发动机的结构故障显著增加。这就迫切需要设计发动机时必须从规定发动机的最高性能转向制定更高耐久性，确保发动机结构安全，延长使用期限，降低寿命期成本，进而促进发动机可靠性管理的发展。

可靠性管理是实现发动机可靠性目标的管理活动，是实施全面质量控制和管理的主要环节。它通过对发动机的故障分析、使用跟踪、飞行参数和数据收集及分析，作出管理决策。

7.1.1 发动机可靠性管理的职责

根据可靠性理论，航空发动机在完成设计制造后，只是拥有了固有可靠性。在实际运营过程中，产品的固有可靠性水平受到环境因素和使用条件等因素的影响，会降低使用可靠性水平，可靠性的保持是通过科学制订和正确执行维修方案来实现的。对航空公司来说，仅仅根据本公司机队特点客户化维修大纲和维修计划文件来制订初始维修方案是远远不够的。在航空发动机的使用、维修过程中，影响使用可靠性的因素多种多样。因此，航空公司在严格执行以初始维修方案为主体的符合性维修的基础上，还需要建立一套监督使用可靠性的管理和控制机制，也就是可靠性管理或可靠性控制。

因此，发动机可靠性管理的主要职责包括以下几个方面：

① 保证采集的发动机可靠性数据的准确性和完整性；

② 对发动机和附件出现的不良性能趋势提出警告，并分析产生问题的原因，评估其危害性和紧迫性；

③ 负责对确定的警告事件、重复性、多发性和重大发动机故障，以及机队使用困难报告进行监控评估分析；

④ 针对不良趋势和故障报告，确定并实施恰当的纠正措施，并通过对可靠性信息的持续采集验证纠正措施的有效性；

⑤ 负责保存实施发动机可靠性管理过程中的各种文件、记录和数据，并出版《可靠性周报》、《可靠性月报》，总结分析发动机和附件的整体性能状况，为其他部门提供相应的数据服务和咨询；

⑥ 完成可靠性警告值和性能指标的审查修正工作。

通过可靠性管理，可以恢复和保持发动机的固有可靠性水平，并维持其使用可靠性在可接受水平之内。通过收集运营全过程的可靠性数据来分析和评估现行维修方案的有效性和实用性，科学制订、优化和完善维修方案，以适应航空发动机技术状态的变化，这种监控与调整是可靠性管理的核心。因此，可靠性管理不再仅仅是一种纯技术领域的工作，已经成为保持航空发动机持续适航和航空公司正常运行的重要手段。

7.1.2 发动机可靠性管理的技术内容

发动机可靠性管理是一个闭环控制系统，它对发动机及附件进行监控，通过收集和分析发动机在实际使用状态下产生的可靠性性能数据来反映发动机的状态，提供一种观察航空发动机的使用可靠性及认识维修中缺陷的方法。利用可靠性性能监控系统，能够快速识别出不良趋势。一旦发动机的性能低于设定的警戒水平，监控系统就会发出警告并展开调查分析以评估问题所在，在出现更严重故障前制定和实施纠正措施，纠正这些缺陷并对其实现监督，提出合适的维修类型、数量和频度，以使其保持在一个可接受的可靠性水平上。

如图 7.1 所示为经典的可靠性闭环控制过程，主要包含了数据采集、数据校核、数据统计分析、可靠性警告分布、工程评估分析、纠正措施制定和发布等过程，闭环过程中也包含了可靠性周报、可靠性月报，以及可靠性方案的修改及分布等。

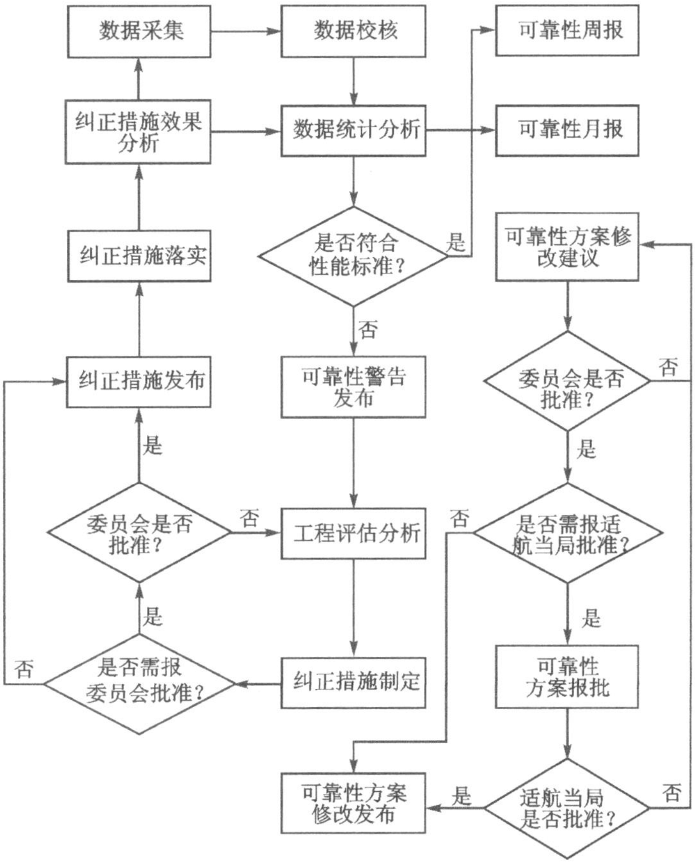

图 7.1　航空发动机可靠性闭环控制过程

在发动机可靠性管理的闭环控制流程中，可靠性分析评估是联系可靠性数据采集和工程调查的重要环节。正是在可靠性分析评估结论的基础上，才能够为工程调查和制定纠正措施提供充分的决策依据，使得用数据说话成为可能。通过对发动机的可靠性分析，所得到的分析结果可直接作为可靠性监控的依据，以实现对发动机初始维修方案的动态管理和有效控制，从而保持其正确、完整、有效和实用。因此，可靠性分析堪称可靠性管理重中之重的关键环节，开展可靠性分析具有十分重要的意义。

而性能评估是发动机可靠性分析的重要方法，用于确定发动机可靠性状况，每个发动机可靠性方案都应包括一组性能标准。发动机及附件的使用可靠性水平是通过一组可靠性管理指标来度量，它们又是评估维修质量和维修效益的尺度和标准。目前通常采用统计评估和事件分析以评估分析机队发动机的性能状况和使用水平。

① 统计评估是监控发动机及附件性能的主要方法。该评估方法使用预先设定的警告值或性能指标值来识别不可接受的性能状态及其恶化趋势。所用的警告值是指上限控制值，性能指标值可以是上限控制值，也可以是下限控制值。

② 事件分析则是用来监控不会频繁发生的事件，以及不能用统计方法进行有效分析的事件。统计评估系统和事件分析系统可以单独使用，也可以同时使用。

发动机统计评估的主要适用对象：

➤ 发动机飞行不正常事件；
➤ 附件/发动机非计划拆换；
➤ 发动机性能；
➤ 发动机滑油耗量；
➤ 飞机平均日利用率；
➤ 飞机平均可用率；
➤ 签派可靠度；
➤ 发动机空中停车。

发动机事件分析的主要适用对象：

➤ 发动机重复性故障；
➤ 发动机多发性故障；
➤ 发动机不正常事件；
➤ 使用困难报告。

通过以上内容可以看出，主制造商通过不断地采集发动机的使用可靠性信息，并对其进行分析以发现发动机性能的不良趋势；对故障报告进行调查并提出纠正措施，保证发动机的可靠性状况在安全的水平内，并使之不断提高。

7.1.3 发动机可靠性管理协同工作架构

可靠性信息采集、分析与应用的有效实施，需要航空公司、主制造商、系统供应商及民航当局等多个单位与部门积极参与其中，并及时、准确地完成各自工作。只有各个单位与部门的协同配合，才能最大程度地发挥可靠性信息采集与分析的作用，使其能切实地维持和提高机队的可靠性水平。可靠性信息采集、分析与应用的协同工作框架如图 7.2 所示。

对图 7.2 涉及的部门和单位的具体任务详细分析如下：

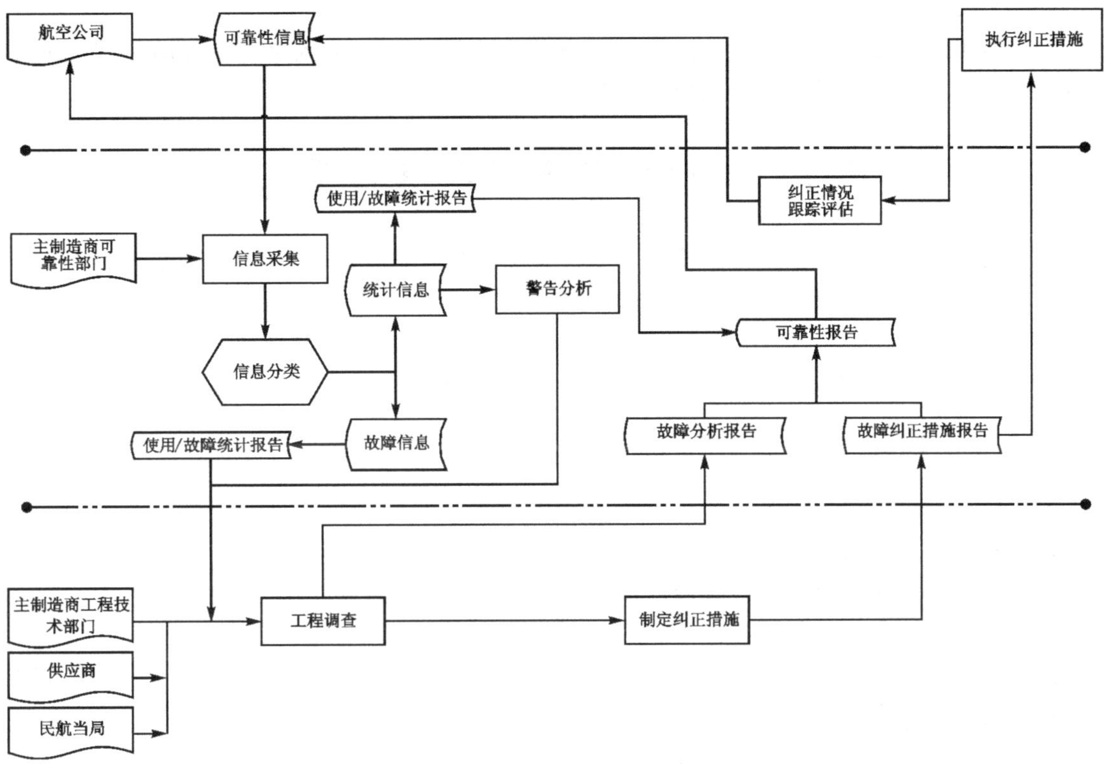

图 7.2　可靠性信息采集、分析与应用的协同工作框架

(1) 航空公司

主制造商采集的绝大多数使用可靠性信息来源于航空公司在运营飞机过程中产生的可靠性数据和故障报告。因此，航空公司需在发动机使用过程中，对发动机的使用可靠性信息进行初步的采集与统计，与主制造商的现场代表一起完成可靠性信息的采集。同时，在主制造商发布对飞机潜在风险的纠正措施时，航空公司要根据发布的内容落实纠正措施。

(2) 主制造商可靠性部门

主制造商的可靠性部门作为使用可靠性信息管理实施的主要部门，是使用可靠性信息管理的核心。它负责从航空公司采集可靠性数据，并对机队的使用情况进行统计分析，对出现性能超限的项目进行警告分析，并向工程技术部门发布警告通告；将航空公司报告的故障进行初步分析，将特殊故障发送给工程技术部门进行调查；对以往出现的警告通告和特殊故障进行跟踪评估；定期发布可靠性报告，必要时将工程部门编制的故障分析报告和纠正措施报告也纳入其中。

(3) 主制造商工程技术部门

主制造商作为飞机的设计和制造主体，对飞机的各项系统原理和使用性能有着大量的技术积累，其工程技术部门在可靠性监控中作为可靠性部门的技术支援，针对可靠性部门发布的警告通告和特殊故障报告进行工程调查，找出问题的根源，并制定纠正措施。

(4) 系统供应商

发动机供应商，在可靠性部门发布警告通告和故障报告时，需配合主制造商针对发动机的问题进行工程调查和制定纠正措施。

(5) 民航当局

当飞机出现对安全有重大影响的故障问题时,民航当局也需介入进行工程调查,必要时将调查结果与纠正措施以适航指令的形式向航空公司发布。

7.2 发动机可靠性数据的采集

建立发动机可靠性数据采集系统的目的是为发动机可靠性管理提供及时、完整、准确的各类维修和性能数据,以支持后续各项工作的开展。数据采集工作是各项工作的基础,因而,在工作开展过程中,有必要广泛深入地使用包括计算机技术在内的各种有效手段,以确保能全面获取包括航线维修、基地维修和车间修理等各方面的数据。

7.2.1 发动机可靠性指标

航空发动机可靠性指标选择的一般原则是:

- 根据航空发动机的使用要求、环境特点、飞行任务和类型选择参数。
- 根据维修策略、维修任务、维修人员以及对工具设备的基本要求选择参数。
- 根据参数之间的相关性选择参数。

民用发动机可靠性指标和军用发动机的可靠性指标基本是一致的,但也存在一定的差别。

1. 民用发动机的可靠性指标

- 延误/取消率:指每100次定期航班中,由于发动机原因不能正点出航而造成的延误或航班被取消的次数。目前,航空旅客运输部门基本都采用"航班准点率"(准点率,又称正点率),准点率=100%-延误率,表征承运人运输效率和运输质量。
- 驾驶员汇报事故率:指在每100次班机降落后,驾驶员反映的事故次数,由于这项指标包含了较大的主观因素,因此很少采用。
- 空中停车率:每1 000飞行小时中发动机空中停车的总次数。发动机空中停车可由发动机本身故障和飞机系统故障引起,空中停车率通常是指发动机本身故障引起的。
- 提前换发率:又称非计划换发率,指发动机在1 000飞行小时中由于发动机故障造成的提前更换发动机次数。
- 发动机送修率:在规定的时间内,发动机送修的总次数除以发动机飞行小时数。通常用每1 000发动机飞行小时的送修事件数表示。
- 每飞行小时维修工时:每1 000飞行小时所需要的维修时间,通常包括维修站的维修工时。
- 平均拆卸间隔时间:在规定的条件下和规定的时间内,发动机寿命总数与发动机拆卸的总次数之比。
- 发动机的计划拆换:所有预先计划的发动机拆换,如因发动机的寿命件到时限,或根据相关AD、CAD或航空公司内部EO的要求而进行的发动机拆换。
- 发动机的非计划拆换:除了发动机计划拆换以外的发动机拆换;发动机非计划拆换率=(发动机非计划拆换次数×1 000)/发动机总使用时间。
- 发动机故障率=(有故障的发动机拆换次数×1 000)/发动机总使用时间。

除以上常用指标外,还采用过外来物造成损伤的事故率及转子破裂造成的非包容事故率等。

2. 军用发动机的可靠性指标

军用发动机的可靠性指标按照“航空发动机寿命和可靠性工作暂行办法”，除了同民用航空发动机一致的空中停车率、提前换发率等指标外，还包括有：

- 平均推力(功率)下降间隔时间：其定义为，一定批量发动机的推力(功率)下降百分比超过推力(功率)下降规定容限值(一般为 10%)之前的工作时间平均值。
- 平均故障间隔时间：是指发动机发生了故障后经修理或更换零件仍能正常工作，其在两次相邻故障间的平均工作时间。如在第一次工作 t_1 时间后出现故障，经修复后第二次工作 t_2 时间后出现故障，第 n 次工作 t_n 后出现故障，则平均故障间隔时间为

$$\mathrm{MTBF}=\frac{\sum_{i=1}^{n} t_i}{n} \tag{7.1}$$

- 平均维修间隔时间：以平均故障间隔时间 MTBT 为基础，并考虑到环境和复杂程度的影响所确定的耐久性指标，由美国空军和波音公司基于大量的统计数据获得：

$$t_{\mathrm{BM}}=k(\mathrm{MTBT})^{\alpha} \tag{7.2}$$

式中：k 为环境参数；α 为复杂参数。在只考虑发动机故障时，一般选取 $k=2.39$，$\alpha=0.66$。

7.2.2 发动机可靠性数据来源及要求

为了确保信息采集顺利进行，在确定了使用可靠性信息的采集内容后，需对这些内容的来源和数据项进行分析。航空公司日常运营产生的各类飞行记录和故障记录，提供了大量的使用可靠性信息。发动机信息来源和数据项要求分别如表 7.1 和 7.2 所列。

表 7.1　发动机可靠性数据来源

序　号	数据类别	主要来源
1	发动机使用时间数据	飞机飞行记录单、机载数据采集系统、FOC 飞机运行和定检记录
2	发动机性能数据	机载数据采集系统、飞机飞行记录单
3	发动机不正常事件	飞机使用困难报告
4	附件/发动机拆换数据	附件/发动机拆换及修理报告
5	附件/发动机修理数据	修理厂家附件/发动机修理报告

表 7.2　发动机可靠性数据项要求

序　号	数据类别	要求的主要数据项
1	发动机/APU 使用时间	航空公司、月份、发动机/APU 型号、发动机/APU 序列号、使用小时、使用循环
2	发动机主要性能数据	航空公司、月份、发动机型号、发动机序列号、发动机使用时间、排气温度裕度(EGTM)、高压压气机转子角速度偏差量(DN2)、平均滑油消耗率(AOC)
3	发动机不正常事件记录	航空公司、故障发生日期、机型、飞机序列号、装机位置、飞行阶段、发动机型号、发动机序列号、故障类型、故障描述、解决措施、检查发现、维修措施、本次使用小时、本次使用循环、累计使用小时、累计使用循环

续表 7.2

序　号	数据类别	要求的主要数据项
4	发动机/APU/LRU 拆换记录	航空公司、拆换日期、机型、飞机序列号、发动机/APU/LRU 型号、发动机/APU/LRU 序列号、装机位置、故障描述、解决措施、故障类型、拆换类型、拆下序号、装上序号、本次使用小时、本次使用循环
5	附件/发动机修理数据	机号、日期、航班号、航站、附件/发动机件号、序号、修理发现、修理完成情况、修理单位

7.2.3 发动机数据采集过程

航空发动机使用可靠性信息具有种类繁多、来源分散的特点，因此使用可靠性信息的采集需要多个部门人员的参与，需经历多个步骤。

1. 发动机使用数据信息采集过程

发动机使用信息的采集需要涉及航空公司的飞机空勤组、飞机维修人员、可靠性工程师和主制造商的现场代表。信息采集的过程如图 7.3 所示。

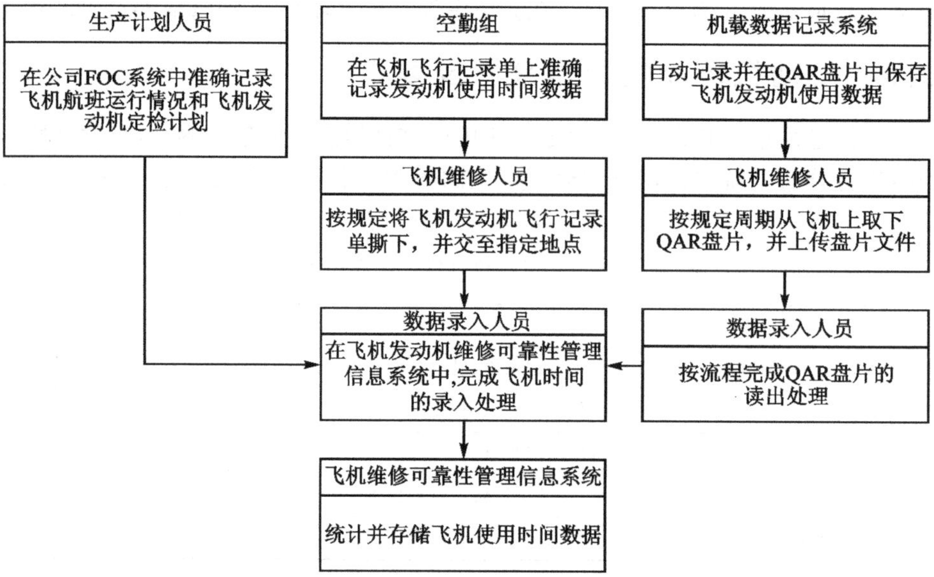

图 7.3　发动机使用信息采集过程

2. 发动机性能数据采集过程

发动机性能数据采集需要涉及数据录入人员和可靠性分析人员，如图 7.4 所示。

3. 发动机不正常事件采集过程

因发动机原因造成航班延误、取消等后果，表现为滑回、换机、改航、返航、中断起飞、空中火警、空中停车、地面停车、冲出跑道和其他事件称为发动机不正常事件。发动机不正常事件的记录需要涉及空勤组、地面维修人员和可靠性分析人员等，采集过程作为飞机不正常事件采集的一部分，如图 7.5 所示。

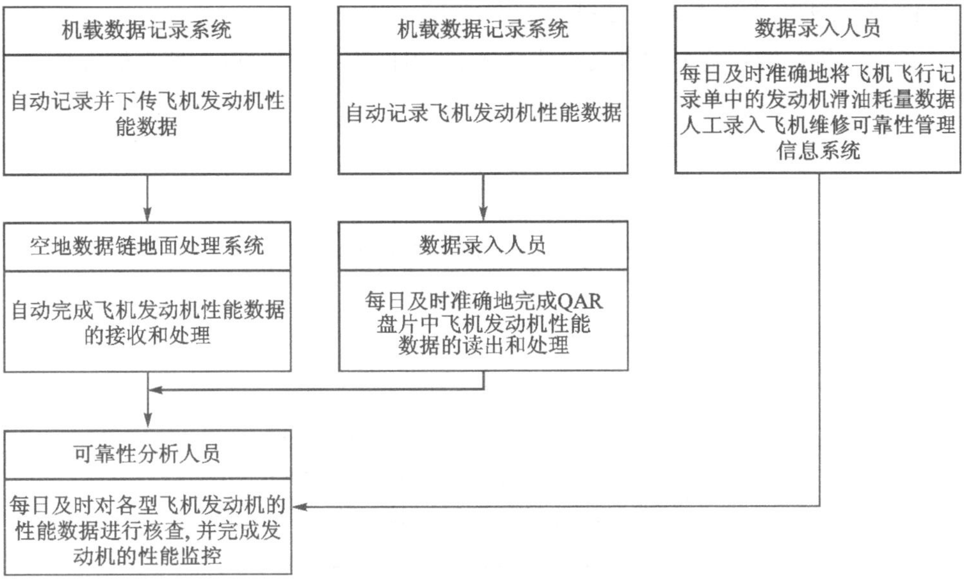

图 7.4　发动机性能数据采集过程

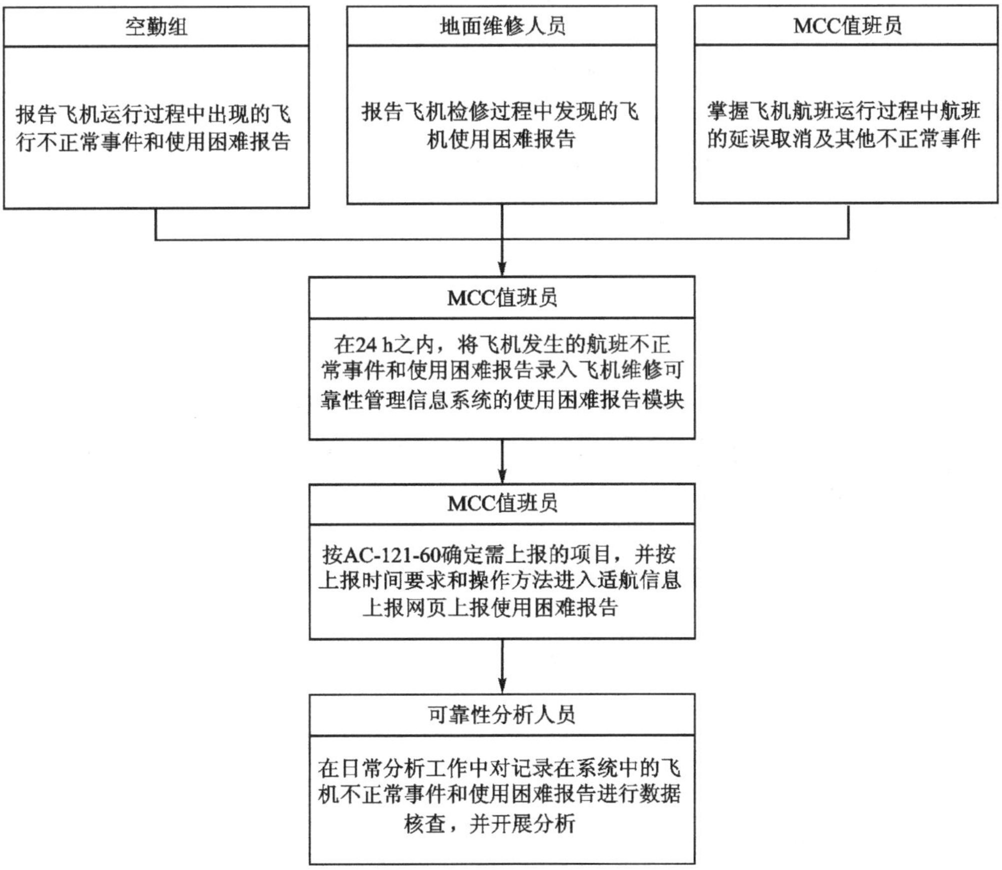

图 7.5　发动机不正常事件的采集过程

4. 附件/发动机拆换数据采集过程

附件/发动机拆换数据需要涉及飞机维修人员、附件监控人员、可靠性分析人员。附件/发动机拆换数据采集过程如图 7.6 所示。

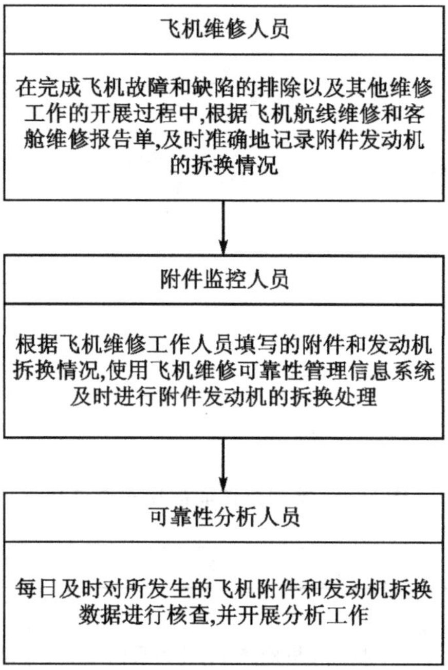

图 7.6　附件/发动机拆换数据采集过程

5. 附件/发动机修理数据采集过程

附件/发动机修理数据需要涉及航材入库人员、可靠性分析人员。附件/发动机修理数据采集过程如图 7.7 所示。

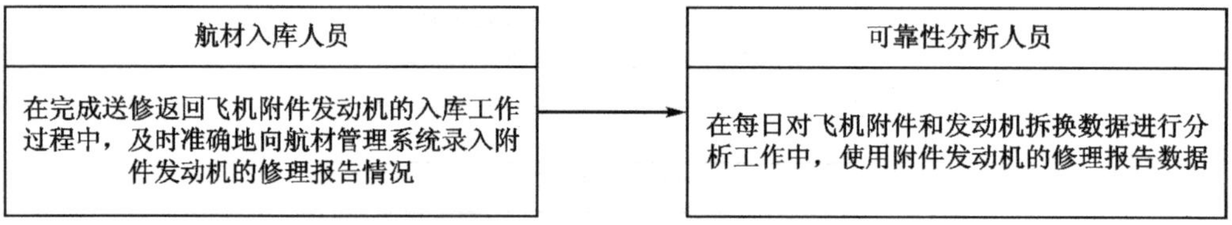

图 7.7　附件/发动机修理数据采集过程

7.3　发动机可靠性控制

发动机可靠性管理要求对所有出现的重复性故障、多发性故障、发动机性能趋势异常变化和各类超限警告事件进行可靠性数据分析,并根据分析结果制定相应的纠正措施。

发动机数据分析的主要对象包括：

① 发动机使用和维护中发生的重复性故障和多发性故障；

② 航班运行过程中发生的发动机不正常事件和飞机使用困难报告；

③ 发动机状态监控过程中出现的发动机性能趋势异常变化和超限；

④ 飞机维修可靠性月报中产生的发动机超限警告。

发动机可靠性数据分析工作的开展以及纠正措施的制定和落实是发动机维修可靠性管理工作的核心和目的，所进行的发动机可靠性分析应至少考虑以下几个因素：

① 失效的模式，含功能故障、外部因素或其他；

② 是否是几种不同失效的组合；

③ 是否是不易或无法探测到的失效；

④ 对航空器和机组人员产生的影响；

⑤ 机组警告、纠正措施、失效探测能力。

7.3.1　警告值管理

发动机警告值是通过收集发动机的历史数据，运用数理统计的原理，再结合使用的具体情况计算得出的，用于提供一个评估发动机可靠性状况的控制极限。

警告值管理是对可靠性报告中的内容所进行的应用之一，是确定发动机可靠性状况的重要方法。通过对可靠性报告中发动机可靠性指标的数值进行二次分析，找出性能状况异常及恶化趋势，从而衡量发动机的可靠性状况是否符合规定要求。警告值管理的第一步是进行警告值的计算，之后将相应的可靠性指标数值与计算出的警告值比较，对可靠性指标进行警告管理。

在发动机的统计评估中主要采用如下的参数作为警告值：

① 发动机性能警告值；

② 发动机附件非计划拆换警告值；

③ 机队飞行不正常警告值；

④ 发动机飞行不正常警告值。

其中发动机性能参数警告值由工程技术部各型发动机状态监控工程师确定，具体包括如下：

① EGT 的变化异常值；

② 滑油消耗率增加量；

③ 金属屑末变化量；

④ 发动机振动值增加量；

⑤ 发现发动机本体件有缺陷次数；

⑥ 各型发动机主管确定的不正常事件情况。

在日常发动机监控中，发动机状态监控工程师可以提出警告值修订建议。警告值修订需要在发动机性能例会上进行评估和讨论，通过后报航空公司可靠性技术委员会批准实施。

1. 警告值的计算

一般采用标准偏差 σ 的方法来计算警告值，用于计算警告值的数据必须是本月前 15 个月到前 3 个月这 12 个月的数据。

标准偏差 σ 公式：

$$\sigma = \sqrt{\frac{\sum X^2 - \frac{(\sum X)^2}{N}}{N-1}} \tag{7.3}$$

式中：X=可靠性指标月比率；$N=12$。

警告值计算公式：

$$UCL = \bar{X} + K\sigma \tag{7.4}$$

式中：$\bar{X}=\sum X/N$，K 值一般设置为 1.5～2。

2. 警告状态管理

借助警告值的计算，将可靠性数据与警告值进行比较，主制造商的可靠性部门可以对发动机进行一系列的警告管理措施。据此，可以对发动机的可靠性状况加以控制和提升。

（1）警戒状态

可靠性数据一旦超过警告值，表明机队的可靠性状况可能有所下降，此时需对可靠性数据进行分析。将相关可靠性数据的当月事件率及 3 个月平均比率与警告值比较，通过分析可以得出以下 5 种警戒状态。

解除（CL）：即正常工作状态。当月比率和当月的 3 个月平均比率两者都低于确定的警告值时，则出现解除状态。

黄色（FL）：当连续两个月的比率超出警告值，而 3 个月平均比率保持在警告值以下时出现。黄色状态意味着后面的月份可能出现警告。

红色（AL）：当 3 个月的平均比率超过了警告值时便出现红色状态，即警戒状态。

保持警告（RA）：当连续两次的 3 个月的平均比率超过了警告值并且当月的比率等于或大于上个月的比率时出现该状态。

看守（WA）：如果连续两个月的单月平均比率超过警告值，而且当月比率小于上月，则进入看守状态。

（2）警告发布

一旦相关可靠性数据的当月比率值超过警告值，将会触发警戒状态。由于可靠性数据并不会始终保持在一个相对稳定的水平，而是围绕一个平均值上下波动，而且可能会由于发动机的使用情况中的各类偶然因素产生较大的波动。即使当月出现了警戒状态，可能是可靠性水平的正常波动，没有必要当做严重的问题给予特别的关注，并不需要发布警告通告。如果对此做出太快的反应，往往会把时间和精力花费在不必要的调查上。但是，当 3 个月平均比率超过警告值，并且当月的事件比率高于上月比率时，说明机队的可靠性状况存在风险隐患，必须对问题进行调查。因此，在 5 种警戒状态中，红色状态（AL）与保持警告状态（RA）会启动警告通告。

当出现红色状态（AL）、保持警告状态（RA）时，主制造商可靠性部门会向工程技术部门发布警告通告单，工程技术部门针对发布的警告通告进行警告分析，寻找产生警告通告的原因。如果经工程判断确认这种状况的发生是产品质量或使用、维修等技术原因引起时，应提出发动机的警告状况报告及纠正措施，并通过可靠性专题报告的形式向航空公司发布。工程技术部门进行警告分析和制定纠正措施的流程将在下节详细讨论。

（3）警告跟踪评估

当可靠性部门向工程技术部门发布警告通告后，在下一轮的可靠性信息采集中，可靠性部门将对与警告通告项目相关的可靠性信息进行重点的跟踪与分析，评估工程技术部门的纠正措施的效果。当可靠性数据在出现警告通告后的连续 3 个月的当月比率低于警告值时，即认为纠正措施有效，此时关闭警告通告。

3. 警告值的修改

- 警告值在每年进行一次例行审查修改；
- 可靠性警告值修改的判断和修改依据是前一年度机队的实际性能状况和来自各方面的相关经验；
- 可靠性警告值的修改应使其更好地符合本公司的机队实际使用状况和维护实践；
- 可靠性警告值的修改应充分考虑季节和环境因素的影响；
- 在过去的一年内，任何一个统计评估系统的使用对象的性能参数出现连续 3 个月均保持在警告或持续警告的状态，并且调查表明警告值是不能正确反应各参数项的可靠性水平的，警告值就需进行专项评估，以确定是否需进行修改；
- 偏离原值 10%以下的警告值的修改由可靠性中心自行确认，无需报批；
- 所有偏离原值 10%以上的警告值的修改必须完成修改评估报告，并报公司飞机维修可靠性管理委员会批准；
- 对于所有经公司飞机维修可靠性管理委员会批准的警告值修改，需同时报民航安监办报备。

综上，警告管理的流程如图 7.8 所示。

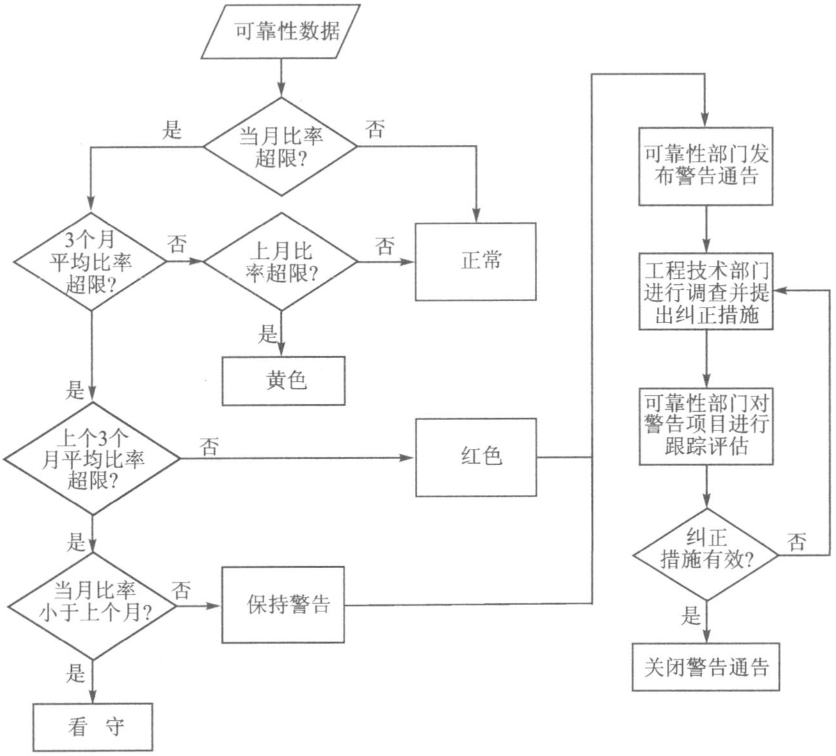

图 7.8　警告管理流程

7.3.2 故障事件管理

为了提升发动机和整个机队的可靠性水平，除了要对机队的使用情况和故障情况进行统计分析外，还需要对客户报告的故障事件进行详尽的分析，并提出针对具体故障的改进措施，形成完善的管理流程。故障事件管理作为对可靠性报告中包含的故障报告的深度分析，对提升飞机的可靠性水平有着显著的作用。故障警告管理分为故障事件分析、故障事件纠正措施和纠正措施跟踪反馈3个部分。

1. 故障事件分析

故障事件分析分为两个步骤：故障事件统计和特殊故障分析。其中故障事件统计由主制造商可靠性部门实施，特殊故障分析分析由主制造商工程技术部门实施。

(1) 故障事件统计

可靠性部门将从航空公司采集各类飞机的故障报告，分析故障发生时间、故障发生的飞机序列号和故障发生的系统，根据故障发生的频率和严重程度，将故障进行统计分类。通常根据航空公司一般使用的故障事件统计标准，将各类故障报告的性质分为多发性故障、重复性故障、重大技术故障和偶发性故障4类，每类的判断标准如下：

① 重复性故障：同一架飞机连续7个日历日，某一系统（ATA4位代码相同）发生故障重复出现3次（含）以上；

② 多发性故障：同一机型在一个月内有3架（含）以上飞机系统发生相同故障（ATA4位代码相同）；

③ 重大技术故障：对飞机使用和安全性有重大影响或航空公司存在排故困难的故障。

④ 偶发性故障：将不符合上述3种类型的故障定义为偶发性故障。

进行故障事件统计，是为了从航空公司采集的各类故障报告中，统计分析出各类故障发生的规律，将性质相同的故障报告归纳总结，预防飞机潜在危险的发生。可靠性部门需将分析得出的重复性故障、多发性故障和重大技术故障等特殊故障向工程技术部门进行通告，由工程技术部门进行后续调查。对于航空公司报告的使用困难，可靠性部门直接向工程技术部门报告。

(2) 特殊故障分析

对故障报告进行原因分析，是将采集的使用可靠性信息和可靠性分析的结果应用到航空维修决策的必由之路。对主制造商可靠性部门报告的重复性故障、多发性故障和重大技术故障等特殊故障，工程技术部门需启动相应的工程调查，对故障原因进行分析。如果没有有效的工程调查支持，采集的故障报告就毫无意义。工程调查的目的，就是要寻找和判别故障及重要事件发生的根本原因，避免类似故障的再次发生，提高发动机的可靠性。

工程部门在进行工程调查时，可以利用一些故障诊断、FMECA（Failure Mode Effect and Criticality Analysis）等方法。在这里，不对具体的故障原因分析方法进行研究，仅对故障原因分析流程进行探讨。

针对具体的故障，需从“物理、事理、人理”这3方面系统调查故障产生的原因。所有的故障原因都不会超出下面6个基本类型：人、程序、零件、维修大纲、环境因素和设备设计。在分析过程中，依据航空公司的维修经验，将前4种类型认定为引起故障最可能的原因，在工程调查时优先进行详细分析。如果对上述4种原因类型进行排查后，不能确认故障原因，再对后面两种原因类型进行调查。这种故障原因分析流程对警告通告的分析同样适合。故障原因的分析流程如图7.9所示。

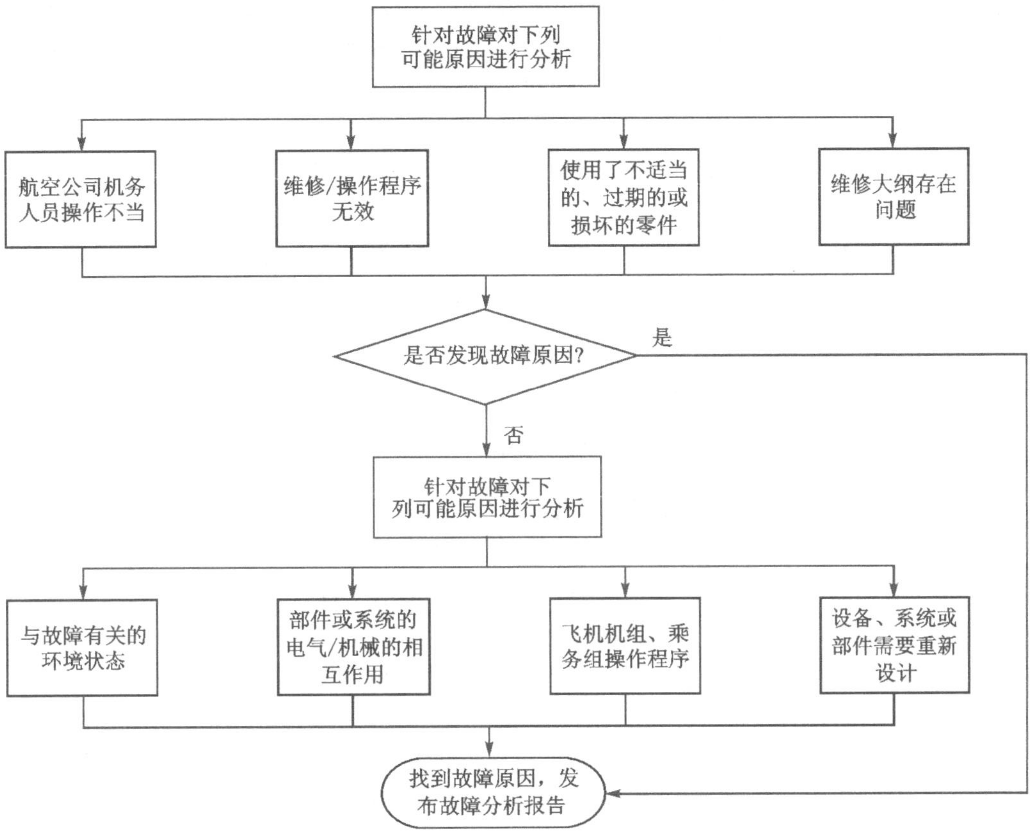

图7.9　故障原因分析流程

2. 故障事件纠正措施

故障事件纠正措施的制定和落实是故障事件管理工作的最终目的。通过工程调查，找到造成故障的真正原因，提出有效的纠正措施，预防故障重复发生，这就是纠正措施在故障事件管理中发挥的作用。故障事件纠正措施由主制造商工程技术部门制定。纠正措施应包括：针对故障原因，规定应当做些什么和由谁去做；进行纠正措施时所需要的零部件、人力、设备和时间。通常的纠正措施包括设备改装、人员培训以及维修任务调整等内容。

3. 纠正措施跟踪反馈

为了评估航空公司对纠正措施的执行、落实情况以及确定纠正措施的有效性，需要对纠正措施进行跟踪反馈。纠正措施跟踪反馈的流程与性能警告管理跟踪评估的流程类似，也是由主制造商可靠性部门通过对故障信息的持续采集与应用分析来完成。

主制造商将机队的使用可靠性信息进行整理分析，定期发布可靠性分析结果，是可靠性采集与分析工作的延续，也是主制造商向航空公司提供的一项重要服务。主制造商向航空公司发布使用可靠性信息的分析结果，主要是通过可靠性报告的形式。

可靠性报告由主制造商可靠性部门编制。可靠性报告严格按照主制造商规定的内容和格式要求，按机型分类将机队的可靠性统计分析结果进行发布。报告中发布的分析结果是从各个航空公司用户采集的可靠性数据统计得出，能够真实反映机队的可靠性状况。

国际主流的民机制造商向客户发布的可靠性报告主要包括可靠性周报、可靠性月报、可靠性季报、可靠性年报及可靠性专题报告几种形式。报告内容涉及到全球机队的使用情况、不正常事件统计、各系统性能状态等各类丰富、详实的数据和趋势图。

7.4 发动机时寿件管理

航空发动机时寿件(欧洲航空安全局 EASA 称时寿件为关键件)是制约发动机可靠性、安全性、使用性和维修性的关键。欧美等发达国家对航空发动机时寿件的适航技术研究日趋重视，及时颁布和时寿件相关的适航咨询通告、工作程序等支撑性技术资料。我国建立的航空发动机时寿件适航审定技术研究体系也在不断的完善之中。

7.4.1 发动机时寿件概念及判定

时寿件是使用总小时或总循环在规定小时或循环之前必须更换的零部件。对于一个有循环限制的时寿件，设当前使用总循环为 C_{use}，限制循环为 C_{limit}，修后能服役的总循环数为 C_{left}，如果 $C_{use}+C_{left}>C_{limit}$，那么该时寿件必须进行更换。对于有小时限制的时寿件或者既有小时又有循环限制的时寿件，判断逻辑是类似的。时寿件通常分为时控件和寿控件，定义分别如下。

时控件：有时限控制的附件。航空公司有权提出对这些附件时限的更改，并报适航当局批准。附件在时限前必须拆换。

寿控件：适航当局规定的有寿命控制要求的附件。航空公司无权更改其控制时限，制造厂家有权向适航当局申请更改。该件在达到寿命前必须拆换或送修或报废。如发动机、起落架等。

FAA 发布的咨询通告 AC33.70－1 和 EASA 发布的发动机合格证规范 AMC515 提出了飞机发动机限寿件的确定方法，指出发动机限寿件是一次性破坏可能导致危险性发动机影响的发动机转子和主要静子结构件。限寿件中的旋转件如盘、轴、衬套、毂等，主要的静子结构件如压气机机匣、燃烧室、涡轮机匣等，发动机限寿件应主要关注由低周疲劳所控制的原发性损伤机制。

国内 CFM56 和 CF34－1A 民用航空发动机规定的限寿件如表 7.3 所列。

表 7.3 发动机限寿件

序号	发动机型号	限寿件总数	限寿件名称
1	CFM56	19	风扇转子：风扇盘，增压器转子，风扇轴； 压气机转子：前轴，1～2 级转子，3 级盘，4～9 级转子，压气机后封严盘； HP 涡轮转子：前轴，封严盘，盘和后轴； LP 涡轮转子：1、2、3、4 级盘，LP 涡轮轴，LP 涡轮短轴和锥形支承
2	CF34－1A	26	风扇转子： 风扇盘，风扇前轴，风扇驱动轴； 压气机转子：1 级盘，前轴，2 级盘，前鼓筒，后鼓筒，后轴 CDP 封严圈，后轴，9 级盘； HP涡轮转子：平衡活塞封严坏，HP 涡轮轴，1 级盘，2 级盘，外扭矩连接器，内扭矩连接器； LP 涡轮转子：轴，3 级盘，3/4 级封严环，4 级盘，5 级盘，5/6 级封严环，6 级盘，驱动锥壳，4/5 级封严环

国外民用航空发动机的限寿件几乎都是转子零件，只有个别军用发动机的静子件定义为限寿件，如 F100 发动机的核心机扩散器组件和燃烧室机匣等。通常发动机的限寿件绝大多数是旋转零件，而且是主转子零件。

7.4.2　发动机时寿件控制

发动机时寿件的使用控制是保障发动机正常运行的重要环节。目前制造的 CFM56 系列发动机共超过了 20 000 台，主要用于波音 737、空中客车 A320、空中客车 A340－200/300、KC－135 等飞机上，是世界上使用最为普遍的涡轮风扇发动机之一。为此，以 CFM56 系列发动机为例来阐述发动机大修中的时寿件控制流程。

1. CFM56 发动机时寿件跟踪控制要求

CFM56 发动机的时寿件大多是转子部件和部分低压单元体框架结构件，是保证发动机安全、可靠运行的关键部件。这些部件的工作环境恶劣、工作负荷较大。核心部分持续高温，转子部件的转速可高达 15 000 r/min，一旦失效将造成严重后果，轻则导致单元体报废，重则机毁人亡。因此，必须从技术根源上考虑对这些关键件的工作时间或工作循环数进行限制。同时，适航法规也对时寿件的跟踪控制提出了强制要求，CCAR－43、CCAR－121、CCAR－91、CCAR－145 等都作出了明确规定。每一个运营人、维修机构等都有义务严格执行相关规定。

2. CFM56 发动机时寿件跟踪控制内容

从发动机时寿件的生产、使用、修理到报废，相应的生产厂家、运营人、经销商、修理机构等在适航法规中都有相应的工作规定，同时对时寿件的设计生产、运行时间/循环数、保存、转移、修理、标示、记录、报废等控制参数也都作了详细要求。CFM56 发动机主要采用循环数来作为控制的参数。

时寿件记录内容包括名称、件号、序号、每次安装/拆卸的时间、累积运行的时间/循环数、安装发动机序号、维修记录和相关履历文件等。CCAR－43.9 列示了比较具体的时寿件控制要求，确保到寿的时寿件不会被安装到发动机上。

3. CFM56 发动机大修中的时寿件控制

航空公司工程部门根据厂家推荐的维修方案或非例行工作确定发动机的下发和送修计划，并制定送修工作范围。此时，航空公司必须提供一份完整、清晰、准确的发动机时寿件运行的状态清单，并由其授权的质量人员签署。发动机大修厂接到送修人的修理指令后，将要组织专门的工程技术人员对送修人的送修工作范围进行检查、评估，并制定出发动机大修的具体实施工作任务。发动机大修厂事前做修理工作计划时就需要明确时寿件修理、更换的具体要求。根据既定的发动机修理工作范围，确定外送修理计划和时寿件订购等工作。

(1) 拆下时寿件的控制

拆下的时寿件要按以下方法进行控制，确保剩余寿命不满足装机要求的时寿件不被装回发动机。

①建立一个跟踪记录系统：发动机进大修厂后，要在该系统中记录时寿件的寿命情况，该记录要与客户提供的运行记录保持一致。记录内容包括件号、序号、拆下发动机序号、累计运转时间/循环数、当前剩余运转时间/循环数、客户的无特殊运行环境申明、修理履历等使用

状况。

② 挂签：时寿件从拆下开始，在整个的检查、修理、转移、库存到最后的安装过程中，要对其进行挂签、标识，并对更新内容及时记录。任何时候都能够从其挂签文件上读取该时寿件最新的详细信息和修理记录，并保证其能在大修厂的维修管理系统中进行跟踪查询。

③ 标记：对拆下的一些时寿件，因检查修理的需要，必须在件的本体上作一些标刻记录。这些标记可能是永久性的，也可能是非永久性的。这些标记工作必须按照制造厂家的标记说明文件进行施工，不能破坏时寿件的完整性。

④ 存放：时寿件的存放与其他航材的库存要求相同，需要特别注意的是相应的标识、挂签和文件必须随件携带，方便跟踪控制。

⑤ 隔离：除了在场修理的可修件按照大修厂的修理管理程序执行相应的修理隔离工作外，还有两类不可用时寿件需要作相应的隔离工作。第1类是那些剩余寿命还很多，根据客户要求将来有可能修理恢复再装机的拆下未修件，或暂时不可修复，将来可能因技术改进而可修复的件。这类时寿件必须携带相应的不可用挂签和必要的履历文件，同时在跟踪记录系统中保持清晰完整的记录，以备恢复使用时参考。第2类需要隔离的是那些彻底不可用的报废件，这些报废件不管是因为到寿报废，还是缺陷超标等原因报废，都必须挂带醒目的不可用挂签，并进行明显不适航的破坏。例如，打孔破坏、切割破坏等，确保其不可被修复或重新装机使用。

(2) 装机前时寿件的准备和检查

发动机进厂分解后，拆下的时寿件有的直接报废，有的修理恢复等待装机。对那些报废或不准备装回原发动机的时寿件要提前进行备件的补充准备工作。可能采购新件，也可能采购满足装机要求的旧件，也可能由客户自己提供时寿件或厂内串件，或同时从以上多个渠道获得。在时寿件装机准备工作中，要对以上各种渠道获得的时寿件分别采取相应的检查和控制。

① 采购的新件：从供应商获得的新件，一般都能满足装机要求。在入库检验时重点检查其初始适航文件和证书，以及实物的外观损伤情况。根据装配手册的技术要求，某些时寿件还需要进行装配前的测量、配磨等少量检查修理工作。

② 采购的旧件：通常为了节约成本需要采购剩余寿命满足装机要求的旧件进行装机。旧件因为之前有了使用和维修，使其履历变得较为复杂。尤其是经过多个运营商和维修机构进行过多次使用、拆装、修理的件，其履历记录多而杂，容易混乱不清。这样的旧件除了对实物检查外，必须对其记录文件进行严格的质量检查，保证可靠性和适航性。

③ 客户提供的时寿件：客户自带件一般需要客户提供满足装机要求的适航证件和履历文件，要求客户保证其装机的适航性。但往往客户会委托大修厂家来做这一系列的质量检查。根据不同的委托协议有不同的做法。

④ 大修厂内串件：依据大修厂串件程序办理串件，从而满足装机要求。同一客户的发动机之间的串件，往往由客户来保证装机件履历文件的适航性。但不同客户发动机之间的串件，则必须按照采购旧件的办法来确认其履历的适航性。

无论是采用何种渠道，只要安装的是旧件，就必须进行其全程的履历检查。对于运行过不同推力等级、不同构型、不同机型、做过改装和延寿修理的部件，要对其使用时间、循环数和剩余的时间进行详细验算，确保满足装机要求。另外，对于长期库存的时寿件，也需要对其寿命限制进行核对，确认之前的剩余寿命计算与现行的手册要求一致，保证其最新寿命状态满足装机要求。

(3) 时寿件装机后的记录

发动机时寿件装机后，相关的适航文件和维修记录必须按委托维修协议和适航要求归档保存，并且要做详细的汇总记录，制作完整的时寿件状态清单，并按客户要求提供相关文件、记录和报告。

4. CFM56 发动机时寿件控制的注意事项

CFM56 系列发动机有 CFM56－2、CFM56－3、CFM56－5、CFM56－7 等多个机型，每一个机型又有不同的构型和工作推力等级，不同的构型或工作推力等级对应不同的使用寿命限制。同一个时寿件往往可以安装到不同的机型、构型和使用不同的推力等级。这样，在时寿件的整个使用过程中，可能经历了不同的机型、不同的构型或使用过不同的推力等级，其拆装修理记录和使用背景就会很复杂。在计算剩余寿命时，不同阶段就必须采用不同的寿命限制参数。检查时寿件的履历记录成为使用旧寿命件的一个主要工作，应该重点注意以下事项：

① 使用背景复杂的时寿件必须对实物做仔细的安装前检查，如果发现有异常的标记标刻或异常的修理迹象必须及时弄清楚，防止存在未做记录的超标缺陷和偏差修理。如果有偏差修理，必须按偏差修理件的处置程序执行。

② 运营人必须出具各使用阶段的无特殊运行环境(事故、过热、腐蚀、着火、非民用等)的声明，以确保时寿件的正常使用历史。

③ 时寿件在翼使用维护过程中可能因转让、租赁、维护等原因需要调机飞行，如果发生调机飞行的时间、循环数没有列入履历记录，必须要求该件的提供者追溯并提供调机飞行的时间、循环数、推力等级等记录。

④ 如果时寿件做过延寿修理工作，必须记录并确认延寿修理前后的寿命状态，验算最新寿命状态满足装机要求，同时确认得到客户的认可或批准。

⑤ 检查确认适航指令和服务通告的执行情况，尤其是在不同机型上运转后，要检查服务通告的执行是否满足后续装机机型的技术要求和适航要求。

⑥ 历史较长和使用背景复杂的时寿件，必须验算剩余寿命，确认其最新寿命状态满足装机要求。

此外，还需要确认相关的适航证书、新件证书、转让租赁协议、维修记录等满足适航要求和客户的装机要求。

因为运营商、修理机构、航材经销商等相关机构在时寿件的使用管理过程中难免会出现差错，加上政策、规范、施工手册等信息的持续更新，都会影响时寿件的最新装机要求，所以必须要做全面的复核检查工作，之前的寿命状态结论不能替代当前的控制工作。

在实际的发动机大修过程中，对时寿件的管理和控制工作，不仅限于上述讨论内容。各发动机大修厂都有详细的管理程序和工作方法，严格按照相关适航规定和客户要求对时寿件进行严密控制和跟踪，避免不合格或非法的时寿件安装到发动机上。目前，市场上 CFM56－3 发动机的旧时寿件占有大量的份额，随着时间的推移，CFM56－5、CFM56－7 发动机的旧时寿件也会越来越多地被利用在大修装机的工作中。对这些时寿件的管理控制任务会越来越艰巨，需要各运营人、维修机构、经销商等相关机构加强控制和管理，创建良好的时寿件使用环境，保障航空安全。

7.5 可靠性信息的发布

7.5.1 发动机可靠性报告

可靠性分析结果的定期发布，是可靠性采集与分析工作的延续。可靠性报告包括两大类，既有航空公司内部的可靠性报告，也有主制造商向航空公司发布使用可靠性信息的分析结果，主要是通过可靠性报告的形式。无论哪类的可靠性报告，报告中发布的分析结果都是从各个航空公司用户采集的可靠性数据统计得出的，能够真实反映机队的可靠性状况。

发布的可靠性报告形式多样，主要有可靠性周报、可靠性月报、可靠性通报、可靠性警告通告及其他临时性数据报表等几种形式。

① 可靠性周报：是对可靠性性能状况，包括故障、事件、超限和异常性能趋势的统计、分析和跟踪报告，正常出版周期为每周一期；

② 可靠性月报：是对上一月份及其之前的飞机可靠性主要性能趋势的统计和趋势报告，出版周期固定为每月一期；

③ 可靠性通报：是用于发布公司飞机维修可靠性管理委员会管理文件的通报，按需出版；

④ 可靠性警告通告：是用于对重大飞机故障、性能趋势恶化及警告事件进行通报和跟踪控制的通告，按需出版；

⑤ 其他临时性数据报表：是可靠性中心负责对外提供的以上报告之外的数据报表，按需出版，如可靠性专题报告等。

可靠性报告内容涉及到发动机的使用情况、不正常事件统计、性能状态等各类丰富、翔实的数据和趋势图。

可靠性周报的报告内容主要为各类故障报告，可靠性月报的报告内容主要为各类可靠性指标的统计汇总。

1. 可靠性周报

可靠性周报对一周内的发动机的可靠性性能状况分别进行报告，正常出版周期为每周一期。周报的报告内容主要为故障事件、使用情况的统计分析，具体包括：

① 自上次周报以来运行不正常事件的统计分析。

② 自上次周报以来发动机拆换和修理返回发动机故障确认情况统计分析。

③ 自上次周报以来发动机性能状况评估。

2. 可靠性月报

可靠性月报对上一月份发动机的主要可靠性指标的总体趋势进行报告，出版周期固定为每月一期，具体内容包括：

(1) 发动机基本信息

发动机基本信息是报告包括每架飞机使用发动机的型号、首飞时间、营运人、交付日期、飞机状态、累积总飞行时间等。

(2) 发动机数据

发动机数据是对全球机队发动机的总体使用情况和空停拆换情况的详细报告，报告内容如表 7.4 所列。

表 7.4　发动机数据报告

发动机型号	月份	使用时间/h	使用循环	空停次数	空停率/%	本体原因						计划拆换次数	计划拆换率/‰	非计划拆换次数	非计划拆换率/‰	拆换次数	拆换率/‰
						计划拆换	非计划拆换	本体拆换率%	计划拆换	非计划拆换	非本体拆换率‰						
CF34-10A	3个月累计	5615	2 567	1	0.39	1	1	0.78	0	1	0.39	1	0.39	2	0.78	3	1.17
CF34-10A	6个月累计	10 826	4 964	2	0.4	2	2	0.81	0	1	0.2	2	0.4	3	0.6	5	1.01
CF34-10A	12个月累计	20 829	9 252	3	0.32	3	4	0.76	1	2	0.32	4	0.43	6	0.65	10	1.08
CF34-10A	03/2010	1 872	856	0	0	0	0	1.17	0	0	0	1	1.17	0	0	1	1.17
CF34-10A	02/2010	1 756	755	1	1.32	0	0	0	0	1	1.32	0	0	1	1.32	1	1.32
CF34-10A	01/2010	1 987	956	0	0	0	1	1.05	0	0	0	0	0	1	1.05	1	1.05
CF34-10A	12/2009	1 569	752	0	0	0	0	0	0	0	0	0	0	0	0	0	0
CF34-10A	11/2009	1 654	749	0	0	0	1	1.34	0	0	0	0	0	1	1.34	1	1.34
CF34-10A	10/2009	1 988	896	1	1.12	1	0	1.12	0	0	0	1	1.12	0	0	1	1.12
CF34-10A	09/2009	1 563	598	0	0	0	0	0	0	1	1.67	0	0	1	1.67	0	1.67
CF34-10A	08/2009	1 588	564	0	0	0	1	1.77	0	0	0	0	0	1	1.77	1	1.77
CF34-10A	07/2009	1 744	652	0	0	0	0	0	0	0	0	0	0	0	0	0	0
CF34-10A	06/2009	1 544	754	1	1.33	0	1	1.33	0	0	0	0	0	1	1.33	1	1.33
CF34-10A	05/2009	1 588	764	0	0	0	0	0	1	0	1.31	1	1.31	0	0	1	1.31
CF34-10A	04/2009	1 977	956	0	0	1	0	1.05	0	0	0	1	1.05	0	0	1	1.05

(3) MTBUR&MTBF

MTBUR(Mean Time Between Unscheduled Removals)和 MTBF(Mean Time Between Failure)是反映部件可靠性状况的重要指标，报告内容包括各部件(以 6 位 ATA 编号区分)的装机数量、MTBUR、MTBUR 担保值、MTBF 和 MTBF 担保值。

(4) 运行可靠度趋势图

除了在运行数据部分对机队的运行可靠度进行报告之外，还将全球机队和各航空公司机队的当月运行可靠度数据及前 11 个月的运行可靠度数据绘制成时序图向客户报告，使客户对机队的运行可靠度变化趋势有直观的了解。

(5) 运行不正常率报告图

将发动机运行不正常所造成的运行不正常的 3 月累计比率、6 月累计比率和 12 月累计比率的数值，以条形图的样式向用户和客户报告。

7.5.2　发动机性能报告

发动机性能报告一般按照机型进行分类，通常该报告包括发动机性能趋势监控报告、发动机维护状态报告等。

1. 发动机性能趋势监控报告

发动机性能趋势监控报告如图 7.10 所示。

发动机性能趋势监控月报（年/月）										
飞机	机位	发动机序号	装机日期	滑油消耗量	振动指示	磁堵检查报告	车台EGT裕度/℃	当月EGT平均裕度/℃	孔探报告	备注

图 7.10　发动机性能趋势监控月报

① 图 7.10 为某机型发动机需要记录的每月性能趋势数据项，包括机号、位置、装机日期、发动机序号、滑油消耗量、振动指示、磁堵检查报告、车台 EGT 裕度、当月 EGT 裕度(EGTM)、孔探报告、备注栏以及其他有关的发动机性能数据项。

② 报告内容按机号排列。

③ 如有缺陷，必须在孔探报告栏中填写故障/缺陷和检查间隔。

④ 如果数据显示发动机性能趋势不正常，则应进行备注，表示这个发动机需要视情监控使用。

2. 发动机维护状态报告

发动机维护状态报告如图 7.11 所示。

发动机维护状态月报（年/月）								
机 号	机 位	发动机	TSN	CSN	TSR	CSR	故障及排故措施	计划换下日期

图 7.11 发动机维护状态月报

① 图 7.11 为某一机型的发动机维护状态。数据项包括机号、位置、发动机序号、发动机使用小时/循环数、发动机修后的使用时间和循环、故障及排故措施、计划换下日期。

② 在故障及排故措施栏中记录月例会中讨论的问题、采取的措施以及跟踪情况。

③ 报告内容分别按机号排列。

④ 在计划换下日期栏中填写根据发动机状况所确定的换发计划。

7.5.3 可靠性报告要求

1. 时间要求

① 对可靠性月报中出现的超限警告，可靠性部门需在规定日前完成可靠性分析工作，并将被确认为需做进一步评估分析的项目以可靠性警告通告的形式进行发布。

② 可靠性警告通告中要求的最迟反馈日期由可靠性部门根据评估分析工作的紧迫性和工作难度而定，一般的工作周期为 1～2 周，需进行深度工程评估分析的工作周期为 2～4 周，最迟反馈日期也是纠正措施的截止完成日期。

③ 对于在进行可靠性警告通告反馈之时尚未完成纠正措施落实的项目，各纠正措施的制定单位须对该纠正措施的执行情况进行跟踪分析。除有明确计划的外，需将纠正措施的执行情况，包括执行计划向可靠性部门反馈，直至纠正措施被执行完毕。

2. 纠正措施有效性的监控

① 可靠性部门和各纠正措施的制定单位有责任对所制定的纠正措施的有效性进行跟踪分析。

② 纠正措施的有效性监控是通过对相关可靠性指标，如相关参数的月比率的监控进行的。

③ 纠正措施的有效性监控需在获得纠正措施制定单位所反馈的执行情况和其他相关工作记录的情况下进行。

④ 可靠性警告通告中的纠正措施完成情况由可靠性部门根据所掌握的情况负责填写，完成情况包括完成日期和工作内容。

⑤ 可靠性部门在所有纠正措施完成的一定期限后关闭可靠性警告通告。

⑥ 有效的纠正措施将使控制参数的月比率或其他相关参数好转。

⑦ 如果在执行了纠正措施后发动机相关性能状况未得到明显改善，可靠性部门需在关闭该可靠性警告通告的同时，继续保持监控，并按需另发可靠性警告通告，以实现对该问题的持续监控。

习题与思考题

1. 说明发动机可靠性方案和发动机维修方案之间的关系。
2. 经典的可靠性闭环控制包括哪些过程？
3. 描述发动机使用可靠性信息来源及数据项。
4. 发动机性能数据采集的主要过程有哪些？
5. 简述发动机不正常事件的分析流程。
6. 警告值管理目的是什么？
7. 时控件和寿控件是否存在区别？如存在，说明有何区别。
8. 通常情况下发动机有哪些限寿件？
9. 以 CFM56 为例，简述发动机时寿件的控制过程。

第 8 章　航空发动机故障及适航分析

8.1　航空发动机典型故障类别

在发动机整体故障发生情况中，故障比率大致如下。

1. 性能故障和结构故障

性能故障占 10%～15%，多为早期故障，如推力不足、转速摆动、排气过热、空中熄火、停车等。对于长寿命耗损型故障阶段，性能性故障将会增多。

结构故障占 70%～80%，这是发动机中的主要故障。而其中又以零部件的疲劳损伤故障为主，占结构故障的 80%以上，相当于占发动机总故障的近 60%。

2. 附件系统故障

附件系统故障占 10%～20%，其表现多样化，如附件性能变化、结构强度疲劳、管路系统与调节控制异常等。发动机外部管路系统的振动疲劳故障增多，因此为了确保发动机的可靠性，曾规定对发动机外部管路系统应做振动考核与疲劳考验试验等。

由于航空发动机的结构复杂和零件众多，其故障模式也很复杂，从而导致了多种故障分类方式。从发动机各个子系统的角度来看，具体可将故障大致分为进气系统故障、驱动系统故障、燃油系统故障、点火系统故障、燃烧室故障、润滑系统故障、控制系统故障和反推力装置驱动系统故障。

(1) 进气系统故障

航空发动机的进气系统为燃油的燃烧提供了所需的空气，并组织了燃烧室内气流的运动方式，进气道、风扇和高压压气机是其重要组成部分。进气系统故障如表 8.2 所列。

表 8.1　进气系统故障

故障描述	故障影响
风扇叶片损伤	无法压缩和加速空气向后产生推力和让空气进入压气机，从而导致发动机性能下降
风扇盘和压气机线轴故障	无法在风扇驱动轴和风扇以及压气机之间提供机械连接，从而导致风扇盘或压气机线轴的非包容性故障
风扇轴故障	无法将低压涡轮产生的扭矩传送至风扇和压气机转子，从而导致丧失推力、过度振动和低压损伤
轴承故障	无法为风扇、压气机、高压涡轮和低压涡轮提供支撑和定位，丧失一些结构载荷的传递路径、导致风扇性能下降和高振动
整流锥故障	无法为发动机进气提供空气，因此性能产生轻微的下降
风扇框架故障	无法为风扇和压气机转子组件以及核心发动机提供支撑，继而导致风扇磨损，可能引起振动和推力丧失

(2) 驱动系统故障

驱动系统包括附件齿轮箱 AGB(Accessory Gearbox)模块、径向驱动轴 RDS(Radial Drive Shaft)组件以及进口齿轮箱 IGB(Inlet Gearbox)组件。进口齿轮箱组件将扭矩从压气机转子传送至附件齿轮箱组件。驱动系统故障如表 8.2 所列。

表 8.2 驱动系统故障

故障描述	故障影响
附件齿轮箱轴承或齿轮故障	无法在引擎和附件之间传递扭矩,从而导致在飞行中丧失启动能力,丧失相关附件可能引发意外事件
单个附件齿轮箱安装点故障	无法为连接引擎的齿轮箱提供冗余的结构支撑
附件齿轮箱传动座碳封故障以及附件齿轮箱外罩故障	无法在齿轮箱内提供流体(油)完整性,从而导致燃油损失、油压降低以及可能的飞行中发动机关停
附件齿轮箱外罩故障	无法为安装在齿轮箱上的附件提供结构支撑,从而损失一个甚至多个附件驱动装置,如燃油泵、润滑油泵、交流发电机、IDG(整体传动发动机)、启动器或液压泵,也可能在飞行中导致发动机停车
进口齿轮箱、动力输出 PTO (Power Take Off)锥齿轮以及径向驱动轴故障	无法为发动机的启动提供机械扭矩传输,从而致使发动机启动能力的丧失。此外,在这样的情况下,还无法为驱动发动机附件提供扭矩的传输,从而丧失附件以及导致飞行中出现意外停车

(3) 燃油系统故障

燃油系统故障如表 8.3 所列。

表 8.3 燃油系统故障

故障描述	故障影响
燃油泵故障	无法为油量控制单元提供恒定的高压燃油供给,从而会导致“游车”现象,即不稳定的发动机动作;无法为飞机燃油系统提供有动力的燃油流,飞机燃油系统将会探测到这一点并且激活飞机备用电泵
燃油过滤器出现阻塞等故障	无法有效过滤燃油,燃油会绕开过滤器从而导致潜在的污染
燃油过滤器的旁通阀故障而关闭	使得燃油没有途径绕开过滤器,致使燃油旁路不可用
燃油歧管故障	无法为燃油提供容器,也就意味着在发动机短舱中会出现燃油泄漏
燃油喷射器过脏或故障	无法提供适于燃烧的统一的燃料喷射形式来喷射雾化燃料,导致过早的热部件衰竭

(4) 点火系统故障

发动机的点火控制由一个综合的发动机和飞机系统来提供,该系统响应推进系统的要求自动启动点火。点火系统能够从任一个全权限数字电子控制器 FADEC 通道激励任一个点火器。点火激励器由继电器控制箱单元中的继电器激励。点火系统故障如表 8.4 所列。

表 8.4 点火系统故障

故障描述	故障影响
点火激励器和发动机接口控制单元 EICU(Engine Interface Control Unit)以及 FADEC 故障	导致一整套点火系统不能在发动机正常启动时进行点火。发动机将会自动转换至另一个点火系统进行启动。此外,故障还将导致无法为命令的连续点火和空中启动提供双点火操作,点火操作将由剩余的其他系统来完成

(5) 燃烧室故障

燃烧室对于航空发动机来说至关重要。在实际工作过程中，航空发动机有多种工作状态，在很短的时间内贫油、富油相互交替，高低功率反复变化，因此燃烧稳定性的保持十分困难。航空发动机的故障中燃烧室熄火一旦发生就会产生较大的危险。

腐蚀裂纹、变形、烧伤、烧蚀、过热、变质、磨损等是燃烧室中常见的故障，其中喷嘴积炭危害最大。积炭使得喷口局部堵塞，这样的堵塞又使得燃油雾化质量不稳定，从而降低了燃烧的效率。燃烧室的环境特殊性也可能会导致燃烧室部件的变形、开裂等。

(6) 润滑系统故障

润滑系统是一个独立的系统，它的组成部分包括滑油箱、排气增压阀、滑油和回油泵、燃油和滑油热交换器、油位和温度传感器、滑油滤清器、滑油压力传感器、泄油阀、滑油滤旁通探测器、油压开关、屑末探测器和相关管路。润滑系统在整个发动机工作包线内向发动机主轴承和齿轮提供润滑和冷却。润滑系统故障如表 8.5 所列。

表 8.5　润滑系统故障

故障描述	故障影响
滑油箱故障	无法容纳和存储发动机的润滑油，从而导致发动机外部滑油泄漏
排气阀故障	无法在发动机工作时为滑油箱维持增压，发动机滑油压力波动将可能导致机组采取相应操作
滑油和回油泵故障、滑油泄压阀故障以及滑油管路泄漏	无法向发动机的润滑提供足够压力的滑油，滑油损失、以及低油压还有可能导致发动机停车
滑油滤滤芯故障或堵塞	无法为润滑系统过滤滑油，滑油可能会带着下游滑油系统组件的污染物绕过滑油滤
燃油和滑油热交换器中的滑油和燃油流受限	无法用燃油来冷却发动机润滑油，发动机滑油温度过高会使得飞行中的发动机停车
内部燃油和滑油热交换器故	无法将燃油从滑油中分离出来，燃油进入了滑油系统，会导致滑油压力降低以及飞行中的发动机停车
滑油过滤模块旁通阀门故障关闭	滑油旁通失效，滑油压力降低可能会导致发动机停车
伺服热交换器故障	无法加热燃油，发动机性能将会下降，在最严重的情况下，可能引起压气机喘振；还会导致系统无法从滑油中分离燃油，燃油渗入滑油系统，将使滑油压力降低
油气分离器故障(油气分离器将滑油中混有的多余空气进行分离，以防止滑油箱中产生泡沫)	无法从滑油中分离出空气，这就使得滑油泡沫增加，导致滑油压力降低
排气管路故障	无法对前后油槽实施增压，导致发动机滑油损失
前、后油槽空气和滑油密封失效	使得滑油泄漏，增加了滑油的消耗

(7) 控制系统故障

控制系统故障是重要的发动机故障问题。从系统结构上分，有受控对象故障、传感器故障、执行机构和控制器故障；从故障程度上分有缓变故障和突变故障。作为发动机的核心系统，控制系统一旦出现故障，后果将不堪设想。

飞行人员通过操作 TCQ(推力控制台)的杠杆来控制发动机，由 RVDT(角位移传感器)传送的电信号将会被传输至 FADEC，从而控制发动机的动作。TCQ 故障会导致无法提供 TCQ 位置信号，从而丧失对发动机的控制。此外，燃油关闭开关被用于切断发动机的燃油供给，从而关停发动机，如果燃油关闭开关故障，则会使得无法提供发动机关停信号，从而就无法正式关停发动机，在必要的时刻就会影响飞行安全。

(8) 反推力装置驱动系统故障

反推力装置驱动系统 TRAS(Thrust Reverser Actuation System)处于反推力装置的滑动整流罩处，它通过油门杆、飞机电路和 FADEC 控制逻辑模块信号来执行机组的命令。TRAS 是同步线性液压系统，在反推力装置工作时，通过飞机液压系统提供液压源来控制反推力滑动整流罩的打开和关闭。TRAS 包括以下主要部件：

① 两个同步锁定作动筒；

② 两个同步反馈作动筒；

③ 一个隔离控制阀 ICV(Isolation Control Valve)；

④ 一个方向控制阀 DCV(Direction Control Valve)；

⑤ 一个罩锁 CL(Cowl Lock)；

⑥ 一套同步轴和柔性管；

⑦ 两套手动解锁装置。

反推力装置驱动系统故障如表 8.6 所列。

表 8.6　反推力装置驱动系统故障

故障描述	故障影响
ICV 无法打开(内部卡死、电磁阀故障以及滑阀咬死)、CL 无法打开(内部机械组件卡住或者损坏、无法关闭指示开关以及电磁故障导致罩锁无法打开)、DCV 无法打开(内部卡死、电磁阀故障以及滑阀咬死)、锁定作动筒无法打开(作动筒卡死或者锁死、外部泄漏)、手动驱动组件故障、同步轴卡住以及机械故障	无法展开整流罩；无法在地面收到命令时打开反推力整流罩，从而致使飞机滑跑直至停止的距离增加；无法提供飞行时罩锁定的余度，使得仍有锁剩余，罩面也仍然被锁定，但失去了锁定保护；整流罩无法关闭，在滑行时失去正推力
DCV 无法打开或 DCV 误打开	如果反推力装置需要在地面展开时，将无法提供余度来避免整流罩误收，也就失去了一个避免增加飞机滑跑距离的余度
锁定作动筒无法打开、反馈作动筒无法打开、同步轴管卡死、手动驱动组件失效或机械故障导致无法收起整流罩	作动筒不能同步动作，可能会导致反推力装置组件结构损伤

8.2　航空发动机实时诊断框架及数据流

8.2.1　航空发动机实时故障诊断系统框架

通过对现有发动机或者单元体故障诊断方法、系统的分析，可知目前发动机故障诊断的难点在于诊断方法突破实时性应用这一瓶颈问题，此外，多源征兆数据、诊断知识的融合研究，也是亟需解决的问题。而研究基于底层 ACARS 数据的发动机参数报文译码算法，可以很好地实现发动机故障诊断、实时监控中征兆参数的实时获取，这就为发动机故障提供了实时的数据驱动。以气路故障诊断为例，如图 8.1 为融合了实时 ACARS 气路数据、航后 QAR 数据的发动机气路故障诊断和性能预测系统框架图。

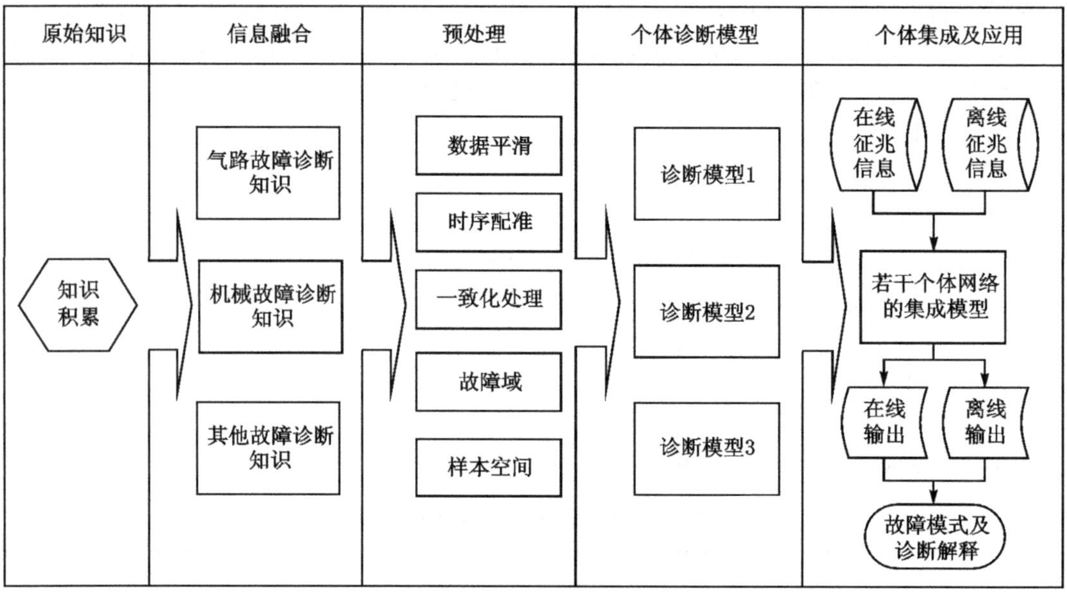

图 8.1　发动机故障诊断和性能预测系统框架图

可见，对于发动机实时诊断领域的研究而言，由于航后或者大修阶段的发动机诊断知识和数据样本充足，可以满足诊断模型的训练和验证对于数据样本的要求。而系统的实时性在于故障模式识别过程中的实时气路征兆数据驱动，解决实时气路参数的输入问题是保障诊断方法高可用性的基础条件。图 8.1 所提出的系统构架中，提出了离线建模与实时诊断相结合的概念，诊断模型的训练建立和诊断应用作为两个独立的物理应用过程，具有相对独立特性，而在逻辑应用过程中是统一的，都是基于气路参数和诊断专家知识进行未知征兆集的模式识别问题。

8.2.2　航空发动机诊断数据流程

对于发动机的状态监控包括实时和航后两种模式，实时监控的实现是利用 ACMS 系统中飞行参数中涉及发动机状态和运行状态的参数，通过维护时地面工程师设置的一系列监控程序和触发条件，评估发动机当前所处的状态，监控结果借助 ACARS 链路实现与地面工程中心的实时交互，监控流程如图 8.2 所示。

可见，实时模式下的发动机状态监控主要利用的是运行参数，不要求了解发动机自身的设计性能参数，因此监控方法对于各型号发动机具有适用性。只要正确设置机载电子设备中监控程序的参数和事件触发阈值，即能获得所需监控结果。

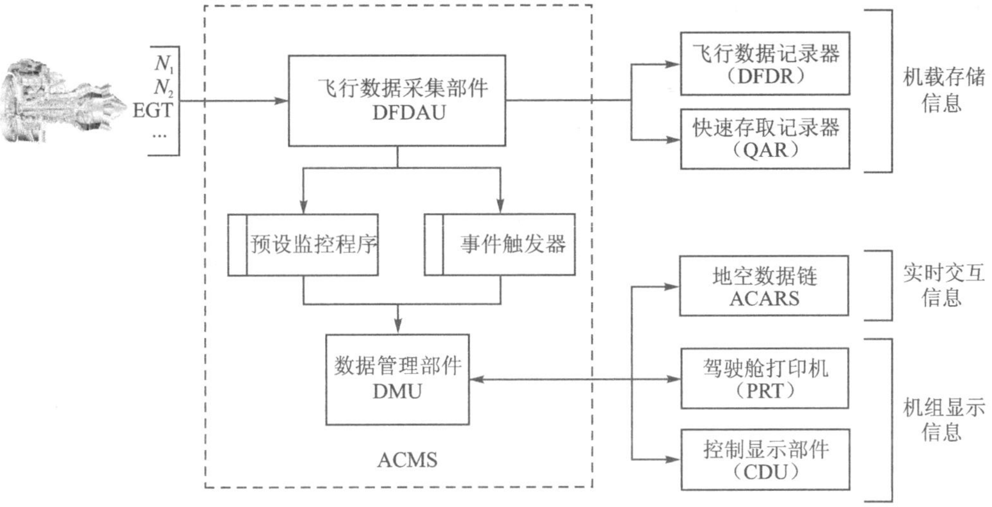

图 8.2　发动机状态监控流程

8.3　航空发动机诊断基本方法

目前诊断效果较好的系统都是采用航后的发动机运行数据，通过设计相应的滤波算法、回归算法等，并在性能强大的工作站中实现气路参数征兆与故障模式的匹配问题。但随着视情维修决策支持、安全防范关口前移和提前排故等维修理念的提出，对于发动机诊断的时效性要求有了质的提高。现有发动机诊断系统对于实时性的支持明显存在不足，表现为不支持地空数据链底层数据的分析，并且系统的诊断算法集成度高，输入数据一般都是从二进制数据直接转录，软件后台进行待诊断数据的工程化，用户无法得到核心的算法处理流程；此外，商业发动机诊断软件一般只支持特定型号发动机的诊断，并且软件的诊断输出设计为只读型图、表，无法获取诊断基础数据，其诊断案例所包含的专家知识的直接可用性较低。

研究基于可训练模型的诊断方法，可利用再学习和增量学习的特性解决多型号发动机诊断的问题。而对于基于黑箱模型的诊断方法，首先需要解决的即是专家级训练样本问题。对比目前采用的发动机状态监视与故障诊断有 3 种常用手段。

第 1 种为气路参数分析(GPA)技术，包括对气流通道的压力、温度、燃油流量和转速监测；对发动机性能参数如推力或功率等参数的监测。

第 2 种属机械状态监控，包括振动监视；滑油监视(包括滑油压力、滑油温度，滑油消耗量、滑油屑末收集、滑油光谱分析，滑油铁谱分析等)；低循环疲劳和热疲劳监视、叶片动应力监测、声谱监测等。

第 3 种属无损探测类，包括孔探仪检测；涡流检测；同位素照相检查；X 射线照相检查等。

3 种手段因为诊断过程不同，其案例的知识构成也不尽相同，但对于黑线模型的训练而言，必须能够全面地反映发动机故障分布、排故知识、征兆参数范围，才能够建立有效的模型。

由于在航后开展诊断工作不受机载电子设备计算能力等客观因素的限制，较之实时应用背景下的发动机故障监控和诊断，航后故障诊断的能力和精度都要高很多，而飞机航路阶段对发动机数据的实时分析，实质上只是对有限的重要的发动机气路参数、运行参数的简单监控，远远没到达到状态分析或者说是故障诊断的程度。航后监控、诊断的系统较多，针对发动机和单元体的都有，主要的系统如表 8.7 所列。

表 8.7 发动机航后监控、诊断系统

系统名称	诊断水平	适用机型
ECMⅡ	发动机	JT9D、JT8D
ADEPT	发动机	CF6－50、CF6－80、CFM56
SAGE	发动机	同上
TEAMⅢ	单元体	PW4000
IECMS	单元体	TF41
TEMS	单元体	TF34
EDS	单元体	F100
COMPASS	单元体	V2500 等

8.4 航空发动机持续适航要求

8.4.1 持续适航监察管理

民用航空器在得到适航批准、投入使用后，为了确保其始终处于适航状态，要对其实施后续的管理，这样的管理就是民用航空器的持续适航管理。对于航空产品，它的质量首先依赖于初始的设计及其后续的制造，但在整个营运过程中，质量必须依照各种维修规则、标准使之得到保证，因此航空产品设计、制造、使用及维修部门和政府部门需要对航空产品进行持续的适航检查管理，以维护最广大的公共的利益。

1. 持续适航监察管理机构及职责

持续适航管理机构共由 3 部分组成，分别为决策机构、执行机构和日常监督机构，即民航局机关的飞行标准司、民航地区管理局、地方安全管理监督办公室。3 个机构各设置适航维修处进行持续适航工作的具体实施，其组织机构图详见图 8.3。

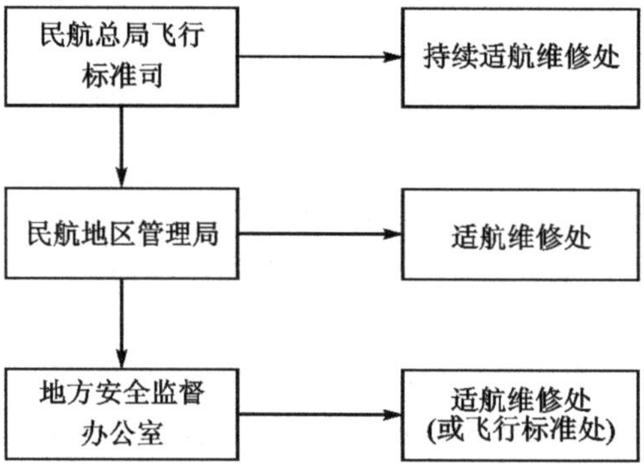

图 8.3 持续适航管理组织机构图

飞行标准司起着总指挥的作用，制定要求，并指导、监督和协调民航地区管理局管理对规章、标准、政策和程序的执行，其职责可概括为 9 项，详见图 8.4。

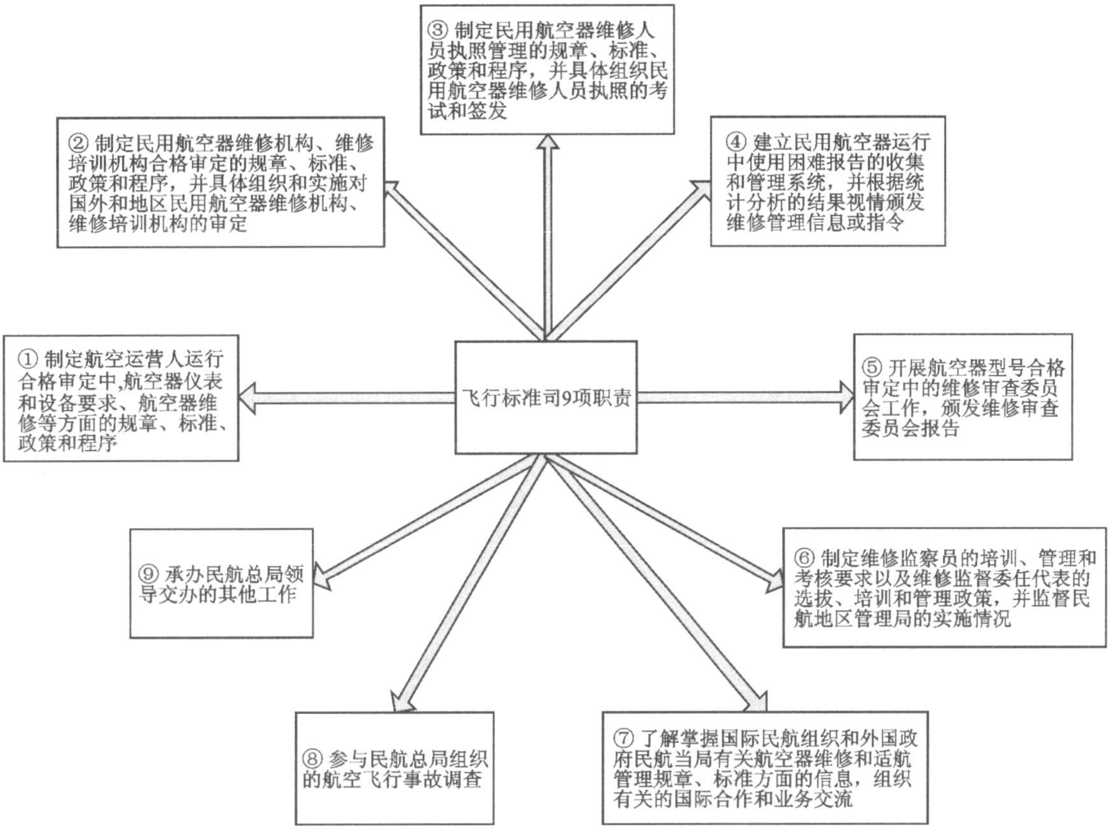

图 8.4　飞行标准司 9 项职责

民航地区管理局适航维修处起着承上启下的作用,向上要汇报有关报告和信息,向下要指导和监督各地方安全监督管理办公室,其职责也可概括为 9 项,详见图 8.5。

地方安全监督管理办公室具体任务的实施是由维修处或维修监察员完成的,之后相关人员会按照规定上报有关报告和信息,具体职责可概括为 6 项,详见图 8.6。

2. 持续适航管理法规文件

持续适航管理法规文件可分为 4 类,分别是维修规则类、服务机构类、人员执照类和委任代表类,主要规章如表 8.8 所列。

表 8.8　持续适航管理法规文件分类

文件类型	涉及规章
维修规则类	CCAR－43 部:维修和改装一般规则; CCAR－91 部:一般飞行和运行规则; CCAR－121 部:公共航空承运人运行合格审定规则; CCAR－129 部:外国公共航空运输承运人运行合格审定规则; CCAR－135 部:小型航空器和直升机公共运输运行合格审定规则
服务机构类	CCAR－145 部:民用航空器维修单位合格审定规定; CCAR－147 部:民用航空器维修培训机构合格审定规定
人员执照类	CCAR－66 部:民用航空器维修人员执照管理规则
委任代表类	CCAR－183 部:民用航空器适航委任代表和委任单位代表的规定

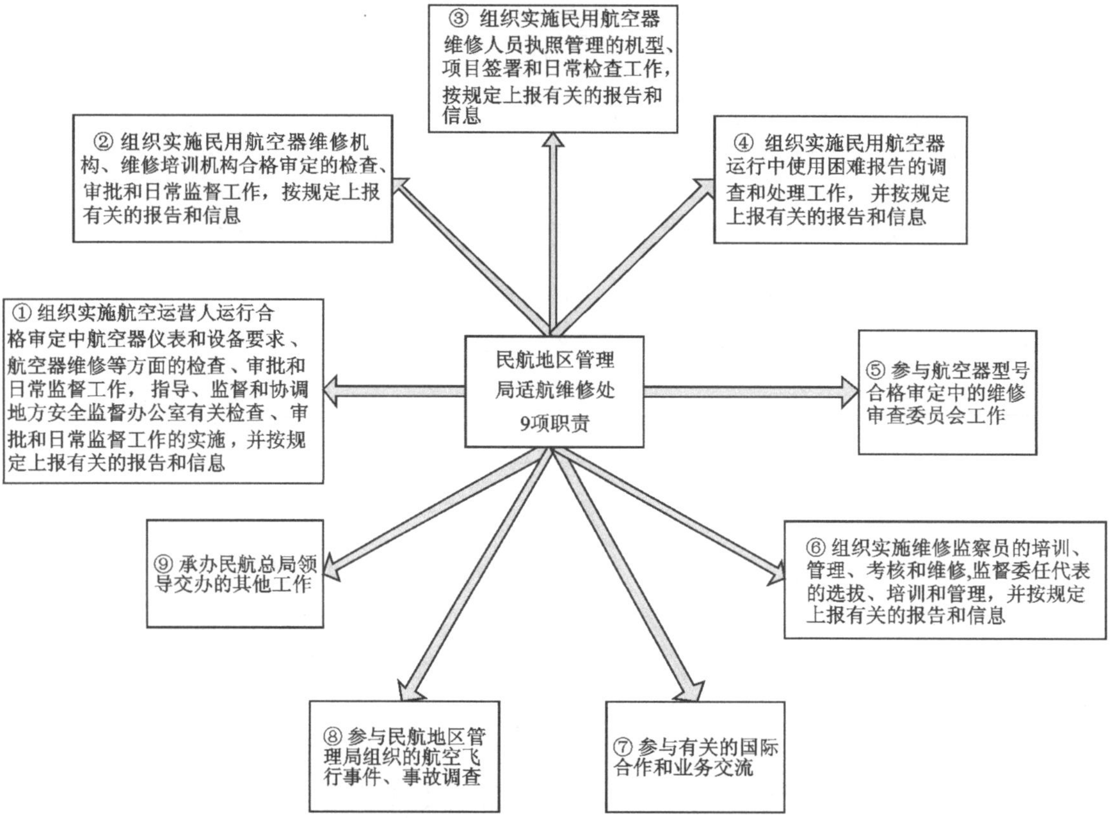

图 8.5 民航地区管理局适航维修处 9 项职责

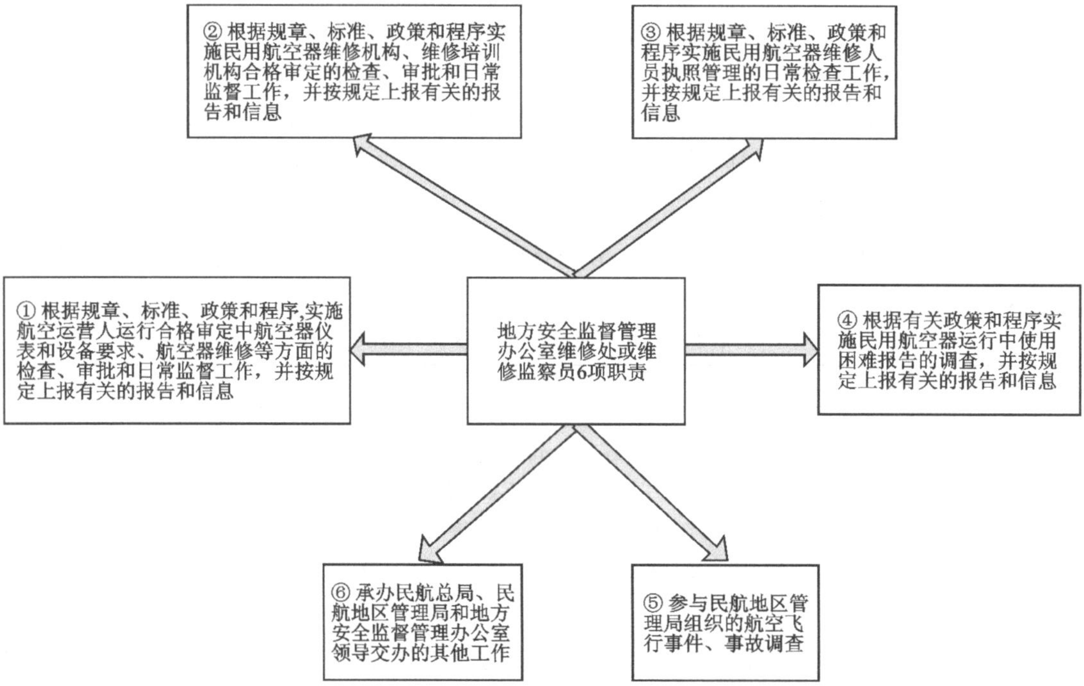

图 8.6 地方安全监督管理办公室维修处或维修监察员 6 项职责

其中，维修规则类中的 CCAR－43 部是为保证民用航空器的持续适航性和飞行安全、规范民用航空器及其部件的维修和改装工作而制定的。CCAR－43 部的制定虽然晚于 CCAR－145 部，但其定位为民用航空器维修和改装的一般规则，包含航空器维修和改装的依据文件、工具设备、航材、工作环境、人员资格、记录和放行要求、相关的管理规定等基本要求。如果维修单位按照 CCAR－145 部进行维修，一般认为该维修视为符合 CCAR－43 部。CCAR－43 部除了运行规章确定要求按照 CCAR－145 部的规则对相应民用航空器进行维修的情况外，航空运营人或者航空器的使用人则可以仅按照 CCAR－43 部的规则对其航空器实施维修和改装，而不是必须按照 CCAR－145 部的规则实施维修和改装。

8.4.2　使用困难报告

1. 使用困难报告概述

飞机在营运过程中，根据 CCAR－121 部第 121.707 条和第 121.708 条中规定的系统、结构和部件的失效、缺陷或故障等事件，运行合格证的持有人应向局方报告，该报告被称为使用困难报告 SDR(Service Difficulty Report)，旧称航空器重要事件。使用困难报告的建立是为了改进产品的设计和提高安全运营可靠性。通过建立全国的使用困难报告系统，可以实现数据共享、故障统计分析、经验交流，从而帮助航空运营人查明故障原因、改进航空产品、提高维修能力、采取预防措施等。具体需要报告的事件见表 8.9 所列。

表 8.9　需要提交使用困难报告的情况

事件类型	事件描述
运　行	(1)飞行中的失火以及有关火警系统工作不正常； (2)飞行中的假火警信号； (3)在飞行中引起发动机、相邻结构、设备和部件损坏的排气系统故障或者失效； (4)飞行中引起烟、蒸汽、有毒或者有害烟雾在驾驶舱或者客舱积聚或者流通的飞机部件的故障或者失效； (5)飞行中或者地面发动机熄火或者停车； (6)螺旋桨顺桨系统失效或者在飞行中该系统控制超速的能力不正常； (7)飞行中燃油系统或者应急放油系统的故障或者渗漏； (8)飞行中非正常的起落架收放或者起落架舱门的开启和关闭； (9)刹车系统的失效或者故障； (10)飞机系统及其部件的故障或者失效导致中断起飞或者在飞行中采取紧急措施的情况； (11)在实际撤离、培训、测试、维修、演示或者无意使用时，任何应急撤离系统或者其部件(包括应急出口、旅客应急撤离灯系统、撤离设备)的缺陷或者不能完成预定的功能； (12)自动油门、自动飞行或者飞行操纵系统或者其部件的缺陷或者不能完成预定的功能； (13)其他已经危及或者可能危及飞机的安全运行的故障或者缺陷
结　构	(1)腐蚀、裂纹、或者开裂导致要求更换有关的零部件； (2)腐蚀、裂纹、或者开裂因超出制造厂家规定的允许损伤限度导致要求修理或者打磨； (3)在复合材料结构中，制造厂家指定作为主要结构或者关键结构件的腐蚀、裂纹或者开裂； (4)根据未包含在制造厂家的维修手册中的经批准资料修理的情况； (5)其他飞机结构中已经或者可能危及飞机安全运行的失效或者缺陷

AC121-60《民用航空器使用困难报告和调查》为航空运营人正确收集、调查和提交航空器使用困难报告提供了详细的指导，以确保民用航空器使用困难报告的及时、准确、完整和规范，并提供了航空器因机械原因中断使用的汇总数据。

2. 使用困难报告管理

2013年，使用困难报告系统共收到使用困难报告3 670份，其中涉及机械类SDR共2 259份，占SDR总数的61.55%；非机械类SDR共1 411份，占SDR总数的38.45%。其中，占机械类SDR前3位的是动力装置(13.05%)、起落架系统(6.87%)和飞行操纵系统(6.35%)。使用困难报告的分布情况，使得决策及维修人员的注意力更多地分配到问题较多的区域，更加有效地配置维修资源。而使用困难报告的有效管理，则是得益于使用困难报告系统的充分有效的运用。

使用困难报告有一整套的管理流程，详见图8.7。

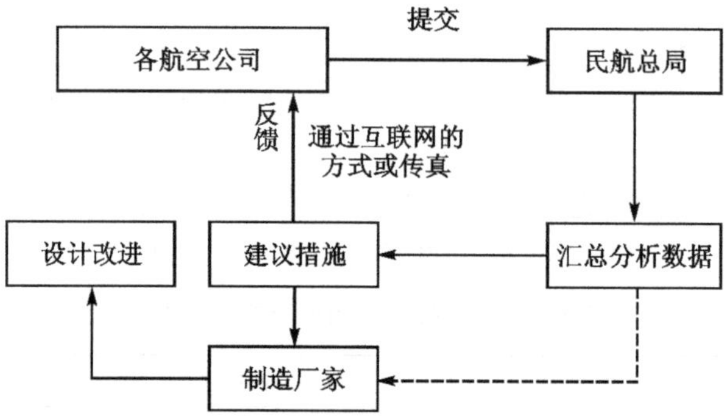

图8.7　SDR管理关系图

当维修人员发现故障时，如机组的故障报告、航线和定检工作时的问题以及部件修理过程时的问题，都需要填写使用困难报告表，并由维修控制中心通过互联网提交，关系图见图8.8。该报告应在故障事件发生或发现后的24 h内(节假日不顺延)完成填写和提交。此外，航空营运人还应向航空器制造厂家报告该型航空器、发动机或螺旋桨的发生或发现的使用困难报告。

图8.8　SDR提交关系图

目前，我国民航采用了“航空器使用困难报告系统”，该系统通过互联网进行数据传输。其中，使用困难报告的录入和调查由航空运营人负责；而中国民航科学技术研究院负责数据审核和统计分析，参与事件调查，并协助飞行标准司发布适航维修信息和维修信息通告；而民航各地区管理局将对航空运营人上报数据的真实性进行协助审核，并上传局方已有的调查结论。

我国某航空公司在其管理程序中，阐明了对使用困难报告的管理要求，建立并规范因工程机务原因导致使用困难报告的上报、统计、分析和调查的管理流程。主要涉及的部门及人员有各维修部门生产技术部/业务管理室维修控制工程师，维修管理部MCC维修控制工程师，各维修单位质量管理部工程师。

当发生不正常事件时，处理流程见图8.9。

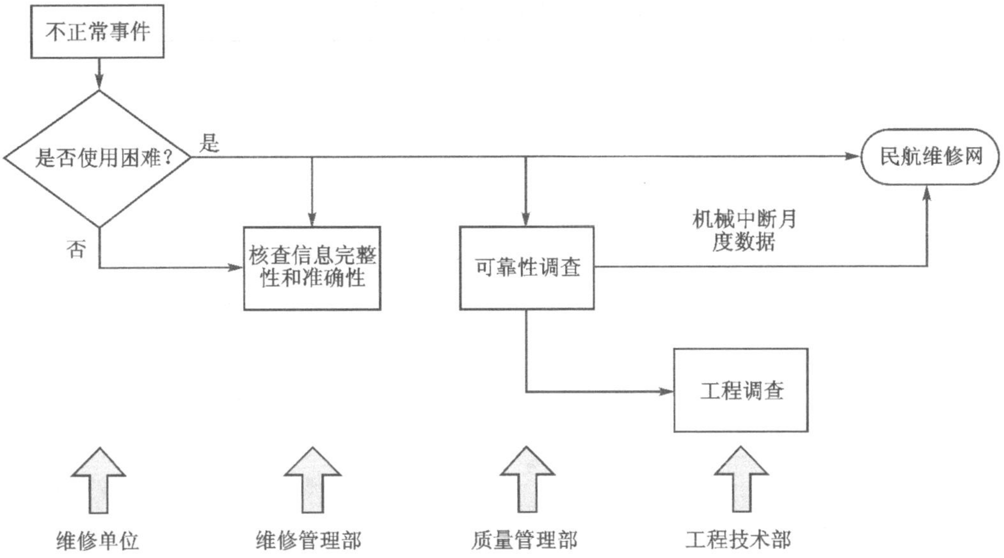

图 8.9　某航空公司不正常事件流程图

各维修部门负责收集和上报在本站的使用困难报告数据,并保证事件信息的完整和准确。当在本站运行的飞机发生使用困难报告后,应立即以电话或传真的形式向维修管理部报告。在发生航班不正常和使用困难报告后的 3 h 内,应将信息录入维修控制系统中,并提交《航班不正常事件/使用困难报告》。对于在本基地站因工程机务原因造成的使用困难报告要进行分析,并在 24 h 内向维修管理部 MCC 提交分析报告或《故障调查分析报告》。

若因工程机务原因而导致航班不正常和使用困难报告信息时,驻外维修人员和机务代表应及时向维修管理部报告。在收到外站航班不正常和使用困难报告信息后的 3 h 内,维修管理部 MCC 维修控制工程师要将信息录入维修控制系统中,并提交《航班不正常事件/使用困难报告》。维修控制工程师在收到相关事件信息后,应核查各维修单位上报的航班不正常事件、使用困难事件信息的完整性和准确性,并通知相关维修单位要求其补充维修管理信息系统中的相关内容。

该航空公司执管飞机的使用困难报告信息均使用统一的《运行不正常/使用困难报告表》,提交到维修控制系统中。

各维修单位质量管理部根据维修管理信息系统的信息判别执管飞机所发生的事件是否属于使用困难报告,并将使用困难报告于事件发生的 24 h 内上报到民航总局飞行标准监督管理系统。而执管飞机的使用困难报告调查结果应该在 72 h 内(节假日顺延)上报飞行标准监督管理系统。

3. 发动机使用困难相关表格

根据 CCAR121.709 的要求,航空器运营人应通过软件系统报告前一个月出现的因机械原因造成中断使用的数据,包括航空器运营时间和起落次数、中断飞行次数、非计划更换飞机次数、延误或改航或取消次数、发动机的营运时间或循环次数等。数据以单机和单台发动机的形式来进行报告,其中包括“发动机本月使用数据汇总表”,发动机本月使用数据,具体表格见表 8.10。

表 8.10 发动机本月使用数据汇总表

<table>
<tr><td colspan="2">1.航空器运营人</td><td colspan="2"></td><td colspan="2">2.月份</td><td colspan="2"></td><td colspan="2">3.年份</td><td colspan="2"></td></tr>
<tr><td colspan="2">4.发动机序号</td><td colspan="2"></td><td colspan="2">5.发动机型号</td><td colspan="2"></td><td colspan="2">6.本月发动机拆换情况</td><td colspan="2">□无拆换工作
□有拆换(□安装□拆下)</td></tr>
<tr><td colspan="2">7.当前发动机状况</td><td colspan="2">□装机□修理/待修□备份</td><td colspan="2">8.装机机号</td><td colspan="2"></td><td colspan="2">9.装机位置(如适用):</td><td colspan="2">□1 □2
□3 □4</td></tr>
<tr><td colspan="2">10.发动机使用时间</td><td colspan="2"></td><td colspan="2">11.发动机使用循环</td><td colspan="2"></td><td colspan="2">12.自开始使用时间</td><td colspan="2"></td></tr>
<tr><td colspan="2">13.自开始使用循环</td><td colspan="2"></td><td colspan="2">14.本月是否大修</td><td colspan="2">□是 □否</td><td colspan="2">15.修后使用时间</td><td colspan="2"></td></tr>
<tr><td colspan="2">16.修后使用循环</td><td colspan="2"></td><td colspan="2">17.非计划换发次数</td><td colspan="4">(a)本体原因:</td><td colspan="2">(b)非本体原因</td></tr>
<tr><td colspan="12">18.各系统机组报告故障次数</td></tr>
<tr><td>(a)
系统</td><td>72
发动机</td><td>73
燃油</td><td>74
点火</td><td>75
空气</td><td>76
操纵</td><td>77
指示</td><td>78
排气</td><td>79
滑油</td><td>80
启动</td><td>82
注水</td><td>83
齿轮箱</td></tr>
<tr><td>(b)
次数</td><td></td><td></td><td></td><td></td><td></td><td></td><td></td><td></td><td></td><td></td><td></td></tr>
<tr><td colspan="2" rowspan="2">19.提交人信息</td><td colspan="2">(a)提交部门</td><td colspan="2">(b)提交人</td><td colspan="2">(c)联系电话</td><td colspan="2">(d)提交日期</td><td>(e)E-MAIL</td><td>(f)审核人</td></tr>
<tr><td colspan="2"></td><td colspan="2"></td><td colspan="2"></td><td colspan="2"></td><td></td><td></td></tr>
</table>

当航空器营运人所属发动机的数量、及发动机的所属权发生变化时,应及时填报“发动机信息变化表”,但集团内运营基地发生变化时,不必填报。具体表格见表 8.11。

表 8.11 发动机信息变化表 F1216006

<table>
<tr><td colspan="7">发动机信息变化表</td></tr>
<tr><td>1.航空器注册号</td><td>2.航空器型号</td><td>3.引进或转出</td><td>4.引进或转出日期</td><td>5.当前所属航空运营人(集团/公司/分子公司)</td><td>6.原所属航空运营人(集团/公司/分子公司)</td><td>7.引入或转出原因(包括新购、租借、运营分子公司/基地改变、其他)</td></tr>
<tr><td></td><td></td><td>□进 □出</td><td></td><td></td><td></td><td></td></tr>
<tr><td></td><td></td><td>□进 □出</td><td></td><td></td><td></td><td></td></tr>
<tr><td></td><td></td><td>□进 □出</td><td></td><td></td><td></td><td></td></tr>
<tr><td></td><td></td><td>□进 □出</td><td></td><td></td><td></td><td></td></tr>
<tr><td></td><td></td><td>□进 □出</td><td></td><td></td><td></td><td></td></tr>
<tr><td></td><td></td><td>□进 □出</td><td></td><td></td><td></td><td></td></tr>
<tr><td colspan="2" rowspan="2">8.提交人信息:</td><td>(a)提交部门</td><td>(b)提交人</td><td>(c)提交日期</td><td>(d)联系电话</td><td>(e)审核人</td></tr>
<tr><td></td><td></td><td></td><td></td><td></td></tr>
</table>

8.4.3　缺陷和不适航状况报告

如果民用航空器或航空器部件在运行过程中，适航性出现重大缺陷或出现不适航状况并且会影响到民用航空器的安全运行时，维修单位应在事件发生后的 72 h 内向民航总局或者民航地区管理局报告，这在 CCAR145.34 和 CCAR43.21 中都有明确的规定。其中重大缺陷和不适航状况具体指的是：

① 航空器、发动机、螺旋桨或直升机旋翼系统结构出现较大的裂纹、永久变形、燃蚀或严重腐蚀；

② 发动机系统、起落架系统和操纵系统产生可能影响系统功能的任何缺陷；

③ 任何应急系统没有通过试验或测试；

④ 由于维修差错而造成的航空器或者航空器部件的重大缺陷或故障。

缺陷和不适航状况的报告应当按照《缺陷和不适航状况报告》的格式如实填写。如果维修单位不能在规定时间内完成此表格，应当先用传真、电报、电话及电子邮件等形式报告，随后再以《缺陷和不适航状况报告》的格式提出正式书面报告。同时，缺陷和不适航状况应当通知送修人。当维修单位认为设计或者制造存在缺陷时，航空器的所有人或者使用人还应当将上述缺陷和不适航状况及时通报给相关的航空器或者航空器部件制造厂家。《缺陷和不适航状况报告》见表 8.12。

表 8.12　缺陷和不适航状况报告

<table>
<tr><td colspan="2" rowspan="2">1. 航空器注册号
B -</td><td colspan="2" rowspan="2">中国民用航空总局
缺陷和不适航状况报告</td><td>此项仅供民航总局使用</td></tr>
<tr><td>控制号：</td></tr>
<tr><td colspan="5">2. 涉及主要设备</td></tr>
<tr><td>类　别</td><td>制造厂</td><td>型　号</td><td>序　号</td><td>所属单位</td></tr>
<tr><td>机体</td><td></td><td></td><td></td><td></td></tr>
<tr><td>动力装置</td><td></td><td></td><td></td><td></td></tr>
<tr><td>螺旋桨</td><td></td><td></td><td></td><td></td></tr>
<tr><td>航空器部件</td><td></td><td></td><td></td><td></td></tr>
<tr><td colspan="5">3. 问题叙述、原因及处理结果</td></tr>
<tr><td colspan="3">故障件情况</td><td colspan="2" rowspan="2">故障件或缺陷位置：</td></tr>
<tr><td>名　称</td><td>件　号</td><td>ATA 章节</td></tr>
<tr><td colspan="5">描述缺陷和不适航状况及其发生的环境，说明可能的原因和防止重复发生的建议</td></tr>
<tr><td colspan="3">填报人：</td><td colspan="2">日期：</td></tr>
<tr><td colspan="5">填报单位：</td></tr>
</table>

8.4.4　重要修理及改装

CCAR－43 部《维修和改装一般规则》对重要修理及改装的工作准则、实施人员资格、作业后的批准恢复使用、作业记录要求、维修管理指令及罚则做出了详细的规定。

修理及改装与重要修理及改装存在不同，两者对比见表 8.13。维修是指对航空器或者航空器部件所进行的任何检测、修理、排故、定期检修、翻修工作，而修理是指对航空器及其部件的任何损伤或者缺陷进行处理，使其达到在规定的限制范围内继续使用的工作统称，因此修理是维修的一种。

表 8.13　修理及改装与重要修理及改装的概念对比

修理及改装	重要修理及改装
修理： 对航空器及其部件的任何损伤或者缺陷进行处理，使其达到在规定的限制范围内继续使用的工作统称	重要修理： 如果不正确实施，将可能导致对质量、平衡、结构强度、性能、动力特性、飞行特性和其他适航性因素有明显影响的修理，或者是不能按照已经被接受的方法或者通过基本的作业就能够完成的工作
改装： 在航空器及其部件交付后进行的超出其原设计状态的任何改变，包括任何材料和零部件的替代	重要改装： 没有列入航空器及其部件制造厂家的设计规范中，并且可能对质量、平衡、结构强度、性能、动力特性、飞行特性和其他适航性因素有明显影响的改装，或者是不能按照已经被接受的方法或者通过基本的作业就能够完成的改装

由表 8.13 可知，重要修理及改装更加强调待实施作业对航空器及其部件适航性因素的影响，并且这种作业需要提出一种新的方法或者超出了基本作业的范畴。

CCAR－43 部规定，如果航空发动机的重要修理及改装不在局方批准的发动机规范内，但却满足表 8.14 中情况的，即可视为动力装置的重要修理及改装。通常，动力装置虽然属于飞机，但一般和发动机一起进行管理。

表 8.14　动力装置的重要修理及改装

动力装置重要修理	动力装置重要改装
① 从安装有增压器的活塞发动机上，分离或拆卸曲轴箱或曲轴。 ② 从没有安装螺旋桨减速正齿轮传动装置的活塞发动机上，分离或拆卸曲轴箱或曲轴。 ③ 利用焊接、电镀、金属喷涂或其他方法，对发动机结构部件进行特殊修理	① 把航空器的发动机从一种经批准的型号改为另一种型号，涉及压缩比、螺旋桨减速齿轮、叶轮齿轮比，或更换重要的发动机部件并需要重新在发动机上作大量的工作和检测。 ② 采用非原生产厂家的零件或局方未批准的零件，替换航空器发动机结构部件。 ③ 安装未批准使用在该发动机上的附件。 ④ 拆除航空器或发动机规范上列为必要设备的部件。 ⑤ 安装其他未经批准的结构部件。 ⑥ 为采用发动机规范未列出的某种规格的燃油而更改部件

8.5　航空发动机典型故障事例的适航分析与预防

8.5.1　航空发动机适航要求

我国民航规章中涉及航空发动机的有很多，难以一一列出，但是典型的针对航空发动机的适航要求却可以大致列出，这些要求大致分布在 CCAR－25、CCAR－33、CCAR－34、CCAR－36 和 CCAR－121 中。

1. CCAR－25 中对航空发动机的要求

中国民用航空规章第 25 部《运输类飞机适航标准》是用于颁发和更改运输类飞机型号合格证的适航标准。CCAR－25 中的第 25.903 条，从发动机型号合格证、发动机的隔离、发动机转动的控制、涡轮发动机的安装、再启动能力和辅助动力装置几个方面对发动机做出了概括性要求。

（1）发动机的型号合格证要求

每型发动机必须要有型号合格证，与此同时，也必须满足中国民航局针对涡轮发动机飞机燃油排泄和排气污染所做的规定。每型涡轮发动机还必须满足 CCAR－33 中的相关条款或曾有相关使用履历，以证明在类似安装位置上吸入的外来物未曾造成任何不安全的情况。随着 CCAR－33 部的不断修订，此条款重点针对涡轮发动机飞机燃油排泄和排气污染、外来物吸入、吸冰、吸雨、吸鸟条款方面的引用增加了说明。

（2）发动机的隔离要求

至少在一种运行形态下，当任一发动机或任一能影响此发动机的系统失效或故障时，各个动力装置的布置和相互隔离都必须确保，其中某一发动机在工作过程中不会妨碍其余发动机的继续安全运转，并且不会导致机组成员需立即采取动作以保证继续安全运行。

（3）发动机的转动控制要求

在飞行过程中，必须有措施能够单独停止任一台发动机转动，但对于涡轮发动机的安装，只有在其继续转动会危及飞机的安全时，才需要有这样的措施。

虽然涡轮发动机已经证明风扇转动不会危害飞机，更多涡轮发动机已无须具有停止转动的措施，但是该措施的必要性在于，随着宽弦叶片及螺旋桨风扇的使用，不平衡载荷会产生更大的动不平衡，并且风扇转速越慢越接近机身的自振频率，导致需要评估发动机不平衡对飞机的影响。服役经验已表明，发动机叶片与轴承的机械或结构失效可能导致机身与发动机较高的不平衡及振动载荷，这些振动可能引起其主要结构与关键系统的损坏。随着风扇直径和弦宽的增大，叶片数量减少，使发动机结构失效导致其转轴不平衡的影响重要性发生改变。这种情况在发动机空中停车后进一步加剧了风扇连续转动产生不平衡状态的影响。

风扇转动危及飞行安全，虽然当前条款要求提供停止转动的手段，但这类风扇在空中实际上是不可能停转的。风扇叶片的丧失，及由此引起的风扇与发动机其他转动部件的损伤，可能导致遍及机身的结构载荷与振动，将损伤飞机主要结构。

（4）涡轮发动机的安装要求

对于涡轮发动机的安装，一旦发动机转子损坏或发动机内起火烧穿发动机机匣时，必须有相应的设计预防措施，使其对飞机的危害减至最小。与此同时，与发动机各控制装置、系统、仪表有关的各动力装置系统的设计必须能合理保证，在服役中不会超过对涡轮转子结构完整性有不利影响的发动机使用限制。

此要求的根本目的是采用必要的预防措施，以确保动力装置安装的各部件功能安全正常。此要求是从两方面提出的，一方面是针对转子损坏或起火事件的设计预防措施，另一方面是保证不会超过涡轮转子结构完整性方面的发动机使用限制。

（5）发动机的再启动能力要求

在飞行过程中，不仅必须有再启动任何一台发动机的措施，而且必须制定飞行中再启动发动机的高度和空速包线，同时确保每台发动机必须具有在此包线内再启动的能力。对于涡轮发动机飞机，如果在飞行中所有发动机停车，必须有一个不依赖于发动机驱动的发电系统的电源，使得当发动机的最小风车转速不足以提供发动机点火所需的电功率之时，能对发动机点火进行再启动。

（6）辅助动力装置的要求

对于每台辅助动力装置APU（Auxiliary Power Unit）的安装条件，必须是经过批准的，或满足其预定使用的类型要求。

2. CCAR－33中对航空发动机的要求

中国民用航空规章第33部《航空发动机适航规定》中规定了颁发和更改航空发动机型号合格证用的适航标准。选取CCAR－33中航空发动机在实际中重点关注的重要条款进行说明。

（1）发动机用材料的要求

材料的适用性指的是外来物如油液、雨水或其他腐蚀性液体对材料无侵蚀作用。如果材料具备一定的适用性，就可免受金属腐蚀、涂料溶解等的影响，也不会有油品污染、设备使用寿命变短等情况发生。材料的耐久性是指在使用期间，材料受到各种因素的影响（包括内外因素的综合作用），能长期不变质不损坏、保持原有性能而不影响正常使用的一种品质。这样的品质包括抗蚀、抗老化、耐热以及耐磨等。航空发动机所用的材料必须满足规定的要求，才可能相应地达到适航要求。

根据第33.15条，发动机所用材料的适用性和耐久性必须基于充分的经验或试验条件，并且需要满足经批准的规范（如工业或军用规范），以保证这些材料具有设计资料中采用的强度和其他性能。这样的要求使得这些材料的适用性和耐久性能够满足发动机整体的适航需求。

（2）发动机的耐用性要求

发动机的耐用性要求转子叶片在任何情况下不得飞出而损坏飞机的结构，影响飞行安全。根据第33.19条，发动机的设计与制造必须使得发动机在翻修周期之间不安全状态的发展减至最小。如果转子叶片发生失效而导致破坏，压气机和涡轮转子机匣的设计必须对这样的破坏具有包容性，并且必须能够确定穿透压气机和涡轮转子机匣后的转子叶片碎片的能量水平和轨迹。其中，发动机的包容性指的是在最大瞬态转速下，风扇、压气机或涡轮叶片在单个部位发生破裂时，损坏的叶片不会飞出而损坏飞机结构。

（3）发动机的控制转换要求

根据第33.28条规定，在控制模式、通道转变或从主系统转换到备份系统时，发动机必须能保持在正常的使用限制范围之内，不会出现喘振、失速等其他不可接受的情况。与此同时，当故障或失效导致控制模式、通道或者从主系统到备份系统的转换时，如果要求飞行机组人员行动、反应或者意识到控制模式的转换，则必须有方式警示机组模式已经转换，可以是声音信号，也可以是光信号。该方式必须在发动机安装说明手册中描述，并且要在发动机使用手册中描述机组的操作，以保证飞机的飞行安全。

(4) 发动机的喘振和失速特性要求

第 33.65 条规定，启动、功率或推力的变化，功率的增大或推力的加力，极限的进气畸变或进气温度，在发动机工作包线内的任何一点上都不得引起喘振或失速达到出现熄火、结构失效、超温或发动机功率或推力不能恢复的程度。

(5) 燃油系统的要求

燃油系统是飞机的一个重要系统，其主要功能是向发动机输送燃油，即燃油系统必须在每种预定的运行条件和机动飞行中，至少提供百分之百发动机所需的燃油流量，否则发动机工作将不正常。其中，燃油控制调节装置的作用是提供稳定且充分的燃油。此外，为保证进入发动机的燃油清洁度，必须在燃油箱的出口与流量计装置入口或与发动机增压泵的入口之间安装滤网或燃油滤。此外，第 33.67 条还规定，在按要求的流量和压力对发动机供给燃油的情况下，发动机本身必须在 CCAR－33 规定的各种工作状态下都能正常地工作。同时，当把任一不可调的燃油控制调节装置装于发动机上时，必须用锁紧装置固定并且铅封，如果不这样处理的话，那么它应当是不可达的。所有其他的燃油控制调节装置必须是可达的，并且要对这些装置作标记，以指明其调节功能，除非该功能是显而易见的。

(6) 进气系统结冰的要求

在规定的结冰条件下，每台涡轮发动机不仅能在整个飞行功率范围内工作，而且不会对发动机的工作造成不利影响，或引起功率或推力的重大损失。在自然结冰条件或用喷水机来造成的结冰条件下进行飞行试验，其目的之一是要演示从无防冰设施的表面掉下来的冰块不会造成发动机或飞机其他关键件的损坏，以及演示在遇到未被察觉的结冰情况而防冰系统又失效时，从有防冰设施的表面掉下来的冰不会造成发动机损坏或故障，或损坏飞机其他关键件。为了达到这些目的，必须将飞机在结冰条件下飞行一段时间，用来积累足够的冰块以产生出合格的演示条件。第 33.68 条阐述了在所有防冰系统工作时，每型发动机必须满足的具体要求，设计与制造商必须严格遵守。

(7) 发动机吸入冰的要求

在典型的进气道整流罩和发动机正面，由于滞后两分钟开启防冰系统而使冰的数量积聚到最多时，或者冰块的质量和厚度与该发动机的尺寸可比拟时，同时还有吸冰速度可模拟被吸入发动机进气道的冰块的速度，并且发动机工作在最大巡航功率或推力状态时，不得引起持续的功率或推力损失，也不得要求发动机停车。此外，第 33.77 条还规定吸冰试验应能模拟在 －4℃(25 ℉)时遇到的最大连续结冰条件。为了确保发动机在真实环境条件下吸入冰块后不会出现不良后果，该条规定的要求必须落实到位。

(8) 发动机吸雨和吸雹的要求

无防护装置的涡轮发动机在规定的典型飞行条件下，即使突然吸入了大冰雹之后，发动机也不允许发生不可接受的机械损坏或不可接受的功率或推力损失或要求发动机停车。第 33.78 条规定，在航空器的典型飞行条件下，发动机在最大连续功率状态下以最大真实空速吸入大冰雹(比重在0.8～0.9)之后，不得引起不可接受的机械损坏或不可接受的功率或推力损失或者要求发动机停车。同时，每型发动机必须证明当其突然遭遇浓度达到CCAR-33中规定的雨和冰雹时，在其整个规定的工作包线范围内仍有可接受的工作能力。发动机可接受的工作能力是指在任何连续3 min的降雨周期内，和任何连续30 s的降冰雹周期内发动机不熄火、不降转、不发生持续或不可恢复的喘振或失速，或不失去加速和减速的能力。此外，还必须证明发动机在吸雨或吸雹之后，没有不可接受的机械损坏，不可接受的功率或推力损失或其他不利的发动机异常情况。

3. CCAR-34中对航空发动机的要求

中国民用航空规章第34部《涡轮发动机飞机燃油排泄和排气排出物规定》中详细规定了涡轮发动机适用的飞机燃油排泄和排气排出物的适航标准。燃油排泄物是指航空燃气涡轮发动机在所有正常的地面和飞行中排出的原始状态的燃油，不包括排气中的碳氢化合物。排气排出物是指由航空器或航空器发动机排气管排放到大气中的物质。

(1) 涡轮发动机燃油排泄的要求

航空燃气涡轮发动机不得向大气排放燃油排泄物，发动机停车后不得有意将燃油喷嘴总管中排出的燃油排泄到大气中，但是从轴封、结合面和接头处正常地燃油渗漏则不包含在内。第34.11条指出，任何制造人或营运人可用任何可接受的符合性方法，来表明符合规定的燃油排泄要求。这些可接受的符合性方法包括加盖或紧固增压和排放活门；将存油箱的燃油人工地排放到某一容器里；设置局方批准的系统，使燃油再循环回流到燃油系统。

(2) 发动机气态排出物的测试要求

根据第34.60条，发动机气态排出物的测试包括在发动机测功器上(适用于主要产生轴功率的发动机)或在推力测试台上(适用于主要产生推力的发动机)以规定的功率设定运转发动机。要求必须对发动机运转期间的排气连续采样，为的是可以通过分析系统进行具体的成份分析。发动机的测试至少由4种工作状态组成，即滑行/慢车、起飞、爬升和进场着陆。测试的目的是测量碳氢化合物、一氧化碳、二氧化碳和氮氧化合物的浓度，并通过计算确定在模拟的航空器起飞着陆循环中的总排出物量。最后，综合各种状态的总排出物量得到测试报告值。

4. CCAR-36中对航空发动机的要求

中国民用航空规章第36部《航空器型号和适航合格审定噪声规定》对亚声速运输类大飞机和亚声速喷气式飞机、螺旋桨小飞机及螺旋桨通勤类飞机的型号合格证、补充型号合格证和改装设计批准书的颁发和更改，以及标准适航证等证书的颁发所需满足的噪声标准做了详细的规定。

一般可用声级来表示噪声强度，其单位为dB(分贝)。长期生活在90 dB以上的环境中，会导致人的听觉器官严重受损。人们的听觉器官允许的极限声级是120 dB。机场附近航空噪声峰值可达130 dB。在20世纪50年代喷气式飞机使用以后，特别是到了20世纪60年代，在大城市机场附近产生了无法接受的噪声。现在，机场条例和发动机的适航取证都强烈约束飞机的最大噪声水平，而飞机的噪声大多来自发动机，这使得要对发动机的噪声水平进行规定，并设置噪声合格审定试验和测量条件等，以确保飞机整体的噪声水平处于可接受的范围内。

速度和频率都不稳定的气流会导致噪声的出现。压气机、涡轮和排气流是喷气发动机的

3 大噪声源。压气机和涡轮的噪声来自各级转子叶片和静子叶片的压力场和紊流尾流的相互作用，但发动机的噪声最主要是来自高速排出的气流与周围空气的紊流的混合作用。因为现代发动机的燃气从尾喷管射出的速度高达 500～550 m/s，在大流量比的涡扇发动机中，由外涵风扇排出的大量气流与外界空气的速度差很大，两者混合时将会导致速度和压力的强烈波动，从而产生声波。此外，两者混合时引起的强烈紊流，其相互位移的剪力会大大增加气流的涡流和音响。在排气口附近产生小涡流引起高频噪声，在排气流后部大的涡流产生低频噪声。因此，燃气涡轮发动机的消音问题主要是降低排气噪声。

CCAR－36 在声学更改、噪声测量和评定、噪声限制、试验条件等方面做了详细的规定阐述，为确保航空器的噪声符合适航规定提供了可依据的规章基础。

5. CCAR－121 中对航空发动机的要求

中国民用航空规章第 121 部《大型飞机公共航空运输承运人运行合格审定规则》详细规定了大型飞机公共航空运输承运人需要进行的合格审定和持续监督检查，以保证其达到并保持规定的运行安全水平。CCAR－121 中针对航空发动机的部分要求有：

(1) 发动机的数量要求

根据第 121.155 条，若合格证持有人使用单台发动机的飞机，则不符合实施本规则的要求，这将影响航空器的交付或者投入运行。

(2) 发动机的仪表要求

测量和显示航空发动机工作过程中各有关参数的仪表即为航空发动机的仪表，这些仪表对于发动机工作状态参数的监控起着至关重要的作用。除了局方对涡轮发动机飞机允许或者要求具有等效安全性的不同仪表外，第 121.307 还规定，其他按照 CCAR－121 实施运行的飞机应当安装下列发动机仪表：

- 每台发动机一个汽化器空气温度指示器。
- 每台空气冷却的发动机一个汽缸头温度指示器，以表示发动机汽缸头温度。在一定条件下，为防止发动机损坏，汽缸头温度不应超过允许范围。
- 每台发动机一个燃油压力指示器。
- 每台未装备自动高度混合气控制器的发动机一个燃油流量表或者燃油混合气指示器。
- 所用每个燃油箱一个指示燃油量的装置。
- 每台发动机一个进气压力指示器。
- 每台发动机一个滑油压力指示器。正常的滑油压力，可以保证足够的滑油供应量。
- 当采用传输或者独立的供油方式时，每一滑油箱一个滑油量指示器。
- 每台发动机一个滑油温度指示器。正常的滑油温度，表明发动机的润滑状况良好。
- 每台发动机一个转速表。
- 每台发动机一个独立的燃油压力警告装置，或者一个用于所有发动机的总警告装置，该装置具有使单个警告电路与总警告装置隔离的功能。

指针和圆盘形刻度盘显示装置是航空发动机仪表的常用形式，刻度盘面或表壳边缘标有色区，工作正常则指针指向绿色区域，处于危险状态则指向红色区域。实际中常采用组合式多针仪表，为的是减少仪表数量、节省仪表板面积，这种组合式多针仪表可同时显示发动机工作状态的多个参数。

8.5.2 航空发动机故障事例与适航分析

导致航空发动机故障的原因有很多，重点针对润滑系统故障、喘振、机械故障、系统失效和控制转换导致的故障事例进行分析，并将之与对应的适航条款结合起来，表明适航条款的实际应用之处与重要性。

1. 润滑系统故障导致的事例与适航分析

2013 年，某航空公司 AE3007A1 发动机机队共发生航线故障 13 次，航线故障率为0.063%，其中燃油控制系统故障 2 次，发动机控制系统故障 1 次，发动机指示系统故障 1 次，反推系统故障 1 次，润滑系统故障 6 次，启动系统故障 2 次。可见润滑系统故障率高，占 2013 年全部发动机故障的 46%。

AE3007A1 型发动机是高涵道比小型涡扇发动机，CCAR－33 中的第 33.71 条阐述了在航空器预期使用的飞行姿态和大气条件下，对该发动机润滑系统的要求，列在表 8.15中。

表 8.15　CCAR－33.71 中对发动机的要求

要求编号	要求描述
1	在润滑系统中，必须有一个滤网或油滤，以进行发动机滑油的过滤。如果滑油滤网和滑油滤含有旁路结构，当其完全堵塞时，滑油仍能正常地流经系统的其他部分
2	申请人必须表示通过过滤装置的外来颗粒不会危及发动机滑油系统的功能。当滑油污染程度大于上述规定时，每个滤网或油滤的容量必须能够保证发动机滑油系统功能不受损害。在达到这样的损害前，必须有相应的指示装置
3	在设计和制造油滤旁路装置时，必须设置得当，将积聚的污物逸出量降至最低，以确保污物不会进入旁通油路
4	除了滑油箱出口或回油泵的滤网或油滤外，每个没有旁路滤网或油滤必须具有一个报警器连接装置，以便在滤网的污染达到上述损害的容量之前警告驾驶员
5	所有滤网或油滤必须便于放泄和清洗

除表格列出的要求之外，该条还对滑油箱、滑油放油装置以及滑油散热器做出了详细规定，具体不再赘述。润滑系统由于故障多发，在初始适航审定和持续适航监察的过程中需要格外关注。

2. 喘振导致的故障事例与适航分析

压气机的喘振会导致严重的后果。压气机的喘振指的是压气机的一种不稳定工作的状态，出现该现象的原因是压气机进口处空气流量的骤减而引起的气流沿压气机轴向发生低频、高振幅的振荡现象。如果实际中发动机的转速低于原来的设计值过多，或高于原来的设计值过多，就会发生发动机的喘振现象。在空中飞行过程中，发动机发生喘振可能由于：飞机加速时前推油门过猛，减速时收油门过快或飞机姿态变化幅度过大等。

1994 年，英国世界航空公司的一架子爵 813 飞机在飞行过程中 3 台发动机都停止工作，原因是严重的积冰条件使得压气机进口的流场不均，进气道内发生严重的气流分离，这导致进入发动机的气流骤减，进而发生严重的喘振。虽然期中有一台发动机重新启动，但飞机还是在左侧两发停止工作的情况下，在英国尤托克西特附近迫降失事。

发动机发生喘振是导致上述事故的根本原因。惨烈的事故告诉我们，在飞机飞行过程中要防止喘振，例如要柔和地操纵油门以及飞机，避免飞机姿态的变化幅度过大。除此之外，机组还要能够正确地使用防冰装置，勿入结冰区，以防发动机进气道积冰。

上述事故与 8.5.1.2 中第 33.65 条喘振和失速特性、第 33.68 条进气系统的结冰有着直接的对应关系，部分相关要求列在表 8.16 中。

表 8.16　CCAR－33.65、68 对发动机的要求

要求编号	要求描述
1	发动机按规定的使用说明运转时，环境条件的任何变化都不得引起喘振或失速，从而出现熄火、结构失效、超温或发动机功率或推力不能恢复等情况
2	在规定的结冰条件下，每台涡轮发动机不仅能在整个飞行功率范围内工作，而且不会影响到发动机的正常工作，或大大降低功率或推力

表 8.16 中的要求 2 表明，在试验阶段，就必须将飞机在结冰条件下飞行一段时间，用来积累足够的冰块以更真实地模拟实际情况。

3. 机械故障导致的故障事例与适航分析

发动机的机械故障通常是导致发动机不能正常工作的重要直接原因。这些机械故障主要包括外物击伤、疲劳损伤等，其中绝大多数的故障都无法逆转。对于这些故障，若处置不当，便会酿成灾难性的后果。

因为发动机部件易受到外来物的冲击，如鸟击、冰雹或风沙的冲击等，所以其工作环境十分恶劣。历史上由于鸟击或外来物冲击而引发的发动机故障所导致的事故屡屡可见。

1995 年美联航的一架麦道 83 飞机，在美国布拉德利国际机场发生事故。飞机在较为恶劣的气象环境下低空进近，最终在接近跑道入口处撞树，发动机吸入碎片，所幸并无人员伤亡。

涡轮叶片常常会在高温、高压等复杂恶劣情况下产生疲劳断裂，从而导致发动机不能正常工作，进而导致重大飞行事故。发动机的涡轮风扇的转子叶片若在高速旋转的状态下飞离主体，将会造成灾难性的后果。

1996 年，美国达美航空公司一架麦道 80 飞机，在彭萨科拉机场起飞滑跑时，发动机叶片发生破裂，造成 2 死 4 伤。经调查，叶片轴上的疲劳裂纹就是事故发生的元凶。

除了叶片，其他发动机部件的疲劳断裂也会导致发动机失效，从而引发事故，如发动机风扇轴套断裂、涡轮轴断裂、启动机脱离飞出、涡轮盘断裂等。

1991 年 9 月 2 日，西北航空公司一架 TU－154 飞机起飞后 5 min，2 号发动机发出火警信号，第一组灭火装置自动灭火停车。经检查，发现 2 号发动机的启动机打坏飞出后，打破了发动机的下包皮、外涵道和机匣。

上述事故与 8.5.1.2 中第 33.15 条材料、第 33.19 条耐用性、第 33.77 条外物吸入——冰和第 33.78 条吸雨和吸雹有着直接的对应关系，部分相关要求列在表 8.17 中。

表 8.17　CCAR－33.15、19、77、78 对发动机的要求

要求编号	要求描述
1	发动机所用的材料应已经过足够的试验或拥有足够的使用经验，应具有符合批准的设计要求的强度和其他性能，并且压气机和涡轮转子机匣应能包容因转子失效而飞出的叶片
2	在规定条件下吸入冰、雨和雹时应能确保继续安全飞行，不会出现持续的功率或推力损失，也不会要求发动机停车

表 8.17 中的要求 2，需要发动机在投入使用前进行足够的试验，来证明发动机在遇到这些情况时仍能保持应有的工作能力，而且在吸入外物后没有不可接受的机械损坏、功率或推力损失或其他不利的发动机异常情况。

4. 系统失效导致的故障事例与适航分析

发动机的正常工作需要多个系统的相互协调，包括滑油系统、燃油系统、防火系统、启动系统等，只要有一个出现故障，发动机都将出现故障。例如，一旦燃油系统出现故障，由于燃烧室缺乏燃油，发动机就会停止工作，进而飞机无法正常飞行。

1994 年 5 月 26 日，英国航空公司一架协和式飞机，在降落到美国纽约肯尼迪机场过程，由于油量和油压过低的原因导致 3 号、2 号发动机相继停车，进而发生事故。

该事故的事发原因就是燃油系统的失效。这与 8.5.1.2 中第 33.67 条燃油系统有着直接的对应关系，相关要求列在表 8.18 中。燃油系统在飞机的运行中至关重要，它要向发动机输送燃油，否则发动机就无法工作。

表 8.18　CCAR－33.67 对发动机的要求

要求编号	要求描述
1	在规定的流量和压力下，发动机应在各种状态都能正常地工作
2	为保证进入发动机的燃油清洁度，必须在燃油箱的出口与流量计装置入口或与发动机增压泵的入口之间安装滤网或燃油滤
3	为了保证进入发动机的油量与压力稳定，不可再调整的燃油控制调节装置应是固定密封或不可达的，其他的燃油控制调节装置必须是可达的，同时应标记以调节功能

对于燃油系统的要求，在 CCAR－25 的相关条款里还有更加详细具体的阐述，发动机及与其相关的系统都应按照适航条款的要求进行设计、制造、验证、使用与维护。若发动机能很好的满足这些适航要求，发生上述事故的概率就能最大限度地降低。

5. 控制转换导致的故障事例与适航分析

控制系统已转换，但机组却没有意识到的情况不在少数，这往往会酿成不堪想象的严重后果。自动油门故障经常导致飞机不对称推力，这非常容易引起飞行事故。

1995 年 3 月 31 日，罗马尼亚航空公司的一架空客 A310－300 飞机在起飞后不久，在转弯过程中坠地失事。据调查，飞机在从起飞向爬升过渡时，机组准备开启自动驾驶后，左发顺利降到慢车，右发操作杆却被卡在起飞位，但是机组对此不对称力却无动于衷。

1992 年，我国某航空公司的 B737 在桂林机场进近过程中，由于右发动机自动油门不能随动，致使左右发动机推力不平衡，飞机产生右滚转。机组未及时发现，反而采取了错误操纵动

作;突然向右猛压杆,猛拉机头,导致飞机加速滚转并进入倒飞俯冲状态而撞山失事。机上乘客133人,机组8人,全部遇难。

这两次事故都要归因于机组没有意识到控制系统的转换。原因很简单,可是后果却是灾难性的,这样的事故应极力避免发生。这两次事故的发生与CCAR-33中第33.28条发动机控制系统直接相关,相关要求列在表8.19中。

表8.19　CCAR-33.28对发动机的要求

要求编号	要求描述
1	当故障或失效仅仅是人为操作而导致控制模式、通道或从主系统转换到备份系统时,发动机应能正常安全地工作,并在同时发出预警,让机组能够及时做出正确的调整
2	预警的方式以及推力或功率改变的幅度,应在发动机安装手册中标注清楚,并应告知机组应有的对策

由此可见,适航的发展承载着许多航空事故的重托,应有更多的人投入到适航要求的研究中去,推进适航条款的完善与发展。我们应对每一次的航空事故给予足够的重视,查明根本原因,作出相应对策。

8.5.3　航空发动机故障预防

为了保证航空发动机的安全工作和飞机的安全飞行,必须对其进行定期维修检查,但是这会耗费大量的人力、物力和财力,既不经济,又不合理,且常常出现故障的漏检,造成了大量的飞行事故。由此可见,若能在地面维护、试车之时,尽早地发现故障并排除,那么飞行事故发生的概率就会大大降低。

目前,对于发动机故障的预防有如下几种方式:

(1) 严格进行适航审定,全面提高设计水平

① 严格设计阶段的适航审定,从设计上提高发动机工作的安全水平。

② 严格按照适航条例,认真审查发动机的可靠性和耐久性。

➢ 发动机的各项试验要真实可靠,要能全面反映发动机实际使用情况。

➢ 对于已取得适航证并即将交付使用的发动机,应继续监控,进行跟踪试验,以便及时发现发动机的潜在问题,并对其进行完善,提高飞行的安全性。

(2) 总结经验教训,制定相应规定,并改进维修大纲

① 从维修人员处实时掌握发动机状态的相关信息,并且及时有效地理解和适时地应用制造厂商对发动机实施改进措施的一些服务通告,以及适航当局发出的适航指令。

② 开发发动机状态检测和使用维护的综合信息平台,整合大量的信息资源,及时掌控发动机在翼状态,提高检测维修的效率,降低成本。

③ 重视对维修大纲的调整,学习国外先进的管理及维修经验,使其内容与时俱进,更全面地融入现实的问题,使其更好地为维修人员服务,提高发动机的维修效率和质量。

④ 重视发动机使用中发生的非包容性破坏,从技术上改进包容性,提倡发展更先进的包容技术。如果可能实现,应该要求发动机制造厂家结合发动机涡轮盘和涡轮轴的非包容破坏的破坏规律,并总结成通用概念,制定出在设计、制造、维修、使用中必须遵守的检查规定。

(3) 采用发动机状态监测与故障诊断技术,提高故障早期判断和预防的准确性

发动机发生故障时,温度、压力、振动等物理参数必然会进行相应的变化,这些参数的变化

就是航空发动机故障诊断技术的工作基础。通过分析这些参数的变化就可以确认发动机的工作状态以及故障,对故障进行早期预报,确保发动机工作的稳定可靠,避免"过剩维修"以最大程度地提高经济性。

航空发动机的监控系统有很多,主要包括采集和分析发动机重要参数的系统、分析发动机气路参数趋势以及诊断其气路故障的系统、监测和诊断发动机控制系统故障的系统、监测发动机振动的系统等。依据完成任务的不同,因此监控的重点也不相同。

习题与思考题

1. 发动机的典型故障有哪些?
2. 描述发动机状态监控的主要流程?
3. 描述发动机使用困难报告一般的管理流程。
4. CCAR-25 中关于航空发动机的条款与 CCAR-33 中条款的区别是什么?
5. 持续适航管理法规文件主要有哪几类?
6. 简述修理及改装与重要修理及改装的区别。
7. 所谓的重大缺陷和不适航状况是指什么?

第 9 章　航空发动机剩余寿命与下发管理

9.1　航空发动机剩余寿命预测技术

9.1.1　剩余寿命预测概念

预测或剩余寿命预测主要借助系统/部件运行期间收集的数据来评估个体系统在实际使用条件下的可靠性，或预测系统/部件的剩余寿命及其不确定性边界。剩余寿命预测同所有的预测问题一样，预测结果不可避免地带有不确定性，根本原因在于系统/部件自身的故障演化发展是不确定的，从而导致其失效时间具有随机性。

例如，发动机轮盘是成本高昂的发动机部件，对发动机安全性和经济性均有重要影响。目前采用的维修策略是按照实验样本的寿命分布确定的定时更换（$T_{0.1}$）策略，如图 9.1 所示。若以轮盘裂纹萌生时间为实际的到寿时间，为确保轮盘 99.9%的可靠度，按照 $T_{0.1}$ 定时更换策略要求，所有轮盘需要在 T_1 时刻进行更换，这就意味着在每更换下的 1 000 个轮盘中，实际只有一个是真正到寿的（裂纹萌生），而其余 999 个还没有达到使用寿命，从而造成了严重的剩余寿命浪费。而实际上不同载荷和使用环境下，个体轮盘的寿命分布相差较大，若能根据个体发动机轮盘的实际使用载荷或状态监控信息来提高寿命预测的精度，降低其不确定度如图 9.1 中虚线所示，就能够在保证同样可靠度（99.9%）的前提下延长轮盘的服役寿命如图 9.1 中 T_2 和 T_3 时刻所示。因此，在不影响可靠性的前提下，根据个体部件实际的使用载荷及损伤检查/监测信息来预测个体的剩余寿命预测，可合理确定在役发动机关键部件的服役寿命，降低发动机的维修保障成本。

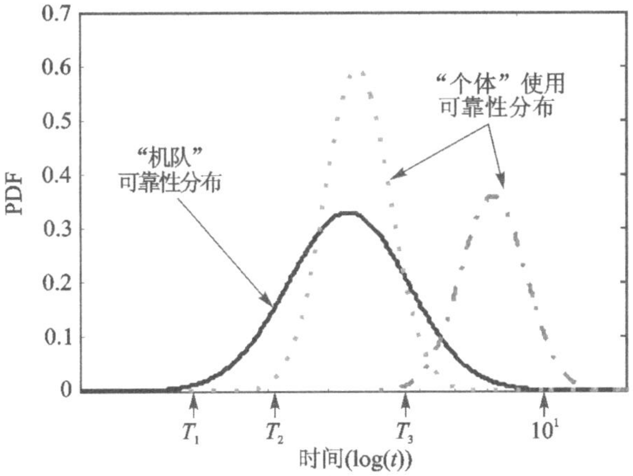

图 9.1　个体与机队平均可靠性分布

9.1.2 剩余寿命预测方法与模型介绍

对发动机系统或部件而言,失效预测可分为两大类:

硬失效(Hard Failure)预测。硬失效预测侧重于发动机零部件/组件的损伤状态或失效率的预测,如叶片、轴承等失效预测等。零部件的失效预测直接或间接地受发动机故障状态的影响,取决于特定故障对零部件的影响。

软失效(Soft Failure)预测。软失效预测侧重发动机或其子系统的状态或性能的退化预测,如发动机性能衰退预测等。发动机或子系统的性能退化往往是由于其部件的磨损等问题引起的,当其磨损状态进一步加剧以至于严重影响系统性能时,系统就会被判定为软失效。因此,系统软失效预测需要预测其内部零部件故障对系统性能或者可靠性的影响。

剩余寿命预测是先进的EHM(发动机健康监测)系统的关键技术,相对于已比较成熟的状态监控、故障诊断等研究领域,有关剩余寿命预测方法和模型的研究还比较滞后,近几年才得到学术界和工程界的广泛关注。

多数剩余寿命预测方法和模型基本上可分为3大类,即传统的基于使用数据或可靠性数据的方法、基于模型的方法以及数据驱动的方法。基于模型的方法借助系统退化或寿命损耗的物理模型来预测系统的剩余寿命。寿命损耗模型常被用于发动机的关键部件的寿命管理,借助特定的寿命损耗模型把实测的载荷数据转换成部件的寿命损耗数据,实现精确的寿命跟踪和剩余寿命评估,典型的如用疲劳裂纹扩展模型来预测结构件在实际使用条件下的剩余寿命。数据驱动的方法试图从收集的数据中挖掘出规则或经验模型来预测系统的剩余寿命,既有传统的数值方法,如自回归模型和滤波技术,又有机器学习的方法,如神经网络、支持向量机以及模糊逻辑等。在缺乏相关的监测数据的情况下,只能靠设计阶段确定的可靠性指标或实际运行中逐渐收集的使用数据和失效数据来评估其剩余寿命,相应的预测精度也较低,这一类方法归为传统的可靠性分析方法。3类方法从开发成本、预测精度及适应性方面来比较,如图9.2所示。

1. 基于可靠性/使用数据的预测方法

在缺少监测条件或有效、成熟的预测模型的情况下,传统可靠性分析基于使用数据(如载荷谱、飞行循环等)以及寿命样本数据的失效预测方法或许是唯一的选择。此外,发动机里一些不涉及安全或使用问题的部件或系统也采用这种失效预测方法,此外,极少失效的关键件,典型的如发动机轮盘、轴等时寿件(LLP),仍然以发动机的使用循环来计算其寿命损耗。在这一领域常用的可靠性数据分析方法有威布尔分析法、比例风险模型等。

基于可靠性/使用数据的预测方法如图9.3所示,是相对最简单、应用广泛的一类方法,需要发动机部件/系统的历史失效数据和/或使用数据,通常这些数据来源于发动机的维修记录系统,借助统计分析方法来得到其可靠性分布,如威布尔分析等。对于一些没有传感器监测数据的发动机电子器件、结构件等,根据历史数据统计分析确定部件的平均失效时间MTBF(Mean Time Between Failure),并据此安排部件的维修计划。随着外场收集的新可靠性数据的积累,更新部件的可靠性分布和MTBF,以此反映部件在特定运行条件下的外场可靠性。若同时记录了个体发动机的使用数据,则在可靠性数据统计分析时考虑进特定部件的使用数据可进一步提高寿命预测精度。

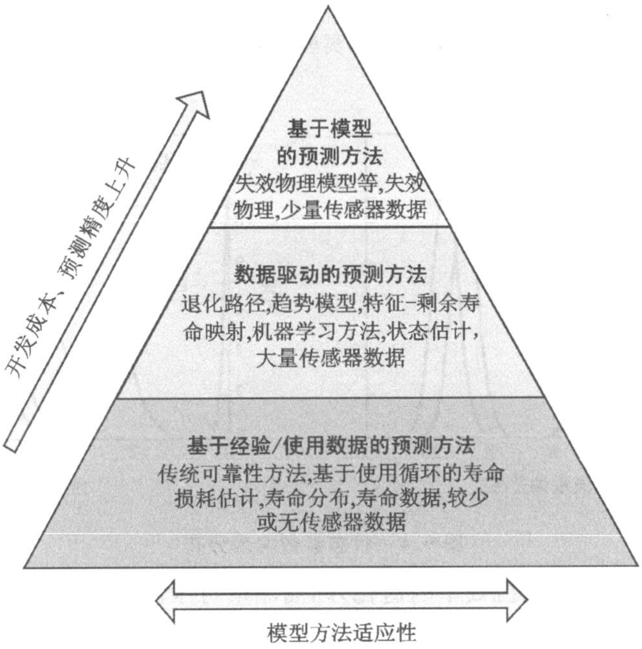

图 9.2　失效预测方法分类

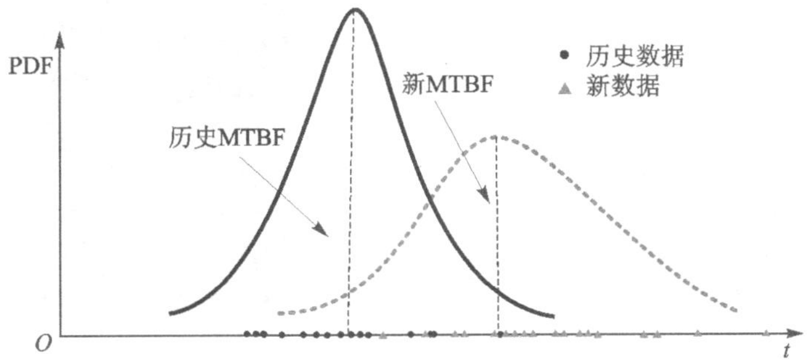

图 9.3　基于可靠性数据统计分析的预测方法

2. 数据驱动的预测方法

在发动机系统/部件失效预测领域,数据驱动的预测方法通常包括趋势分析、智能算法以及状态估计等方法。

(1) 趋势分析法

系统或其部件的退化会引起系统状态或性能参数的变化,趋势分析法正是通过分析这些状态/性能数据变化趋势来预测其未来的退化,当退化超过阈值时系统/部件即失效。趋势分析预测法依赖于研究对象的失效或退化具有一定的趋势性,有完善的监测条件能够间接或直接地反映对象退化状态,如气路部件的效率、流通能力降低等性能退化问题。常用趋势预测模型有 AR(自回归)模型、MA 移动平均模型、动态线性模型、退化路径模型等。

以压气机叶片污染导致的性能退化问题为例,采集的发动机状态数据经过预处理之后,可得到特定状态下修正后的发动机性能参数,如压气机压力比、效率等参数。随着压气机叶片污染程度的逐渐加重，相应的状态参数如燃油流量、压力比、温度等逐渐偏离正常基线，根据测量得到的状态参数偏差，如图 9.4 所示，再结合实验或经验模型可评估压气机当前污染严重程度(效率退化程度)及未来的发展趋势。

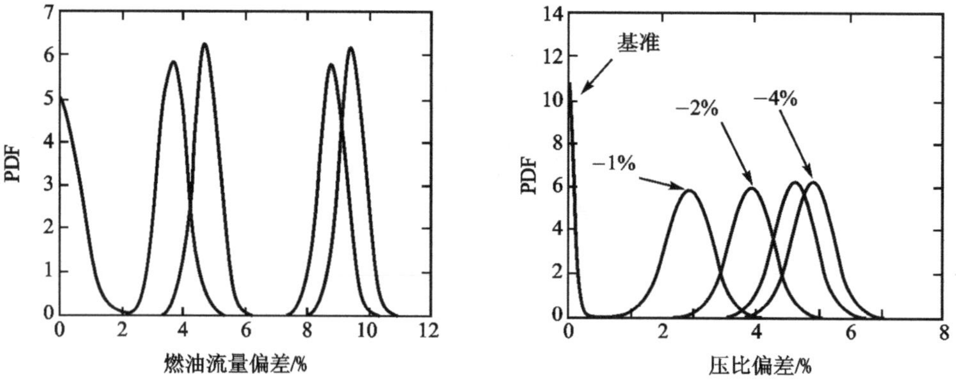

图 9.4 状态参数偏差分布

如图 9.5 所示为随着压气机效率的退化，燃油流量与压比参数的变化趋势，虚线表示压气机的退化路径和趋势。

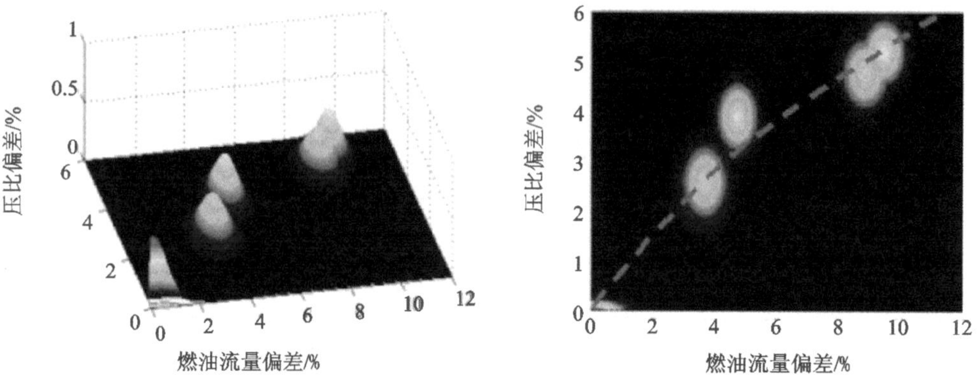

图 9.5 压气机性能退化趋势

(2) 机器学习算法

机器学习通过从大量历史数据中学习输入与输出之间的映射关系，比如振动信号中提取的特征向量与轴承失效概率之间的映射关系。针对特定对象建立非线性的模型后，根据新的输入可得到输出，从而可以进行故障预测。对于某些复杂系统，完全建立其物理模型非常复杂和困难，但通过实验或外场收集部件的历史故障数据，可以用来构建这类数学模型来进行失效预测。常用于失效预测的机器学习算法有神经网络、支持向量机回归等。

以传动系统的齿轮失效预测为例，从齿轮不同寿命阶段的振动信号中提取特征值(如振动信号 RMS 值、峭度以及频率特征参数等)作为神经网络的输入特征向量，如图 9.6 所示，相应的齿轮剩余寿命或失效概率作为输出来训练网络。网络训练完成后可用于齿轮的失效预测问题，在同样的使用条件下，根据新的实测的振动信号，提取特征值后作为网络输入可得到齿轮当前的剩余寿命或失效概率。

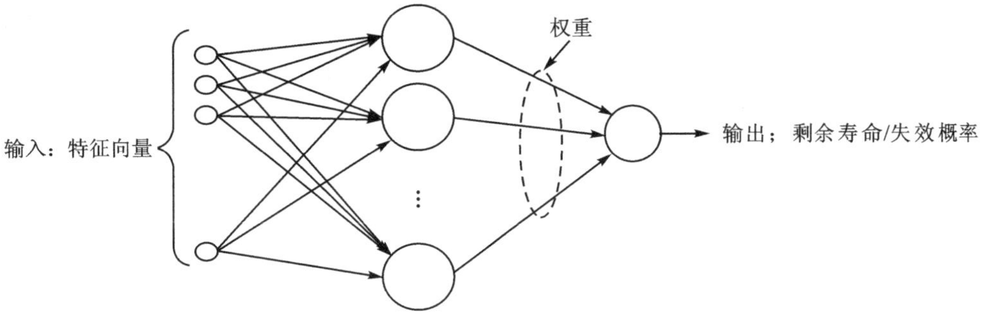

图 9.6　基于神经网络的失效预测方法

（3）状态估计与预测

状态估计技术，如卡尔曼滤波、粒子滤波等用于求解动态系统的状态空间模型，如图 9.7 所示。在贝叶斯理论框架下，根据最新的观测信息来估计系统的隐含的（未知）状态，并预测其未来发展趋势。在失效预测领域，隐含的状态可以是系统关键部件的裂纹长度或磨损量，也可以是一个没有特定的物理含义的虚拟指数，如由多个状态或性能参数融合得到的系统健康指数等，通常这些状态量是无法测量的，需要利用状态估计技术并根据观测信息来估计这些未知状态。而观测信息一般来源于系统的监测参数，如发动机的气路可测参数、振动信号等，与系统的隐含退化状态存在一定的相关性，含有系统退化状态的重要信息。

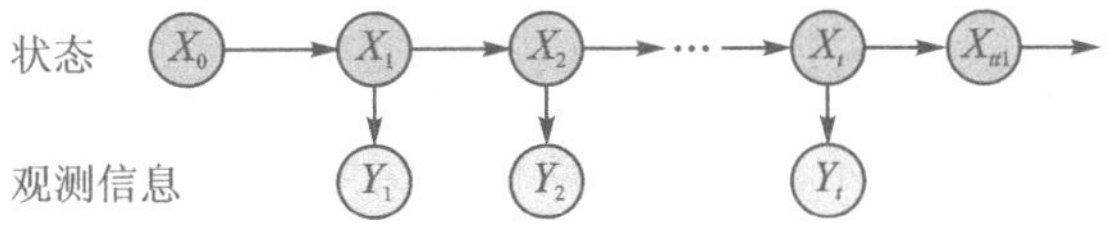

图 9.7　状态空间模型

状态空间模型提供了一种描述系统/部件退化轨迹的一般建模方法，它区别对待含噪声的观测量和实际的退化状态，且不需要对退化过程做平稳性假设，可描述任何非线性、非高斯的随机退化过程。结合贝叶斯状态估计理论，能够根据新的观测信息来实时更新系统退化状态的估计以及未来退化趋势的预测。特别是贝叶斯理论为状态估计与预测提供了严谨的概率计算框架，便于由系统的退化状态分布得到系统退化失效时间分布，这在系统失效预测方面尤为重要。

3. 基于模型的预测方法

基于模型的失效预测方法如图 9.8 所示的前提是已有描述系统/部件失效的物理或数学模型，这类模型通常综合了系统结构原理、缺陷生成和发展规律等知识。

系统在环境和工作应力的作用下性能退化或缺陷发展而导致最终失效，性能退化或缺陷发展程度和速率取决于其工作环境和载荷应力的大小及工作时间。基于模型的失效预测方法通过分析个体系统实际的运行环境及载荷数据，结合系统的损伤模型或寿命损耗模型来估算累积损伤量，并预测其剩余可用寿命。这种方法需要建立两种模型，一种为环境载荷模型，通过对个体系统的实测的环境和载荷历史数据的模式进行学习建模，用来预计未来的环境和载荷谱，这一类环境载荷模型有马尔可夫模型以及概率模型等。另一种为损伤或寿命损耗模型，建立起了环境载荷数据与系统/部件损伤量或寿命损耗之间的映射关系，这种模型的建立需要

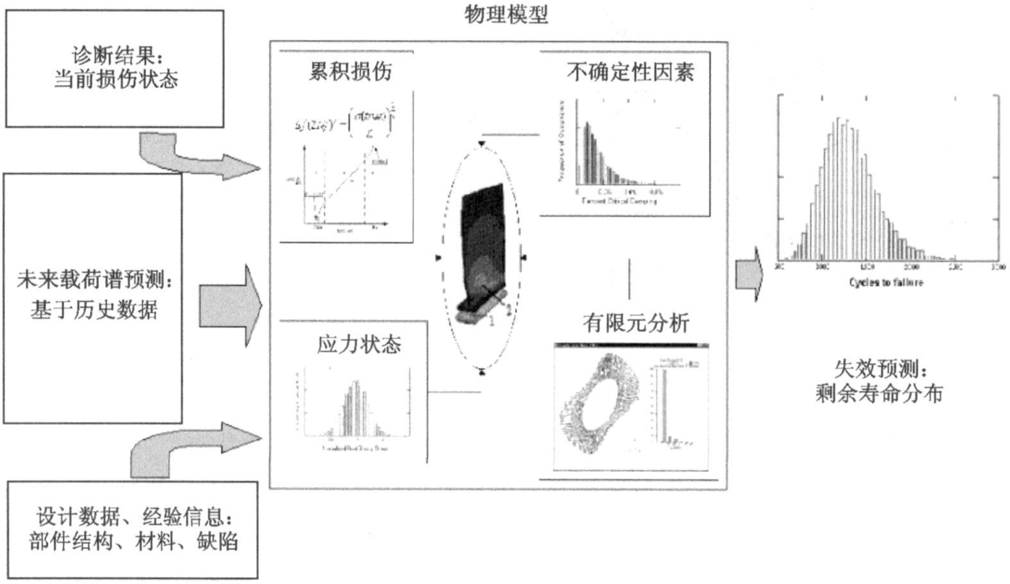

图 9.8　基于模型的失效预测方法

了解系统的主要的失效模式的失效机理。发动机关键件寿命管理中常用的是损伤估计模型，典型的如疲劳裂纹扩展模型、热机械疲劳损伤模型以及蠕变损伤模型等。

以发动机叶片失效 HCF/LCF(High/Low Cycle Fatigue)预测为例说明基于模型的失效预测方法的基本流程，如图 9.8 所示。根据发动机的实际使用数据，统计分析确定其载荷谱并以此预测其未来使用载荷谱，同时还要有叶片几何参数、材料性能数据等作为输入条件，借助有限元模型分析计算叶片关键部位的应力状态。根据载荷谱得到关键部位的应力-时间历程，同时还需要考虑载荷、材料属性的各种不确定性，最终借助损伤累积模型计算叶片的累积损伤，估计其寿命损耗，预测剩余寿命分布。基于模型的发动机关键部件失效预测，需要建立部件的概率载荷模型来预测其未来载荷谱，同时还需考虑到外来物损伤、故障、材料缺陷、维修引起的损伤等偶然事件因素。

9.1.3　数据驱动的预测算例——发动机在翼寿命预测

航空发动机随着服役时间的累积，由于内部零部件的磨损/腐蚀等导致其性能衰退，成为实践中发动机下发的主要原因之一。研究其性能退化规律以评估在翼发动机的在翼寿命，对提高发动机运行经济性具有重要意义。

在输出同样推力情况下，发动机性能退化将导致尾气排气温度(EGT)升高，或排气温度裕度(EGTM)降低。当发动机在海平面压力、拐点温度条件下，进行全功率起飞时，发动机排气温度(EGT)值与 EGT 红线值之间的差值，称为 EGTM。在这个过程中，飞机正常引气，发动机整流罩防冰和大翼防冰均需要关闭。发动机的红线温度依赖热部件的材料和冷却性能，而实际 EGT 则与发动机核心机尺寸和气动效率相关。随着在翼时间的增加，发动机核心部件的气动效率降低从而导致整机性能的衰退。因此，EGTM 实际是反映了发动机在翼的性能衰退程度。

对于一台新的发动机，可以通过比较实际EGTM与设计EGTM，判定发动机的质量。而对于使用中的发动机，随着发动机性能逐渐衰退，EGTM也逐渐变小，间接反映了发动机性能衰退程度，结合发动机监控数据来确定发动机的送修和更换时间。因此，在航空公司的日常运营中EGTM成为评估发动机健康状况、预测发动机在翼寿命的重要依据。当EGTM减小到阈值时，便会考虑维修措施。由于这种方法简单、容易操作，在航空公司得到了广泛应用。

考虑到在发动机的整个在翼寿命周期内，EGTM大致呈分段线性衰退趋势，即刚投入使用的初始磨损期性能退化较快，之后在较长一段时期内性能退化比较平缓，而在发动机寿命后期性能加速衰退。因此，本实例分析中采用分段线性回归方法来预测发动机剩余寿命。

1. EGT衰退率计算

EGT衰退率现阶段主要通过两种方式获得：

① 根据发动机制造商给定的航段比-EGT衰退率的关系图确定EGT的衰退率；

② 利用DEGT-CYCLE图拟合直线，并根据直线斜率得到EGT的衰退率。

(1) 通过发动机制造商给定的航段比-EGT衰退率的关系图确定EGT衰退率

首先，找出航段比-EGT衰退率的关系图，CF6类型发动机航段比-EGT衰退率关系曲线，如图9.9所示。

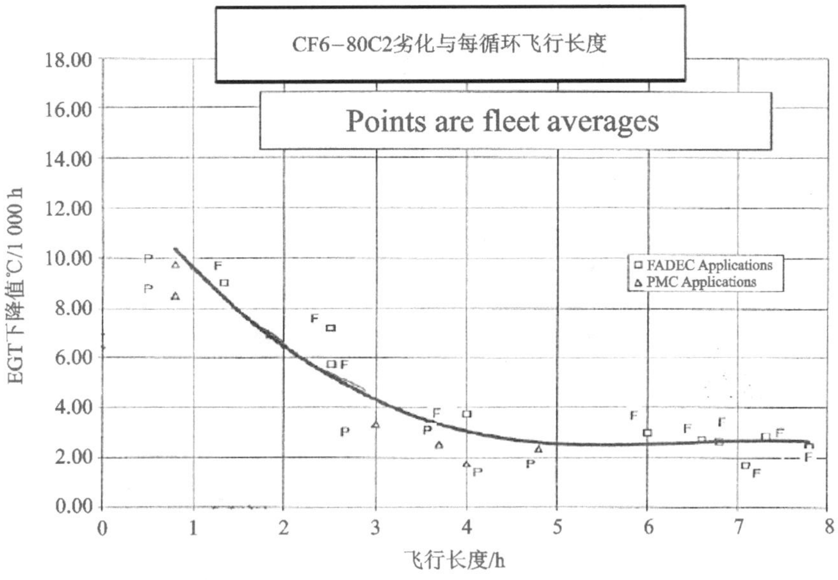

图9.9　CF6类型发动机航段比-EGT衰退率关系曲线

其次，计算发动机的在翼剩余寿命。发动机EGT的衰退率可由发动机的航段比关系图确定。之后根据EGT衰退率计算出发动机的在翼剩余寿命。

当航段比为3时，根据关系曲线可得EGT衰退率为4 ℃/1 000 h，折合为12 ℃/1 000 h循环。假如此时这台发动机的EGT裕度为36 ℃，则可计算出这台发动机的剩余寿命还有9 000 h，折合为3 000个循环。

该方法需要发动机制造厂商提供该发动机的航段比-EGT衰退率的关系曲线图；并且厂商通常是对全球机队进行统计后才得到这种这种关系曲线图，并不适应航空公司的具体使用情况；更重要的是，这种关系曲线图认为EGT衰退率在性能衰退过程不会变化，这与实际情况不符合，因此预测的准确度并不高。

(2) 根据个体发动机在实际运行条件下的EGTM数据，建模描述其动态变化趋势并预测剩余寿命

对于一台新的发动机，制造商可以通过比较实际的 EGTM 与设计的 EGTM，判定发动机的质量。而对于使用中的发动机，随着发动机性能逐渐衰退，EGTM 逐渐减小，通过 EGTM 可以衡量发动机的性能衰退程度，结合发动机监控数据来确定发动机的送修和更换时间。发动机的性能退化虽无法直接测量，但其一个重要的外在表现为 EGTM 的降低。因此，在航空公司的实际运营中 EGTM 成为评估发动机健康状况、预测发动机在翼寿命的重要依据，当 EGTM 衰退到阈值时便会下发。由于这种方法简单、容易操作，在航空公司得到了广泛应用。但实际中发动机不可能总在基准条件下做全功率起飞，因此实测的 EGT 通常需要借助模型转化为基准条件下的 EGT_e，即：

$$EGT_e = f(X, EGT) \tag{9.1}$$

X 代表起飞机场大气环境参数、起飞条件以及其他发动机状态参数，由于模型以及输入参数的误差，EGT 标准化过程不可避免地引进了误差。因此，除发动机实际性能退化本身会影响 EGTM 外，其他因素如环境因素、起飞条件、飞机正常引气以及传感器噪声等均会影响 EGTM 值，使得最终得到 EGTM 数据噪声较高、离散度较大。

如图 9.10 所示为某航空公司的两台 CFM56－5C 型发动机整个在翼寿命周期内所收集到的 EGTM 原始数据。两台发动机因性能衰退分别在使用了 1 089 个和 3 320 个循环后下发。可见，实际得到的 EGTM 数据离散度非常大。另外，由于外界环境、使用因素以及内在材料的随机性，使得发动机的性能退化过程具有随机性，表现在 EGTM 序列上也具有较强的随机性，并且由于故障、外界环境的变化以及人为因素引起的性能突变，使得 EGTM 还具有非平稳性的特征。

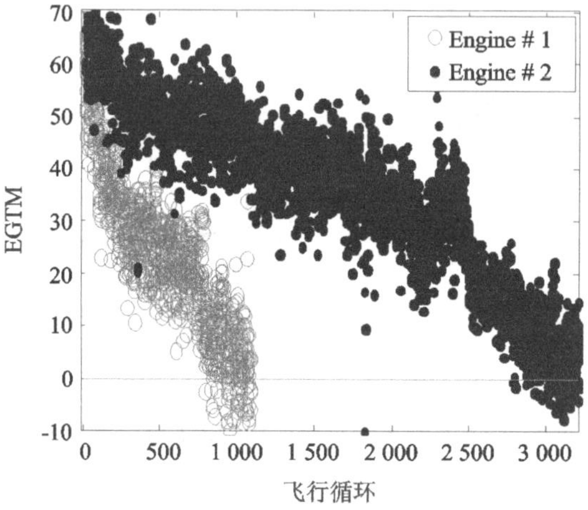

图 9.10　CFM56－5C 型发动机 EGTM 数据

实际的 EGTM 数据含有较高的噪声，直接建模并预测其趋势，会引进过多的不确定性而使预测失去意义。因此，区分隐含的性能退化状态与带有噪声的观测值，引进状态空间模型来对发动机的性能退化建模。假设 t 时刻实际观测到的 EGTM 是隐含的退化状态 x_t 的函数，即：

$$EGTM_t = x_t + v_t \tag{9.2}$$

式中：v_t 是观测噪声，包括由模型误差、传感器噪声以及其他影响因素等引进的误差，假设观

测噪声服从高斯分布，即 $v_t \sim N(0,V)$，方差 V 待估计。由图 9.10 中实测的 EGTM 数据可见，在发动机的整个在翼寿命周期内，EGTM 大致呈分段线性衰退趋势，即刚投入使用的初始磨损期性能退化较快，之后在较长一段时期内性能退化比较平缓，而在发动机寿命后期性能加速衰退。因此，采用一个线性增长模型（局部线性增长（递减）、斜率可变）作为状态方程来描述系统的退化轨迹：

$$x_t = x_{t-1} + \mu_{t-1} + w_{x,t} \quad w_{x,t} \sim N(0, W_x)$$

$$\mu_t = \mu_{t-1} + w_{\mu,t} \quad w_{\mu,t} \sim N(0, W_\mu)$$

式中：x_t 为实际的退化状态；μ_t 为退化状态的变化率；$w_{x,t}$ 和 $w_{\mu,t}$ 为服从高斯分布的过程噪声，其方差 W_x 和 W_μ 均未知，待估计。最终我们得到一个基于 EGTM 观测序列的用于描述发动机性能退化的高斯线性状态空间模型如下：

$$\left.\begin{aligned} \boldsymbol{Y}_t &= \boldsymbol{F}_t \boldsymbol{X}_t + v_t \quad & v_t \sim N(0,V) \\ \boldsymbol{X}_t &= \boldsymbol{G}_t \boldsymbol{X}_{t-1} + w_t \quad & w_t \sim N(0,W) \end{aligned}\right\} \tag{9.3}$$

式中：$\boldsymbol{X}_t = \begin{bmatrix} x_t \\ \mu_t \end{bmatrix}$，$\boldsymbol{Y}_t = \text{EGTM}_t$，$\boldsymbol{W} = \begin{bmatrix} \boldsymbol{W}_x & 0 \\ 0 & \boldsymbol{W}_\mu \end{bmatrix}$，$\boldsymbol{G}_t = \begin{bmatrix} 1 & 1 \\ 0 & 1 \end{bmatrix}$，$\boldsymbol{F}_t = [1 \quad 0]$。

给定一台发动机的 EGTM 观测序列及上述状态空间退化模型，由共轭先验贝叶斯推理可估计发动机的性能退化状态并预测其未来发展趋势。具体计算可借助统计分析软件，如 **R** 开源软件，这里不做详细讨论。以图 9.10 中的 1＃发动机为例，假设在发动机使用了 500 个循环后，根据前 500 个循环的 EGTM 数据可估计出当前时刻系统的退化状态，以及未来任意时刻的退化状态的预测分布。如图 9.11(a)所示为基于前 500 个 EGTM 观测值得到的发动机退化状态估计与预测的结果，图中同时给出了对第 800 个循环时的退化状态的预测分布。当新的 EGTM 观测值到达后，可实时地更新退化状态的估计与预测，图 9.11 (b)所示为在第 900 个循环后对退化趋势的预测。由图 9.11(a)和(b)相比较可见，在接近发动机寿命周期的末期，退化趋势预测更加准确，预测不确定性也逐渐降低。

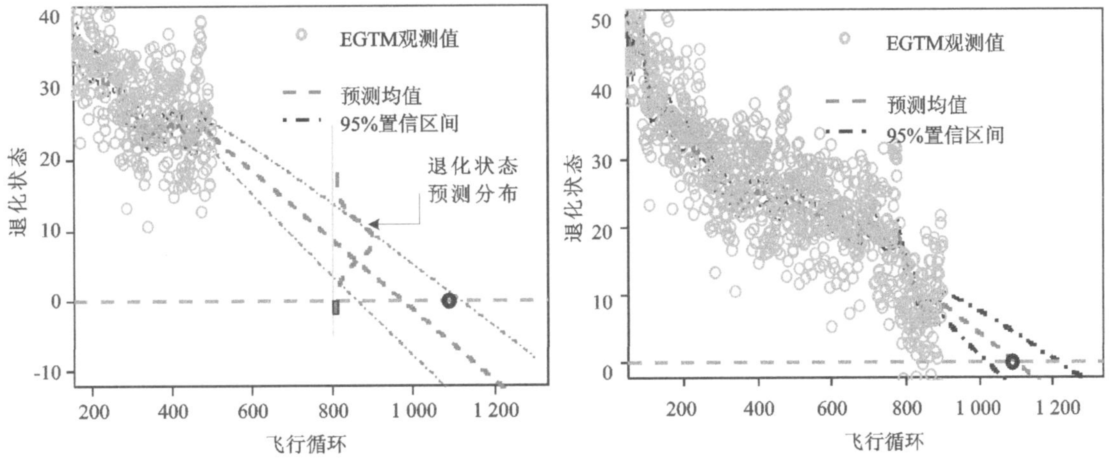

(a) 基于前500个飞行循环的预测　　(b) 900个飞行循环后的预测

图 9.11　基于 EGTM 序列的性能退化状态估计与预测(Engine ＃1)

假设退化状态 x_t 首次达到阈值 x_F 时系统失效，其对应的时间即为系统失效时间 T。令 $F_T(t)$ 表示系统在 t 时刻的累计失效概率（$F_T(t)$ 为相应的失效时间概率密度分布函数或失效

时间分布函数),不失一般性,对于一具有下界的单调递减的退化过程,可得:

$$F_T(t) = \Pr[T \leqslant t] = \Pr[x_t \leqslant x_F] = \int_{-\infty}^{x_F} \pi(x_t)\mathrm{d}x_t \tag{9.4}$$

式中:$\pi(x_t)$表示 t 时刻系统退化状态分布。

在得到发动机退化状态的预测分布后,可得系统失效时间分布的估计,若 t 时刻状态估计为 $x_t|Y_{1:t} \sim N(m_t, C_t)$,$t+k$ 时刻的预测状态为 $x_{t+k}|Y_{1:t} \sim N(a_{t+k}, R_{t+k})$,则可得其累积失效概率及失效时间概率密度分布分别为

$$F_T(t+k) = \int_{-\infty}^{x_F} \pi(x_{t+k})\mathrm{d}x_{t+k} = \phi\left(\frac{x_F - a_{t+k}}{\sqrt{R_{t+k}}}\right) = \phi\left(\frac{x_F - (m_t + k \cdot \mu)}{\sqrt{C_t + k \cdot (W_x + V)}}\right)$$

$$\begin{aligned} f_T(t+k) &= \frac{\partial(F_T(t+k))}{\partial(k)} \\ &= \frac{1}{\sqrt{\pi}}\exp\left(-\frac{(x_F - m_t - k\mu)^2}{2kV + 2kW_x + 2C_t}\right)\frac{(V + W_x)(m_t - x_F - k\mu) - 2\mu C_t}{(2kV + 2kW_x + 2C_t)^{3/2}} \end{aligned}$$

实时性能可靠性评估可根据新的观测信息实时更新系统失效时间分布,如图 9.12 所示为根据不同时刻的 EGTM 观测序列,分别对两台发动机性能可靠性评估的结果,图中垂线所示为发动机的实际下发时间。9.12(a)为 1# 发动机分别在使用 500、800 和 900 个飞行循环后,根据其 EGTM 数据评估得到的发动机的失效时间分布,由图可见越接近寿命周期的末期失效时间预测越准确,其预测的不确定性也越小。

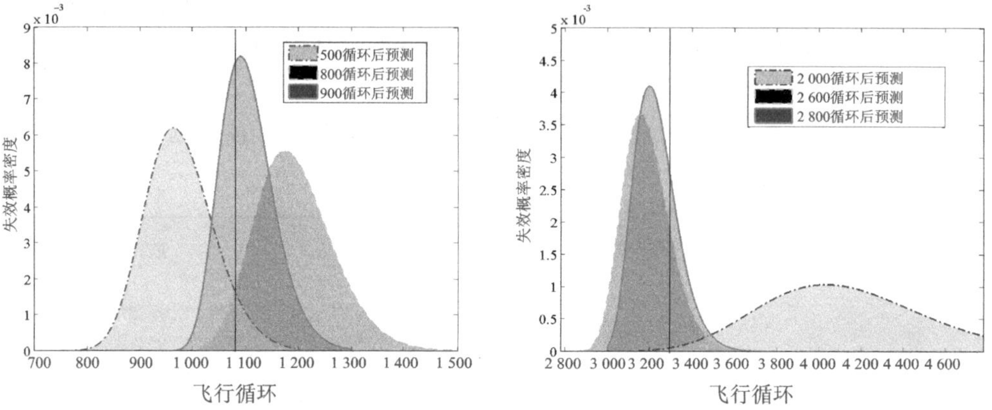

(a) 1#发动机的失效时间分布　　(b) 2#发动机的失效时间分布

图 9.12　性能可靠性实时评估

如图 9.12(b)所示为 2# 发动机分别在使用 2 000、2 600 及 2 800 个循环后的性能可靠性评估结果,同样越接近发动机的下发时间点,预测也越来越准确,但在第 2 000 个循环时的预测结果误差较大,不确定性也较大。这是因为在第 2 400 个循环左右,由于故障及维修等突发性因素的影响造成了性能退化的突变,引起了性能退化模式的改变,因此在第 2 400 个循环之前的预测结果误差较大。而在这之后通过不断融合新的观测信息,预测结果仍具有较高的精度。

9.1.4　基于模型的预测算例——疲劳裂纹扩展寿命预测

剩余寿命预测不可避免地带有不确定性,根源在于系统自身的故障演化发展是不确定的,

因此其失效时间具有随机性。如以金属结构疲劳裂纹扩展为例，结构件几何尺寸的差异、材料的不均匀以及载荷的不确定性等使得裂纹扩展及其失效时间具有很强的不确定性。

在本算例中，物理模型是以裂纹扩展的 Paris 方程为基础，建立基于状态空间的随机裂纹扩展模型来描述裂纹的扩展过程。这一模型的优势在于可以借助 Bayes 理论把状态监控或外场检查信息融合到模型中，以提高裂纹扩展预测的精度。但在外场或系统运行期间，裂纹长度的外场检查信息通常含有噪声或误差，这些误差可能来源于监测系统的传感器噪声、信号处理方法的误差等。如图 9.13 所示，给出了一个试件在不同循环数下的实际裂纹长度及带噪声的裂纹长度观测数据。

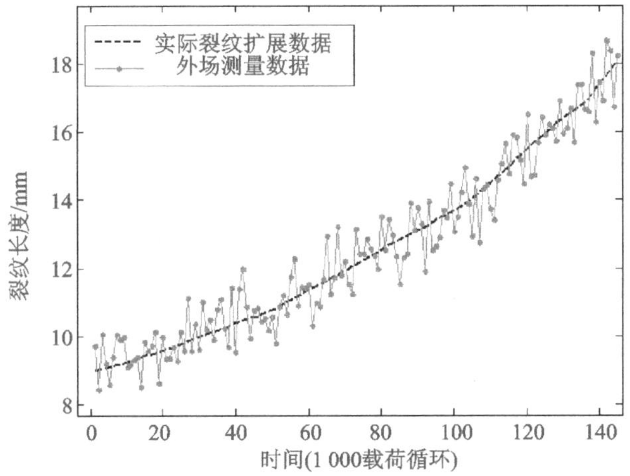

图 9.13　裂纹扩展外场检测/监测数据

1. 裂纹扩展的状态空间模型

Paris 裂纹扩展方程是一种确定性的裂纹扩展模型，它的理论基础是断裂力学，实际中应用较为广泛：

$$\frac{\mathrm{d}a}{\mathrm{d}N} = C(\Delta K(a))^m \tag{9.5}$$

式中：a 为裂纹长度；N 为载荷循环数；c 和 m 是模型常数，与材料属性有关。根据线弹性断裂力学，应力强度因子 $\Delta K(a)$ 为

$$\Delta K(a) = f\Delta\sigma\sqrt{\pi a} \tag{9.6}$$

式中：$\Delta\sigma$ 是应力变化范围；f 为修正系数，取决于试件和裂纹的几何形状。显然，裂纹的扩展寿命与材料性能参数 C 和 m 及实际的运行载荷 σ 有关，在实际中考虑到几何尺寸的差异、材料的不均匀、材料性能参数的不确定性等，通常用一个概率分布来表示 C 和 m 的值。

在 Paris 模型的基础上，建立基于状态空间的裂纹扩展模型，以便于融合外场检查信息到模型中。假设 x_t 为 t 时刻裂纹长度，则 Paris 方程可改写为

$$x_t = x_{t-1} + C[\Delta K(x_{t-1})]^m + w_t \tag{9.7}$$

式中：t 为时间单位，根据实际情况可为飞行循环、飞行小时或载荷循环(如每 1 000 个载荷循环)。由于疲劳裂纹扩展具有随机性，式中常数 C 和 m 为随机变量；w_t 为裂纹扩展过程噪声项，假设其服从高斯分布。最终，可得到基于状态空间的裂纹扩展模型式为

$$\left.\begin{aligned} x_t &= x_{t-1} + Cf^m \Delta\sigma^m \pi^{m/2} (x_{t-1})^{m/2} + w_t \quad & w_t &\sim N(0,\sigma^2) \\ y_t &= x_t + v_t & v_t &\sim N(0,\tau^2) \end{aligned}\right\} \tag{9.8}$$

式中：y_t 为带噪声的外场裂纹长度观测量；w_t 和 v_t 分别为过程噪声和观测噪声，假设均服从均值为 0 的高斯分布，其方差 σ^2 和 τ^2 未知，待估计。令 $\alpha = Cf^m \Delta\sigma^m \pi^{m/2}$，$\beta = m/2$，这样可简化上述模型中的状态方程，可得到以下更简单的基于状态空间的裂纹扩展模型：

$$\left.\begin{aligned} x_t &= x_{t-1} + \alpha(x_{t-1})^{\beta} + w_t \quad & w_t &\sim N(0,\sigma^2) \\ y_t &= x_t + v_t & v_t &\sim N(0,\tau^2) \end{aligned}\right\} \tag{9.9}$$

2. 裂纹扩展状态估计与预测

在基于状态空间的裂纹扩展模型的基础上，根据外场实测的裂纹扩展数据来估计裂纹的实际长度，并预测其未来扩展趋势。若定义裂纹扩展的失效阈值，则可以进一步估计出裂纹扩展失效的时间分布。为减少模型待估计参数的个数和计算复杂度，令 β 为确定值，取其经验值；α 为随机变量，并假设其初始值 α_0 的分布为均匀分布；过程噪声和观测噪声的方差均未知，假设其初始值分布也假设为均匀分布；裂纹长度初始值 x_0 假设为高斯分布。至此，可假设待估计参数为 $\theta = (\sigma, \tau, \alpha)$。针对这种非线性的含有未知参数的状态空间模型，大多数情况下需要借助蒙特卡罗模拟的方法来逼近状态的后验分布，本算例采用马尔科夫链蒙特卡罗（MCMC）方法来求解模型。以图 9.13 中给出的裂纹扩展数据为例来说明这种方法，$t < 145$ 时的观测信息如图 9.12 所示，根据 $t < 145$ 时的观测序列可估计得到 $t = 145$ 时刻模型参数及裂纹长度的后验分布，进而可预测裂纹扩展趋势及其不确定性边界，裂纹长度估计与预测结果如图 9.14 所示。

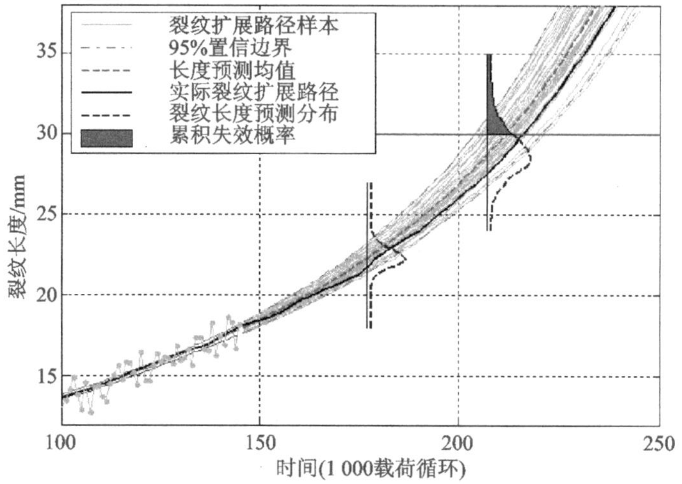

图 9.14 试件裂纹扩展预测

3. 剩余寿命预测

假设试件裂纹扩展失效的阈值 $x_F = 30$ mm，则可得到其失效时间的概率密度分布以及累积失效时间分布，如图 9.15 所示。图示结果可见相对于没有考虑任何状态监控或外场检查信息的先验分布，后验分布融合外场观测信息后得到的寿命分布更加精确，寿命分布预测不确定性较小。图 9.16 所示为在不同时刻的寿命预测结果，越接近试件的失效时间，寿命预测结果也越来越精确，不确定性越来越小。

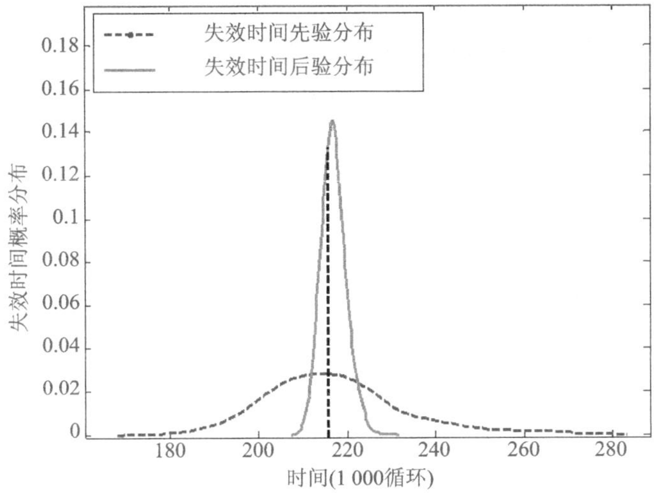

图 9.15 失效时间的先验分布与后验分布

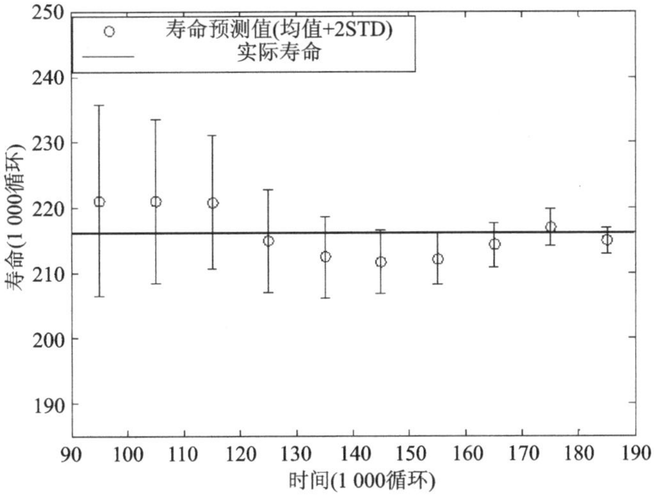

图 9.16 不同时刻试件失效时间预测结果

9.2 发动机性能排队

9.2.1 民航发动机性能排队的必要性

保证发动机安全、可靠、高效、经济的运行，是每家航空公司追求的目标。为了达到这一目标，目前各家航空公司，特别是国内的航空公司采取的维护方法主要有：根据本公司的维修方案对发动机进行例行维修；对发动机在运行中出现的故障进行非例行维修；通过可靠性管理采集基础数据。

随着航空公司经营规模的不断的扩大，发动机的数量也不断地增加，因而对发动机能够安全飞行提出了更高要求，国内许多航空公司觉得沿用以前的维护方法越来越难以达到顶期的目的。分析其原因主要有以下几个方面：

① 非例行维修是一种被动维修，无法将故障防范于未然；

② 通过可靠性分析对维修方案进行修改存在着明显的滞后性，而且要获得全面、及时、准确的可靠性数据是很困难的；

③ 航空公司对自己的整个机队发动机的性能状况缺乏总体把握。

为了弥补传统维修方式中存在的缺陷，摆脱维修工作中的被动局面，逐渐把维修工作由管理结果变为管理因素。根据发动机的性能状态参数，将发动机按这些进行排队，评定发动机的性能状态。根据评定的结果，能有效地指导维护人员开展有针对性的维护工作；能使工程技术人员了解同型发动机性能的梯次差异，为判断发动机的性能衰减程度提供了一个科学的依据。同时，也可以帮助飞行人员了解发动机的各项运行品质，做到在飞行中心中有数，确保飞机飞行安全。

航空公司根据发动机当前的性能状态信息，将所有的发动机进行性能排队，这样可以对整个发动机机队的日常管理都是非常有益的。帮助工程师对整个机队的发动机性能状况的了解，就可以应用于确定发动机使用方法的决策上，合理的制订一个最优的发动机维修计划，并对发动机的下发预测提供依据。

通过对发动机性能排队可以帮助航空公司有目的地进行排故和维护工作，对发动机的管理更加合理和规范。根据发动机性能排队的情况制订最优的发动机维修计划，可以降低发动机的维修费用。在中国加入 WTO 之后，随着外航的进入，这种竞争就更为明显了。各个航空公司都在想方设法地增加自身的竞争能力，占领市场，从而获得更多的经济效益。开拓新的市场，获得新的客源无疑是获得更多经济效益的最直接的手段。但是，当今国内航运市场总量相对固定，航空公司已很难获得新的市场。此时，航空公司为了在有限的市场中，尽可能地抢占更多的份额，纷纷选择了价格作为最后的竞争手段。这样航空公司必须降低成本才能使自己的价格在一个合理的水平，不致于将航空公司的利益受到损失。目前国内航空公司大多也都是采取降低企业运营成本的方法，来降低价格，在企业的运营成本中发动机的维修费用无疑是占有很大比重的一部分，日常维护的修理成本占国内航空公司总成本的 10%以上。因此通过对发动机性能排队来制定一个最优的维修计划，以降低发动机的修理费用，其意义是非常大的，对航空公司面对国内外的竞争环境生存和发展意义深远。

9.2.2 民航发动机性能排队参数

评定发动机性能好坏的方法是看发动机的使用时间，而大量事实表明，两台使用时间相同的发动机由于使用条件不同，可能造成显著的差异。通过对航空公司和国外状况的调研，作者提出了如下的民航发动机性能参数：EGT 裕度、N_1 振动、N_2 振动、滑油消耗率、CSR（自上次修理循环数）、HCR（时控件剩余循环数）6 个参数。通过对民航发动机的这些性能参数的排队，可以帮助工程进行发动机维修的决策。

通过对机队发动机的性能排队，可以有的放矢地加强发动机管理，对机队中性能状态差的发动机密切监控，并制定相应措施恢复性能。

这些发动机的性能参数都与发动机的性能状况有密切的关系，监控它们的情况就可以对整个机队的发动机日常管理提供有针对性的监控和维护工作，帮助航空公司减少由于盲目的工作造成的不必要的经济损失。

1. EGT 裕度

EGT 裕度是跟踪发动机性能状况最重要的一个指标，它的衰退情况，标志这台发动机的性能所处的水平。

2. N_1 振动

N_1 振动是低压涡轮的转子振动参数值，振动越近警戒值，发动机的性能情况就处在一个必须要进行严格监控的位置，说明发动机的健康状态有了问题，应该采取相应的措施，来降低振动的数值，保证发动机的运行安全。

3. N_2 振动

N_2 振动是高压涡轮的转子振动参数值，它的分析情况和 N_1 的相同，只是警戒值不同而已。

4. 滑油消耗率

滑油消耗率也是发动机非常重要的一个性能参数指标。因为发动机在没有故障的情况下，滑油消耗率处在一个正常的值，当发动机出现了故障或者性能出了问题，那么它的滑油消耗率就会升高，甚至到达警戒值，必须进行排故，而不要造成不必要的安全事故。

5. CSR

CSR 是从上次修理到现在的发动机在翼的循环数。一般认为发动机的在翼循环数越久，发动机的性能状况就开始下降，进行必要的监控或者相应的维护工作，保证发动机的安全运行。

6. HCR

HCR 是时控件的剩余循环数。每个时控件都有一个设计的使用寿命，当发动机在翼时间越长，那么时控件的剩余寿命就越低，对这样的时控件要进行严格的监控，以免因为时控件造成发动机的故障，时控件的剩余越低相应的性能也就低。并且发动机的时控件都有一个在翼的最低寿命限制，超过此限制就要进行更严格的监控，发动机的性能也比没有达到这个限制的发动机低了，并要考虑在发动机下发的时候更换掉一些时控件，避免因为时控件造成的非计划性送修。

9.2.3 民航发动机性能排队规则

1. EGT 裕度

根据发动机当前的 EGT 裕度的值，可以对发动机机队进行性能排队。EGT 裕度随着发动机性能的衰退是不断降低的，因此 EGT 裕度可以作为发动机性能情况的排队参数。EGT 裕度最低的发动机排在最前面，然后依次排列发动机，可以得到整个机队的排队情况。这样总结出下面的规则进行排队：

$$U_i = \{\mathrm{EGTM}_{i1}, \mathrm{EGTM}_{i2}, \cdots, \mathrm{EGTM}_{ij}\} \tag{9.10}$$

式中：$\mathrm{EGTM}_{i1} \leqslant \mathrm{GTM}_{i2} \leqslant \cdots \leqslant \mathrm{GTM}_{ij}$；$U_i$ 为在 i 时刻整个机队的发动机性能排队集合；EGTM_{ij}，在 i 时刻第 j 台发动机的 EGT 裕度值。

2. N_1 振动

根据发动机的当前的 N_1 的数值，对当前的发动机机队进行性能排队。N_1 越高的发动机的性能就应该比低的发动机的性能差，在性能排队中将 N_1 高的排在前面，低的排在后面，最后可以得到整个机队发动机的性能排队队列，应满足以下的排队规则：

$$U_i = \{N_{1i1}, N_{1i2}, \cdots, N_{1ij}\} \tag{9.11}$$

式中：$N_{1i1} \geqslant N_{i2} \geqslant \cdots \geqslant N_{ij}$；$U_i$为在 i 时刻整个机队的发动机性能排队集合；N_{1ij}为在 i 时刻第 j 台发动机的 N_1 振动的值。

3. N_2 振动

根据发动机的当前的 N_2 的数值，对当前的发动机机队进行性能排队。N_2 越高的发动机的性能就应该比低的发动机的性能差，在性能排队中将 N_2 高的排在前面，低的排在后面，最后可以得到整个机队发动机的性能排队队列，应满足以下的排队规则：

$$U_i = \{N_{2i1}, N_{2i2}, \cdots, N_{2ij}\} \tag{9.12}$$

式中：$N_{2i1} \geqslant N_{i2} \geqslant \cdots \geqslant N_{ij}$；$U_i$为在 i 时刻整个机队的发动机性能排队集合；N_{2ij}为在 i 时刻第 j 台发动机的 N_2 振动的值。

4. 滑油消耗率

根据发动机的当前的滑油消耗率的数值，对当前的发动机机队进行性能排队，滑油消耗率高的在性能队列中排在前面，低的排在后面，将其应用于整个机队，那么机队的性能情况就可以得出了，滑油消耗率应满足以下的排队规则：

$$U_i = \{\mathrm{oilrate}_{i1}, \mathrm{oilrate}_{i2}, \cdots, \mathrm{oilrate}_{ij}\} \tag{9.13}$$

式中：$\mathrm{oilrate}_{i1} \geqslant \mathrm{oilrate}_{i2} \geqslant \cdots \geqslant \mathrm{oilrate}_{ij}$；$U_i$ 为在 i 时刻整个机队的发动机性能排队集合；$\mathrm{oilrate}_{ij}$ 为在 i 时刻第 j 台发动机的滑油消耗率的值。

5. CSR(自上次修理循环数)

根据发动机的当前的 CSR 的数值，对当前的发动机机队进行性能排队，CSR 值大的性能比 CSR 值小的性能差，因此将 CSR 值大的排在前面，小的排在后面，将其对机队的发动机进行性能排队，那么整个机队的性能状况就可以知道了，CSR 应满足以下的排队规则：

$$U_i = \{\mathrm{CSR}_{i1}, \mathrm{CSR}_{i2}, \cdots, \mathrm{CSR}_{ij}\} \tag{9.14}$$

式中：$\mathrm{CSR}_{i1} \geqslant \mathrm{CSR}_{i2} \geqslant \cdots \geqslant \mathrm{CSR}_{ij}$；$U_i$为在 i 时刻整个机队的发动机性能排队集合；CSR_{ij} 为在 i 时刻第 j 台发动机的自上次修理循环数。

6. HCR(时控件剩余循环数)

HCR 是发动机的时控件剩余寿命循环数，当发动机在翼越长时控件的剩余寿命越低离下发的时机就越近，这样根据发动机时控件剩余寿命的大小进行性能排队，HCR 应满足以下的排队规则：

$$U_i = \{\mathrm{HCR}_{i1}, \mathrm{HCR}_{i2}, \cdots, \mathrm{HCR}_{ij}\} \tag{9.15}$$

式中：$\mathrm{HCR}_{i1} \leqslant \mathrm{HCR}_{i2} \leqslant \cdots \leqslant \mathrm{HCR}_{ij}$；$U_i$为在 i 时刻整个机队的发动机性能排队集合；HCR_{ij} 为在 i 时刻第 j 台发动机的时控件剩余循环数。

9.2.4　民航发动机性能排队实例分析

1. EGT 裕度

根据式(9.10)，工程师可以对整个机队的发动机的 EGT 裕度性能状况进行排队，就可以得到一个 EGT 裕度由小到大的序列，排在前面的代表该台发动机的性能要比排在后面的发动机性能差，工程师对整个机队的发动机性能情况就有了一个了解，严格监视性能最差的一台发动机的状况，保证发动机的安全飞行，作出相应的维护工作，延长发动机的在翼时间。

下面对东方航空公司的某个时刻的 EGT 裕度情况进行排队，因为篇幅，这里只选择了一部分 CF6－80C2 类型的发动机，见表 9.1。

表 9.1　发动机 EGT 裕度性能排队

排队序号	发动机编号	EGT 裕度值/℃	排队序号	发动机编号	EGT 裕度值/℃
1	695275	2	6	695583	17
2	695281	3	7	695149	18
3	695615	5	8	695641	19
4	695314	10	9	695664	21
5	695272	11	10	695644	22

2. N_1 振动

根据式(9.11)，工程师可以对整个机队的发动机的 N_1 振动的性能状况进行排队，就可以得到一个 N_1 振动由大到小的序列。排在前面的代表该台发动机的性能要比排在后面的发动机性能差，工程师对整个机队的发动机性能情况就有了一个了解，严格监视性能最差的一台发动机的状况，保证发动机的安全飞行，作出相应的维护工作，延长发动机的在翼时间，并制定相应的维修计划。

下面对东方航空公司 PW4460 型发动机的某个时刻的 N_1 振动情况进行排队，见表 9.2。

表 9.2　发动机 N_1 振动性能排队

排队序号	发动机编号	N_1 振动	排队序号	发动机编号	N_1 振动
1	723884	2.2	4	723820	0.88
2	723859	1.32	5	733701	0.66
3	723821	1.1	6	723788	0

3. N_2 振动

根据式(9.12)，工程师可以对整个机队的发动机的 N_2 振动的性能状况进行排队，就可以得到一个 N_2 振动由大到小的序列。排在前面的代表该台发动机的性能要比排在后面的发动机性能差，工程师对整个机队的发动机性能情况就有了一个了解，严格监视性能最差的一台发动机的状况，保证发动机的安全飞行，作出相应的维护工作，延长发动机的在翼时间，并制订相应的维修计划。

下面对东方航空公司 PW4460 型发动机的某个时刻的 N_2 振动情况进行排队，见表 9.3。

表 9.3　发动机 N_2 振动性能排队

排队序号	发动机编号	N_2 振动	排队序号	发动机编号	N_2 振动
1	723961	0.475	6	723941	0.23
2	723877	0.34	7	723919	0.2
3	723820	0.3	8	723845	0.155 6
4	723959	0.266 7	9	723884	0.14
5	733701	0.24	10	733788	0.1

4. 滑油消耗率

根据式(9.13)，工程师可以对整个机队的发动机的滑油消耗率的性能状况进行排队，就可以得到一个滑油消耗率由大到小的序列。排在前面的代表该台发动机的性能要比排在后面的发动机性能差，工程师对整个机队的发动机性能情况就有了一个了解，严格监视性能最差的一台发动机的状况，保证发动机的安全飞行，作出相应的维护工作，延长发动机的在翼时间，对于滑油消耗率超标的要作出相应的监控工作或者排故措施。

下面对东方航空公司 CF6－80C2 型发动机的某个时刻的滑油消耗率情况进行排队，见表 9.4。

表 9.4　发动机滑油消耗率性能排队

排队序号	发动机编号	滑油消耗率/夸脱	排队序号	发动机编号	滑油消耗率/夸脱
1	695275	0.333 3	6	695270	0.133 3
2	695598	0.25	7	695641	0.100 3
3	695273	0.222 6	8	695601	0.065 7
4	695644	0.203 3	9	695314	0.048 4
5	695597	0.153 1	10	695583	0.029 6

5. CSR(自上次修理循环数)

根据式(9.14)，工程师可以对整个机队的发动机的 CSR 性能状况进行排队，就可以得到一个 CSR 由大到小的序列。排在前面的代表该台发动机的性能要比排在后面的发动机性能差，工程师对整个机队的发动机性能情况就有了一个了解，严格监视性能最差的一台发动机的状况，保证发动机的安全飞行，作出相应的维护工作，延长发动机的在翼时间。

下面对东方航空公司 CF6－80C2 型发动机的某个时刻的 CSR 情况进行排队，见表 9.5。

表 9.5　发动机 CSR 性能排队

排队序号	发动机编号	CSR 值	排队序号	发动机编号	CSR 值
1	695598	3 126	6	695664	2 043
2	695149	2 951	7	695271	2 017
3	695644	2 750	8	695275	1 160
4	695273	2 496	9	695583	813
5	695314	2 234	10	695601	683

6. HCR(时控件剩余循环数)

根据式(9.15),工程师可以对整个机队的发动机的 HCR 性能状况进行排队,就可以得到一个 HCR 由小到大的序列。排在前面的代表该台发动机的性能要比排在后面的发动机性能差,工程师对整个机队的发动机性能情况就有了一个了解,严格监视性能最差的一台发动机的状况,保证发动机的安全飞行,作出相应的维护工作,提高发动机的在翼时间。

下面对东方航空公司 CF6－80C2 型发动机的某个时刻的 HCR 情况进行排队,见表 9.6。

表 9.6　发动机 HCR 性能排队

排队序号	发动机编号	HCR 值	排队序号	发动机编号	HCR 值
1	695594	191	6	695270	1 867
2	695583	666	7	695281	2 214
3	695644	977	8	695275	2 795
4	695149	1 280	9	695664	3 450
5	695601	1 465	10	695598	4 670

9.3　发动机下发预测

9.3.1　影响发动机下发的因素

影响发动机下发的因素有适航指令 AD (Airworthiness Directive)/服务通告 SB(Service Bulletin)、时控件限制、EGT 裕度限制、归还发动机日期共 4 个。通过对这 4 个影响因素的分析,工程师能够计算出发动机下发的大概日期,这样就便于工程师对下一步的工作进行安排,为机队的日常管理的合理化提供必要的准备。这 4 个影响因素也是航空公司发动机日常管理中经常要监控的,这样就可以将前面监控的清况用于后面的预测中,使前后相互依靠,便于管理。

这 4 个影响因素是经过调研航空公司和国外的一些软件而提出的,是符合航空公司的实际情况的。

1. AD/SB 影响因素

这是由发动机的制造商发出的,航空公司应监控适航指令(AD)、服务通告(SB)。在这里面公布了发动机在某个时刻应该做什么工作,而这些工作是为了改善发动机的性能,提高发动机的可靠性,保障飞机的飞行安全。同时,还可以改善发动机的经济性或者改进发动机维修。

AD/SB 中规定的一些工作要将发动机拆下来才能进行,因此将 AD/SB 中要将发动机拆下进行工作的部分整理出来,将它们作为发动机下发的一个限制条件进行约束。在发动机监控中,监控它的剩余时限,以便在以后的计算下发预测日期中采用。

(1) 适航指令 AD

适航指令是由中国民用航空局和民航地区管理局所颁发的强制性的检查要求、改正措施或使用限制等。

民用航空产品根据规定的适航标准进行设计、审定和制造,在其投入实际运营和维修的过程中,会伴随出现失效、故障、缺陷和其他不符合安全性要求的状况,从而产生大量信息,这些信息就是持续适航信息。在这些信息中,涉及航空产品安全性的部分,经适航当局评审之后,制订相关的强制性的纠正和预防性措施,并且向公众发布,这类的持续适航信息就是适航指令。

适航指令根据民用航空规章《民用航空器适航指令规定》即 CCAR－39 颁发,由于内容涉及飞行安全,所以是强制性措施。根据 AP－39－1R1,每一份适航指令都是 CCAR－39 部法规的一个修正案,具有与法规同等的法律效力,必须按规定完成,否则有关航空器将不再适航。

适航指令适用于民用航空器、航空发动机、螺旋桨及机载设备,当民用航空产品处于下述情况之一时,颁布适航指令:

① 某一民用航空产品存在不安全的状态,并且这种状态很有可能存在于或发生于同型号设计的其他民用航空产品中;

② 当发现民用航空产品没有按照该产品型号合格证批准的设计标准生产;

③ 外国适航当局颁发的适航指令涉及在中国登记注册的民用航空产品。

适航指令是非常严肃的指令性文件,典型的适航指令应该包括:对不安全状态的描述;该适航指令适用的产品;要求的纠正措施;实施的日期;在何处得到补充资料;以及如果适用的话,关于另外方法的符合性资料。典型的适航指令颁发程序如图 9.17 所示。

图 9.17　适航指令的颁发程序

部分与发动机相关的典型适航指令如表 9.7 所列。

表 9.7　与发动机相关的部分适航指令

编　号	名　称
AD 99－23－26 R1	通用电气飞机发动机公司 CF34－1A、CF34－3A、－3A1、－3A2 和 CF34－3B、－3B1系列涡扇发动机
AD 2000－22－07	国际航空发动机公司 V2500－A5 和－D5 系列涡扇发动机
AD 2004－08－10	发动机组件股份有限公司往复式发动机汽缸
AD 2008－08－17	凯里航空电力系统涡轮增压器
AD 2011－26－04	莱康明发动机,注入燃料的往复式发动机
AD 2012－26－13	Thielert 航空发动机制造公司往复式发动机
AD 2013－11－13	劳斯莱斯股份有限公司涡轮喷气发动机

(2) 服务通告 SB

航空产品设计以及生产厂家根据自身和用户的信息,对其生产的航空产品进行进一步改进,以提高其使用安全性或可靠性,这个过程中就形成了服务通告。这是为用户提供的一种技术服务措施,也是对自身的生产技术进行改进的要求。服务通告是对航空产品实施检查、重复检查、改装或者更改使用寿命等行动而做出的技术要求。

在适航标准的修订、设计和制造的改进、使用和维修过程中发现的问题以及使用性和经济性的改善等过程中,服务通告随之形成。对于飞机附件,发动机生产厂商颁发的服务通告,首先是被航空器制造厂商采纳，然后以航空器制造厂商的名义颁发服务通告。适航指令的执行是强制性的，当发现不安全的状态后，可以首先由局方颁发适航指令，而服务通告不是强制性的。

对于针对航空发动机的服务通告，根据所颁发的内容和执行期限，可将其分为 3 大类，具体见表 9.8 所列。

表 9.8　服务通告分类表

类　别	属性特征
普通类	为了提高发动机性能、寿命、使用条件以及环境等，航空发动机生产厂家在根据原设计的基础上，进行相应的改进和改装，由此所发出的服务通告即为普通类服务通告，用户可根据情况选择执行
重要类	根据原设计达不到设计的标准，用户在使用过程中发生问题，并且危及飞行安全等情况，航空发动机生产厂家需要进行相应的改装、更换、检查和更改技术寿命，在这个过程中所发出的服务通告为重要类，用户要按通告执行
紧急类	内容与重要类相同。但需要注意的是，这里指的是在短期内需要完成的改装、更换和检查等的紧急措施，为的是避免直接危及飞行安全，用户应按通告规定期限立即执行

服务通告要根据类别进行审批。服务通告的类别由生产厂家来提出建议，并由委任工程代表 DER(Designated Engineering Representative)负责审核。服务通告中的普通类由委任工程代表审批，由申报者进行印发。服务通告中的重要类、紧急类由民航局适航管理部门进行审批，由申报者进行印发。生产厂家申报服务通告草本的同时，必须将相应通告的编写原因、依据以及设计更改单等背景资料一同上交。

服务通告的具体审批过程如图 9.18 所示。

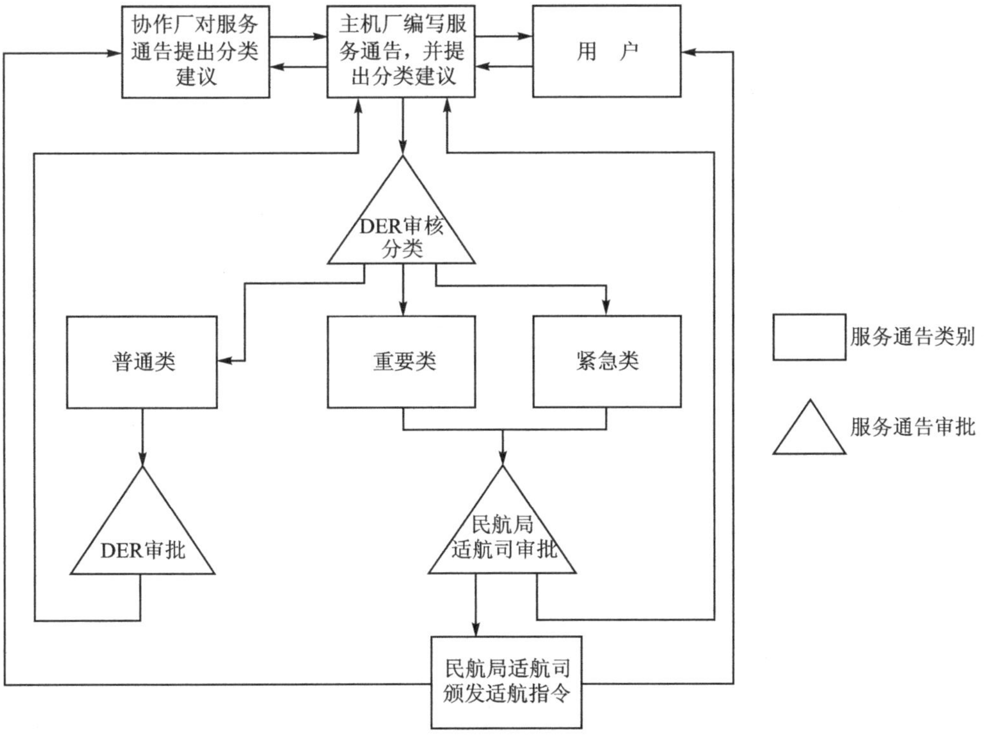

图 9.18　服务通告的分类及审批

我国现有的服务通告大多来自国外的航空产品设计以及生产厂家，现选取部分波音 737 系列客机、CFM－56 发动机的服务通告列在表 9.9 中。

表 9.9　部分服务通告举例

编　号	名　称
NM－07－47	Boeing Model 737 Series Forward Airstairs
NM－15－02	Cabin Equipment/Furnishings
NM－15－03	Flight Controls
NE－08－17R3	Turbine Section — Propulsion Technology LLC Unapproved Repair
NE－12－29	Engine Fuel Distribution－CFM56－5B LPTACC Fuel Manifold
NE－13－33R2	Turbine Engine Air Inlet Section－LP Turbine, Stage 1 Nozzle Vanes

2. 时控件影响因素

发动机上通常装有时间限制的部件或者盘类件，称为时控件。这些元件都有一个到下次大修时规定的最大使用寿命。如果在使用时限超过规定的限制后，可能会发生影响飞行安全的问题，因此对这些元件监控是非常必要的，对其进行监控管理直到该元件被更换为止。发动机在每次拆下送修回来后，都要列出发动机的时控件的更换清单，这使工程师对于该发动机的寿命件的情况有清楚的了解，便于进一步的监控执行。

依靠发动机的时控件剩余寿命的限制来监控发动机的下发日期，这对于保持飞机安全的运行和乘客的安全都显得尤为重要。这里只要跟踪发动机中最低的时控件的剩余寿命作为该发动机下发日期的一个限制。

3. EGT 裕度影响因素

随着发动机使用时间的增加，发动机的性能逐渐衰减，而发动机的排气温度 EGT 也将随之升高，而 EGT 裕度将随之减少，这样 EGT 裕度就可以作为跟踪发动机性能衰退情况的一个重要指标。当性能衰退到某个程度时就要考虑发动机的下发，这样将 EGT 裕度作为发动机下发的一个参数限制是合理的。

每种类型的发动机制造商都给出了相应的该发动机 EGT 裕度的警戒值，人们只要将发动机的 EGT 裕度何时到达这个警戒值作为限制，通过分析 EGT 裕度的变化趋势的方法获得发动机性能衰退的速度，确定本机队的发动机的大致使用寿命，这对于机队的长远管理大有裨益。

人们根据发动机的性能衰退和 EGT 裕度变化之间的关系，计算 EGT 的千次循环衰退率，通过 EGT 的千次循环衰退率来计算发动机到达 EGT 裕度警戒值时的循环数，进而估算发动机下发的日期。某航空公司 CFM56 发动机的 EGT 年平均衰退率在 7.5～8.5 ℃，在使用中他们发现新发动机稳定的 EGT 裕度在 90 ℃左右，当发动机 EGT 裕度衰减到 35 ℃左右时发动机应送去大修，而某航空公司的发动机年平均使用时间是 2 600 h。因此可以得出结论：机队的发动机平均使用 7 年左右才需要一次大修，也就是说发动机第一次大修时平均使用时间可达 18 000 h 左右。表 9.10 列出了某航空公司的 737 机队 CFM56 类型发动机 EGT 衰退率的相关信息。

表 9.10　某航空公司 CFM56 发动机的 EGT 衰退率

类　别	台数	年平均使用情况		年平均 EGT 衰退率		每千小时 EGT 衰退率		每千循环 EGT 衰退率	
		小时数	循环数	起飞 EGT 裕度	巡航 ΔEGT	起飞 EGT 裕度	巡航 ΔEGT	起飞 EGT 裕度	巡航 ΔEGT
未修理发动机	29	2 639	2 061	8.293	4.672 3	3.142 5	1.770 5	4.020 7	2.265 3
修理后发动机	9	2 522	1 924	7.331	5.777 9	2.907	2.291	3.812	3.003

发动机制造商对每种类型的发动机都有一个 EGT 千次衰退率曲线，例如 CF6－80C2 型发动机的 EGT 千飞行小时衰退的曲线图，如图 9.9 所示。这是该类型发动机在不同航段的 EGT 衰退率回归图，横坐标是飞行航段(小时)，纵坐标是每千飞行小时的衰退率。随着飞行航段增长每千飞行小时的 EGT 衰退率开始下降趋势，后又基本保持不变。

例如，飞 5 小时航段的发动机。从图 9.9 中可以得到 EGT_{rate}＝2.65 ℃/1 000 h。当得到发动机的 EGT 衰退率，人们就可以计算发动机在不同时刻的 EGT 衰退情况。下面计算发动机在 4 000 循环内的 EGT 衰退情况。这里第二个千循环内 EGT 衰退率是前一个千循环衰退率的一半，当发动机的循环数超过 3 000 循环时，EGT 衰退率几乎很固定，为第一个千循环的 EGT 衰退率的 0.25 倍。这里的循环数是指发动机的修理后装机的循环数。

① 经过 1 000 循环的 EGT 衰退率：2.65 ℃×5＝13.25 ℃；

② 经过 2 000 循环的 EGT 衰退率：13.25 ℃＋0.5×2.65 ℃×5＝19.9 ℃；

③ 分别经过 3 000 的 EGT 衰退率：19.9 ℃＋0.5×0.5×2.65 ℃×5＝23.2 ℃；

④ 分别经过 4 000 的 EGT 衰退率：23.2 ℃＋0.5×0.5×2.65 ℃×5＝26.5 ℃。

那么它的 EGT 衰退趋势图如图 9.19 所示。

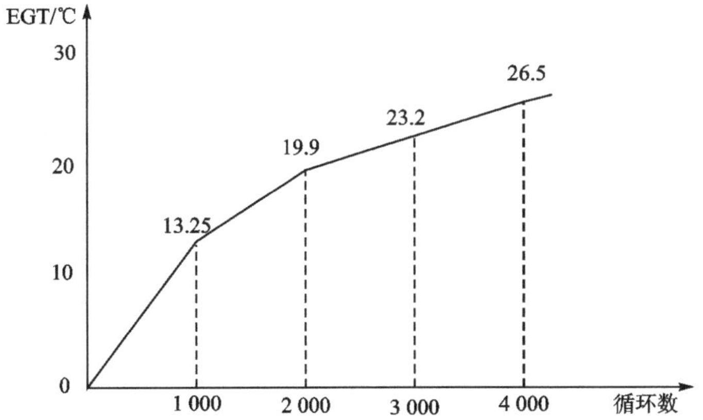

图 9.19　EGT 衰退趋势图

通过不断的数据积累，工程师也可以从前面的 EGT 裕度趋势监控中得到具体的 EGT 衰退率值，这样得到针对每一台发动机的 EGT 衰退率值，提高计算发动机下发日期的精度。

4. 归还日期影响因素

航空公司为了避免因为发动机的备发不够，造成飞机不能飞行，使航空公司经济上承担一定的经济损失，因此通常会保证一定的备发。每个航空公司都有自己的发动机的备发数量的限制，为了满足这种备发数量，航空公司必须通过租借别人的发动机来完成。当这租来的发动机装载在飞机上，那么对它的归还日期的跟踪就很重要。如果不能及时将发动机归还给出租人，就会使航空公司增加不必要的费用支出。另外，可以避免到时因为要归还发动机而造成没有相应的备发提供的局面。

9.3.2 发动机下发预测的方法

1. AD/SB

在 AD/SB 中规定的剩余循环数，制造商规定发动机使用多少循环后，要将发动机及拆下作某项工作。例如，某航空公司的编号为 695272 的发动机规定在 14 035 循环后作 3～9 SPOOL 检查，做这项工作就要将发动机拆下，所以人们就可以通过这个循环数限制用来计算发动机的下发预测的日期。

$$C_1 = \min(C_{AD/SB,1} - C_0,\ C_{AD/SB,2} - C_0, \cdots,\ C_{AD/SB,i} - C_0) \tag{9.16}$$

式中：$C_{AD/SB,i}$ 为第 i 个 AD/SB 中规定的循环数，这里 $i=1,2,\cdots$ 的整数；C_0 为已经经过的循环数；C_1 为该台发动机的所有 AD/SB 中规定的剩余循环数最小值。

2. 时控件

发动机中时控件都有一个设计循环数。当发动机卖给承运人时，该台发动机的所有时控件信息也一起转交给了承运人，作者利用下面的计算公式可以得到该台发动机的最低剩余循环。

$$C_2 = \min(C_{llp,1} - C_{0,1}, C_{llp,2} - C_{0,2}, \cdots, C_{llp,i} - C_{0,i}) \tag{9.17}$$

式中：$C_{llp,i}$ 为该台发动机第 i 个时控件的设计循环数，这里 $i=1,2,\cdots$ 的整数；$C_{0,i}$ 为第 i 个时控件已经经过的循环数；C_2 为该台发动机时控件中最低剩余循环数。

3. EGT 裕度

下面以 CF6－80C2 类型的发动机为例进行计算。发动机投入使用后，由于各种原因造成耗油率增加、排气温度上升(EGT 裕度下降)、推力下降的现象，称为发动机性能衰退。

(1) 根据 EGT 的衰退温度进行计算

在 1 000 个循环以内的 EGT 衰退温度的计算公式：

$$T_1 = D_1 \times H_1 \times C_{CSI} \tag{9.18}$$

式中：T_1 为第一个千循环内 EGT 衰退温度，℃；D_1 为千飞行小时衰退率，℃/1 000 h；H_1 为航段(每航段飞行小时数)；C_{CSI} 为当前的自修理的循环数。

在 1 000 和 2 000 个循环之间的 EGT 衰退温度的计算公式：

$$T_2 = 0.5 \times D_1 \times H_1 \times (C_{CSI} + 1\ 000) \tag{9.19}$$

式中：T_2 为在 1 000 和 2 000 个循环之间的 EGT 衰退温度，℃。

大于 2 000 个循环的 EGT 衰退温度的计算公式：

$$T_3 = 0.5 \times 0.5 \times D_1 \times H_1 \times (C_{CSI} + 4\ 000) \tag{9.20}$$

式中：T_3 为大于 2 000 个循环的 EGT 衰退温度，℃。

(2) 预测下发时的循环数

EGT 剩余裕度实际上就是 EGTM 与 EGTM 警戒值的差值。

$$T_0 = T_{EGTM\_C} - T_{EGTM\_R} \tag{9.21}$$

根据当前发动机已使用循环数，可确定发动机所处的衰退阶段，即第一个 1 000 循环、1 000～2 000 循环阶段或大于 3 000 循环阶段，进而根据阶段的不同，EGTM 衰退速率可预测发动机剩余在翼时间。

4. 归还日期

每个航空公司都有一个发动机的月利用率，即每台发动机每个月所使用的循环数和小时数。

$$C_4 = \frac{D_1 - D_2}{30} \times U \tag{9.22}$$

式中：C_4 为租赁发动机的要归还的剩余循环数；D_1 为归还日期；D_2 为现在日期；U 为月利用率（循环/月）这里按每个月 30 天计算。

5. 计算发动机最低的循环数

$$C = \min(C_1, C_2, C_3, C_4) \tag{9.23}$$

式中：C 为所求得发动机的拆换预测的循环数。

所有的发动机都进行上述的计算就可以得出一组拆换循环数，这样一个机队的拆换循环数排队就可以得出了。这样工程师就可对所有机队的发动机下发的循环数做到心中有数的，为以后的工作做好准备。

6. 计算发动机下发的日期

$$D_{predicted} = \frac{30C}{U} + D_c \tag{9.24}$$

式中：D_c 为当前的日期，采用公元日期；$D_{predicted}$ 为发动机的下发日期。

通过上面的计算，就可以得到整个机队的下发日期的大概信息情况。这样一年中发动机的下发台数就有了一个估算的数目，又知道下发时每台发动机的自修理的小时数，再根据维修费用估算模块（每飞行小时的修理费用），就可以计算一年中该机队的发动机的用于维修的费用预算是多少。这样就可以为航空公司财务管理中储备这样一个大概的预算，使航空公司的管理更科学、更快捷。工程师可以对发动机机队的日常管理有一个清楚的认识。

9.3.3 民航发动机下发的实例分析

下面就以东方航空公司的 CF6－80C2 类型的发动机为例进行下发预测，并对结果进行分析和检验。从上述公式可以看出，如果知道某台发动机的 EGT 衰退率就可以求出相应的循环数，然后再根据预测的循环数和每月利用率就可以得到下发日期。对于 CF6 类型的发动机，当 EGT 温度达到警戒值时就要下发。通过调研可知，当 EGT 裕度降到 0 时就要下发。由于发动机的当前的 EGT 裕度是作为一个重要的性能参数而被航空公司所记录的，因此问题就可以转化为当 EGT 裕度达到规定的警戒值时就要下发。

1. 实例计算

CF6－80C2 类型的发动机在东方航空公司的飞行中，航段 $H_1 = 2$ h，这是一个平均值，可以查到 $D_1 = 6.5 \times 10^{-3}$ ℃/h，然后将当前的 EGT 裕度值带入到公式中进行计算，其结果如表 9.11 所列。

表 9.11　实例检验和误差分析

发动机编号	装机日期	CSI	EGTM_C	EGTM_I	计算值	计算值与实际值的比率/%	误　差/%
695270	2001-4-1	1 368	19.7	29.6	761	55.63	44.37
695273	2001-7-1	946	27.7	34	485	51.26	48.73
695614	2001-8-26	724	21.1	25.5	338	46.69	53.31
695615	2001-11-27	424	16.8	20	246	58.02	41.98
695641	2001-7-24	877	22	29.2	554	63.17	36.83
695664	2001-11-24	372	23.1	36	223	59.95	40.45

可以看到上述结构大体误差在40%，其中6台发动机中有5台衰退率取得过大，为此对其结果进行修正，取修正系数 $R_1 = 1.82$，将表9.11的数据进行整理后可得到误差修正后的数据，如表9.12所列。

表 9.12　误差修正后的数据

发动机编号	装机日期	CSI	EGTM_C	EGTM_I	修正值	误　差/%
695270	2001-4-1	1 368	19.7	29.6	1 385	1.24
695273	2001-7-1	946	27.7	34	883	6.65
695614	2001-8-26	724	21.1	25.5	615	15.05
695615	2001-11-27	424	16.8	20	448	5.66
695641	2001-7-24	877	22	29.2	1 008	14.94
695664	2001-11-24	372	23.1	36	406	9.14

通过误差修正后数据的误差最大为15.05%，这是比较理想的结果。本书是采用的对发动机下发时循环数进行的预测，如果人们要想得到下发日期只要计算发动机下发日期的公式进行转换就可以了。

2. 误差原因分析

由于用的几个参数都是平均值，这样就存在一定的误差，下面是预测发动机下发日期时用到的平均值。

（1）发动机的EGT的衰退率

不同的发动机的EGT衰退率的值是不一样的，而所有的发动机采用的都是一个衰退率的情况，这样就会引入有的发动机误差大，而有的发动机误差小的情况了。应通过对发动机EGT裕度监控以得到每一台发动机的EGT衰退率值，这样就可以将EGT衰退率影响的误差降到最低了。

（2）发动机的航段值

这里是采用的一个平均值，不同的发动机飞行的航段数是不一样的，因为它们可能从相同的地方飞往不同的地方，这样就不可避免地引入了误差，针对发动机所飞的不同的航线给出不同的飞行航段小时数。

（3）发动机的月利用率

这里给出的是一个发动机的每个月飞行循环数的一个均值，而不同发动机的每个月的飞行循环数是不一样的。应该对不同发动机的月利用率采用不同的值，而不是一个均值，最好应该对同一台发动机的不同月份的循环数也要分别对待，这样才能将误差提高到一个更高的精度范围。

通过上面的分析，工程师找到了存在误差高与低的原因所在，这便于工程师采用相应的方法来解决问题。工程师可以根据具体的情况对发动机的 3 个因素分别进行修改，来提高发动机下发预测的精度，使航空公司整个机队的下发预测日期，能够真正地起到应有的作用。

9.4　发动机机队调度计划

发动机机队由在翼发动机、备用发动机、送修发动机、租赁发动机组成。为了保证发动机机队周转、更换和替修的需要，需要准备一定的备发量。由于发动机的价格很高，根据发动机型号的不同，每增加一台备份发动机就需要 300 多万到 1 000 多万美元不等的支出，因此备发量不能过多，也不能过少。如果备发量过多，会造成一些发动机的积压，既占用了大量购置费，又需要支付额外的保管维护费；而如果备发量过少，又会影响飞机的完好率和签派率，导致飞机停场，从而造成航空公司实有运力下降、营业收入减少，甚至带来不良的社会影响。

为了解决备发量的问题，通过制定合理的发动机机队调度计划，可以均衡拆换率，提高备件保障率，降低备用发动机数量，极大地减少因缺少备用发动机造成的飞机延误，对航空公司节约成本、提升利润、提高公司竞争力有着重要的意义。

9.4.1　发动机备发量的确定方法

1. 备发数量确定的影响因素

航空发动机的备发量一般由以下两个方面决定：

① 航空发动机的可靠性、维修性和设计性能。主要包括平均故障间隔时间、平均故障间隔飞行时间、提前换发率、返厂修理次数和修理周期，以及可更换单元的更换率、翻修次数、规定寿命等。

② 航空发动机的具体使用情况。具体包括飞机数量、航空发动机的装机次数、发动机年平均飞行小时、发动机的调整使用梯次和意外损坏等情况。

航空发动机的备发量主要根据各飞机管理单位年度机上发动机使用剩余寿命及提前换发的数量初步确定，飞机管理单位根据发动机的库存数量进行调整使用。由于缺少发动机周转的宏观预测方法，发动机周转量在飞机使用期间变化很大，需要较大数量备份；而在换发高峰点，又不能满足需要，出现发动机使用紧张和频繁调整使用的状况，影响飞机中、高强度飞行的连续出动需要。这种经验化的决策手段经常引起发动机短缺问题，需要用一套行之有效的科学测算理论和控制方法来解决，并用来指导与航空业务相关的订货调配工作。

2. 发动机备发量确定方法

目前，航空发动机备发量确定方法主要有基于计划、基于统计技术和发动机厂商提供的 3 种方法。基于计划方法只是针对定时维修而言，实际调度计划会受到很多客观因素的影响。所以根据计划调度所得出的备发量往往不是最合理的。基于统计技术得出的备发量是根据历史数据统计计算得到的，所做的调度计划是未来的，未来是不可知的，所以根据统计技术得到的备发量的偏差也是不可预测的。目前，航空公司使用最为广泛的是发动机制造商提供的备发量确定方法，这些方法是国外备发数确定工作的科学历史的总结，考虑了各种因数，是目前确定备发量用的比较多的方法。

下面就 GE 公司的备发量确定方法做简单介绍。

(1) 基本假设

① 对有故障单元体的发动机维修后，可正常使用。

➤ 使用正常单元体组装发动机，此时发动机正常；

➤ 维修故障单元体使之恢复正常；

➤ 维修故障零件使之恢复正常。

② 工作期间，必须有足够的购买备件的资金。

③ 发动机故障发生符合泊松分布。

(2) 备件预测的基本公式

$$S = \text{A. I. P.} + \text{I. N.}\sqrt{\text{A. I. P.}} \tag{9.25}$$

$$\text{A. I. P.} = \text{S. V.} \times \text{C. T.}/T \tag{9.26}$$

式中：S 为备件数；A. I. P. 为送修备件平均数；S. V. 为历年内，送修次数；C. T. 为循环时间，从故障到非故障状态(送修时间)，单位为日；T 为年工作日数；I. N. 为指数，显示保障(护)水平。

指数 I. N. (Index Number)是综合考虑保障水平，用来指出当前(预测)需求量适于当前运营和生产能力的一个指标，是没有变化的固定值。如 90%保障水平，表示 90%的时间里满足运营需求，10%的时间不满足需求，如表 9.13 所列。

表 9.13 指数 I. N. 与保障率水平对照表

指数 I. N.	保障率水平/%	指数 I. N.	保障率水平/%
0.84	80	1.75	95
1.13	85	2.12	97
1.28	90	3.50	100

对发动机来讲，通常可接受的保障水平是 95%～97%，其中，不包括被分散区域里的备发。当发动机接近拆换点时，如果飞机还没有大修，就要求保障水平超过 95%～97%；对于单元体和旋转件，通常可接受的保障水平是 80%～85%。

在不增加备用发动机的情况下，提高保障水平有如下方法：

① 增加工作(维修)时间；

② 使用新的或修好的零件；

③ 使用新的或修好的单元体；

④ 提高送修工作效率；

⑤ 合理规划送修调度。

这些都减少循环时间(送修时间)，而送修时间的减少又可导致 A. I. P. 减少；在相同数量条件下，A. I. P. 减少会提高保障水平。

3. 发动机备件数量预测实例

例 1：假如机队每年运行 140 000 EFH（发动机飞行小时），预测送修率为 0.20/1 000 EFH 送修次数，发动机送修时间（即从下发到维修可用时间）为 30 天，期望达到的保障水平为 95%；查表得指数（I. N.）为 1.75，则：需要多少台备发？如果期望达到 100%的保障水平，所需的备发量？

解：

$$\text{A. I. P}=\frac{\text{送修次数}\times\text{送修时间}}{365}$$

$$\text{送修次数}=\frac{140\ 000\times 0.5}{1\ 000}=28\ (\text{次/年})$$

$$\text{A. I. P}=\frac{28\times 30}{365}=2.30$$

计算备发数量，

$$S=\text{A. I. P.}+\text{I. N.}\sqrt{\text{A. I. P.}}=2.30+1.75\times\sqrt{2.30}=4.95\approx 5(\text{个备发})$$

当保障水平为 100，查表可得 I. N. ＝ 3.50。代入公式得：

$$S=\text{A. I. P}+\text{I. N.}\sqrt{\text{A. I. P}}=2.30+3.50\times\sqrt{2.30}=2.30+5.30=7.6\approx 8(\text{个备发})$$

如果每台发动机价值 360 万美元，可以看出，追求高的保障水平，将要承受巨大的备发成本，通常 95%～97%的保障水平就已足够了。

9.4.2　发动机机队调度

1. 发动机机群调度问题系统分析

调度问题属于组合优化研究的范畴，研究方法较多，主要包括数学规划方法、启发式搜索方法、系统仿真方法、人工智能方法、计算智能方法、实时智能方法等。现代排序论的发展为离散对象的组合最优化提供了一个很好的解决思路。在排序论中，工件是被加工的对象，是要完成的任务；机器是提供加工的对象，是完成任务所需要的资源。排序（Scheduling）则在一定的约束条件下对工件和机器按时间进行分配和安排次序，使某一个或一些目标达到最优。针对发动机调度计划问题，可以提出以下约束或假设：

① 假设发动机分配到不同飞机上不影响在翼寿命。在实际情况下，同型号飞机可能安排不同的航线，但会尽量安排相近的航段比，所以假设可以成立。

② 发动机与所指派的飞机机位应相互匹配，即只把发动机的可用时间（除去送修和运输时间）安排在需要的飞机位置上或是作为随时可得的备件储存于仓库中等待。

③ 假设各个发动机的各次在翼寿命已经由预测方法得到并已知送修时间。

④ 假设在翼时间不可中断，即发动机一旦在翼，只有故障送修才允许下发。

⑤ 假设各种状态下的发动机是独立的，即一台发动机发生故障不影响其他发动机的在翼寿命。

发动机就其状态而言，主要分为在翼、送修和备用 3 种状态。送修和备用状态的发动机都不影响其他发动机的使用，即发动机之间是相互独立的。由于飞机一般都是双发或四发，如果其中一台在翼状态的发动机由于故障“中断”且没有备发，会造成飞机停飞，导致同一架飞机上其他发动机停止工作，此时，同组发动机具有相关性。然而，对于航空公司而言，飞机停飞会带来巨大经济损失，是要极力避免的，所以在可以预计的前提下，通常以租发作为解决方案来满足航空公司的正常运营。因此，假设飞机缺发时不允许飞机停飞，把租发作为缺发唯一的解决方案且随时可以得到是合理的。在此假设下，各种状态下的发动机之间是相互独立的。

由于发动机反复可修、循环使用的特点，不能满足排序论中作为工件的基本要求，即必须有一个明确的可以开始加工的时间和一个结束时间。因此，采用“工作节”的概念，图 9.20 为不包括梯次调整的发动机使用-维修流程。两次送修之间的时间可以称为一个使用周期，其中作为可工作的时间段称为工作节。工作节具体是指发动机从新发动机或维修返回时刻开始，到下发送修时刻止的时间段。把每一个节看成一个工件，发动机每次送修返回就视为一个新工件。这样就把发动机对飞机的调度计划问题转化为工作节对飞机的排序问题，可以使用现代排序理论进行建模。

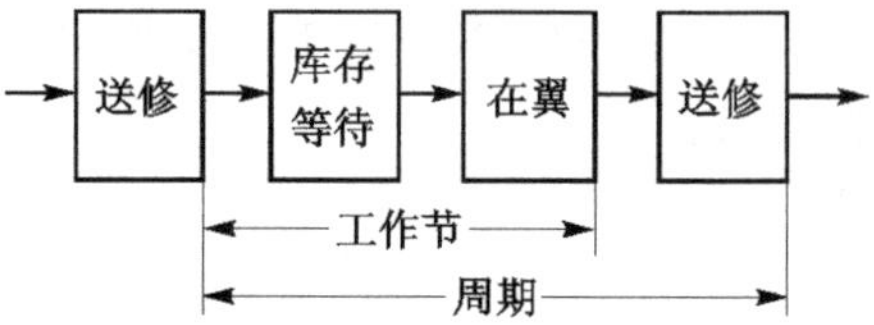

图 9.20　航空发动机使用-维修流程

2. 发动机机群调度问题的排序模型

记在计划期 H 内，所有待分配工作节集合为

$$\bar{J} = \{J_k^l \mid k = 1,2,\cdots,n; l = 0,1,\cdots,L_k\}$$

式中：n 为发动机总数量；L_k 为第 k 台发动机在计划期内送修次数。飞机机位集合为

$$\bar{M} = \{M_i \mid i = 1,2,\cdots,m\}$$

式中：m 表示需要发动机的机位总数；J_{ik}^l 为第 k 台发动机在第 l 次送修返回后在第 i 个机位上的工作节；T_k^l 为第 k 台发动机第 l 次送修时间，在送修时间不可知的情况下可选取送修平均时间 T 作为输入。现寻求一种发动机对飞机的调度计划模型，使其满足：

① 在同一时间每台发动机最多只能工作于一个机位上；

② 每个机位在同一时间只能有一台发动机在工作；

③ 发动机与所指派的飞机机位应相互匹配；

④ 发动机在翼时间不可中断；

⑤ 同一台发动机的工作节有先后约束关系。

这是一个工件就绪时间未知的总加工时间最小的不可中断的在线排序问题，按照排序论的标记方式，发动机调度问题表示为

$$P_m \mid \text{on}-\text{line}, r_k^l, \text{prec}, \text{delay} \mid C_{\max} \tag{9.27}$$

式中：P_m 表示 m 个同型机，指各机位对同型号的发动机具有相同的航段比和日利用率；on-line 与 r_k^l 一起表示发动机是时间在线，即发动机依次到达、就绪时刻不相同；prec 表示同一台发动机的工作节有先后约束关系；delay 表示允许机位出现空闲；C_{ik}^l 表示工作节 J_k^l 下发时刻；$C_{\max}$表示优化的目标是最大表长最小，意味着追求发动机对飞机的保障率最高，也就是说飞机机位空闲时间最少，租赁成本最低，且备件保障率 λ 最大。

最大完工时刻为

$$C_{\max} = \max\{C_i\} \tag{9.28}$$

式中：$C_{\max}$为时间表长，即最后一个工件节结束时刻；C_i 为第 i 台机器的完工时刻。

对于第 i 个机位的最大空闲时间为

$$I_i = C_{\max} - \sum_{k=0}^{k_j} \sum_{j=1}^{n} P_{ij}^k \tag{9.29}$$

式中：I_i 为机器 M_i 的空闲(idle)时间，即第 i 个机位缺发时间；P_{ik}^k 为第 k 台发动机在第 l 次送修返回后在第 i 个机位上在翼时间。

对所有的机位空闲时间求和：

$$\sum_{i=1}^{m} I_i = mC_{\max} - \sum_{i=1}^{m} \sum_{j=1}^{n} \sum_{k=0}^{K_j} P_{ij}^k \tag{9.30}$$

式中：$\sum_{i=1}^{m} I_i$ 为机位的总缺发时间。

租赁成本等于日租金与总缺发时间的乘积：

$$C_L = C_0 \cdot \sum_{i=0}^{m} I_i \tag{9.31}$$

式中：C_0 为日租金，单位为美元；C_L 为租赁成本，单位为美元。

备件保障率是指单位时间内发动机可用时间，计算公式如下：

$$\lambda = 1 - \sum_{i=1}^{m} I_i \Big/ mH \tag{9.32}$$

由于假设所有的工作节在翼时间为已知，容易看出 $C_{\max}$ 最小可以得到最大备件保障率。

9.4.3　发动机机队调度软件

发动机维修管理调度计划的软件很少，作为民航飞机安全与经济运营的重点国外航空公司非常重视发动机的维修管理。但是国内还没有完备的发动机调度计划软件，这里简要介绍航空公司应用的两个国外著名软件，通过这两个软件可以看出目前国外航空发动机调度计划制定的方法与水平。

1. JetEplan 软件

该软件是为飞机运营商、发动机维修厂、发动机租赁公司提供发动机维修计划与管理服务的，目的是通过改善发动机维修计划和成本优化技术，来减少每飞行小时的发动机维修成本。功能主要有：

① 维修计划：自动计划发动机维修事件、自动优化送修内容、自动优化 LLP 更换、管理维修和适航限制的应用等。

② 送修更新：计算每飞行小时的维修成本等。

③ 飞行时间更新：更新飞机、发动机的飞行时间，增加部件的使用小时和循环等。

④ 财务控制：预测将来时间段内的资金流，计算每台发动机的每飞行小时、或循环的维修成本。

⑤ 报告：提供诸如资金需求预测、备发利用率等相关的报告。

2. EFPAC 软件

英国 Total Engine Support 公司开发了一套发动机机队计划和成本预测软件 EFPAC (Engine Fleet Planning and Costing)，功能主要有：

① 计划功能：为发动机维修提供准确、有效的项目程序计划和日程安排。包括发动机追踪、LLP 追踪、LLP 更换、下发以及 LLP 参数、EGT 和 EGTM 参数、SB 标准等与发动机相关

的技术参数。

② 预测功能:一方面是从发动机的性能参数出发,对发动机机队的使用率进行预测,和对维修计划和下发计划进行预测;另一个方面是从商业的角度出发,利用一个准确、柔性的费用预测模型,将发动机的维修计划转换成为准确的成本费用流动估算。

③ 管理功能:详细的报告管理、合同管理、调整和控制、用户发动机管理项目的设计和定义、维修转包代理的管理、详细的发动机送修管理等。

④ 下发优化:可以对下发日程计划进行优化组合,交错排列下发日程,避免了空闲发动机的需求,节省了额外的费用。

该软件分3个部分,分别为基础数据库、下发仿真和金融(成本/财务)分析。

(1) 基础数据库

该数据库的主要工作是收集和评估飞机发动机机队的技术数据。为以后的分析做基础。在该部分把主要评估结果,做成图表形式,可以看到在拆换计划中机队的情况。该部分主要考虑以下因素。

- 飞机/发动机安装;
- 飞机和发动机飞行小时与循环;
- 当前发动机LLP件状态;
- SB和技术标准;
- AD指令;
- 上次送修工作范围;
- 发动机/操作维修历史;
- 性能问题和已知的在翼问题;
- 剩余的EGTM;
- 机队的使用率;
- 飞机发动机租赁归还条件。

(2) 下发仿真部分

该部分主要是发动机更换计划程序,提出在什么时间哪台发动机拆换。同时,使用率是变量,可以显示相关的送修因素,如所需的送修工作包,ATA,所需备发,下发计划对资金的影响等。在建模和创建不同情况的过程中,用户通常需要选择和评价如下内容。

- 定义哪些发动机需要下发及下发原因。
- 指定下发日期和产生下发计划;
- 计算备发需求量和费用;
- 判别发动机下发送修工作等级;
- 定义更换件需求如LLP件;
- 飞机租赁需求和对发动机状态影响;
- 必须的发动机LLP制造寿命和在翼寿命;
- 更改和需要的AD指令;
- 在翼性能(EGTM或EGT数据)和劣化率;
- 为避免多台发动机在同一时间下发,制订梯次计划。

(3) 财务分析部分

下发方案的不同会产生不同的由于发动机维修计划引起的成本变化。成本分析部分可以以报告的形式提出。例如：

- 单次送修成本；
- 评估改造成本；
- 独立核算的 LLP 成本(在维修储备金外的)；
- 预期的租发费用计算；
- 发动机计划每飞行小时成本计算；
- 不同类型发动机维修在不同维修厂中的维修成本；
- 确定在未来任意时刻维修储备金的剩余数量。

习题与思考题

1. 发动机的剩余寿命预测方法主要有哪些？
2. 简述疲劳裂纹扩展寿命预测的主要步骤。
3. 影响发动机性能排队的主要参数有哪几类？
4. 什么是影响发动机下发的主要因素？
5. 航空发动机的备发量一般由哪些方面决定？
6. 简单描述 GE 公司的备发量确定方法。
7. 发动机机群调度主要作用是什么？

第 10 章　航空发动机维修成本与送修管理

10.1　发动机维修成本构成

10.1.1　民航发动机维修工作

发动机维修工作根据其不同的内容有如下分类。

1. 航线维修和定期检修

航线维修包括航行前维护、航行后维护以及过站(短停)维护。

经过一段时间的飞行后,发动机可能出现断裂、松动、磨损和腐蚀等现象。此外,发动机所使用的油料、油脂可能变质、短缺,需要更换或添加。由此可见,每隔一段时间就要对发动机各系统进行必要的检查和测试,以发现和排除存在的或潜在的故障和缺陷,恢复发动机原有的可靠性,以继续执行接下来的飞行任务。

2. 返厂大修

在经历长时间运行后,发动机的状态会下降,这时就需要对其进行修理。当发动机突遇喘振、外物损伤等情况时,需要将其送回修理厂车间进行全面的解体修理工作。理论上说来,通过返厂大修后,发动机能够完全恢复其原有的可靠性,能够继续执行另一个大修周期的任务。

返厂车间维修涉及发动机的拆解,以及轴、盘等转子部件的更换或修理,主要包括两大部分。

(1) 性能恢复

高温、腐蚀及疲劳造成的零部件损伤,最终引起核心机性能衰退。随着发动机在翼时间的增长,EGT 逐渐升高,同时零部件的磨损和疲劳逐渐加重,进一步加速发动机性能衰退。考虑到零部件的材料和性能,OEM(Original Equipment Manufacturer)会确定一个 EGT 上限,一旦达到就要求发动机进行车间维修以恢复发动机的性能。进行发动机性能恢复,通常需要拆解核心机,并详细检查气路部件(叶片等)的状况,进行必要的修理或更换。在发动机车间维修期间,通常服务通告 SB(Service Bulletin)和适航指令 AD(Airworthiness Directive)会一并执行。

(2) 时寿件更换

压气机和涡轮的鼓盘、轴或轮盘通常具有固定的寿命,一旦达到寿命,不管其状况如何均需要更换。

发动机维修成本大约占整个飞机维修成本的 35%～40%,其中车间维修的零部件修理或更换成本占了大部分,有 60%～70%,如图 10.1 所示。

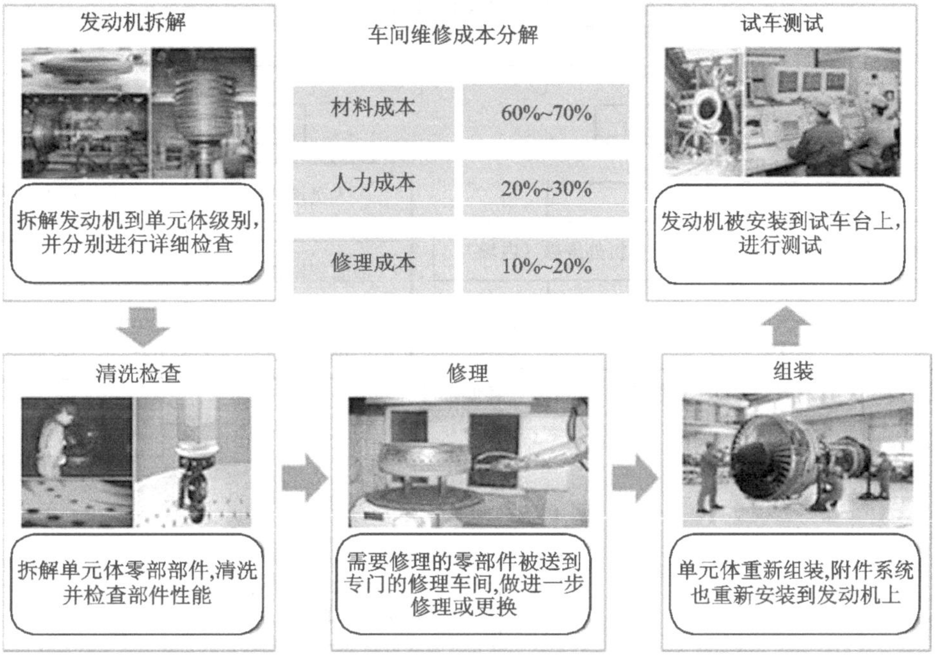

图 10.1　发动机车间维修过程与成本分解

10.1.2　发动机维修成本组成

民航发动机维修成本涵盖的范围较大，只有先对其组成成分有充分了解，才能对其进行评估和分析。为了便于估算和分析维修成本，将维修费用按照一定的标准分解成为各个费用单元。由于进行估算的目的有所不同，所以没有一个一成不变的成本分解模式，但分解的过程需要满足以下基本要求：

① 费用单元必须遍历所有的费用，不能重复或遗漏；

② 费用单元必须有明确的定义，并且和相关费用的界面划分清楚，与现行的财会管理项目协调一致；

③ 费用分解应能便利成本的估算，鉴别出需要严格监督和控制的部分。

划分航空发动机维修成本的标准有很多，可按照发动机结构、维修方式来划分等。总结美国波音公司、美国普惠发动机公司所提供的一些资料以及各维修厂家返回的维修账单，可将发动机维修成本做如图 10.2 所示的划分。

如图 10.2 所示，发动机维修成本可分为直接和间接维修费用。直接维修费用是指在发动机单次维护和修理过程中直接可计算的维修费用，详见图 10.3。间接维修费用与直接维修费用的基本区别就在于这些维修成本无法在每一次维修工作中反映出来，而是对其进行折算后分摊到每一次的维修费用中去。

通过对国内某航空公司收集的资料进行分析整理，可以将发动机维修成本分成以下几项。

① 人工时成本：指的是对进行维修工作所消耗工时的收费。

② 固定价格：指的是每次送修进行拆装等固定工作时所消耗的人工费用以及低价消耗件

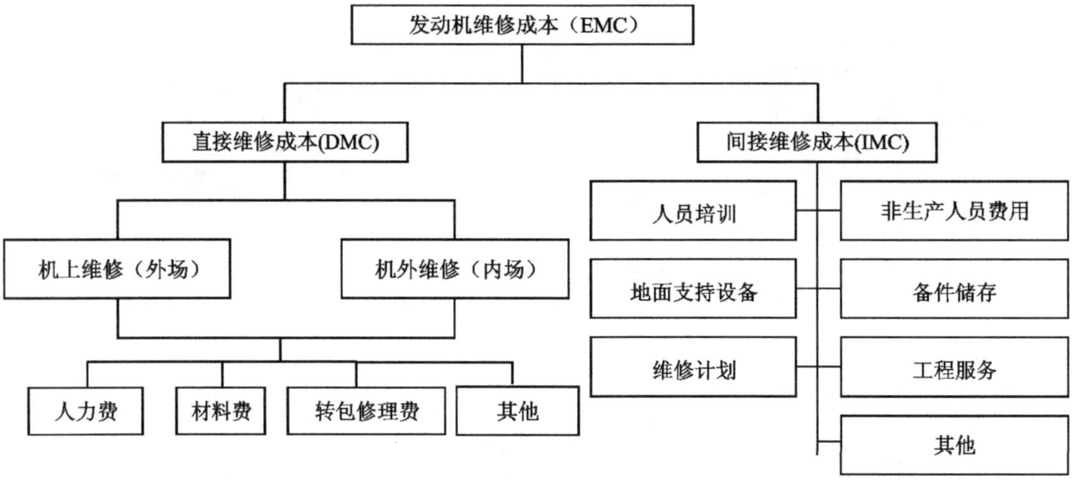

图 10.2　维修成本划分

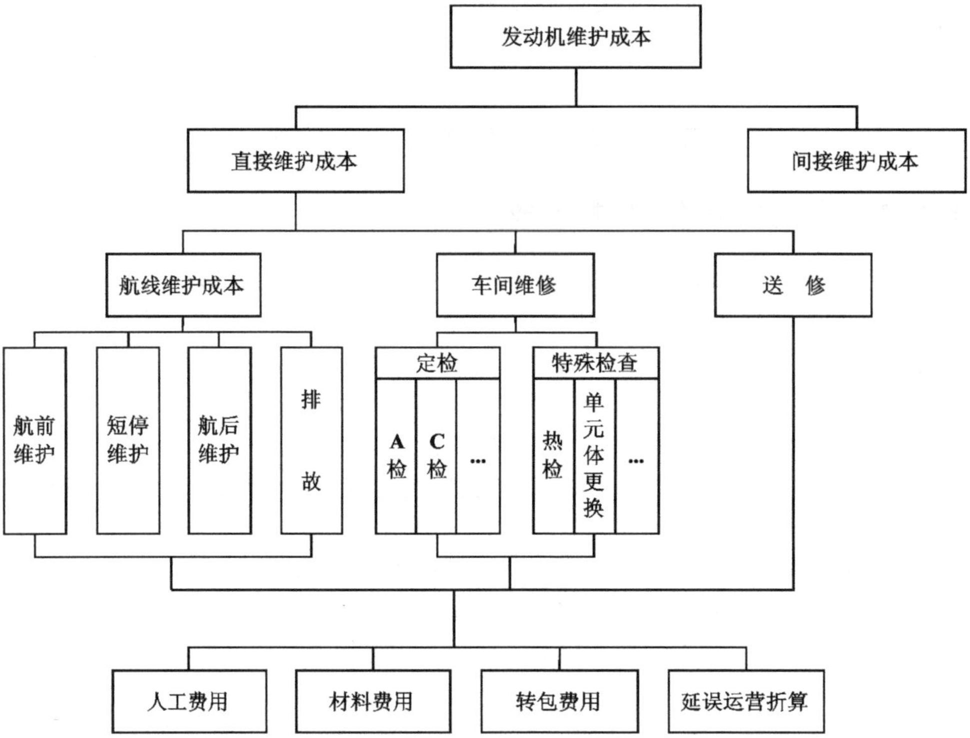

图 10.3　发动机直接维修成本结构图

费用等。发动机送修时所制定的维修工作深度或者范围直接关系到该项费用。一般的做法是航空公司和维修厂家签订协议，规定在一定时限内，按照发动机的送修范围来分类制定一个固定的收费标准，故称之为固定价格。

③ 转包修理费用：指的是航空公司将发动机送至某一厂家维修，而该厂家对其中某些零

部件无维修能力时，将这些零部件转送至其他厂家或制造商处进行修理所消耗的费用。这时不仅有修理费用，还有一定比例的转包手续费。

④ 零部件修理费用：指的是维修厂家对发动机零部件进行修理所收取的费用。

⑤ 航材费用：指的是维修厂家在一次维修工作中所更换的航材的总价值。

⑥ 时控件调整费用：发动机进行返厂维修时，对于时控件的维修通常并非简单的到寿换件方式，由于对时控件有严格的适航规定，一旦到寿必须换下，所以如果直接到寿更换，就可能仅仅为了拆换某一到寿的时控件就要分解发动机，从而形成非计划维修费用。因此，需要对时控件的寿命进行调整，避免因为时控件到寿而出现非计划换发的情况。

⑦ 质保费用：指的是维修厂家和航空公司为保证本次维修质量而拟定的费用。经评估维修周转时间、维修后的在翼时间以及发动机排气温度裕度 EGTM 等指标可确定该项费用。

⑧ 抵价协议：指的是发动机上某些零件作为旧件卖给维修厂家时的折算费用。

10.2　航空发动机维修成本的影响因素分析

10.2.1　EGT 对维修成本的影响

目前，航空公司已经广泛采用视情维护方式，对发动机的主要性能参数进行实时监控是实现发动机视情维护的基础，而在这些性能参数中，最能反映出航空发动机运行状况的就是排气温度 EGT。因此，深入研究影响 EGT 的各主要因素，归纳降低 EGT、提高排气温度裕度的技术措施和工作步骤，对改进发动机性能、延长发动机使用寿命、提高飞机飞行安全性等至关重要。涡轮前燃气温度越高，EGT 也会相应增高，那么 EGTM 则相应降低。在航空公司维修工作中，要对 EGT 和 EGTM 进行日常监控。当 EGT 不断提高，而 EGTM 不断下降时，就预示着发动机的性能在不断衰退。当 EGTM 达到某一门槛值或 EGT 超过红线温度时，一般就要拆换发动机，由此就会带来巨额的维修换发费用。

10.2.2　滑油性能对维修成本的影响

滑油系统对于发动机的安全性能至关重要。滑油的一大特点是可以循环使用，因此，滑油携带着反映发动机内部情况的大量信息，可以对滑油系统进行监控和技术诊断，以提前发现发动机内部故障，为预测发动机部件使用寿命和可靠性提供有力依据。此外，滑油消耗率、压力和温度能反映发动机的性能优劣，所以也在很大程度上影响着维修成本。

滑油消耗率与滑油的温度、压力有直接的影响，发动机的滑油温度、压力性能偏离基准过大是下发的原因之一。

10.2.3　维修等级与修理决策对维修成本的影响

在制定维修策略时，像航空发动机、船舶等大型工业设备会根据设备本身的损伤情况、使用时限等因素采用不同的维修等级实施维修工作。在民航发动机的维修工作中，一般有 3 种维修级别，如图 10.4 所示。一般性检查不需要对发动机进行分解，主要做一些润滑、保养工作；性能恢复是对发动机进行部分分解，针对分解过程中发现的问题进行相应的维修工作；翻修是要彻底分解到零部件级别，所有的零部件都要进行检查、修理或更换。

Maintenance Level（英文）	维修等级（中文）
1. VC Visual Check 2. POH Performance Overhaul 3. OH Overhaul	1. 一般性检查 2. 性能恢复 3. 翻修

图 10.4　发动机维修等级

一般地，在发动机送修过程中，先要对发动机的各个单元体进行维修等级评估，然后再根据各个单元体的维修等级最后确定整机的维修等级。每种级别涉及的工作范围差异很大，由之带来的维修费用也相差甚远。由于降低成本一直是企业追求的目标之一，所以企业总是想在保证设备正常使用的前提下，尽量少作无谓的维修工作，越高的维修级别会使得发动机需要越深程度的分解，工时费和材料费也越高。但是如果级别设置过低，可能会缩短该发动机下次装机时间，导致单位飞行小时的维修费用过高，同时还有可能带来安全隐患。因此应根据需求确定合适的维修等级，从而控制维修成本。

要先考虑发动机拆换的原因，再确定发动机的修理范围。送修前应对发动机进行孔探检查，并了解发动机换下前的振动指示及滑油消耗量、拆下时发动机的 EGTM、LLP 状态水平、要求执行的技术通告、备用发动机状态及要求等方面，对其进行综合权衡。

当确定了各个单元体的维修等级后，还需要对于单元体中某些单个零部件进行更详细的维修决策。维修决策就是在零部件故障或损坏后要确定如何修理的决策。当一个零部件发生故障时，将其报废可能比修复更经济，这就需要比较修理一个产品与购置一个新件所需的相关费用来作出决策。这种决策的基本原理可表示为

$$(T_{bf2}/T_{bf1}) \times N < C/P \tag{10.1}$$

式中：T_{bf1} 为新件的平均故障间隔时间；T_{bf2} 为修复件的平均故障间隔时间；C 为修复件修理需要的总费用；P 为新件单价；N 为预先确定的可接受因子。如式(10.1)成立，则采用报废决策。

此处 N 是一个百分数(通常为 50%～80%)，它说明了产品的修复费用所占新件费用的百分比临界值，超过这一比值则决定对其进行报废处理。

目前发动机零件的维修已开始从零部件“代换”转向“修理”。GE 发动机服务公司就对此问题进行过跟踪调查，结果表明采用修理零部件而非更换新零件，能使顾客在一年内节约总计 1.5 亿美元。出于对成本的考虑，航空公司更加倾向于用修理件而非代换件。在以前的多数情况下，是丢弃有问题的零部件，但现在则要对其进行维修。

当处理单件的维修决策问题时，除了要根据式(10.1)进行计算，还要考虑其他的一些问题。首先，如果这一修复工作所耗费的时间过长而导致无法保障在规定时间内修复，则需要更换；其次，为了避免由于该零部件的问题而造成的提前换发，需要考虑修复后的工作时间能否满足正常工作到预计的下次的发动机维修时间。此外，式(10.1)没有考虑到该零部件在可修可不修情况下的维修费用问题。有些零部件在本次送修时，可以不做维修工作继续使用，但到下一次很可能就要报废，但是如果本次做一定的维修工作后就会避免更换新件的情况。

10.2.4　起飞推力对维修成本的影响

民用发动机的发展越来越突出关注其经济性、可靠性和耐久性。在航空发动机设计时，为

了获得较高的可靠性和较长的寿命，一般对涡轮前温度留有较大裕度，使得热端部件长期处于较低温度工作。

涡轮前温度一般而言由下列工作条件决定：

① 起飞时所选用的推力越大，相应涡轮进口温度越高；

② 同样推力下，起飞时机场的大气温度越高，涡轮进口温度就越高。

起飞推力越大，涡轮前温度的峰值也就越高，对发动机造成的损伤也就越大，由其所引起的故障和维修也就越多，所以大推力起飞对于航空发动机维修成本具有相当大的影响。由此对于起飞时推力的选择就成为了航空公司所应当考虑的一个重要问题。

实践经验表明，采用减推力可以有效地减少发动机故障，降低维修成本。这样做直接降低了涡轮前排气温度，进而降低了 EGT，减缓了 EGTM 的衰退速度。除此之外，减推力的效果还与飞机所飞行的航线长短有密切关系，因为减推力虽然减小了起飞阶段热端部件的应力，但是随着航线越长，发动机所处的巡航时间也就越长，巡航状态下热端部件所处的温度远远低于起飞时刻，所以对于热端部件的损伤也相应减少，即减推力所带来的好处则被长时间的巡航状态所抵消。

根据资料，发动机拆换率与航线长度和排气温度之间有如下关系模型。

$$\mathrm{ERR}=\frac{1\,064(\mathrm{AFL})^{-0.28}}{\ln(-0.000\,18\times \mathrm{CET}+8.17)} \tag{10.2}$$

式中：ERR(Engine Removal Rate)是发动机拆换率；AFL(Average Flight Length)是指平均飞行距离；CET(Combustion chambers Exhaust gas Temperature)是指发动机燃烧室排气温度，也即是涡轮前进气口温度。减推力水平与涡轮前进口温度直接相关，减推力实际上就是通过降低涡轮前进口温度来实现。由此可以得出相应的减推力与发动机拆换率的关系，即减推力与维修间隔时间的关系，再根据发动机维修间隔时间与维修成本的关系，从而得出所需要的减推力与维修成本之间的关系。根据波音公司的资料，若减小 7%的额定起飞推力，则可节省 25%的修理费用；若减小 18%的额定推力，则可节约 40%的修理费用。

减推力的使用条件主要是根据飞机的起飞重量和外界温度来进行的，使用减推力起飞时，可以根据飞行手册上的规定来使用减推力；还可以遵照美国联邦航空局 FAA(Federal Aviation Administration)的规定，即使用减推力起飞时，减推力量不得超过发动机的最大起飞推力的 25%。普惠公司的研究表明，将起飞推力尽可能减少到 10%左右，将会有效降低维修成本。

10.2.5　航材管理对维修成本的影响

航材对于航空发动机的使用和维修必不可少，一般所说的航材包括备件(用于发动机维修时更换有故障(或失效)的零部件)和消耗件(维修所消耗掉的材料，如垫圈、开口销、焊料等)。由于发动机航材价格昂贵，占用大量资金，因此对航材管理进行分析，主要就是对发动机的航材进行管理。管理的内容是探究如何既能减少资金占用成本，但是又不会因为缺件引起维修成本的增加和造成航班延误和停场等。

航材对维修成本的影响主要体现在以下几方面：

① 资金占用成本。资金积压在航材上的越多，航材仓储成本就越高。

② 仓储管理水平。要考虑库存时如何最大程度减少库存损失，不出现过期、死货、收发错误。

③ 航材非正常消耗。在机务维修中由于误判也会导致航材的无谓消耗，这主要与故障判断的准确率、以及信息传递、航材与维修的协调等有关。

10.2.6 物理环境对维修成本的影响

物理环境指的是大气温度、湿度以及盐碱度等，环境因素对发动机工况的影响不可小觑。

1. 大气温度影响

大气温度的变化会通过发动机转速和涡轮前燃气温度的变化而影响到热端部件的低周疲劳和蠕变特性。

大气温度升高时，会使得高压涡轮稳态转速及进口燃气的稳态温度升高。稳态转速的提高，会使得转子零件低循环疲劳性能降低以及热端转子零件的蠕变量增加；稳态温度提高，会使材料性能降低，尤其是涡轮零件，如导向叶片、涡轮叶片、盘榫齿部位的蠕变性能降低。

大气温度过低时，会使得燃油挥发性差，雾化不良，造成点火困难，发动机不容易启动；各型发动机滑油粘度增加，各机件润滑不良，易造成干磨现象，同时由于摩擦间隙值的变化，会导致发动机启动过程中转子旋转阻力增大，致使发动机轴承组件和润滑系统工作不良；发动机的某些机件的工作灵敏度变差，使发动机正常工作受到影响。除此之外，由于发动机工作温度与环境温度相差很大，发动机热端部件在开车启动和关车时所受的热应力也很大。以上列举的这些问题都会使发动机的故障增加、寿命减少和维修成本上升。

2. 湿度影响

湿度对于沿海一带装机使用的发动机均有明显的影响。长期处于潮湿环境，会加速发动机尤其是压气机的破坏过程。湿度往往会使铝合金叶片表面韧性降低，并使金属间颗粒与基体之间的界面变脆，扩大裂纹增长率。

至于湿度对铝合金影响，有研究结果指出，铝合金产生裂纹要经历成核过程—形成微裂纹—初期微裂纹长大—微裂纹以一定速率扩展及聚合、微裂纹形成宏观裂纹的链式过程。对交变载荷来说，裂纹成核是由于合金微塑性变形产生的累积损伤结果。表面是裂纹成核最容易的地方。表面裂纹的成核速率受表面或靠近表面间断的形式和大小的影响，间断尺寸增加，成核速率增加，所需的成核循环次数减少，也即越容易产生。湿度增加，使表面韧性降低，会使引起裂纹成核最低循环次数下降，因此加速了成核过程。另外，表面韧性的降低还会使裂纹扩展速率增加，加速了断裂破坏。发动机中有很多部件含有铝合金成分，所以湿度越大，对发动机的影响越大。

3. 腐蚀影响

海洋环境下使用发动机普遍有腐蚀问题。其一是低合金钢、纯铬不锈钢的表面腐蚀和麻斑，涉及的部件有机匣、压气机叶片以及盘；其二是涡轮的热腐蚀问题，主要发生在涡轮叶片上。

冷腐蚀会造成压气机工作叶片和静叶片表面出现锈蚀、腐蚀和凹坑，从而造成应力集中，加速疲劳断裂。热腐蚀来源于高温的影响，同时取决于金属部分、周围大气部分、各种气体、各种盐类或镀层金属、温度及暴露时间。热腐蚀的主要形式是硫化、渗碳和脱碳，它对飞机的影响越来越受到重视。

4. 磨蚀影响

空气中的盐粒、灰尘、污染物，机坪上的泥浆、沙石和微小金属碎片等都会在高速旋转的风扇叶片、压气机转子、静子叶片、机匣内壁和燃烧室腔体等气路部位产生积垢，这将严重影响发动机的效能，使发动机涡轮前温度、EGT 升高，EGTM 减小，缩短发动机在翼寿命，甚至有时由于大颗粒物而造成发动机的冲击磨损，从而导致发动机零部件寿命降低，增加了维修费用。

航空公司广泛采用水洗发动机这一措施来减小腐蚀和磨蚀的影响，并且该方法已获得适航当局的认可。

10.3 航空发动机维修成本控制

10.3.1 发动机维修成本控制手段

1. 采用先进的科学技术对发动机进行检修

引入先进的科学技术，是为了对发动机的故障和磨损情况进行更为准确地分析判断，从而减少发动机不必要的维修检测和拆解送修，从根本上减少发动机的维修成本，延长其使用寿命，最终达到提高经济性的目的。其中，可采用的技术包括振动分析技术、油液分析技术、无损检测技术等。

2. 加强发动机维修管理

对于加强发动机维修管理，各航空公司则要根据自身的实际情况进行。其中，主要的管理包括以下几个方面：

① 加强管理日常维修保养过程。主要是对维修费用的支出合理控制。

② 加强航材管理。加强航材管理的主要任务是降低库存，加速资金周转。具体包括：

- 加强掌握航线及维修情况，加强对发动机航材维修情况和库存变化的跟踪，合理的订货，避免库存大量囤积；
- 加强航材统计核算工作，对航材消耗率，可靠性等数据进行统计分析并核算，加强对航材购置及储备的管理；
- 建立航材库存数据库，进行资源共享，合理调配航材供应，加快周转速度，提高经济效益。

③ 加强送修管理。重视对发动机整机级和单元级送修的管理。对于外包送修，必须建立科学的外包送修制度，加强监督送修质量，同时监督促使提升修理的速度，从而提高周转的效率，充分利用资源。

④ 加强维修资源管理。这里指的维修资源管理是对涉及维修的信息资源和人力资源的管理。

维修信息资源管理：我国各航空公司的主营机型都大致相同或相似（衍生机型），通过各航空公司联盟（天合、星空等）之间维修信息的共享，可以建立起维修数据库以加强维修分析，从而优化维修方案的制订和维修技术的运用；同时可以借助于网络，实现实时的经验交流与技术指导，以帮助解决发动机的疑难问题。

维修人力资源管理：合理安排机务人员培训计划，提高维修技术人员的思想素质和专业技能；对机务人员合理分工，避免浪费人力资源；建立激励制度，提高机务人员的工作效率；建立问责制度，保障维修人员工作质量。

3. 建立正确的维修理念

维修理念包含航空公司有关发动机送修计划的策略，决定着送修成本SVC(Shop Visit Cost)和送修频率SVR(Shop Visit Rate)之间最佳的平衡点。这一理念的确立结合了运行和财务两方面的考虑。运行方面的考虑主要关注发动机使用率，而这主要是由发动机故障引起的飞机停场AOG(Aircraft On Ground)数量来衡量的。财务方面的考虑则是关注如何降低直接维修成本。

一般来说，航空公司维修理念的优劣直接关系着其维修成本的控制。因而要想控制好发动机的送修成本必须建立正确的维修理念，从而进行事前预测、事中监控以及事后分析，及时反映成本的动态变化，使管理人员及时得到维修成本信息，发现影响维修成本的重要因素，分析影响原因，找到控制办法。这为合理制订维修计划、评估维修工作提供参考，为有效降低总体维修成本提供依据。

如果发动机不能及时得到维修，会引起飞机的延误或取消，给航空公司带来不必要的损失，这也是维修的一种效果，应尽可能规避。

10.3.2 发动机送修成本的核算

鉴于发动机送修成本是发动机维修成本中最重要的组成部分，因此需要额外分析研究。评估发动机送修维修成本时，分为两部分：预算部分和核算部分。预算部分指的是，在发动机送修到厂家之前，发动机主管工程师或相关技术人员对本次送修的维修成本进行估算，从而获取成本方面的信息，为工程技术人员提供参考。核算部分主要是清算、核对厂家所返回的账单。核算工作一方面可以对厂家的维修项目和各项收费进行核对；另一方面，核算工作可以及时更新开展成本评估时所用到的后台数据库，同时可以记录这次维修信息，以供以后查询和计算时参考。

航空发动机维修工作核算，一般是在发动机送修返回后，由维修主管工程师根据厂家给的修理报告，参考零部件图解手册IPC(Illustrated Part Catalog)和送修前制定的工作包(Workscope)来核算。所核算的主要维修工作包括需要执行的LLP、附件的修理、单元体的修理。随后是维修费用的核算，核算维修工作的同时，参考维修合同收费规定、索赔合同以及维修账单，核算各项维修费用，使得维修工作和费用的核算相辅相成。

核算的相关数据和资料包括Workscope的数据和资料，AD/SB、IPC、维修合同收费规定、索赔合同以及维修账单等。在核算时，维修工作和维修费用的核算是交叉进行的。维修主管工程师会在发动机送修时，根据发动机不同的故障情况，制定发动机各个单元体不同的维修级别，最终确定整机的维修级别。所以，在实践中，主要以单元体的划分为依据，从而进行核算维修工作和维修费用。然而，有些成本并不能分解到每一单元体上，只能进行整机的费用项目核算。发动机维修费用的核算一般分为两部分：单元体层次维修费用核算和整机层次维修费用核算。

1. 单元体层次维修费用核算

单元体层次维修工作主要包括单元体的分解和组装、发动机本体零部件（LLP、叶片、机匣等）的清洗、检查、修理、更换（按照发动机手册 EM）；外附件的检查、修理（按照部件维护手册 CMM）。

以下是具体核算内容。

（1）单元体的拆装

在进行单元体层次维修工作核算时，最关键的是分解单元体的方式。若要全部分解，则无需核算；若为部分分解，则要控制分解的方式，因为分解方式不一样，暴露出来的件也就不一样，而一旦暴露就要进行检查，检查发现不好就要进行修理。因此，航空公司和维修厂家协商后，通过邮件或者合同，事先详细规定了单元体分解的深度以及方式。核算时，按照已经制定的修理范围，主要核查拆卸范围是否超出了规定的范围。

（2）外附件的修理

大多外附件有时间的限制，修理厂一般会按照此执行。但从实际的使用和在航线可用的情况来看，除了一些关键件，如燃油调节器需要进行修理外，其他的外部件通常一直使用，直至出现故障，进行更换。因此，航空公司和维修厂家协商后，通过邮件或者合同，事先详细规定外附件的维修范围。从而可以减少不必要的修理费用，实现对维修成本的控制。核算时，按照已经制定的修理范围进行核算。

（3）零部件检查

零部件检查结果的审核是单元体层次维修工作核算中另一个关键。维修人员执行的检查结果必然存在人为因素的影响，特别是对检查出来报废的件，必须对其进行重复检查，从而控制零部件的报废率来控制维修成本。

（4）零部件修理

零部件修理存在各种不同的修理方法，不同部位的方法也有所不同。若对仅需小修的部件进行了大修，费用势必会增加。因此在核算时，必须根据修理报告中零部件的检查情况，对比所实施的修理工作，比较二者是否一致；还要审核所有发票中的修理件的数量，比较其与修理报告中的是否一致。这是由于人为因素，或是商家的投机思想，导致发票中的修理件数量不对，从而增加了所收取的维修费用。

对于以上 4 项的费用核算如下：

$$
\begin{aligned}
C_{\mathrm{rp}} &= (C_{\mathrm{pche}} + C_{\mathrm{prep}} + C_{\mathrm{psb}} + C_{\mathrm{pad}}) \times q = \\
&\left(\sum C_{\mathrm{pche}i} + \sum C_{\mathrm{prep}i} + \sum C_{\mathrm{psb}i} + \sum C_{\mathrm{pad}i}\right) \times q
\end{aligned}
\tag{10.3}
$$

式中：C_{rp} 表示某一零部件或者外附件的修理费用；C_{pche} 表示对该件进行的所有检查工作费用；C_{prep} 表示对该件的所有修理工作所需费用；C_{psb} 表示对该件执行的所有服务通告费用；C_{pad} 表示该件执行的所有适航指令的费用；q 表示该零部件的数量；$C_{\mathrm{pche}i}$ 表示某一检查工作的费用；$C_{\mathrm{prep}i}$ 表示某一修理工作的费用；$C_{\mathrm{psb}i}$ 表示完成某一服务通告所需费用；$C_{\mathrm{pad}i}$ 表示完成某一适航指令所需费用。

（5）更换件的控制

更换件核算，主要是核查其更换的数量，比较其与实际的是否相一致。尤其是要核查更换件的数量不能超过 IPC 中的数量，否则肯定不对；还要核对所有发票中的更换件的数量，与修理报告中的是否一致，原因同上。各单元体更换航材分为3种，即全新件、旧件和循环使用件。全新件指的是维修厂家或制造商提供的新航材；旧件指的是厂家所更换的零部件是以前所使用过的零部件，经过厂家修理后可以继续使用；循环使用件，航空公司将其自己以前所使用过的零部件修理后存在修理厂家，待以后本公司的发动机需要使用该件时再换上去。因此，费用结算时，前两种件的航材更换成本中包含其价格计算，而循环件只需收取相关的手续费而不计算更换费用。其具体核算公式如下：

$$C_{\text{imaterial}} = \sum_{s=1}^{l} C_{\text{nps}} + \sum_{t=1}^{k} C_{\text{opt}} \tag{10.4}$$

式中：$C_{\text{imaterial}}$是某一单元体所更换的航材的费用；C_{nps}是指某一新件的价格；C_{opt}是指某一旧件的价格；l表示所更换的新件的数量；k表示所更换的旧件的数量。

（6）转包件的控制

转包件的控制需要修理厂提供转包商的发票以及修理范围，随之进行审核。根据修理厂提供的转包商的发票、修理范围，审核转包件的检查结果、报废率、修理方法以及数量、更换件的数量进行审核。

（7）LLP的修理

在航空发动机中，并不是每一个单元体都有时控件，可以查阅厂商提供的手册，来获取该系列发动机所有的时控件的常规信息。发动机送修过程中，由于时控件价格高昂，其是否进行维修，以及进行何种深度的维修，会很大程度地影响最后的维修费用。所以对于时控件的维修工作，并不是简单的到寿时更换，需要权衡时控件剩余寿命、下次维修时间间隔以及维修价格和更换价格。循环周期调整费用就是对并未到寿的时控件进行寿命（循环数）调整，从而适应整机的送修间隔，避免由于某一时控件到寿而需进行非计划性换发。同时，合理使用时控件，不使其过度使用报废，而导致产生昂贵的维修更换费用。单个时控件的循环调整费用的计算采用以下的方法：

$$C_{\text{pcyc}} = \frac{(L_{\text{install}}) - (L_{\text{replace}})}{L_{\text{design}}} \times C_{\text{price}} \tag{10.5}$$

式中：C_{pcyc}是指某一单件的循环调整费用；L_{replace}是指所换下的时控件的剩余循环数；L_{install}是指所换上的时控件的剩余循环数；L_{design}是指该循环件的设计循环数；C_{pcyc}是指该件的购买价格。

各单元体的该项费用，仅需累加属于该单元体中需进行调整的时控件的费用。同理，整机是累加各单元体的该项费用。单元体和整机的计算模型为：

$$C_{i\text{cylce}} = \sum C_{\text{pcyc}} \tag{10.6}$$

式中：$C_{i\text{cycle}}$是指某一单元体的时控件调整费用。

$$C_{\text{cycle}} = \sum_{i=1}^{n} C_{i\text{cycle}} \tag{10.7}$$

式中：C_{cycle}是指整机的时控件调整费用。

（8）消耗材料

通常，航空公司会派遣专人，在维修现场量化记录厂家使用的耗材，在修理厂的发票中列出详细的清单后，再核对发票。整机和单元体层次都用到消耗材料，其两者的核算一样，其费用结算公式如下：

$$C_{\text{conmat}} = \sum_{j=1}^{n} C_{j\text{con}} q_j \tag{10.8}$$

式中：C_{conmat} 表示发动机所用消耗材料费用；C_{jcon} 表示所用第 j 种航材的单价；q_j 表示第 j 种航材的用量。

图 10.5 为单元体层次维修费用核算过程的详细流程。

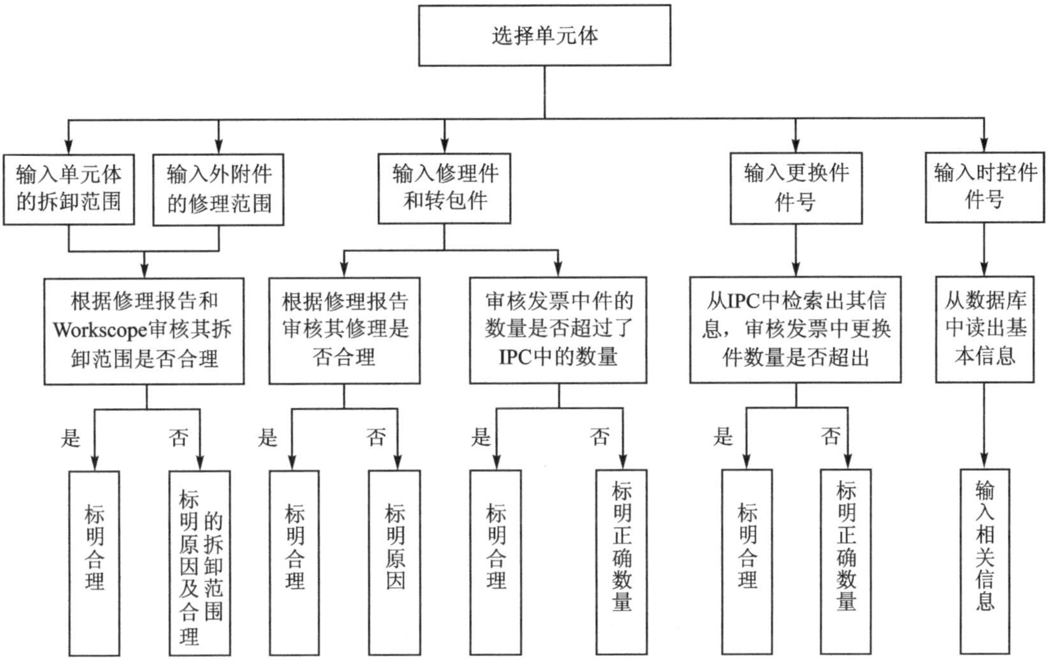

图 10.5　单元体层次维修费用核算流程

2. 整机层次维修费用的核算

整机层次的维修工作包括发动机的整机检查、附件的拆装、分解到单元体的发动机本体拆装、对单元体（未分解）的检查、发动机试车。

核算内容：

（1）发动机附件和发动机本体的拆卸

通常在送修前，航空公司和维修厂家协商后，以邮件或者合同的方式，详细规定了发动机附件和发动机本体拆卸的工作范围。不能多拆，原因有二：一是拆下来的就要（按照手册）进行不同程度的检查，随之将导致检查费用增加；二是厂家修理的检查标准比在飞机上的检查标准更为严格，飞机上可用的件拆下来后，经过厂家检查，结果不好时还需修理，又将导致修理费用增加。

（2）消耗材料

消耗材料也是费用的关键点，且最易隐藏，但是这部分将大量地消耗材料。单元体层次消耗材料的核算同整机层次消耗材料的核算一样，通常，航空公司会派遣专人，在维修现场量化记录厂家使用的耗材。这只能在现场执行，但航空公司没有足够的监修时间，因此航空公司有时会雇用专业的监修商来记录和审核。

（3）工　时

整机层次的工时弹性比较大，其审核工作类似于消耗材料的审核，航空公司需要派专人，在维修现场记录维修工作的工时。在发动机送修回来后，再核对发票，从而确认与记录的工时是否一致。

图 10.6 为整机层次维修费用核算过程的详细流程。

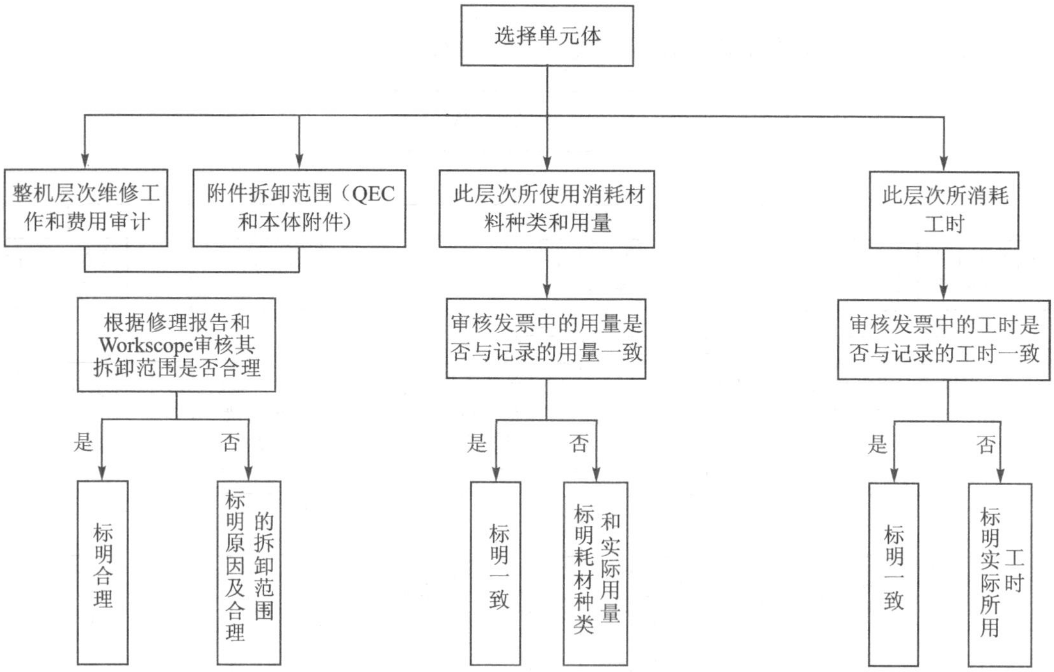

图 10.6　整机层次维修费用核算流程

10.3.3　机群维修保障成本评估模型

航空发动机机群维修保障成本是在一定时间内为保证机队正常运营所需要的全部费用，包括发动机拥有成本、送修成本、发动机拆装费用、维护附加费用、发动机因提前下发引起的寿命损失成本。

1. 发动机机群维修保障成本的数学模型

成本优化函数为

$$\min C_{\text{fieet}} = \min\{C_{\text{own}} + C_{\text{m}} + C_{\text{reml}} + C_{\text{lost}} + C_{\text{add}} + C_{\text{rent}}\} \tag{10.9}$$

式中：C_{fleet}为发动机机群维修保障成本；C_{own}为发动机机群的总拥有成本；C_{m}为发动机机群的送修成本；C_{reml}为发动机拆装费用；C_{lost}为发动机因提前下发引起的寿命损失成本；C_{add}为通过水洗等手段可以增加发动机的在翼寿命，维护附加费用；C_{rent}为缺少发动机备件（简称缺发）情况下，租用发动机的费用。

2. 发动机机群的总拥有成本

发动机机群的总拥有成本计算公式为

$$C_{\text{own}} = NQC_{\text{FH}} = \frac{(M + N_{\text{spare}})QC_{\text{buy}}}{L_{\text{e}}} = \frac{(M'N_{\text{match}} + N_{\text{spar}})QC_{\text{buy}}}{L_{\text{e}}} \tag{10.10}$$

式中：N 为发动机机群拥有的发动机总台数；Q 为计划期长度；C_{FH}为发动机单位飞行小时拥有成本；M 为飞机机队安装发动机机位总数；N_{spare}为机队拥有的备用发动机数量；C_{buy}为发动机购买费用；L_{e}为发动机经济寿命；M'为飞机机队规模；N_{match}为该型号飞机按照装配要求需

要装配的发动机数量。

3. 发动机机群的送修成本

航空公司对于发动机的送修主要包括两种模式，第 1 种送修方式是包修模式，即维修厂商考虑飞机机型、发动机台数、发动机健康状况、发动机使用年龄等综合因素，与航空公司签定的发动机送修合同，不计发动机送修次数，按年收取维修费用；第 2 种送修方式是传统模式，即按次送修计费的方式，航空公司每次进行故障分析并评估维修等级、确定送修范围、预测维修成本，再按维修方的实际维修情况修订维修范围和成本。该维修方式的维修成本与发动机送修前状态相关。

(1) 包修模式下的发动机送修成本计算方法

$$C_{\mathrm{m}} = \frac{GQ}{365} \tag{10.11}$$

式中：G 为航空公司与维修厂商合同签定的发动机机群年维修成本；

(2) 传统送修模式下的发动机送修成本计算方法

$$C_{\mathrm{m}} = \sum_{k\in E}\sum_{l=0}^{V_k}\gamma_k^l \tag{10.12}$$

式中：E 为发动机集合，$E=\{1,2,\cdots,N\}$；k 为发动机号，$\forall k\in E$；V_k 为第 k 台发动机在 Q 计划期内最大送修次数；l 为第 k 台发动机的送修次数，$l=0,1,2,\cdots,V_k$；γ_k^l 为第 k 台发动机第 l 次送修费用。

针对由于性能原因导致下发，单次维修成本可以用回归模型、灰色理论、神经网络方法和统计粗集模型等方法作预测。此时维修费用是发动机性能状态参数、送修间隔时间、总飞行小时和单次送修的部件拆换数的函数；如果是 AD/SB/EO(适航指令、服务通告、工程指令)等原因导致下发送修，则与相应规定的维修内容相关；如果发动机是由于 LLP(时限件)到寿，则与 LLP 费用相关；由于调度计划只做计划维修工作，因而对于 FOD(意外损伤)情况则不予考虑。

4. 发动机拆装费用

$$C_{\mathrm{reml}} = B\sum_{k\in E}\sum_{l=0}^{V_k}(H_k^l + 1) \tag{10.13}$$

式中：B 为拆换一次发动机的费用，主要是人工时费；H_k^l 为第 k 台发动机第 l 次送修返回后的最大梯次使用次数。

5. 发动机因提前下发引起的寿命损失成本

$$C_{\mathrm{lost}} = \sum_{k\in E}\sum_{l=0}^{V_k}\eta_k^l\alpha_k^l \tag{10.14}$$

式中：η_k^l 为第 k 台发动机第 l 次送修返回后提前下发的单位时间损失成本，与下发原因和维修工作范围相关；α_k^l 为第 k 台发动机第 l 次送修返回后最大可提前下发的时间段。

6. 发动机维护附加费用

$$C_{\mathrm{add}} = D\sum_{k\in E}\sum_{l=0}^{V_k}\beta_k^l \tag{10.15}$$

式中：D 为水洗一次的费用；β_k^l 为第 k 台发动机第 l 次送修返回后水洗次数，$\{\beta_k^l \mid 0\leqslant\beta_k^l\leqslant 3$ 且 $\beta_k^l\in Z\}$。

10.4 航空发动机维修等级的划分及影响因素

发动机的送修是发动机维修的重要方面，其主要内容包括送修等级决策、送修工作包的制定等。送修等级指的是发动机的维修深度，与一般设备的修理级别相比，发动机的送修等级有很多不同。首先，发动机的维修等级分为整机的维修等级和单元体的维修等级，并各自有相应的划分标准；其次，由于航空发动机本身结构的复杂性，涉及的影响因素也多种多样。送修工作包指的就是维修范围，是在一定的维修等级下所要进行的具体维修工作。送修工作包的确定是制定送修方案的主要目标，而送修等级是其中的关键点。

发动机维修等级的划分是基于相同的基本思想，它一般由发动机厂商规定。由于不同厂商以及不同型号的发动机的具体情况不同，发动机维修等级的划分可能不尽相同。考虑到机型之间的差异性，以 PW4000－94 发动机为例进行说明。

10.4.1 送修维修等级划分

1. 整机的维修等级

整机的维修等级划分为以下 3 个等级，具体等级的定义如表 10.1 所列。

表 10.1 发动机整机的维修等级的定义

Maintenance Level(英文)	维修等级(中文)
1. Repair	1. 修理
2. Core Heavy Maintenance / Core Gas Path Restoration	2. 核心机的深度维修/核心机的气路性能恢复
3. Engine Heavy Maintenance / Engine Gas Path Restoration.	3. 发动机的深度维修/发动机的气路性能恢复

单元体的维修等级和维修范围影响着整机维修等级的大小。据厂商的定义，每一个维修等级都有其最小的维修范围与此对应，这些最小维修范围形成了整机维修等级的划分依据。根据每一个维修等级所对应的最小维修范围，整机的维修等级划分如图 10.7 所示。

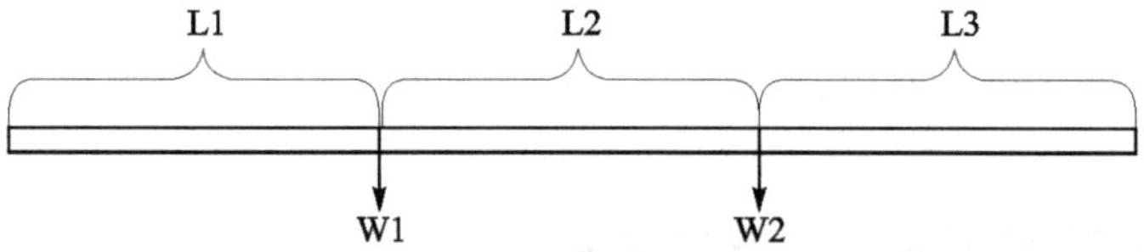

图 10.7 整机维修等级的划分标准

图 10.7 中各字母所代表的含义如表 10.2 所列。

表 10.2 维修范围划分说明表

代 号	含 义
L1	维修等级 1 Repair
L2	维修等级 2 Core Heavy Maintenance / Core Gas Path Restoration
L3	维修等级 3 Engine Heavy Maintenance / Engine Gas Path Restoration
W1	等级 L2 的最小维修范围
W2	等级 L3 的最小维修范围

当维修范围小于 W1 时，整机的维修等级就为 L1(Repair)；当维修范围大于等于 W1 且小于 W2 时，维修等级就为 L2(Core Heavy Maintenance / Core Gas Path Restoration)；当维修范围大于等于 W2 时，维修等级就为 L3(Engine Heavy Maintenance / Engine Gas Path Restoration)。

其中，主要依据发动机核心机的维修深度来确定维修等级 L2 的最小维修范围。在发动机的单元体中，如果是核心机都要求进行深度维修或者气路性能恢复，而对于非核心机并不一定要进行深度维修或者气路性能恢复，则发动机整机的维修等级为 L2。表 10.2 中等级 L2 所对应的最小维修范围如表 10.3 所列。

表 10.3 维修等级 L2 的最小维修范围

单元体名称	维修深度
Fan Blades	深度维修
LPC Group	气路性能恢复
Turbine Coupling Group	单元体级的检查或修理或改装
Fan Case Group	单元体级的检查或修理或改装
Intermediate Case Group	单元体级的检查或修理或改装
HPC Group	深度维修(或气路性能恢复)
Diffuser and Combustor Group	深度维修
Turbine Nozzle Group	深度维修
HPT Group	深度维修(或气路性能恢复)
LPT Group	单元体级的检查或修理或改装
Turbine Exhaust Case Group	单元体级的检查
Main Gearbox Assembly	单元体级的检查
Angle Gearbox Assembly	单元体级的检查

维修等级 L3(Engine Heavy Maintenance / Engine Gas Path Restoration)的最小维修范围，和维修等级 L2 的(Core Heavy Maintenance / Core Gas Path Restoration)标准相比，情况更加恶劣。一般当所有单元体都要进行深度维修或者进行气路性能恢复时才会落入此等级。此等级所对应的最小维修范围如表 10.4 所列，所有的单元体包括非核心机在内都要进行深度维修或气路性能恢复。

表 10.4 维修等级 L3 的最小维修范围

单元体名称	维修深度
Fan Blades	深度维修
LPC Group	深度维修(或气路性能恢复)
Turbine Coupling Group	深度维修
Fan Case Group	单元体级的检查
Intermediate Case Group	深度维修
HPC Group	深度维修(或气路性能恢复)

续表 10.4

单元体名称	维修深度
Diffuser and Combustor Group	深度维修
Turbine Nozzle Group	深度维修
HPT Group	深度维修(或气路性能恢复)
LPT Group	深度维修(或气路性能恢复)
Turbine Exhaust Case Group	深度维修
Main Gearbox Assembly	深度维修(执行单元体级的检查、修理或改装)
Angle Gearbox Assembly	深度维修(执行单元体级的检查、修理或改装)

以上就是对发动机整机维修等级的定义以及各个等级的划分依据。实际上,整机的维修等级只是提供管理上的决策,工程意义并不大。因为单元体的维修等级决定了单元体的维修范围,所有单元体的维修范围形成了整机的维修范围,而整机的维修范围确定了整机的维修等级。所以,实际发动机维修工作的展开,都是以单元体为中心进行的。单元体的维修等级的确定才是整个维修工作的关键。

2. 单元体的维修等级

在维修过程中,整机的维修范围由各个单元体的维修范围所决定,所以单元体的维修等级的确定是整个工作的重点。同样以 PW4000－94 发动机为例,单元体的维修等级分为 4 个维修等级,具体等级的定义如表 10.5 所列。

表 10.5 发动机整机的维修等级的定义

Maintenance Level(英文)	维修等级(中文)
1. Module Level Inspection	1. 单元体级的检查
2. Check&Repair/Modification	2. 检查、修理/改装
3. Gas Path Restoration	3. 气路性能恢复
4. Heavy Maintenance	4. 深度维修

单元体的维修等级划分依据可以概括如下:

① 单元体级的检查:不进行单元体的拆装,单元体级的检查维修程度最小;

② 检查、修理/改装:进行单元体的部分拆卸,对特定部件进行检查、修理或改装;

③ 气路性能恢复:进行单元体的部分拆卸,主要进行气路性能恢复;

④ 深度维修:进行深度维修,单元体要进行充分地拆卸,以进行修理及性能、稳定性恢复。

单元体的等级一般划分为以上 4 个等级,但具体到不同的单元体时,其等级划分的情况却不完全一致。如单元体 FAN 有两个维修等级 Check & Repair / Modification 和 Heavy Maintenance;单元体 Main Gearbox Assembly 有 3 个维修等级 Module Level Inspection、Check &Repair / Modification 和 Heavy Maintenance;而单元体 LPC(Low Pressure Compressor)则包括以上所介绍的 4 个等级。所以针对不同的单元体要分别进行分析处理。

10.4.2 送修等级影响因素分析

航空发动机结构复杂,除了几大核心部件,还有很多的外附件。任一个部件的微小变化都可能影响到发动机的运行状况。发动机结构的复杂性直接导致了其运行状况的复杂性。因此，其送修等级的判定以及送修范围的制定等也非常复杂。

实际中，根据航空公司的资料，影响发动机送修等级和送修范围的因素有很多，主要包括：拆下时的发动机排气温度裕度 EGTM、单元体的软时间、AD/SB、气路参数、滑油、下发原因以及性能等。

1. EGT 与送修等级的关系

目前，发动机的排气温度裕度 EGTM 是可以通过发动机监控软件进行监控分析，如 GE 公司的 SAGE 软件，普惠的 EHM 软件。可以通过监控软件的监控分析来了解发动机的运行情况，以确定衰退原因，及时采取维护措施。

也可以采用不同的维修方法来恢复下降的 EGTM，主要通过水洗、大修和部件升级来实施，采用不同的方式所达到的维修效果、维修深度也不尽相同。

① 一般情况下，水洗可有效恢复发动机的 EGTM，兼具成本较低的优点。通常情况下，水洗可以使发动机的 EGT 裕度恢复 8～11℃。如果每次水洗后无明显效果，我们就能知道 EGTM 的下降是发动机性能衰退导致的，这样的话就必须采取较高深度的维修等级。

② 大修可以有效恢复换发的发动机的 EGTM。发动机因性能衰退进行换发的主要因素有原始检查结果和趋势监控数据。其中标志之一是 EGTM 下降并且可能较快地接近警戒值。决定换发的 EGTM 剩余值不能过高或过低，过高则增加了发动机的换发率，也就增加了维护成本；过低则增加了发动机大修时的工作内容，也就增加了性能恢复的费用。在发动机换发后进行大修，可以使 EGTM 得到恢复。在制定 EGT 裕度的恢复计划时，也可以通过恢复其中部分部件的性能来降低大修的费用。

③ 部件改进和升级也可以有效地提高 EGTM。在发动机设计技术进步的进程中，发动机公司不断设计制造出性能更好的部件，通过采用这些部件可以提高发动机的效率，增加 EGT 裕度，减慢 EGT 裕度的恶化。例如，GE 公司采用三维流场技术设计的压气机组件替代原来的压气机组件可以提高 EGT 裕度，减小耗油率；还可以通过改进涡轮组件来提高发动机 EGT 的红线值，这样提高了发动机 EGT 的裕度，减缓了 EGTM 的衰退。虽然这些新技术部件会增加当次的送修费用，但是这样做也会增加发动机的在翼时间和 EGTM，减缓发动机的性能衰退率。在这样的情况下，发动机工程师就需要根据具体的发动机情况来考虑航空公司的综合因素，以确定发动机的维修深度及类型。

2. 软时间与送修等级的关系

(1) 软时间的介绍

软时间(Soft Time)指的是厂商推荐的单元体维修时间间隔，一般通过厂商工程师对发动机进行大量采样分析可以得到该时间间隔值。但是厂商的数据一般偏于保守，航空公司有可能会根据自己的机队使用经验作出调整。此外，不同的机型对应单元体的软时间一般也都不一样，因此针对不同的发动机类型需要确定不同的软时间。表 10.6 为 PW4000－94 型发动机的厂商规定的各单元体的软时间。

表 10.6 PW4000-94 单元体的软时间值

单元体名称	软时间(Heavy Maintenance/Gas Path Restoration Threshold)
Fan Blades	5 000cycles/20 000 h
LPC	5 000cycles/20 000 h
LPC/LPC Coupling	5 000cycles/20 000 h
Fan cases	5 000cycles/20 000 h
Intermediate Case	5 000cycles/20 000 h
HPC	5 000cycles/20 000 h
Burner/Diffuser	4 000cycles/16 000 h
Turbine Nozzle	4 000cycles/16 000 h
HPT	4 000cycles/16 000 h
LPC	4 000cycles/16 000 h
TEC	4 000cycles/16 000 h
MGB/AGB	14 000 h

大修或翻修的间隔可对应到软时间(Soft Time),一般表示为自上次深度维修时间/循环TSHM/CSHM(Time Since Heavy Maintenance /Cycles Since Heavy Maintenance)或自上次翻修时间/循环 TSO/CSO(Time Since Overhaul/Cycles Since Overhaul),这些参数在维修管理中都是比较重要而且是经常要使用到的参数。当单元体进行相应的等级维修以后,对应的参数都要做相应的处理。如某单元体进行了深度维修,进行维修的同时其 TSHM/CSHM 要做归零处理。如果只是修理改装或者气路性能恢复,TSHM/CSHM 将继续累积直至下次大修为止。当下一次单元体等级送修等级决策之时,会根据判定流程调用这些数据与厂商规定或者航空公司自己调整以后的软时间做比较,以便进行等级决策。

除了单元体部件有相应的软时间外,发动机的外附件也有其相应的软时间,如表 10.7 所列。

表 10.7 外附件软时间表

外附件名	软时间/h
Fuel Pump	12 000
Air/oil Heat Exchanger	16 000
Fuel Distribution Value	16 000
⋮	⋮
Supplemental Control Unit	On-Condition

(2) 软时间与等级的关系

实际上,在航空公司将发动机送修的过程中,一大参考因素就是软时间。软时间的标准已经进行了量化处理,只需要对发动机相关的参数进行监控,在送修前进行必要的比较即可。通常一旦超过软时间的规定,就必须实施相应等级的维修工作。表 10.8 为发动机风扇单元体的维修等级的软时间参数表。

表 10.8　风扇叶片的软时间

风扇单元体的 Soft Time(Cycles)		
进行防振动润滑	边缘划伤检查	深度维修
2 500	2 500	5 000

根据风扇叶片软时间表其相应的等级划分效果图如图 10.8 所示。

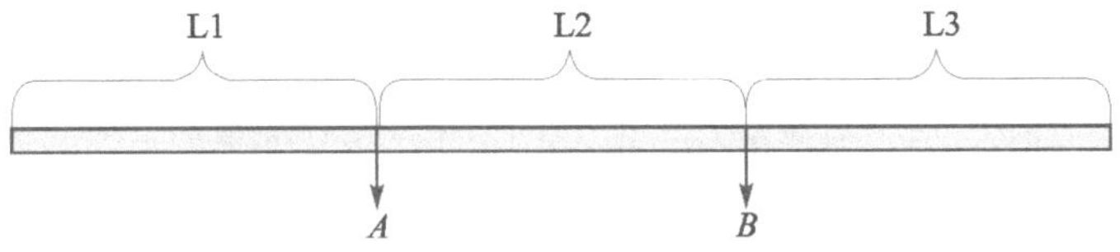

图 10.8　风扇叶片软时间与等级的划分效果图

其中：L1 表示不进行任何维修操作；L2 表示进行气路性能恢复(Gas Path Restoration)；L3 表示进行深度维修(Heavy Maintenance)；*A* 为 2 500 cycles；*B* 为 5 000 cycles。

如果通过监测，发现其 TSHM 落入 0～2 500 区间，则不需要进行维修操作；若落入 2 500～5 000 区间则要进行气路性能恢复；如果超过了 5 000 则要进行深度维修。

3. AD/SB 与送修等级的关系

AD/SB 与等级的关系比较复杂，根据维修计划指南 MPG(Maintenance Plan Guide)中的单元体的维修判定流程分析可以知道，AD/SB 与等级的关系可能出现以下两种情况：

① 根据发动机 MPG 中等级判断的流程，只有紧急的 AD/SB 会导致发动机的下发维修。在这样的情况下，可以认为 AD/SB 决定了维修等级。

② 根据发动机 MPG 中等级判断的流程，AD/SB 与整个单元体维修等级的确定没有直接关系，但当维修等级确定以后，根据制定维修范围 Workscope 的要求，需要将在此等级下的 AD/SB 一并执行。在这样的情况下，又成了等级决定了 AD/SB。

以 CF－34 发动机为例，根据 AD/SB 的要求，发动机要更换低压压气机 5/6 级轮盘，所以要打开 LPT，在这样的情况下可以认为 AD/SB 决定了维修等级；另一方面，若由于 LLP 到期，需要打开 HPC 机匣，这样，就可以执行一些打开 HPC 才能执行的 AD/SB，这样就成了等级决定了 AD/SB。

综上所述，基本上是看 AD/SB 级别是不是紧急的，如果很紧急，则是 AD/SB 决定等级，否则就是等级决定 AD/SB 了。

4. 气路参数与送修等级的关系

发动机性能的衰退会引发很多发动机故障，气路系统部件是民航发动机的核心，包括压气机、燃烧室、涡轮。来自气路部件的一些热力参数能够反应发动机性能的变化，如温度、压力和转子转速等，可通过机载设备直接采集这些参数。气路参数分析就是在起飞阶段和巡航阶段分别分析参数的变化情况，再将这些参数转换成标准状态下的数值，与发动机厂家所给定的该型发动机的标准性能参数进行比较，以看清偏差的变化情况。通过对偏差的分析以及偏差变化趋势分析，来判断发动机健康状况，实现对发动机的监控，及时发现参数与标准值的偏差异常或参数的变化趋势异常，并分析出产生异常的原因，为预防和排除故障提供依据。表 10.9 列出了在一般情况下，发动机的起飞阶段和巡航阶段所需监控的气路参数。

表 10.9 民航发动机气路监控参数列表

飞行阶段	监控参数	参数解释
起飞阶段	EGT 裕度	起飞阶段的排气温度裕度
	N_2 裕度	起飞阶段的高压转子转速裕度
巡航阶段	EGT 偏差	EGT 与基线值的偏差
	N_2 偏差	N_2 与基线值的偏差
	WF 偏差	燃油流量与基线值的偏差
	N_1 偏差	N_1 与基线值的偏差

5. 其他因素分析

除上述提到的影响因素外，还有很多别的因素影响发动机的送修等级，如滑油信息、孔探检查结果、振动信息等。

滑油信息一般包括滑油消耗率、滑油中的金属屑、滑油的品质状况。滑油的监控是机械设备状态监测与故障诊断的主要方法之一，尤其适用于机械磨损类故障监控与诊断。这种监控手段是对发动机润滑系统部件特别是对其封严系统状况的监控。通过记录飞行前和飞行后的滑油量，分析滑油消耗速率来得到有关滑油泄漏的信息，或得到因燃油/滑油散热器损坏而在滑油中出现燃油污染的信息，以进行滑油消耗量分析。对于滑油消耗率的计算，可以用本次滑油添加量除以本次滑油添加时间和上次滑油添加时间之间的飞机飞行时间的总和。同时计算每 5 次的加油段的滑油消耗量作为趋势值。这样就可对滑油趋势值进行监控，及时报告滑油趋势不正常情况。尽管在发动机的运转过程中有滑油进行润滑，但相互接触的运动部件之间仍存在一定磨损，所以在滑油中就不可避免地存在金属颗粒。如果磨损程度比较深，还会引起某些零件掉皮或掉块，特别是发动机主轴承，有可能出现掉皮或滑蹭现象。由摩擦学理论可知，不同类型的磨损故障所产生的磨屑的大小、形状有所不同，所以可以通过分析滑油中的金属屑来确定发动机磨损故障类型，通过金属屑的数量多少来确定故障程度。

振动信号是发动机状态监控与故障诊断过程中常见的一类数据。发动机的高、低压转子由盘、轴、叶片等零部件组装而成，这些部件在运行的过程中不可能做到完全平衡。此外，发动机转子在工作中会高速旋转，这种不平衡在旋转过程中会产生一定程度的振动信号，我们就通过这些振动信号来进行状态监控与故障诊断。发动机生产厂家对转子的不平衡度都有一定的要求，发动机出厂时都必须满足此要求。同时，发动机生产厂家也规定了发动机在使用过程中所允许的最大振动值，只要发动机的振动值不超过此限制值，就能满足要求。因此，可以通过对其进行监控也为做相应的维修决策提供依据。

10.5 送修等级决策规则

10.5.1 MPG 的介绍

维修计划指导（MPG）作为航空公司目前最主要的维修依据，是由航空发动机制造厂商根据不同型号的发动机提供的维修指导性文件。其内容包括发动机维修计划、发动机翼上航线管理、翼下送修管理以及客户化信息等，图 10.9 为其内容结构组成。

MPG的组成
- 发动机维修计划
- 相关的参考表
- 航线维修指导
- 维修范围计划指导
- 客户化信息

图 10.9　MPG 的结构组成

1. 发动机维修计划

提供发动机维修计划，是为了向机队提供有效的维修计划管理。表 10.10 列出了其具体内容及解释。

表 10.10　发动机维修计划内容及解释

内　容	解　释
机队管理	分析影响发动机机队管理的众多因素，在众多因素影响的情况下如何做送修等级决策
飞行运行参数	对影响发动机机队维修计划的有关运行参数做了分析介绍，如空中停车的次数极小化参数、发动机的可靠性参数、起飞推力等
经济性分析	重点介绍如何制定维修计划以降低送修率和送修成本

2. 相关的参考表

相关的参考表主要涉及相关维修建议，紧急的服务通告(SB)和增强耐飞性的适航指令(AD)等。每一条 AD/SB 指令都有其适用范围，每一种机型也都有与此相对应的 AD/SB。在维修计划指导中，有关 AD/SB 都有很详细的指令清单(包括指令的具体内容执行要求等)在这一部分就会详细给出。在制定维修范围时，AD/SB 的选择依据也来源于此。

3. 航线维修指导

航线维修指导主要为发动机的翼上航线维修提供指导推荐，包括以下 3 方面：

① 在翼维修任务；

② 翼上服务通告(SB)的推荐；

③ 航线维修计划推荐。

4. 维修范围计划指导

在维修等级方面，提供了以下等级：

① 详细的发动机维修等级定义及其划分标准；

② 各个单元体的维修等级影响因素以及判定流程；

③ 各个单元体在各个维修等级下的所做的维修工作。

此外，还包括了发动机进行不同程度维修后的试车要求、性能恢复等的相关建议，其内容组成如图 10.10 所示。

维修范围计划指导
- 单元体等级
  - 等级的划分
  - 等级影响因素
  - 等级判定流程
- 单元体各等级下的维修范围
- 维修后的试车要求
- 相关性能恢复建议

图 10.10　维修范围计划指导的内容组成

5. 客户化信息

客户化信息主要是为了使该维修计划指导符合航空公司的使用习惯，也就是标准化、通俗化维修计划指导，是厂商以用户为出发点制定的。

发动机的换发分为计划换发和非计划换发。计划换发是指发动机使用过程中性能达到更换发动机的条件，但是性能衰减的程度未发生突变，或者要执行重大改型工作，或者由于部件到达寿命期限，即可预测的更换发动机。非计划换发一般指发动机的性能衰减突然发生恶变，非预测性发动机内部部件出现损坏（故障），或者由于外来物损伤而拆换发动机。MPG 为维修计划指导，一般而言适用于计划换发的等级决策。

10.5.2 送修等级判定

通过分析维修计划指导的内容结构组成，可以发现维修计划指导中，有一部分非常重要的内容，即维修范围计划指导。其中包含了维修等级的划分标准，影响等级的因素，判定流程和相应的维修工作。发动机单元体众多，维修计划指导则是充分考虑到各个单元体之间的差异，针对不同单元体制定的维修等级决策流程图。

如图 10.11、图 10.12 依次为单元体 FAN、单元体 LPC 在 MPG 中的等级判定流程图。

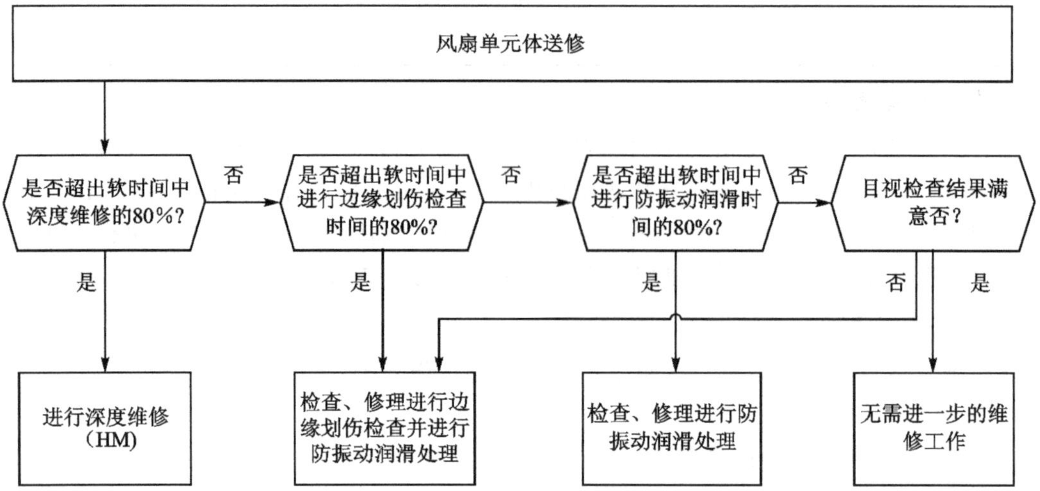

图 10.11 单元体 FAN 的等级判定流程图

其中，流程图 10.11 中的发动机风扇单元体的维修等级的软时间参数如表 10.11 所列。

表 10.11 风扇叶片的软时间

风扇单元体的 Soft Time(Cycles)		
进行防振动润滑	边缘划伤检查	深度维修
2 500	2 500	5 000

发动机的 10 多个主要单元部件都有相应的等级决策流程图，如图 10.12 所示，这里仅给出两个代表性单元体的等级决策流程图说明。

由流程图可知，其包括了许多等级判定规则。由于可以利用计算机进行处理许多工作，而流程图的形式不便于计算机处理，因此必须提取其规则，形成计算机易于处理的格式。

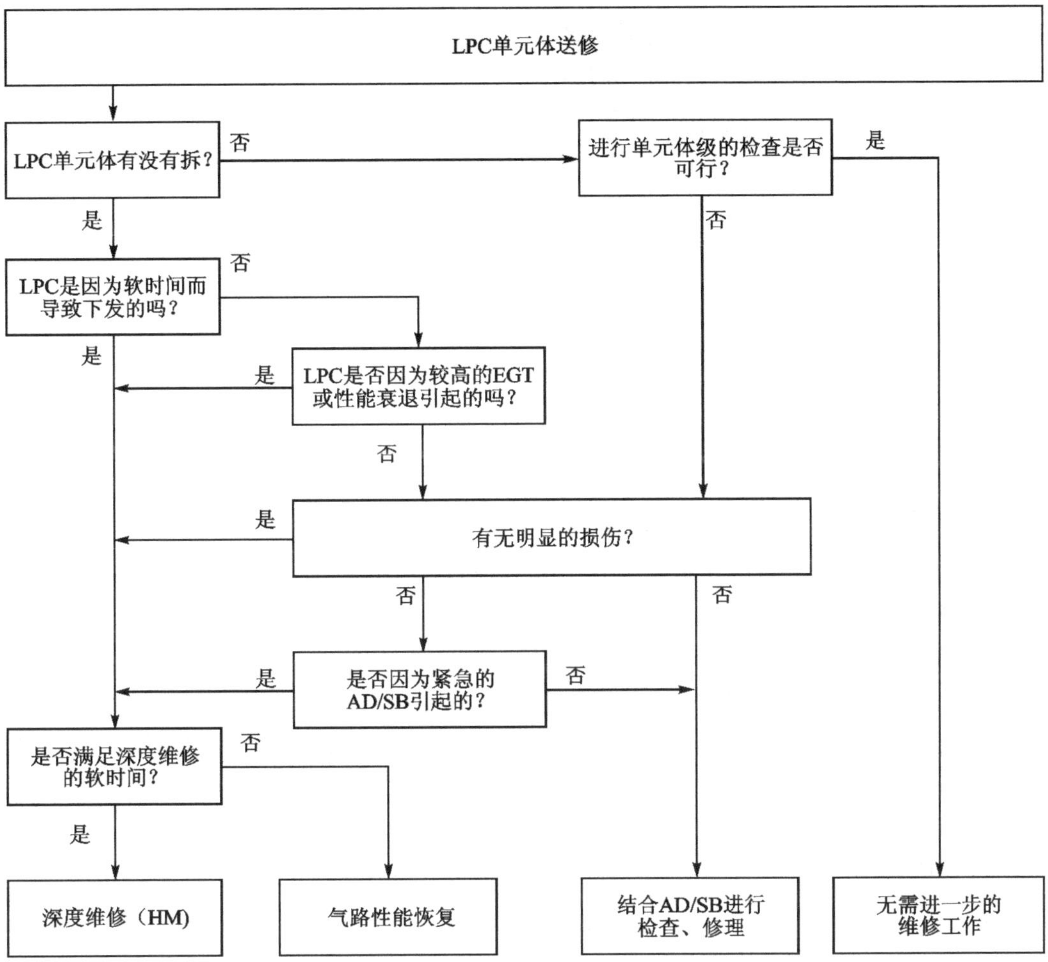

图 10.12　单元体 LPC 的维修等级判定流程图

10.6　发动机送修工作包

工作包的制定过程，即维修范围（Workscope）的确定过程。在很多场合下，工作包特指发动机的维修范围。维修范围指的是发动机在一定的维修等级下，所有需要执行的维修工作。维修范围的大小由维修等级直接影响，是制定维修等级的最终目的。

目前，在航空公司的实际维修工作中，工作包的制定已经流程化，是在发动机送修前必须开展的一项工作。

10.6.1　送修工作包的结构组成

工作包主要包括发动机送修时的基本信息和具体维修范围两个内容。其中，基本信息包括发动机类型、下发日期、下发原因、滑油信息、LLP（Life Limited Parts）信息、外附件信息等；而具体维修范围则包括具体要执行的 AD/SB、构型改造及维修目标等一些其他维修要求。图 10.13所示为维修范围的内容结构组成图。

下面具体介绍维修范围结构组成图中的部分内容。

- 维修范围
  - 基本信息
    - 发动机类型
    - 下发日期
    - 下发原因
    - LLP信息
    - 滑油信息
    - 外附件信息
  - 具体维修范围
    - 需要执行的AD
    - 需要执行的SB
    - 主要单元体具体的维修范围清单（含等级）
    - 维修目标

图 10.13　维修范围结构组成图

1. AD/SB 信息

航空发动机的维修范围包括很多内容，其中可有很多信息，但对于 AD/SB 来说却不可或缺，必须明确指出。AD/SB 均有实用机型的信息，因此确定了送修机型和发动机序号后，必须索引出相关的 AD/SB。完整的 AD 指令应该包含 AD 号、题目(Title)、生效日期(Affected Date)、完成期限(Accomplish Date)、当前状态(Affected(Current Status))。AD 是强制性执行的，而 SB 是非强制性执行的，需要经过评估来决定是否需要执行。SB 和 AD 一样，也包括 SB 号(SB. No)、版本号、SB 类别(SB Cat)、题目(Title)、评估意见等，SB 在维修计划指导中都可以查到。

2. LLP 信息

发动机上通常装有时控件 LLP，即时间限制的部件或者盘类件。这些元件规定了一个到下次大修时的最大使用寿命。如果使用时限超过规定限制后，可能会发生影响飞行安全的问题，因此有必要监控这些元件，直到该元件被更换为止。

每次送修时，也要关注时控件，在确定维修目标时，考虑寿命部件修后能否满足到下次计划换发的条件。因此 LLP 信息构成了维修范围的一个组成因素。

发动机每次拆下送修回来后，还需要列出发动机时控件的更换清单，得以清楚了解发动机寿命件的情况，便于进一步的监控。依靠发动机时控件剩余寿命的限制，来监控发动机的下发日期，这对于飞机的安全运行以及乘客的安全都尤为重要。这里只要跟踪发动机中最低的时控件的剩余寿命，并作为该发动机下发日期的一个限制。

3. 外附件信息

除了几个核心单元体外，发动机还有许多非常重要的附件。每一个附件都有各自的使用时限，均会一定程度上影响发动机的正常运行。对于每个附件，发动机生产商均提供了相应的使用软时间(Soft Time)以及主要影响使用的技术因素，如燃油泵(Fuel Pump)，软时间为 12 000 h，即当使用时间达到 12 000 h 时必须进行送修处理。因此，外附件信息也构成了维修范围的一个组成因素。

4. 维修目标

发动机送修前，应该建立好相应的修理目标。修理目标一般根据客户使用经验、发动机运行环境、发动机的制造厂的建议、修理厂家的经验，以及全世界该型发动机的平均拆换时间等因素来确定。要达到发动机的修理目标一般要考虑以下几个因素：

① 根据发动机的故障和检查结果，提出最优先的技术通告要求，即厂家发布的针对解决发生故障的技术改型。

② 根据发动机的性能曲线，确定对核心机修理的范围，恢复其性能。

③ 恢复性能主要包括风扇组件，低、高压压气机，低高压涡轮组件。

④ 考虑寿命部件修后能满足到下次计划换发的条件。

完善的发动机修理范围还要根据发动机分解后、视情扩展或部分修改工作项目。EGT裕度受任何单一的性能项目微弱影响，发动机的修理质量由许多有效项目的集合决定。

10.6.2　送修工作包的制定过程

送修工作包(Workscope)的制定其实是维修范围制定的过程，其中包含等级的确定，送修发动机的基本信息以及各个单元体的具体维修范围，是送修过程中非常重要的一个环节。工作包的制定过程的一般步骤详见表10.12。

表10.12　工作包制定过程一般步骤

步　骤	解　释
① 确定送修的发动机	① 送修前必须要知道对哪一台发动机进行送修，其次要知道其下发原因、下发时间、滑油等相关信息
② 单元体送修等级的确定	② 单元体等级的确定可以得到相应单元体的维修范围
③ 送修范围(工作包)的确定	③ 根据每一个单元体的送修范围得到整机的送修范围

根据制定流程，工作包的制定已经完全转变为其核心问题，即维修等级的确定。可以看出，送修等级的合理决策方法研究意义重大。

习题与思考题

1. 发动机维修成本主要由哪些因素构成？
2. 影响航空发动机维修成本的因素有哪些？
3. 起飞推力对维修成本是如何影响的？
4. 航材对维修成本的影响主要体现在哪些方面？
5. 发动机的送修维修等级是如何划分的？
6. 发动机维修范围计划指导主要内容有哪些？
7. 描述送修工作包的制定过程。
8. 发动机维修成本控制的主要手段是什么？
9. 简述发动机单元体层次维修费用核算流程。

参 考 文 献

[1] 陆志良,等.空气动力学[M].北京:北京航空航天大学出版社,2009.

[2] 吴子牛,王兵,周睿. 空气动力学[M].北京:清华大学出版社,2008.

[3] 钱翼稷.空气动力学[M].北京:北京航空航天大学出版社,2004.

[4] 童钧耕. 工程热力学[M].北京:高等教育出版社, 2007.

[5] 冯青,李世武,张丽.工程热力学[M].西安:西北工业大学出版社, 2006.

[6] 坎贝尔.燃烧发动机热力学分析[M].葛贤康,译. 北京:中国农业机械出版社, 1983.

[7] 徐生荣.工程热力学[M].南京:东南大学出版社, 2004.

[8] 张逸民. 民用涡轮风扇发动机的现状及趋势[J]. 国际航空,1979(02):18-20,47.

[9] 尚义. 航空燃气涡轮发动机[M]. 北京:航空工业出版社, 1985.

[10] 王云. 航空发动机原理[M]. 北京:北京航空航天大学出版社,2009.

[11] Rolls Royce PLC. Rolls Royce the Jet Engine[M]. Rolls-Royce PLC Derby England. 1986.

[12] 刘长福, 邓明,等. 航空发动机结构分析[M]. 西安:西北工业大学出版社, 2006.

[13] 刘长福. 涡轮风扇发动机及其系统的性能研究[M]. 北京:国防工业出版社, 1986.

[14] Kerrebrock J. Aircraft Engines and Gas Turbines[M]. MIT Press, 1992.

[15] Mattingly J D, Heiser W H, Pratt DT. Aircraft Engine Design[M]. 2nd ed American Institute of Aeronautics and Astronautics, 2002.

[16] Schobeiri M T. Turbomachinery Flow Physics and Dynamic Performance[M]. Springer Berlin Heidelberg, 2012.

[17] 徐浩军. 航空器适航性概论[M]. 西安:西北工业大学出版社,2012.

[18] 王坚,林植平. 谈谈中国民用航空器的适航管理[J]. 江苏航空,1997(01): 6-7.

[19] 胡鑫. 浅析发动机喘振对飞行安全的影响[J]. 科技创新导报,2012(16): 82.

[20] 唐世明.飞机状态监控系统的研究与改进[D].成都:电子科技大学, 2011.

[21] 苏斌. 适航指令颁发的决策支持系统研究[D]. 南京:南京航空航天大学,2007.

[22] 马小骏,左洪福,刘昕.大型客机运行监控与健康管理系统设计 [J].交通运输工程学报, 2012, 11 (06): 119-126.

[23] 王仲生,赵鹏.基于多源信息融合的发动机转子早期故障识别 [J].西北工业大学学报, 2009(003): 326-329.

[24] CASM R2.持续适航监察员手册[S].中国民用航空总局飞行标准司,2007.

[25] 李林,黄柯棣,何芳.集中式多传感器融合系统中的时间配准研究[J].传感技术学报, 2008(11): 2445-2449.

[26] 许珉,刘凌波.基于三次样条函数的加 Blackman-harris 窗插值 FFT 算法 [J].电力自动化设备, 2009, 29 (02): 59-63.

[27] 白杰. 运输类飞机适航要求解读:动力装置[M]. 北京:航空工业出版社,2013.

[28] 黄郁华. 发动机空中停车的故障分析与预防措施[J]. 民航经济与技术,1996(05):35-37.

[29] 李一波,张光明,蒋丽英. 航空发动机气路故障诊断技术研究现状[J]. 燃气轮机技术,2009(04):36-39.

[30] 许达. 航空器部件维修管理信息系统开发[D]. 成都:电子科技大学,2010.

[31] 尉询楷,李应红. 航空发动机状态监控与诊断现状及发展趋势[J]. 控制工程,2007(S3): 84-87,96.

[32] 梁磊,徐洪志,安学利,等. 航空发动机故障特征仿真研究[J]. 计算机仿真,2012(04): 60-63,224.

[33] 姚四伟，李建军，张力先. 燃烧室故障导致涡轮叶片烧蚀的原因分析[J]. 江苏航空，2007 (04)：25-26.
[34] 葛忠汉. 飞机发动机空停事件及预防[J]. 航空维修与工程，2009(01)：46-48.
[35] 张加圣，应英，应勇. 航空发动机故障监控系统的设计与软件实现[J]. 测控技术，2008(02)：65-68.
[36] 陈果，李爱. 航空器检测与诊断技术导论[M]. 北京：航空工业出版社，2012.
[37] CCAR-25-R4. 运输类飞机适航标准[S]. 中国民用航空局，2011.
[38] CCAR-33-R2. 航空发动机适航规定[S]. 中国民用航空局，2011.
[39] 郑作棣. 运输类飞机适航标准技术咨询手册[M]. 北京：航空工业出版社，1995.
[40] CCAR-34. 涡轮发动机飞机燃油排泄和排气排出物规定[S]. 中国民用航空总局，2002.
[41] CCAR-36-R1. 航空器型号和适航合格审定噪声规定[S]. 中国民用航空总局，2007.
[42] CCAR-43. 维修和改装一般规则[S]. 中国民用航空总局，2005.
[43] CCAR-121-R4. 大型飞机公共航空运输承运人运行合格审定规则[S]. 中国民用航空局，2010.
[44] 葛科宇. 发动机磨损故障知识获取方法研究及应用平台开发[D]. 南京：南京航空航天大学，2011.
[45] CCAR-145-R3. 民用航空器维修单位合格审定规定[S]. 中国民用航空总局，2005.
[46] AP-21-03R3. 型号合格审定程序[S]. 中国民用航空总局航空器适航审定司，2002.
[47] AP-21-04R3. 生产许可审定和监督程序[S]. 中国民用航空总局航空器适航审定司，2004.
[48] AP-21-05R1. 民用航空产品和零部件适航证件的颁发和管理程序[S]. 中国民用航空总局航空器适航审定司，2002.
[49] CCAR-21-R3. 民用航空产品和零部件合格审定规定[S]. 中国民用航空总局，2007.
[50] CCAR-39AA. 民用航空器适航指令规定[S]. 中国民用航空总局，1990.
[51] AP-21-02. 关于国产民用航空产品服务通告管理规定[S]. 中国民用航空总局航空器适航审定司，1988.
[52] 甘茂治，康建设，高崎，等. 军用装备维修工程学[M]. 北京：国防工业出版社，2005.
[53] 李裕奇. 随机过程[M]. 北京：国防工业出版社，2003.
[54] 白芳. 民航发动机机群调度优化与视情维修决策方法研究[D]. 南京：南京航空航天大学，2011.
[55] 易承罡. 基于 ACARS 的飞机实时监控系统研究[J]. 宁波大学学报(理工版)，2011，24 (01)：132-136.
[56] Engines，G. A. 发动机技术管理. 1998.
[57] 左洪福，蔡景，吴昊，等. 航空维修工程学[M]. 北京：科学出版社，2011.
[58] 梁剑. 基于成本优化的民用航空发动机视情维修决策研究[D]. 南京：南京航空航天大学，2004.
[59] 姚晨榕. 基于状态的民航发动机维修管理研究[D]. 南京：南京航空航天大学，2006.
[60] P&W. PW4056-94 Maintenance Planning Guide，2005.
[61] GE Transportation. CF34 Workscope Planning Guide. General Electric Company，2006.
[62] SAE. Aircraft Gas Turbine Engine Health Management System Guide，SAE ARP1587，Revison B，2007.
[63] Hörl F，Richter K. Monitoring the EJ200 Engine. Proceedings of the 18th Symposium Aircraft Integrated Monitoring Systems，1995.
[64] Urban L A. Gas Path Analysis Applied to Turbine Engine Conditioning Monitoring[J]. AIAA/SAE Paper 1972，72-1082.
[65] Stamatis A，Mathioudakis K，Smith M，et al. Gas Turbine Component Fault Identification by Means of Adaptive Performance Modeling[J]. ASME Paper 90-GT -376，1990.
[66] Vachtsevanos G，Lewis F L，Roemer M，et al. Intelligent Fault Diagnosis and Prognosis for Engineering Systems[M]. John Wiley & Sons，2006.
[67] Bannantine J，Comer J J，Handrock J L. Fundamentals of Metal Fatigue Analysis[M]. New Jersey：Prentice Hall，1989.

[68] Meeker W Q ,Escobar L A. Statistical Method for Reliability Data[M]. John Wiley and Sons, 1998.
[69] 上海航空测控技术研究所. 航空故障诊断与健康管理技术[M]. 北京：中航出版传媒有限责任公司，2013.
[70] 孙见忠. 面向单元体的航空发动机健康状态评估与预测方法研究[D]. 南京：南京航空航天大学，2012.
[71] 陈康. 飞机载重平衡控制之我见[J]. 硅谷，2012(16)：2-3.
[72] 陈兴华，胡静，张润生. 我国航空市场支线飞机运营故障统计分析[J]. 民用飞机设计与研究，2011(03)：56-60，64.
[73] 戴水生，陈华长. TFE731 - 2A - 2A 型发动机控制电路分析及典型排故模式[J]. 洪都科技，2009(02)：22-33.
[74] 郑启涛. 剖析飞行机械故障中的发动机和起落系统[J]. 中国科技博览，2012(23)：419.
[75] 赵世荣. 航空发动机自适应建模及故障诊断[D]. 南京：南京航空航天大学，2007.
[76] 李一波，张光明，蒋丽英. 航空发动机气路故障诊断技术研究现状[J]. 航空维修与工程，2009(03)：10-15.
[77] 徐可君，江龙平. 军用航空发动机可靠性和寿命管理[J]. 中国工程科学，2003，5(1)：82-88.
[78] 王大伟，王伟，冯振宇. 民用航空发动机限寿件适航符合性方法[J]. 科技导报，2013，31(13)：49-53.
[79] European Aviation Safety Agency. Certification specification for engineCS-E[S]. Koeln DC：European Aviation Safety Agency，2010.
[80] 苏清友. 航空涡喷、涡扇发动机主要零部件定寿指南[M]. 北京：航空工业出版社，2004.
[81] US Department of Transportation，Faderal Aviation Administration. CFR14 Part 33：Airworthiness Standards：Aircraft Engines [S]. Washington DC：FAA，2013.
[82] US Department of Transportation，Faderal Aviation Administration. Advisory Circular 33. 70 -1：Guidance Material for Aircraft Engine Life-limited Parts Requirements[R]. Washington，DC：FAA，AC 33. 70-1，2009.
[83] 空军装备研究院. GJB 241A—2010，航空涡轮喷气和涡轮风扇发动机通用规范[S]. 北京：中国人民解放军总装备部，2010.
[84] US Department of Defense. MIL - HDBK - 1783B Engine Structuralintegrity Program[S]. Washington DC：US Department of Defense，2002.
[85] HB/Z281-95 编写委员会. HB/Z281—95 航空发动机故障模式、影响及危害性分析指南[S]. 北京：航空工业出版社，1996.
[86] 甘晓华，李伟. 现役航空发动机使用寿命确定和控制方法[J]. 航空工程进展，2010，2(01)：103-106.
[87] 宋华. 民用航空发动机典型部件的疲劳寿命[D]. 南京：南京航空航天大学，2009.
[88] 何晋瑞. 航空发动机延寿定寿的新方法与材料寿命及寿命预测[J]. 航空材料，1986(02)：45-47.
[89] 赵元刚. 国产歼击机动力装置的定寿、延寿研究[J]. 燃气涡轮试验与研究，2001，14(04)：22-27.
[90] 白芳，左洪福，戎翔. 基于视情维修策略的航空发动机调度方法[J]. 交通运输工程学报，2007(03)：29-33.
[91] 白芳，左洪福. 基于排序规则优化的发动机机群维修成本控制方法[J]. 系统工程理论与实践，2008，28(12)：147-153.
[92] 白芳，左洪福. 基于调度计划的航空发动机备份数量决策方法研究[J]. 机械科学与技术，2009，28(01)：92-97.
[93] 蔚夺魁，薛秀生，吴向宇. WP7 系列发动机寿命估算[J]. 航空发动机，2002(01)：33-39.
[94] 智博. 基于平衡流形的涡轮发动机性能控制研究[D]. 哈尔滨：哈尔滨工业大学，2007.
[95] 常继百. 民航发动机性能监控和预测方法研究[D]. 南京：南京航空航天大学，2004.
[96] 朱昆鹏. 民机襟翼运动机构可靠性试验研究[D]. 南京：南京航空航天大学，2011.
[97] Robinson M，Crowder M. Byaesian Methods of a Growth-cuvre Degradation Model with Repeated Measures[J]. Life Time Data Analysis，2000，6：357-374.

[98] Lu S,Lu H,Kolarik W J . Multivariate Performance Reliability Prediction in Realtime[J]. Reliab Eng Syst Saf ,2001(72):39-45.

[99] 李晓白,崔秀伶,郎荣玲. 航空发动机性能参数预测方法[J]. 北京航空航天大学学报,2008(3):253-256.

[100] 毛欣.基于维修的民用航空器部件可靠性管理研究[D].南京:南京航空航天大学,2007.

[101] 潘佑.民机使用可靠性信息采集与分析技术研究[D].南京:南京航空航天大学,2010.